Design Wave

ARM Cortex-A9×2!
ZynqでワンチップLinux on FPGA

エントリ・キット ZedBoard で高速画像処理 IC 開発を初体験

鈴木 量三朗, 片岡 啓明 共著

CQ出版社

はじめに

　本書で紹介する"Zynq"は，非常に自由度の高いデバイスです．自由度が高いゆえに，何から手をつけて良いのかわからなくなるかもしれません．本書はそんなZynqを初めて扱うためのガイドとして書かれました．

　入門書ではありますが，読者には幅広い知識が要求されます．FPGA，IPコア，HDL，ARM，AXIバス，Linux，C言語プログラミング…．予めこれらについて少しでも知識があれば，より楽しんで本書を読み進められるでしょう．組み込みLinuxを扱ったことがあり，HDL（本書で扱うHDLはVHDL）とC言語のプログラミング経験もあれば，なおベストです．

　Zynqを使えば，Linuxなど既存のOSの中で既存のソフトウェアをFPGAで高速化することができます．HDLで書いたCPUとARMのヘテロジニアス・マルチコアなシステムを作ることだってできます．こういったアイデアを試すために，ZedBoardという廉価な評価ボードがあります．まだ入手されていない人は，お小遣いを貯めて買えるくらいの値段なので，是非購入してみてください．そして本書を片手に実際に動かしてみて，Zynqの面白さを体験して欲しいと思います．

　本書に書かれていることは，Zynqで実現できることのほんの一例です．ですが，基本となる道筋は示しているつもりです．本書を手にして，少しでも実現してみたいアイデアが沸いたのであれば，すぐに実行に移しましょう．筆者たちにも，まだまだZynqで試してみたいアイデアが多くあります．

　この本が，少しでもあなたのお役に立てることを願っています．

ARM Cortex-A9×2!
ZynqでワンチップLinux on FPGA

エントリ・キット ZedBoard で高速画像処理 IC 開発を初体験

CONTENTS

第1章 ソフトもハードもプログラミング! ARM Cortex-A9搭載FPGA Zynq
ナンテいい時代！ こんなに高機能なのに今すぐキットで誰でも試せる ……9

- 1.1 Zynq の概要 …………………………………………………………………………… 9
  単なる ARM コア内蔵 FPGA ではない／ARM プロセッサとしての Zynq／FPGA としての Zynq／Zynq の性能／Linux との相性
- 1.2 ZedBoard の概要 ……………………………………………………………………… 12
  評価ボード仕様／Linux が起動する SD カード付属
- 1.3 Zynq 対応デザイン・ツール ………………………………………………………… 14
  Zynq の開発には ISE Design Suite/Vivado を使う／Eclipse ベースの SDK／高位合成ツールに期待
- 1.4 本書の章構成 …………………………………………………………………………… 15
  ZedBoard 付属 Linux を動かしてみる〜第 2 章〜／ツールのインストールと実践〜第 3 章&第 4 章〜／リファレンス・デザインを使う〜第 5 章〜／Linux のカスタマイズ〜第 6 章〜／ハードウェア・ロジックの追加〜第 7 章〜／カスタム IP コアの追加〜第 8 章〜／例題を追いながら具体的な作り方を学ぶ〜第 9 章〜

第2章 まずはZedBoardを動かしてみよう
付属のSDカードからのLinuxを起動して，コンソールから操作する ……17

- 2.1 ZedBoard のセットアップと Linux の起動 ………………………………………… 17
  ZedBoard のセットアップ／ジャンパ設定と電源 ON／USB シリアル・ドライバのインストール／ターミナルの起動／いきなり電源を切っても OK／今度こそ Linux のブートメッセージが！
- 2.2 Linux がうまく立ち上がらない時 …………………………………………………… 19
- 2.3 まずは Linux のコマンド操作で ZedBoard を制御してみよう …………………… 19
  Linux のコマンド操作／busybox とは何か／起動時に実行される処理／コマンドから LED を点灯制御する／コマンドからスイッチ状態を入力する／コマンドからボタンの状態を入力する／スクリプトを実行するための準備／スクリプトで LED を点灯制御する／スクリプトでスイッチ入力を判定する／フレームバッファをシェルレベルで制御する／フレームバッファに描画する／スクリプトで描画する／ネットワークを使う／ssh と ftp を使ってみる／httpd が動いているのでブラウザを起動／IP アドレスや転送したファイルを保存する
- 2.4 Zynq の起動と Linux が立ち上がるまで …………………………………………… 28
  Zynq の起動モード／ステージ 0 ブート／第一段階ブートローダ（FSBL）／第二段階ブートローダ（SSBL）／ZedBoard 上で Linux が立ち上がるまで
- 2.5 Linux としてよりよい環境を作るには? ……………………………………………… 30

第3章

ISE Design Suite同梱の開発ツールPlanAheadを使ったZynqの開発手順

開発ツールPlanAheadのインストールと実践　31

- 3.1 開発ツールの入手方法とセットアップ手順 …………………………………………………… 31
- 3.2 ARMでHello World ……………………………………………………………………………… 32
  PlanAhead起動／ソースの追加／XPSツアー／Zynqタブ／SDKを使う／ZedBoardの準備／HelloWorldの実行

  コラム3.1　ISE Design Suite14.4のgcc ……………………………………………………… 42

- 3.3 とにかくLinuxまで立ち上げる ………………………………………………………………… 43
  XMDプロンプトを開く／u-boot.elfのダウンロード／Linuxのダウンロード／Linuxが動かない！

- 3.4 Linuxのアプリケーションをデバッグする …………………………………………………… 48
  Linux版HelloWorldの作成／実行＆デバッグ／ifconfigでIPアドレスを再設定する方法／LinuxのHelloWorldのデバッグ

- 3.5 Linux立ち上げ用のSDカードを作る ………………………………………………………… 57
  ucfファイルの追加／ビットストリームの生成／FSBLを作る／ブート・イメージを作る／SDカードへコピー

  コラム3.2　フラッシュROMからLinuxを立ち上げる ……………………………………… 63

第4章

Zynq対応開発ツールの最新版Vivadoを使ったZynqの開発手順

次世代ツールVivadoを使ってみよう　65

- 4.1 IPコアをブロックのように組み合わせる ……………………………………………………… 67
  プロジェクトの作成／Vivado Flow Navigatorのツアー／実際にIPコアを配置する／Vivado 2013.3の場合／BRAMの設定と接続／Designer Assistanceを使った自動配線／Address Editor／デバッグ用の設定／Generator Block DesignとCreate HDL Wrapper／RTL AnalisysとSynthesis／Synthesis（合成）とレポート／合成後のデバッグ設定／Implementation/Generated Bitstream/SDKへのExport／SDKでのデバッグ準備／JTAGの設定／Vivadoによる信号線の確認準備とデバッグの実行／ステップ実行の様子

- 4.2 ARMを使用しないごく簡単なハードウェアの作成 ………………………………………… 99
  プロジェクトの生成／論理合成／テストベンチとシミュレーション／合成とZedBoardでの実行／hw_serverを使った実行／Package IP化／LEDのインターフェース決定／他のDesignに今作ったIPを埋め込む

- 4.3 Linux上から制御してみる ……………………………………………………………………… 119
  XMDの操作／Linuxの起動

第5章 Xylon社のリファレンス・デザインを使う
グラフィックス・アクセラレータが組み込まれたZynqデザイン
123

5.1 Zynq のリファレンス・デザイン 123
Zynq にはグラフィックス・コントローラがない／Zynq は FPGA 部分に自分の望む回路を実装できる

コラム 5.1　実績のある IP コアを利用する 124

5.2 Xylon 社のリファレンス・デザインを使ってみよう 125
リファレンス・デザインのダウンロード・ページ／該当するリファレンス・デザインをクリック／ダウンロード手順／SD カードからの起動／3D のデモ／2D のデモ／SD カード用ファイルのみのダウンロード

コラム 5.2　Xilinx 社純正評価ボード ZC702/ZC706 対応 127

5.3 リファレンス・デザインを少しカスタマイズする 130
ramdisk8M.image.gz をアップデートする／パーティションを分ける／パーティション分割手順／USB 機器を差してみる

5.4 フレーム・バッファを使うプログラム 135
フレーム・バッファの基礎／物理アドレスと仮想アドレス／カラーの方式／その他のフレーム・バッファに関する情報／マルチレイヤーのフレーム・バッファ／バッファのあるフレーム・バッファ／ビデオ入力でも複数バッファは有効／フレーム・バッファをマップする／フレーム・バッファをキャプチャする

5.5 アクセラレータを使うプログラム 141
ちょっとビットブリット(bitblt)を使う／スクリプト言語登場／Java を選択／Linux でグラフィックスを扱う際の注意点／ビットブリットを使う／2D アクセラレータを使う

コラム 5.3　組み込み Java と Next Generation 143

第6章 Linuxのカスタマイズ手順
Linuxカーネルを最新のバージョンにしたり，ドライバの追加も自由自在!
147

6.1 Zynq の MIO/EMIO 147
MIO とは／EMIO とは／ZedBoard の MIO ／TCL とは何者よ？／SDK よ！お前は何をしているのだ？／BSP とライブラリ／Linux 的事情／ARM SoC としての Zynq ／All Programmable SoC ‼

6.2 カーネルの再構築 153
カーネル・ソースの入手／カーネルのコンパイル／GPIO 用ドライバの確認

6.3 デバイス・ツリー 154
デバイス・ツリーとは／dtb を逆コンパイルする／デバイス・ツリーで何が変えられるのか？／周辺機器／interrupts について／dts を変更コンパイルして起動してみる

コラム 6.1　リーナス氏の git の履歴を見て dts の歴史を顧みる 156

6.4 クロス・コンパイル～ Xilinx 社のツールを使わない SoC としての Zynq ～ 158
HelloWorld から始まる世界／Java Avian/Jikes ／Jikes を用意する／OpenCV を試す

コラム 6.2　Qt のコンパイルと DirectFB 161

6.5 ルート・ファイル・システムを構築する 163

5

ファイル・システム作成の前に…／Linux カーネルの再構築／buildroot を使う

第7章 標準で用意されているGPIOの追加から，独自のハードウェアCQ版GPIOの作成＆組み込みまで

ハードウェア・ロジックの追加　165

7.1 用意された GPIO を追加する　166
GPIO が使えない／ Xilinx 社の GPIO を追加

7.2 EMIO GPIO の追加　168
GPIO を一つだけ PL 部に引き出す／ PlanAhead で合成／合成でエラーになったら／ SDK でブート・イメージを作る／ Linux が立ち上がらない？／ Linux-A-Go-Go ／ Linux 再々コンパイル／ dts を自動的に作成する

7.3 CQ 版 GPIO の追加　175

7.4 IP コアの開発　178
超簡単仕様IP コアの仕様／ CQ GPIO をデザインへ追加／他リソースの削除／ ucfの修正とビットストリームの生成／合成で失敗する／ Linux から操作する

7.5 作った CQ 版 GPIO を再利用する　191
フル HD 出力が可能な IP コア /logiCVC-ML ／ XPS 単独で実行／バスの接続変更／ ucf ファイルを書き換え／ビットストリームの生成／ XPS から SDK へのエクスポート

7.6 XPS でのロジックの追加詳細　199
ユーザ・ロジック／レジスタ／ XPS の IP コアとして必要なファイル／ MPD 修正よるパラメータの追加／ソース修正／ mui 追加による GUI の追加／ tcl 追加による値のチェック／ IP コアのカスタマイズ機能を使用する

第8章 Zynq搭載のAXIバスの動きから，IPIFによるオリジナルIPコアの接続方法まで

AXIバスの概要とIPコアのインターフェース　205

8.1 AXI とは　205
マスタとスレーブ／ AXI のチャネル／ AXI, AXI-Lite, AXI-Stream ／ 2way ハンドシェイク／ AXI のまとめ

8.2 IPIF とは　207
ユーザのカスタム IP との橋渡し／シミュレーションでインターフェースの動作を確認／ IP コアの自動生成／テストベンチの実行／書き込み処理／読み出し処理／ IPIF のまとめ

コラム 8.1　ISim シミュレーション時の注意点　213

第9章 IDCT処理のハードウェア化とAXIバスへの接続，そしてパフォーマンスのチューニングまで

IDCT処理をハードウェア化して高速化する　215

9.1 IDCT の高速化　215
DCT とは

9.2 機能設計　216
入出力／機能の抽出と全体構成

9.3　実装 ·· 217
　　IPコアの生成／IPコアとPSの接続／生成されたIPコアは何をする？／各モジュールの実装／IPコアのパッケージング

コラム 9.1　ACPの使い方 ··· 231

9.4　ソフトウェアとの結合 ··· 234
　　SDKでの作業／IPコアの転送処理／ソフトウェア版との速度比較

9.5　パフォーマンス・チューニング ··· 238
　　ボトルネックの調査／axi_interconectのチューニング／乗算器のチューニング／配置配線後の最大動作周波数の確認

コラム 9.2　合成レポートの生成場所 ·· 239

索　引 ·· 243
『ARM Cortex-A9×2！ZynqでワンチップLinux on FPGA』付属CD-ROMの使い方 ············ 245

初出一覧

第1章　FPGAマガジン No.1 「Appendix　ソフトもハードもプログラミング! ARM Cortex-A9搭載FPGA Zynq」に加筆修正
第2章～第9章　本書のための書き下ろし

第1章 ソフトもハードもプログラミング！
ARM Cortex-A9搭載FPGA Zynq

ナンテいい時代！　こんなに高機能なのに
今すぐキットで誰でも試せる

1.1 Zynqの概要

●単なるARMコア内蔵FPGAではない

Xilinx社が提供する新しいデバイス"Zynq"（ジンクと発音）は，ARM Cortex-A9のデュアルコア・プロセッサとFPGAを搭載した新しいタイプのSoC（System On a Chip）です（写真1）．Zynqの内部を大ざっぱに示すと図1.1のようになります．同社ではARMコアや周辺コントローラ，メモリ・コントローラ部分を，PS（プロセッシング・システム），FPGA部分をPL（プログラマブル・ロジック）と呼びます．

ZynqというデバイスをFPGAを搭載したSoC，あるいはその逆のSoCを搭載したFPGAとだけ見るのは少々早合点かもしれません．今後の市場への展開と浸透度にもよるので慎重に評価しなければなりませんが，筆者は新しい分野のSoCが出現したという印象を持っています．

実際にZynq搭載評価ボードを動作させてみた感じでは，Zynq自身はデバイスとしては完全にARMコアSoCととらえることができます．電源投入後，FPGAをコンフィグレーションせずに先にARMコアが立ち上がる仕様であったり，FPGA部をPLと呼ぶことからも，Xilinx社からの「FPGAという枠を超えたSoC」であるというメッセージが受け取れます．

DSPを搭載したSoCは市場にいくつもあり，確かに，そのアプローチは多くの柔軟性を持っています．

ZynqはFPGAを高いレベルでSoCに統合しており，PL部には，既存のFPGAと同様ハードウェアを構成できます．うたい文句にあるようにまさにZynqは"All Programmable SoC"であり，ソフトウェアもハードウェアさえもプログラムできる，プログラマとしては腕の見せ所の多いデバイスといえます．

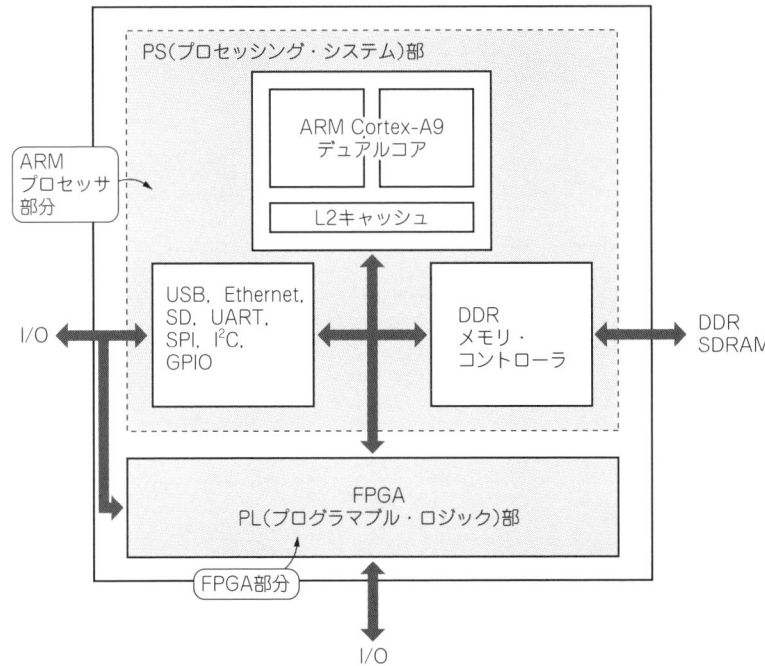

図1.1　ARMコアとFPGAを内蔵するZynq

写真1.1　Zynqの外観

●ARMプロセッサとしてのZynq

　図1.2にZynqのブロック図を示します．Zynqは最初に出荷されたZ-7020を筆頭に，Z-7010，Z-7030，Z-7045とシリーズ化されています．ARMコアの最大周波数の違いがあるだけで，PS部に搭載される周辺機能は同じになります（表1.1）．ARMのプロセッサとしてはデュアルコアのARM Cortex-A9で，メディア処理エンジンのNEON，ベクタ浮動小数点ユニット（VFPU）を持ちます．512KバイトのL2キャッシュはPLで利用することも可能です．

　外部メモリにはDDR3/DDR2/LPDDR2 SDRAMを使用可能です．画像の入出力やアクセラレータをFPGAに内に実装するためには，AXIバスを通してこれらのメモリをPL部から利用することになります．

　ペリフェラルとしてはUSB 2.0（OTG），10/100/1000Base-T Ethernet，SD/SDIO，UART，CAN2.0B，I²C，SPI，GPIOなどを備えています．

　いくつかのペリフェラルは同じピンにアサインされており，全てのペリフェラルが同時に使えるわけでないのはほかの多くのSoCと同じです．特徴的なのは，

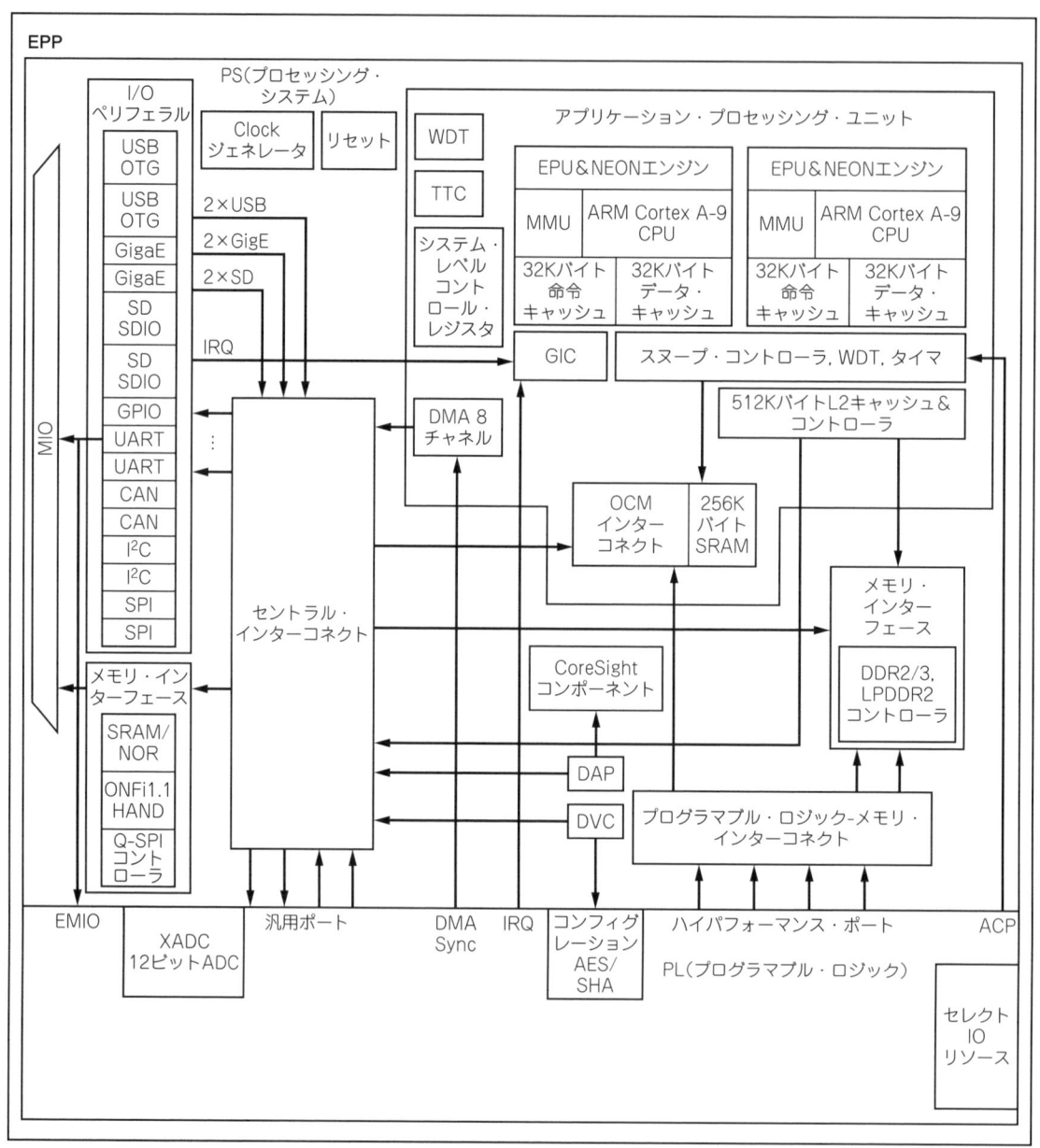

図1.2　Zynqのブロック図

USBを除くほとんどのペリフェラルを，PL側に内部的に接続できる点です．単純に配線してPL部のI/Oピンから外に出すことや，PL部に実装したロジック回路と接続して処理を付け加えることも可能です（図1.3）．

●FPGAとしてのZynq

ZynqによってPL部の性能とセル数は異なります（表1.2）．Z-7010/7020はArtix-7ベースですが，Z-7030/7045はKintex-7ベースなので，性能的に上になります．またZ-7030/7045ではPCI Expressが搭載されます．

FPGAのコンフィグレーションはARM側からも行えます．リコンフィグレーションは何度でも行えるため，仮想的にいくつものハードウェアを入れ替えて使うことも可能です．さらに，パーシャル・リコンフィグレーションという機能も使えます．これは回路を部分的に入れ替えることができるため，コンフィグレー

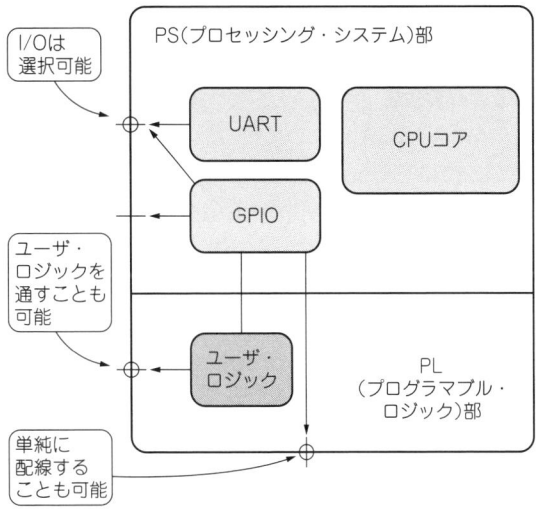

図1.3 I/Oの出し方

表1.1 Zynq搭載のPS部の仕様

デバイス名	Z-7010	Z-7015	Z-7020	Z-7030	Z-7045	Z-7100
プロセッサ・コア	CoreSightを搭載したデュアルARM Cortex-A9 MPCore					
プロセッサ拡張機能	NEON/単精度・倍精度浮動小数点ユニット（VFPU）					
最大周波数（Hz）	667M/766M/866M			667M/800M/1G		667M/800M
L1キャッシュ（バイト）	32K 命令キャッシュ/32K データ・キャッシュ					
L2キャッシュ（バイト）	512K					
オンチップ・メモリ（バイト）	256K					
外部メモリ・ポート	DDR3/DDR2/LPDDR2 SDRAM					
外部スタティック・メモリ・ポート	クワッドSPI×2，NAND，NOR					
DMAチャネル	8（4チャネルはプログラマブル・ロジック専用）					
ペリフェラル	UART×2，CAN 2.0B×2，I²C×2，SPI×2 32ビット GPIO×4（最大118）					
DMA内蔵ペリフェラル	USB 2.0（OTG）×2，SD/SDIO×2 10/100/1000 Base-T ギガビット Ethernet×2					
バス・インターフェース	AXI 32ビット・マスタ×2，AXI 32ビット・スレーブ×2 AXI 64/32ビット・メモリ×4 AXI 64ビット ACP，16個の割り込み					

表1.2 Zynq搭載のPL部の仕様

デバイス名	Z-7010	Z-7015	Z-7020	Z-7030	Z-7045	Z-7100
相当するXilinx 7シリーズ プログラマブル・ロジック	Artix-7			Kintex-7		
プログラマブル・ロジック・セル	28K	74K	85K	125K	350K	440K
ルックアップ・テーブル（LUT）	17,600	46,200	53,200	78,600	218,600	277,400
フリップフロップ	35,200	92,400	106,400	157,200	437,200	554,800
エクステンシブル・ブロックRAM（バイト）	240K	380K	560K	1,060K	2,180K	3,020K
プログラマブルDSPスライス	80	160	220	400	900	2,020
最大DSP性能（対称FIR）	100GMACs	200GMACs	276GMACs	593GMACs	1,334GMACs	2,622GMACs
PCI Express（ルート・コンプレックスまたはエンドポイント）	なし	Gen2×4	なし	Gen2×4	Gen2×8	
アジャイル・ミックスド・シグナル（AMS）/XADC	最大17の差動入力を備えた12ビット1Msps A-Dコンバータ×2					
セキュリティ	AESおよびSHA256bによるブートコードおよびPLのコンフィグレーション復号/認証					

ションの時間を短縮可能です．

●**Zynqの性能**

気になるFPGAとしての性能はどうでしょうか．筆者がZ-7020ES（Engineering Sample）で動作確認を行ったところ，二つのフルHD入力と一つのフルHDを出力することが可能でした．また画像出力をしながらアクセラレートする機能を確かめたところ，フルHDの表示を乱すことなく，64ビット/150MHzのバス帯域を十分に使ってのアクセラレートが可能でした．高性能なAXIバスが搭載されているので，メモリ転送において効率的に帯域を使えます．

3Dのアクセラレートはどうでしょうか．Z-7020にOpenGL ES1.1ベースのグラフィックス・コアを入れ，実際のアプリケーションで同じARMベースのSoCと比較した場合，そのfps（単位時間当たりのフレームレート）はほぼ同性能を得ることができました．Z-7045ではFPGAがKintex-7ベースであることから，Z-7020の倍の性能を達成することを確認しました．

28mm最新のプロセスを使用していること，プロセッサと密結合していることがあいまって，かなり高性能なSoCに仕上がっています．

●**Linuxとの相性**

ZynqではXilinx社がLinuxの環境をあらかじめ用意しており，Linuxとの相性は抜群に良いといえます．ソフトウェア技術者から見てLinuxのソフトウェア環境が利用できるのは大変魅力です．特にZynqにはACPと呼ばれるL2キャッシュをARMプロセッサと共用する機能があります（図1.4）．この機能を使用すればグラフィックス・アクセラレーションをPL部に埋め込むことが可能で，いわば専用のコプロセッサの追加ができるようになります．

筆者はJPEGで使用されるDCT部分をPL部でアクセラレートするIPコアを作成してみました．ソフトウェアでの動作に比べおおよそ5倍の性能を得ることができました．Linux上でこれらのコプロセッサ的な機能を利用したライブラリが充実していくと，今までにないハードとソフトが高度に融合した開発環境を構築することができそうです．

1.2 ZedBoardの概要

●**評価ボード仕様**

ZedBoardはAvnet社およびDigilent社から発売されている，Zynq Z-7020を搭載した評価ボードです（写真1.2，写真1.3）．図1.5にZedBoardのブロック図を示します．ZedBoardでは，以下のZynqのPS部のペリフェラルが使えるようになっています．

- DDR3 SDRAM（512Mバイト）
- SDカード・ソケット
- 10/100/1000Base-T対応ギガビットEthernet
- USB 2.0（OTG）
- UART
- QSPI
- GPIO（LED，スライド・スイッチ，プッシュ・ボタン）

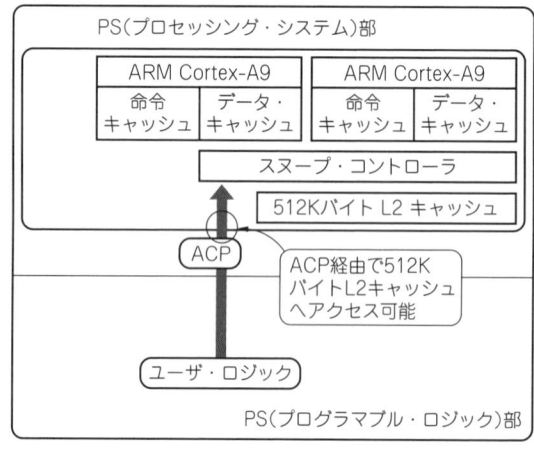

図1.4 ACPの使い方

写真1.2 ZedBoard付属品一覧

さらにZynqのPL部には以下のようなペリフェラルが接続されています.

- HDMI (Type Aコネクタ, HDMIトランスミッタ：ADV7511)
- VGA (12ビット・カラー)
- I²S (コーデックIC：ADAU1761)
- OLED
- XADC (Xilinx社共通のA-D入力コネクタ)
- Pmod
- GPIO (LED, スライド・スイッチ, プッシュ・ボタン)

●**Linuxが起動するSDカード付属**

付属のSDカードを差し，ブートモード用ジャンパの設定をSDカード・ブートにして電源を投入すると，プレインストールされたLinuxが立ち上がります(写真1.4).

ZedBoardの魅了はその拡張性と価格設定でしょう. Pmodというモジュールにも対応しており，手作りで電子回路を作る"Makeな人"や"オープンソースな人"から見て，あれもこれもといったいろいろなアイデアが活かせる評価ボードなのではないでしょうか.

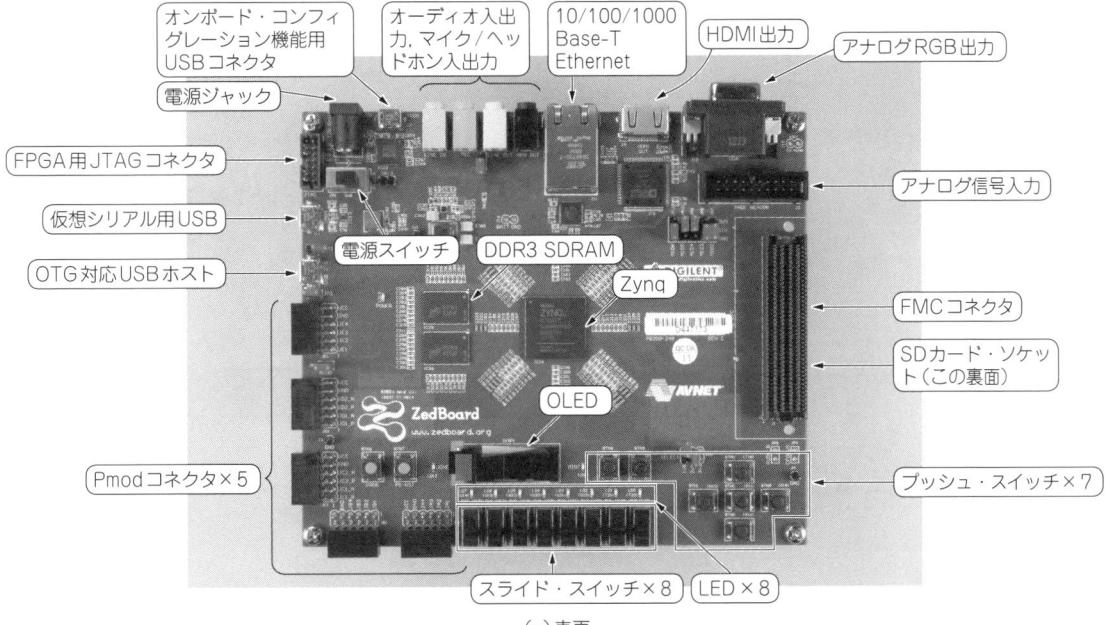

(a) 表面

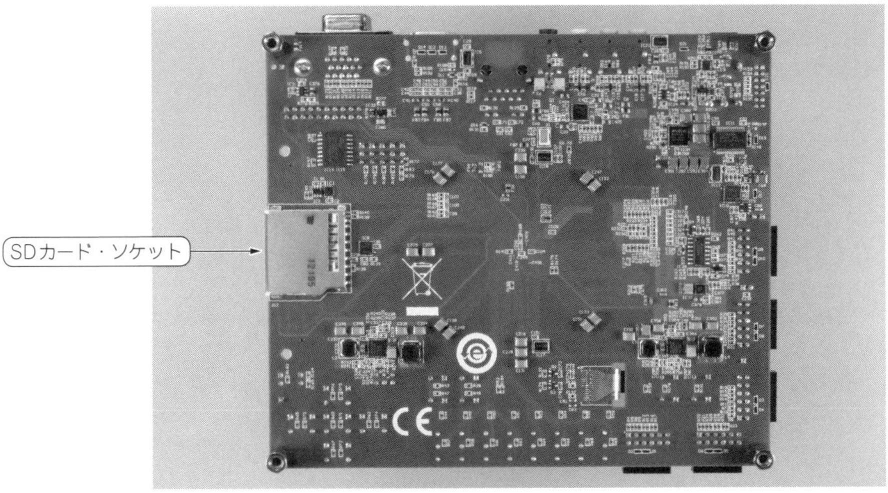

(b) 裏面

写真1.3 ZedBoardと各部の名称

1.3 Zynq 対応デザイン・ツール

●Zynqの開発にはISE Design Suite/Vivadoを使う

現在Xilinx社から提供されているZynqを開発するためのデザイン・ツールISE 14.4は，ZedBoardに対応しています．同社から提供されているチュートリアル資料（ZedBoard CTT_v14.3_121017.pdf）などを見ながら作業を進めると，一通りの使い方が学べます．しかも，無償で使えるISE WebPACKでもZynqの開発が可能です．

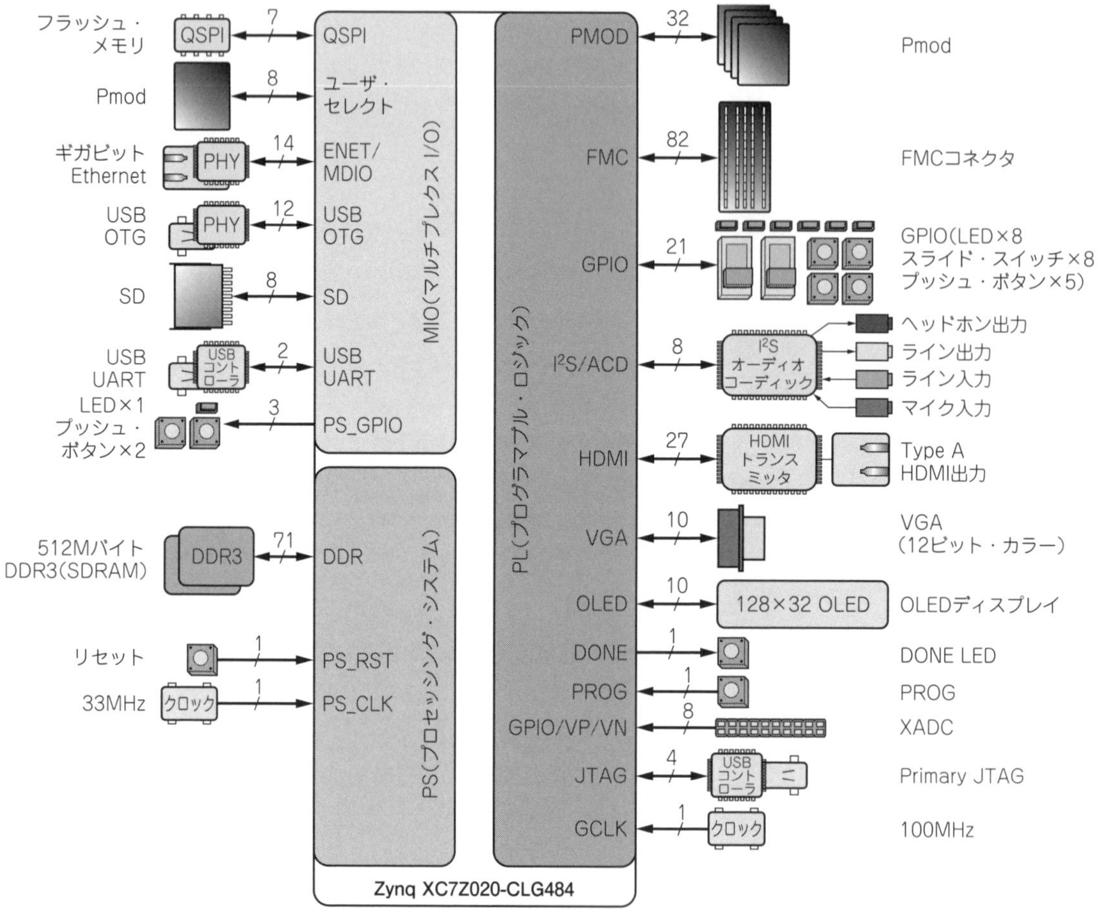

図1.5 ZedBoardのブロック図

（a）システム全体

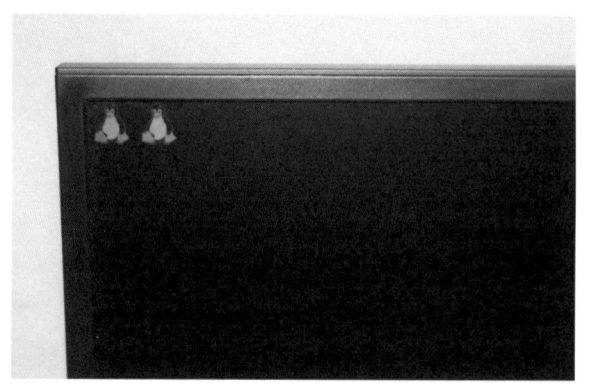
（b）HDMI出力画面にはペンギンが2羽表示されている（デュアルコア）

写真1.4 標準添付のSDカードで起動した様子

14　第1章　ソフトもハードもプログラミング！ARM Cortex-A9搭載FPGA Zynq

なお，Xilinx 社の最新開発ツール Vivado は，登場当初のバージョンでは Zynq に対応していませんでしたが，vivado2013.1 から Zynq 対応になりました．

● Eclipse ベースの SDK

ソフトウェア開発には Eclipse ベースの SDK が提供されているので，Eclipse に慣れた方であれば比較的簡単に開発に入れるのではないでしょうか（図 1.6）．

デザイン・ツールを使うと，ZedBoard で必要な初期設定を自動的に生成可能です．C による初期化ルーチンが自動生成され，さらに初期化ルーチンとビットストリームとユーザ・プログラムを BOOT.bin という一つのファイルにすることも可能です．この BOOT.bin を SD カードにコピーして電源を入れると，初期化およびビットストリームのコンフィグレーションを経て，ユーザのプログラムの実行が開始されます．ユーザ・プログラムが Linux であれば，Linux が起動します．

チュートリアルでは，デザイン・ツールを使い，ARM コアを使って単純に "Hello World" を表示実行するに説明に始まり，GPIO を使った簡単なハードウェアの生成，ChipScope によるデバッグ，SD カード・ブート用ファイルの生成方法，Linux アプリケーションのデバッグなどを順を追って学ぶことができるような構成になっています．

● 高位合成ツールに期待

今後，Vivado HLS（High-Level Synthesis，高位合成）の環境が拡充され，C 言語ベースで FPGA のアクセラレータを記述することができるようになれば，より一層ハードウェアとソフトウェアの融合が進み，システムとして新たな地平が見えてくるのでしょう．

1.4 本書の章構成

本書では ZedBoard を使って，さまざまな開発ができるプラットホームに仕上げることを目標にしました．そのために順を追って，一つ一つの項目について丁寧に深く理解できるように心がけました．

● ZedBoard 付属 Linux を動かしてみる〜第 2 章〜

この章では ZedBoard をとにかく使ってみることに焦点を当てました．まずは使ってみて慣れてみなくて

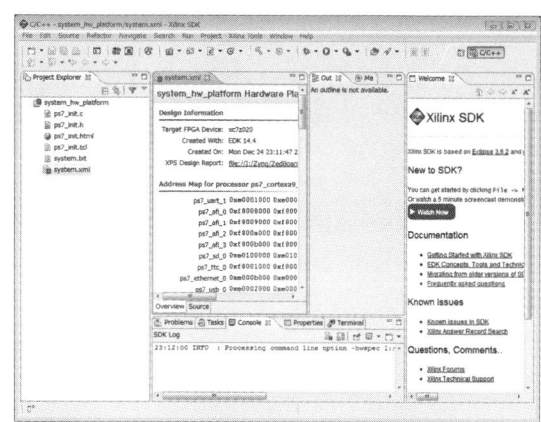

図 1.6　Zynq のソフトウェア開発ツールの画面

は始まりません．Zynq の立ち上がりのシーケンスについても説明しました．その部分は，多少難しいかもしれません．完全な理解は，次章以降を実際に試してもらうことでできるのではないかと思います．

● ツールのインストールと実践〜第 3 章 & 第 4 章〜

この章では ZedBoard と，開発ツールである PlanAhead（第 3 章），および Vivado（第 4 章）を使用した開発について解説しました．手順どおりやれば一通りの開発が経験できるはずです．途中で操作ミスなどをするとエラーなどが発生して先に進まなくなってしまうかもしれません．その時は，根気よく最初からやり直すことをお勧めします（筆者もそうして理解していった）．ただし，これらの章だけでは解決しない問題や技術的にクリアにならない箇所がいくつかあります．

- AXI バスって何？
- 初期化はどうなっているの？
- FPGA のプログラムはどうすればいいの？
- GPIO を使うにはどうしたらいいの？

これらを完全に理解できなくても，これらの章は試せるようにしたつもりです．説明不足の点は次章以降で解決していきます．

● リファレンス・デザインを使う〜第 5 章〜

この章では，すでにあるリファレンス・デザインを利用して応用的に使う方法を示しました．Zynq の将来性を感じていただければと思います．また，次章以降で役立つように次の項目についても言及しました．

- パーティションの分割方法
- 簡単な Linux のプログラム作成

1.4　本書の章構成　15

●**Linuxのカスタマイズ〜第6章〜**

　この章からZynq向けLinuxのディープな世界に入っていきます．MIOとEMIOといったZynqの特別な機能からはじまり，次の技術的なポイントについてに言及しました．
- Zynqの初期化の詳細
- Linuxの再構築
- デバイス・ツリー
- クロス・コンパイル
- ルート・ファイル・システムの構築

　Linuxのカーネルは意図的に古いソースから構築しています．これはステーブルであることと，その後のデバイス・ツリーの仕様変更との差異を明確にするためです．デバイス・ツリーにおいてはARM Linuxの本家に採用されている技術でありながら，資料が多くありません．最新の技術への理解の足がかりになればと思います．

　ルート・ファイル・システムの構築までできれば，Linuxでシステムを組む事はそう難しくなくなっているはずです．

●**ハードウェア・ロジックの追加〜第7章〜**

　この章からはZynqのFPGA部分に焦点を当てます．

　今後，ハードウェアとソフトウェアの融合が進めば，誰もがカスタマイズされたハードウェアを利用できる環境が整ってくることでしょう．その際にはハードウェアをブラック・ボックス的なライブラリとして使用することが多くなるでしょう．Xilinx社のツールにはすでにその仕組みを持っています．ツールを使いこなすことでIPコアを使ったり作ることができるように，次の項目について解説しました．
- 既存のIPコアを追加する
- 最新Linuxカーネルへの対応
- デバイス・ツリーの自動生成
- オリジナルIPコアを作成し追加する
- オリジナルIPコアをカスタマイズする

　これらを一通り読んで，実践することで，IPコアを使う，利用する，作って提供するといったことができるようにしました．

●**カスタムIPコアの追加〜第8章〜**

　IPコアときっても切り離せないのがバスの理解です．この章ではバスとは何かといった基本的なことをAXIバスを中心に記述しています．また簡単なサンプルを通して，IPコアの作成方法を別の角度から理解します．

●**例題を追いながら具体的な作り方を学ぶ〜第9章〜**

　FPGAがSoCの中に取り込まれていけば，最終的には問題解決のための特別なコプロセッサが用意され，さらにソフト的にはGLSLのようにコンパイラとの統合などがなされるのではないかと（希望的観測も含めて）筆者は予測しています．

　ARMが用意するACPは，SoCにコプロセッサ的な機能を追加できる面白いインターフェースです．ここではACPでDCTをアクセラレートして，ARMからライブラリとして使用する例を掲げます．

まずはZedBoardを動かしてみよう

第2章

付属のSDカードからLinuxを起動して，
コンソールから操作する

2.1 ZedBoardのセットアップとLinuxの起動

それでは，早速ZedBoardを動かしてみましょう．ZedBoardには標準でLinuxが書き込まれたSDカードが付属しています．これを使ってLinuxを起動してみます．

●ZedBoardのセットアップ

まずは必要な機材を用意します．
- ZedBoard一式
- ホスト・パソコン（Windowsが動くPCで良い）
- ZedBoard用ディスプレイ（DVI-D対応のもの）
- USBフラッシュ・メモリ（用意できれば）

PCには，TeraTermなどのターミナルソフトもインストールしておいてください．なお，とりあえずLinuxが起動することを確認する程度であれば，ディスプレイは無くてもかまいません．

さらに次のケーブルを用意して，ZedBoardと接続してください（写真2.1）．
(1) HDMI ↔ DVI-Dケーブル（ディスプレイと接続）
(2) Ethernetケーブル（PCと接続．ハブ経由でも直結でもOK）
(3) マイクロUSBケーブル（コネクタJ14とPCを接続）
(4) 付属のUSBホスト用コネクタ（コネクタJ13に接続）
(5) 付属の電源ケーブル（付属の電源アダプタを接続）

写真2.1に，ZedBoardと各種ケーブルを接続した様子を示します．とりあえずLinuxが起動することを確認したいという場合は，(3)と(5)を用意して，ZedBoardとPCを接続してください．

●ジャンパ設定と電源ON

電源ONの前に，各種ジャンパの状態を確認してください．まず起動モードの設定ジャンパは，写真2.2に示すように，
- MIO2をGND側
- MIO3をGND側
- MIO4を3V3側
- MIO5を3V3側
- MIO6をGND側

に設定にしてください．またジャンパJP6をショート（MIO[0]をGND）し，さらにジャンパJP2とJP3をどちらもショートしてください（USBホスト電源供給）．

以上を確認してからZedBoardのSDカード・スロットに付属のSDカードを差し込み，ZedBoardの電源を入れてください．すると電源が入ったことを示す緑色のLED（LD13）が点灯します．

そして十数秒すると，Zynqが起動したことを示す青

写真2.1　ZedBoardと各種ケーブルの接続

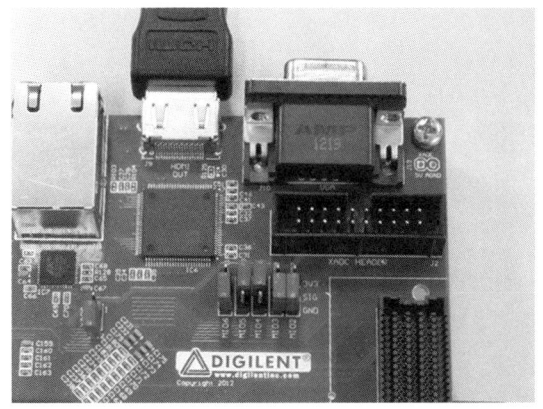

写真2.2　ZedBoardをSDカードから起動させるジャンパ設定

写真2.3 付属のSDカードでLinuxが起動した状態

写真2.4 ディスプレイの表示の様子（ディジタル表示側）

色LED（LD12）が煌々と点灯し，さらに十数秒経過すると，写真2.3のようにZedBoard上のOLEDディスプレイに"DIGILENT"と表示されます．またディスプレイには写真2.4のように，ペンギンが2匹並んで表示されます．あっけないほど簡単にLinuxが立ち上がりました．

しかし，ディスプレイにペンギンは表示されますが，Linuxのブート・メッセージらしい文字列は表示されていませんし，何よりキーボードもつないでいないので操作ができません．実はZedBoard付属のLinuxは，シリアル・コンソールから操作する設定になっているのです．

● USBシリアル・ドライバのインストール

そこで，コンソール用のシリアル・ポートを接続します．ZedBoardとPCをマイクロUSBケーブルで接続しているので，ZedBoardの電源を入れるとUSBシ

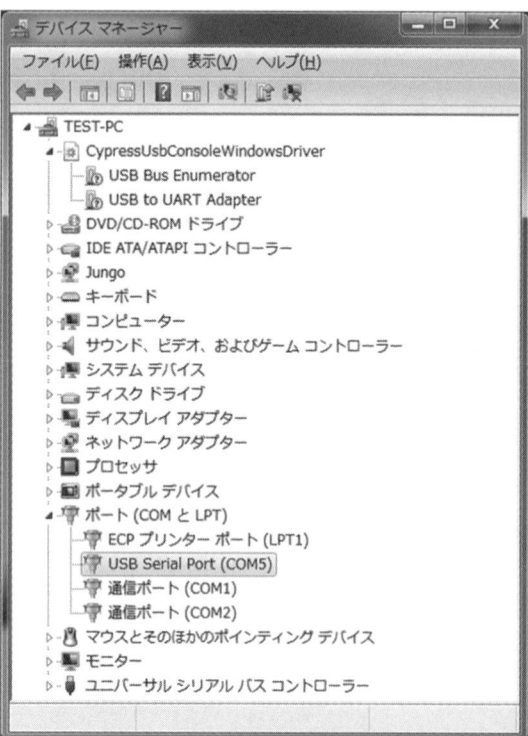

図2.1 USBシリアル・ポートが認識されたデバイス・マネージャの表示例

リアル・ドライバのインストーラが起動するハズです．ZedBoardのUSBシリアル・コントローラには，Cypress Semiconductor社のコントローラが使われているので，あらかじめドライバをダウンロードしてアーカイブを解凍しておいてください．

なお，Cypress Semiconductor社のUSBシリアル・ドライバのダウンロード方法やインストール方法については，本書付属CD-ROM内に手順書を収録しているので，そちらも参照してください．正常にドライバがインストールされた様子を図2.1に示します．この例ではCOM5としてUSBシリアル・ポートが認識されています．

● ターミナルの起動

USBシリアル・ポートが認識されたので，ターミナルを起動してみます．ターミナルソフトとしては，TeraTermが最適でしょうか．COMポート番号は先ほど認識した番号（今回の例では5），通信速度は115200bps，データ長8ビット，ストップ・ビット1ビット，パリティ無し，フロー制御無しという一般的な設定で接続します．

ターミナルが起動しました．しかしドライバのイン

18　第2章　まずはZedBoardを動かしてみよう

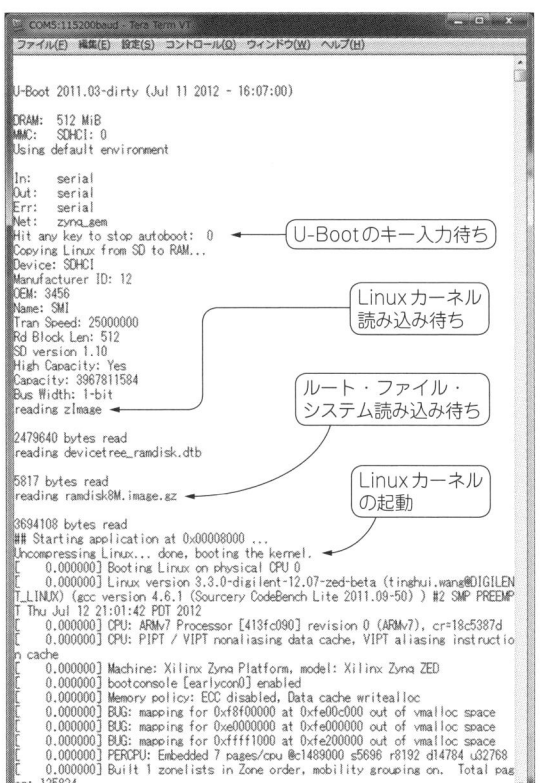

図2.2 シリアル・コンソールに表示されたLinuxのブートメッセージ

ストール作業などをしているうちに，ZedBoardのLinuxはすでに起動してしまい，Linuxのブートメッセージなどはもう表示されません．

●いきなり電源を切ってもOK

そこで，ZedBoardを再度立ち上げてみます．電源の切り方ですが，ZedBoard付属のLinuxの場合は，いきなり電源を切ってかまいません．「ん？ Linuxなのに，簡単に電源を切っていいのかな？」と思った読者もいるかもしれません．大丈夫です．このLinuxはすべて，RAMディスク上で動いてます．したがって，電源を切るとすべてを忘れてしまいます．ファイルの書き換え操作を行ったとしてもRAMディスク上でのことで，SDカード上のファイルは書き換わっていません．

●今度こそLinuxのブートメッセージが！

再度電源をONにして，ZedBoardを再起動させてください．するとシリアル・コンソールにU-Bootが立ち上がった旨のメッセージが表示され，その後にLinuxカーネルがダウンロードされLinuxへと制御が渡り，シリアルのコンソール画面にはLinuxのブートメッセージが滝のように表示されます（図2.2）．その中にZynqの文字を見ることができるでしょう．

そうです！ Cortex A9 DualCoreを搭載したZynqでLinuxが立ち上がったのです！！

2.2 Linuxがうまく立ち上がらない時

うまくLinuxが起動しない場合は，次の点を確認してください．

(1) ジャンパ設定

SDカードからLinuxを立ち上げるためには，正しいジャンパの設定が必要です．写真2.2などのジャンパ設定をよく確認してください．

(2) USBケーブル接続先コネクタ

間違えやすいのは，マイクロUSBケーブルの接続先コネクタです．付属のUSBホスト用コネクタは，ZedBoard上のUSB OTGと書かれたコネクタJ13に，PCと接続するマイクロUSBケーブルは，UARTと書かれたコネクタJ14に接続します．

(3) SDカードの間違い

ZedBoard付属のSDカードではなく，別のSDカードを差し込んでいませんか？ SDカードに次のファイルがあることを確認しましょう．

- BOOT.bin
- zImage
- devicetree_ramdisk.dtb
- ramdisk8M.image.gz
- README

SDカードをPCに接続して，中身のファイルを確認してみてください．

(4) USBシリアル・ドライバ

USBシリアル・ポートがうまく認識されない場合もあるようです．本書付属CD-ROMに収録しているドライバ・インストール方法を参照してください．

2.3 まずはLinuxのコマンド操作でZedBoardを制御してみよう

●Linuxのコマンド操作

ZedBoardでLinuxが無事に立ち上がるとコンソールには次のように，

図2.3 lsコマンドを実行した様子

```
zynq>
```

のプロンプトが表示されます．さっそくLinuxのコマンドを入力してみましょう．まずはlsコマンドを実行すると，

```
zynq> ls ⏎
```

ルート・ディレクトリ上のファイルを見ることができます．一見，普通のシェル（shell）が動いているように見えますが，実はここではbusyboxというプログラムが動いています．busyboxは/bin/shに格納されています．こちらもlsコマンドで見てみましょう（図2.3）．

```
zynq> ls -l /bin/sh ⏎
```

● busyboxとは何か

busyboxとは何でしょうか？　そこで，今度は"busybox"と入力してみましょう．

```
zynq> busybox ⏎
BusyBox v1.18.4 (2012-01-09 15:03:52
PST) multi-call binary.
Copyright (C) 1998-2009 Erik Andersen,
Rob Landley, Denys Vlasenko
and others. Licensed under GPLv2.
See source distribution for full
notice.

Usage: busybox [function] [arguments]...
   or: busybox --list[-full]
   or: function [arguments]...

        BusyBox is a multi-call binary
that combines many common Unix
utilities into a single
executable. Most people will create a
        link to busybox for each
function they wish to use and BusyBox
        will act like whatever it was
invoked as.

Currently defined functions:
        [, [[, acpid, add-shell,
addgroup, adduser, adjtimex, ar, arp,
arping,
        ash, awk, base64, basename,
beep, blkid, blockdev, bootchartd,
brctl,
        ～中略～
        which, who, whoami, xargs,
xz,xzcat, yes, zcat, zcip
```

何やらたくさんのコマンド名が表示されます．busyboxはリソースの少ない組み込みLinuxにおいて，一つのプログラムだけで様々なUnixの機能を使えるようにしたユーティリティです．たとえば"busybox ls"と打つと，lsコマンドが実行されます．また（シンボリック）リンクでコマンドと同名のファイルを作ると，その機能のショートカットとして実行することが可能になります．つまり，いちいち"busybox ls"と打たなくても，"ls"という名のbusyboxを指すシンボリックリンクを作っておけば，lsコマンドができあがります．便利ですね．

ZedBoardが立ち上がると動いているshellもbusyboxです．busyboxで動くコマンドは普通のLinuxのコマンド機能をすべて持っておらず，いわば簡易版です．ですから，もしかしたら皆さんが使っているshellやlsコマンドと多少違う動きをするかもしれません．

ZedBoardのbusyboxのサイズを見ると900Kバイト程度になっていて，その実300を超すコマンドが実現されているのでかなりお得感があります．よくよくみるとcal（カレンダ・コマンド）等もあって，いったい誰がいつ使うのかよくわからないものまで含まれていたりします．busyboxは作成するときに，どのコマンドをサポートするのかを選択できるので，必要最小限に絞った機能をもったコマンドとして提供することも可能です．

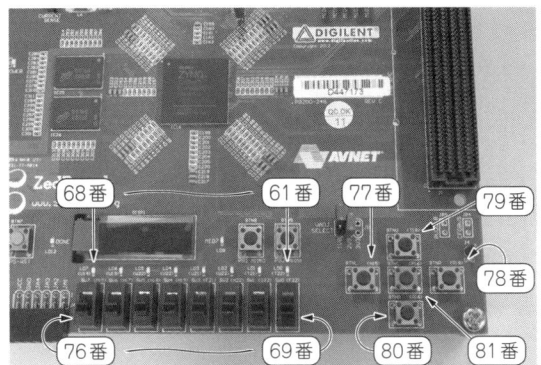

写真2.5 ZedBoardのLEDやスイッチ，ボタンとGPIOの対応

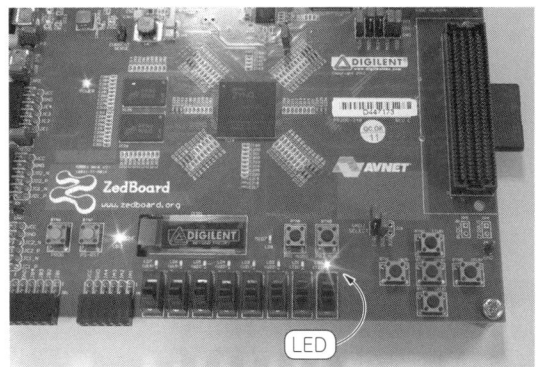

写真2.6 LEDが点灯した様子

●起動時に実行される処理

ZedBoardのシステムでは，/sbin/initもbusyboxへのシンボリックリンクになっています．/sbin/initはカーネルが起動したら最初に実行されるコマンドです．/etc/inittabをみて，さらに/etc/init.d/rcSを実行します．ZedBoardでは次の処理をしています．

- ファイル・システムのマウント
- ネットワークの初期化
- mdevによるホットプラグの設定
- httpdを含む各種デーモンの起動
- OLED用のデーモン起動
- GPIOの初期化

●コマンドからLEDを点灯制御する

いよいよZedBoardを操作してみましょう．ZedBoardが立ち上がると/sbin/initによる初期化で，GPIO (General Purpose Input/Output)がすでに使えるようになっています．GPIOを日本語で書くと汎用入出力という難しそうな単語になりますが，要は単なる1か0（"H"か"L"）を入出力するポートのことです．ZedBoardではLEDやSW（スイッチ）がGPIOとして使えます．

最近のLinuxは至れり尽くせりで，GPIOも簡単に/sys/class/gpio/の下にあるgpio＋番号でアクセスできます．ZedBoardでは写真2.5に示すように，61番から68番がLED (LD)で，69番から76番がスイッチ (SW)，さらに77番から81番がボタン (BTN)です．よってZedBoard上のLD0を点灯させるには，echoコマンドで/sys/class/gpio/gpio61/valueに1を書けば良いのです．さっそくコマンドを実行してみましょう．

```
zynq> echo 1 > /sys/class/gpio/gpio61/value ↵
```

写真2.6にLEDが点灯した様子を示します．/sys/class/gpio/gpio68/valueと指定すれば，8個並んだLEDのうち一番左側のLEDが点灯するわけです．もちろん，0を書き込むとLEDは消灯します．

```
zynq> echo 0 > /sys/class/gpio/gpio61/value ↵
```

●コマンドからスイッチ状態を入力する

先ほどはLEDの点灯，つまり出力を制御しました．次は逆方向で，スイッチの状態を入力することも可能です．写真2.7のようにスイッチをONにしてから，次のようにcatコマンドを使って見ると，

```
zynq> cat /sys/class/gpio/gpio69/value
1 ↵
```

このように，値が1となっています．スイッチをOFFにしてから再度同じコマンドを実行すると，

```
zynq> cat /sys/class/gpio/gpio69/value
0 ↵
```

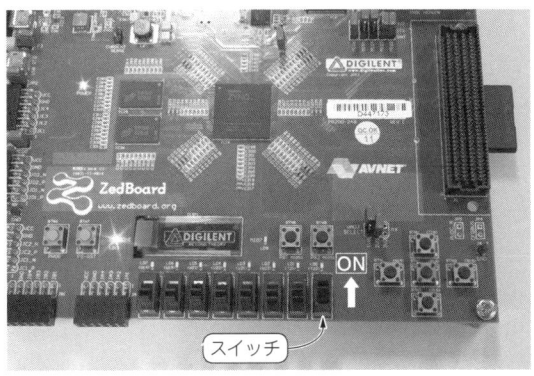

写真2.7 スイッチをONにした様子

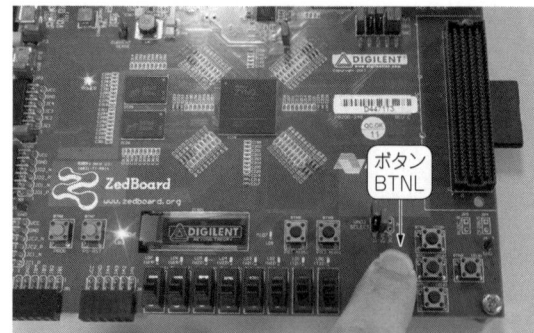

写真2.8 ボタンを押している様子

のように値は0になります．

●コマンドからボタンの状態を入力する

ZedBoardにはスライド・スイッチ（スイッチ，SW）だけでなく，タクト・スイッチ（ボタン，BTN）も用意されています．こちらの状態も先ほどと同様に入力可能です．ただしZedBoard付属のLinuxでは，標準ではボタン用GPIOが有効になっていないので，先に次のコマンドでボタン用GPIOを設定します．

```
zynq> echo 77 > /sys/class/gpio/export ↵
```

これで左ボタン（BTNL）が使えるようになりました．そして，写真2.8のように左ボタンを押した状態で次のコマンドを実行してみてください．

```
zynq> cat /sys/class/gpio/gpio77/value ↵
1
```

ボタンを押している間は値が1，ボタンを離すと，

```
zynq> cat /sys/class/gpio/gpio77/value ↵
0
```

というように，値は0になります．

ちなみに，ボタン入力を無効にするには，/sys/class/gpio/unexportへ番号を書き込みます．

●スクリプトを実行するための準備

ここまで，コマンド入力でGPIOを制御してきましたが，もう少し高度な制御をしてみましょう．そこでいくつかのshellスクリプトを用意してみました．shellスクリプトとは，先ほどまで手作業で入力していたコマンドをあらかじめテキスト・ファイルとして列挙したものです．変数なども扱えるので，複雑な処理も自動化することもできます．

本書付属CD-ROMにスクリプトを収録しているので，用意したUSBフラッシュ・メモリにコピーしてください．筆者が用意したスクリプト・ファイルは次のものです．

- led.sh …… LED点灯制御
- led2.sh …… クリスマス・イルミネーション点灯
- sw.sh …… スイッチ入力＆LED点灯制御
- dot.sh …… 点描画
- box.sh …… 四角形描画

次にスクリプトをコピーしたUSBフラッシュ・メモリを，ZedBoard付属のUSBホスト用コネクタに差し込んでください（写真2.9）．するとコンソールに次のようなメッセージが表示されます．

```
zynq> [  179.340000] usb 1-1: USB
disconnect, device number 2
[  199.190000] usb 1-1: new high-
speed USB device number 3 using
xusbps-ehci
[  199.650000] scsi1 : usb-storage
1-1:1.0
 〜中略〜
[  202.350000]  sda: sda1
 〜中略〜
[  202.370000] sd 1:0:0:0: [sda]
Attached SCSI removable disk
```

USBフラッシュ・メモリは，デバイス/dev/sda1として認識されています．このUSBフラッシュ・メモリにファイル・アクセスするために，まずはマウント用にディレクトリを作成し，デバイス/dev/sda1をマウント後，カレント・ディレクトリをそこに移動してください．

```
zynq> mkdir /mnt/usb ↵
zynq> mount /dev/sda1 /mnt/usb ↵
zynq> cd /mnt/usb ↵
```

写真2.9 USBフラッシュ・メモリを接続

リスト2.1 引数によってLEDを点灯制御するスクリプト（led2.sh）

```
#!/bin/sh
NUM=$1
ON=0
for i in 0 1 2 3 4 5 6 7;
do
  ON=$(($NUM % 2));
  led=$(($i+61));
  echo $ON > /sys/class/gpio/gpio$led/value;
  echo $ON
  NUM=$(($NUM / 2));
done;
```

リスト2.2 クリスマス・イルミネーションのように点灯制御するスクリプト（led2.sh）

```
#!/bin/sh
while [ 1 ] ;
do
  ./led.sh 170;
  sleep 1;
  ./led.sh 85;
  sleep 1;
done
```

● **スクリプトでLEDを点灯制御する**

まずは，ちょっとトリッキーですが，与えられた引数を解釈してLEDを点灯するプログラム（スクリプト）を実行してみましょう．リスト2.1に引数によってLEDを点灯制御するスクリプトを示します．

   zynq> ./led.sh 51 ⏎

引数に指定した数値を2進数にして，ZedBoard上の8個のLEDが点灯します（写真2.10）．

もう一つは，引数なしで次のようにそのまま実行します．

```
zynq> ./led2.sh
0
1
0
1
0
1
～中略～
1
0
1
0
^C
zynq>
```

即席のZynqルベル！（写真2.11）クリスマス・イルミネーションのできあがりです．メリークリスマス！！（この原稿を書いているのは12月22日の深夜11：23です…とほほ…）

リスト2.2に，クリスマス・イルミネーションのように点灯制御するスクリプトを示します．170（2進数で'10101010'）と85（2進数で'01010101'）を1秒ごとに表示します．2進数で見るとよくわかるように，LEDが交互に点灯します．またこのスクリプト自身で先ほど実行したLED点灯制御スクリプト（led.sh）を呼ぶので，led.shとled2.shは同じディレクトリに格納しておいてください．

写真2.10 引数によってLEDを点灯制御した様子

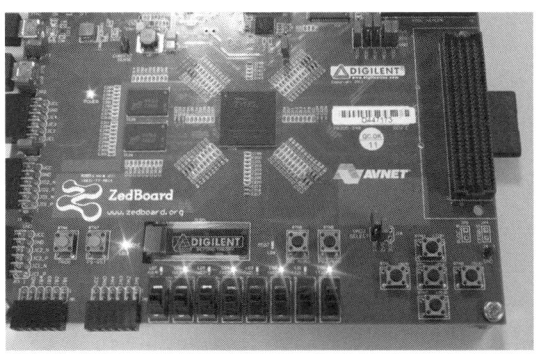

（a）点灯パターンその1

（b）点灯パターンその2

写真2.11 クリスマス・イルミネーションを実行した様子

リスト2.3 スイッチ入力によりLEDを点灯制御する点灯制御するスクリプト (sw.sh)

```
#!/bin/sh
while [ 1 ];
do
  for i in 0 1 2 3 4 5 6 7;
  do
    led=$(($i+61));
    sw=$(($i+69));
    cat /sys/class/gpio/gpio$sw/value > /sys/class/
                              gpio/gpio$led/value;
  done;
  sleep 1;
done;
```

写真2.12 スイッチ入力によりLEDを点灯制御した様子

● スクリプトでスイッチ入力を判定する

同様にスイッチ (SW) もスクリプトから使えます．リスト2.3に，スイッチがONになったらLEDも点灯させるスクリプトを示します．実行は次のようにします．終了する場合は，CTRL+Cを入力してください．

```
zynq> ./sw.sh ⏎
^C
```

写真2.12のように，スクリプト実行中は，スイッチを操作すると，対応するLEDが点灯/消灯します．なお，途中1秒間のsleepを実行しているので，スイッチを操作してからLEDが点灯するまで，一呼吸間が空くことがあります．

● フレームバッファをシェルレベルで制御する

/sys/classを使って，もう少しZedBoardのLinuxを探検してみましょう．ZedBoardには二つの画面表示用のコネクタがあります．ディジタル出力 (HDMIコネクタ) にPC用のDVI-Dのディスプレを繋げると，ペンギンが表示されていました．ちなみに，アナログ出力 (VGAコネクタ) では，カラーバー表示の背景にDIGILENTのマークが動いています (写真2.13)．

ここではディジタル出力を，/sys/class/graphics/fb0を使ってコントロールしてみましょう (アナログ出力側は/sys/classでコントロールできる口を持っていないようだ)．

まずは次のコマンドでカレント・ディレクトリを移動してください．

```
zynq> cd /sys/class/graphics/fb0 ⏎
```

ここでlsコマンドを実行すると，/sys/class/graphics/fb0の仮想的なファイルが見えます．

```
zynq> ls ⏎
bits_per_pixel  device      power
uevent
blank           mode        rotate
    virtual_size
console         modes       state
cursor          name        stride
dev             pan         subsystem
zynq> cat virtual_size ⏎
1280,1024
zynq> cat modes ⏎
U:1280x1024p-0
zynq> cat bits_per_pixel ⏎
32
zynq> cat stride ⏎
5120
```

例えばvirtual_sizeでは画面の仮想的なサイズを，modesでは用意されているモードを得ることができます．これによると画面サイズは横1280ドット×縦1024ラインです．またbits_per_pixelは1ピクセルあたりのビット数，strideは横幅のバイト数です．画面サイズの横幅は1280ドットでbits_per_

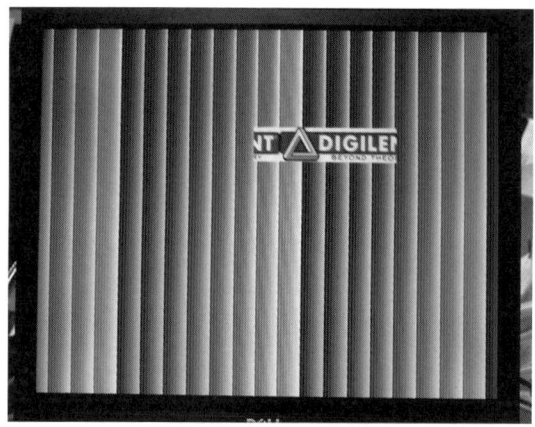

写真2.13 アナログ出力 (VGAコネクタ) の表示

24　第2章　まずはZedBoardを動かしてみよう

写真2.14 ディジタル出力（HDMIコネクタ）の表示がクリアされた様子

写真2.15 ディジタル出力（HDMIコネクタ）に白い点を描画した様子

pixelが32ビット＝4バイトなので，1280×4＝5120となり，strideと一致します．

まずは，画面をクリアしてみましょう．echoコマンドでblankに1を書き込むと画面が消えます．

```
zynq> echo 1 > blank
```

この時，画面表示信号もOFFにしてしまうらしく，ディスプレには映像信号が入力されていない警告が出ることでしょう．そこで，echoコマンドでblankに0を書き込み，映像信号を復活させてやります．

```
zynq> echo 0 > blank
[ 1226.080000] raw_edid: d8bedac0  0
[ 1226.080000] Using RGB output
```

これで写真2.14のように，画面表示が黒になりました．

● **フレームバッファに描画する**

このフレームバッファ（VRAM）の物理アドレスは0x19800000なので，特定の物理アドレスに値を書き込むdevmemコマンドを使って，直接VRAMに値を書いてみましょう．

```
zynq> devmem 0x19800000 32 0x00ffffff
zynq> devmem 0x19800004 32 0x00ffffff
zynq> devmem 0x19800008 32 0x00ffffff
zynq> devmem 0x1980000c 32 0x00ffffff
zynq> devmem 0x19800010 32 0x00ffffff
```

リスト2.4 ドット描画スクリプト（dot.sh）

```
#!/bin/sh
X=$1
Y=$2
C=$3
ADDR=427819008
ADDR=$(($ADDR+$X*4+$Y*5120))
#printf "devmem 0x%x 32 $C\\n" $ADDR
devmem $ADDR 32 $C
```

これで白い点を横に5ドット分つなげて書き込みました．つまり画面の一番左上に，白いラインが描けました．写真2.15に示すように，めちゃくちゃ地味です．

strideは5120と分かっているので，任意の座標（x, y）のアドレスは次の式で計算できます．

$0x19800000 + x \times 4 + y \times 5120$

● **スクリプトで描画する**

ドットを描くスクリプトを作成し，さらにそれを呼び出してボックスを描くスクリプトを用意しました（リスト2.4，リスト2.5）．カレント・ディレクトリをUSBフラッシュ・メモリに移動して，次のように実行します．

```
zynq> cd /mnt/usb
zynq> ./box.sh 100 100 300 300
0xff0000
```

リスト2.5 ボックス描画スクリプト（box.sh）

```
#!/bin/sh
X0=$1
Y0=$2
X1=$3
Y1=$4
C=$5

X=$X0
while [ $X -ne $X1 ];
do
        ./dot.sh $X $Y0 $C
        ./dot.sh $X $Y1 $C
        X=$(($X+1));
done

Y=$Y0
while [ $Y -ne $Y1 ];
do
        ./dot.sh $X0 $Y $C
        ./dot.sh $X1 $Y $C
        Y=$(($Y+1));
done
```

写真2.16 ディジタル出力（HDMIコネクタ）に赤い四角形を描画した様子

これで座標(100, 100) – (300, 300)に赤色の四角形を描くことができます（写真2.16）．

● ネットワークを使う

次はネットワークを使ってみましょう．EthernetケーブルをZedBoardに接続（写真2.17）すると，コンソールに次のように表示されます．

```
zynq> [  210.980000] eth0: link
up (1000/FULL)
```

ネットワークを使うには，まずIPアドレスを設定する必要があります．ZedBoard付属のLinuxはどのように設定されているでしょうか．catコマンドで/etc/init.d/rcSを表示してみると，リスト2.6のように

写真2.17 ZedBoardにEthernetケーブルを接続

リスト2.6 /etc/init.d/rcSの内容（IPアドレス設定部分のみ）

```
～中略～
echo "++ Configure static IP 192.168.1.10"
ifconfig eth0 down
ifconfig eth0 192.168.1.10 up
～中略～
```

192.168.1.10に設定されていることがわかります．

そこで筆者のネットワーク環境に合わせて，ここではIPアドレスを192.168.0.141にしてみます．

```
zynq> ifconfig eth0 down ⏎
zynq> ifconfig eth0 192.168.0.141 up ⏎
[  221.170000] GEM: lp->tx_bd ffdfa000
lp->tx_bd_dma 18381000 lp->tx_skb
d9f01280
[  221.170000] GEM: lp->rx_bd ffdfb000
lp->rx_bd_dma 1816d000 lp->rx_skb
d9f01480
[  221.180000] GEM: MAC 0x00350a00,
0x00002201, 00:0a:35:00:01:22
[  221.180000] GEM: phydev d8b6b400,
phydev->phy_id 0x1410dd1, phydev-
>addr 0x0
[  221.190000] eth0, phy_addr 0x0,
phy_id 0x01410dd1
[  221.190000] eth0, attach [Marvell
88E1510] phy driver
```

● sshとftpを使ってみる

それでは他のマシンからネットワーク経由でリモート接続してみます．telnetも使えますが，通信が暗号化されるssh（Secure SHell）が使えるので，sshで接続することにします．ID（ユーザ）はroot，パスワードはrootです．

```
> ssh root@192.168.0.141
The authenticity of host '192.168.0.
141 (192.168.0.141)' can't be
established.
RSA key fingerprint is ....
Are you sure you want to continue
connecting (yes/no)? yes
Warning: Permanently added '192.168.
0.141' (RSA) to the list of known
hosts.
root@192.168.0.141's password:
zynq>
```

TeraTermなどsshが使えるターミナルでは，直接sshで接続することもできます（図2.4）．

これで簡単にscpなどでファイルの転送ができます．ftpdも動いているのでftpでのファイル転送も可能です．

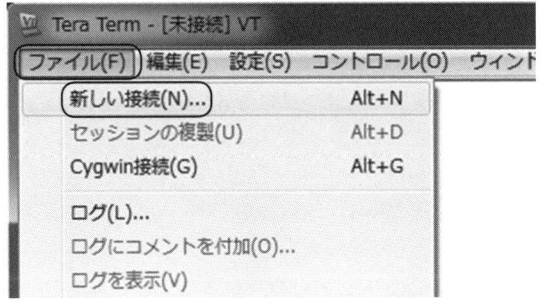

(a)「ファイル」→「新しい接続」

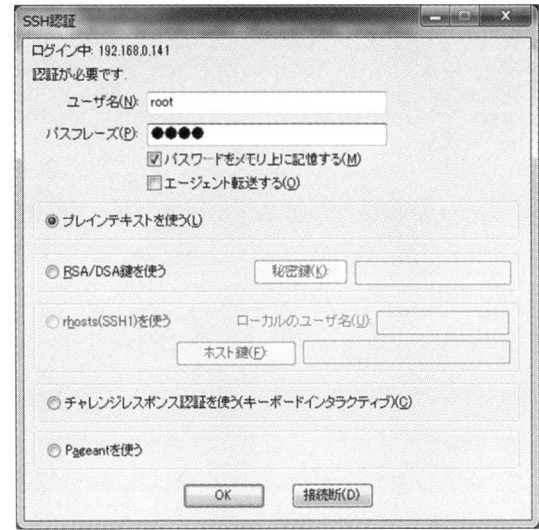

(c) ユーザとパスワードの入力

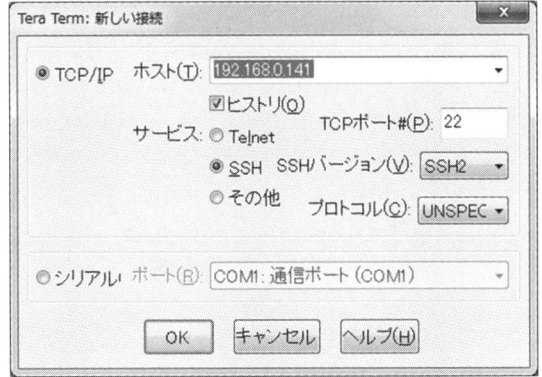

(b) sshでの接続

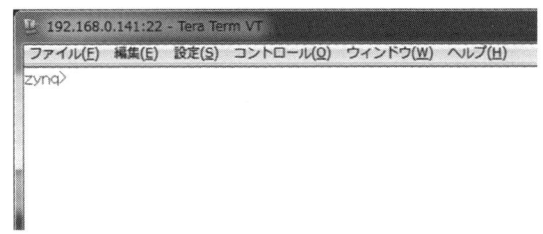

(d) 接続完了

図2.4　TeraTermを使ったssh接続例

```
rem:tmp> ftp 192.168.0.141
Connected to 192.168.0.141.
220 Operation successful
Name (192.168.0.141:root): root
230 Operation successful
Remote system type is UNIX.
Using binary mode to transfer files.
ftp> pwd
257 "/"
ftp> cd tmp
250 Operation successful
ftp> put get
local: get remote: get
200 Operation successful
150 Ok to send data
226 Operation successful
8483 bytes sent in 0.00 secs (24728.9 kB/s)
ftp> ls 200 Operation successful
150 Directory listing
total 16
-rw-r--r--1 root  0  8483 Jan 1 00:09 get
226 Operation successful
ftp>
```

● httpdが動いているのでブラウザを起動

　ZedBoard付属のLinuxはhttpdも動いているので，他のマシンでブラウザを起動し，IPアドレスとして192.168.0.141を指定してみてください．図2.5のようにZedBoardの画像ファイルのトップページが表示されます．

2.3　まずはLinuxのコマンド操作でZedBoardを制御してみよう　　27

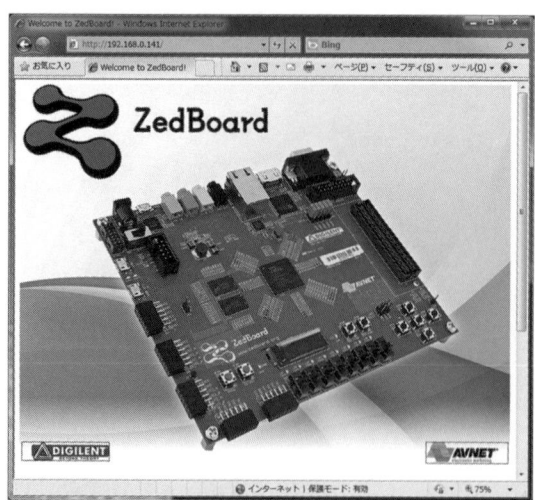

図2.5　httpdのトップページ画面
URLは"http://192.168.0.141/"と指定する

● IPアドレスや転送したファイルを保存する

すでに説明したように，ZedBoard付属のLinuxはRAMディスク上で動作しているので，変更したIPアドレスやftpで転送したファイルは，現状では電源OFFやリセットすると消えて無くなってしまいます．これらを本当に保存するためには，SDカード上のファイル・システム（ramdisk8M.image.gz）の中身を変更する必要があります．この方法については，第5章で解説します．

2.4 Zynqの起動とLinuxが立ち上がるまで

次に，ZedBoardでLinuxが立ち上がるまでの手順，もっと正確に言えば，Zynqの起動時の動作について，簡単に説明します．

● Zynqの起動モード

Zynqにはいくつかの立ち上げのためのモードがあり，そのモードはジャンパ設定で変更可能です．SDカードから立ち上がるのはその一つです．ここではその立ち上げシーケンスを見ていきましょう．

Zynqではbootのステージを次の三つに分けています．第二段階ブートローダはオプションですが，一般的にLinuxなどの大規模なOSを起動させる場合は，第二段階ブートローダも使用します．今回のLinuxシステムの場合，U-Bootがそれに対応します．

(1) ステージ0ブート（State-0 Boot［BootROM］）
(2) 第一段階ブートローダ（First Stage Boot Loader）
(3) 第二段階ブートローダ（Second Stage Boot Loader）

● ステージ0ブート

ARMプロセッサのあるPS（プロセッシング・システム）内部には，BootROMという特別なROMがあります．起動時には二つあるARMプロセッサのうち一つがこのBootROMを実行します．もう一つのプロセッサは待機しています．

この時点でARMプロセッサが使える資源は，あまり数が多くありません．外付けのRAM（DDR SDRAMなど）も，諸設定をしていないため使うことができません．この数少ない手の内から，より複雑なコードを引き出していこうという作戦です．

ZynqのブートモードがSDカードから起動する設定の場合，BootROMプログラムはSDカードからBOOT.binを探し出します．ARMプロセッサはFATでフォーマットされたBOOT.binの先頭を解析し，FSBL（First Stage Boot Loader）をオンチップメモリ（OCM）へダウンロードします．

OCMとはARMプロセッサが最初から使える256Kバイトの容量のSRAMです．この時点では，まだDDR SDRAMなどの外部メモリは使えないので256KバイトのSRAMでやりくりしなければならないのです．しかも，OCMへロードされるFSBLのサイズは最大で192Kバイトに制限されています（FSBL実行時に256Kバイトに拡大可能）．

BOOT.binのファイル内の構造は，BootROMヘッダで始まるようフォーマットが決まっています．

FSBLはBootROMヘッダ内のソース・オフセットにイメージ・サイズ分だけ配置されます．ソース・オフセットは最小値が0x8C0で64バイト境界，イメージ・サイズの最大値は0x30000（192K）で，先ほど説明したようにOCMは192Kバイトしか使えません．それ以上の値を書いてもセキュリティ・ロックアップ状態（つまりなんらかの問題があったのでシステム停止）となります．

とにもかくにも，BootROMはSDカード上のBOOT.binの先頭のBootROMヘッダのソース・オフセット値（多くの場合0x8C0）とサイズを読み出し，FSBLがSDカードのどこにあるかを決定し，さらにSDカードから最大192KバイトのFSBLをOCMに展

開します．

BootROMヘッダの実行開始にはOCMを基準にした相対的な開始アドレスが書かれています．ステージ0ブートの最後には，この開始アドレスにジャンプすることでFSBLに制御を移すことになります．

参考までに手元のZedBoardのBOOT.binイメージのodコマンドによるダンプを示します．この例では，オフセットが0xAC0の位置にサイズが0x1532C（86828バイト）のFSBLが格納されています．ロードされるとOCMの先頭から実行されます．こんなとき，Linuxだとすぐに結果を得られるので便利ですね．

```
zynq> od -tx4 BOOT.BIN | head
0000000 eaffffe eaffffe eaffffe
eaffffe
*
0000040 aa995566 584c4e58 00000000
01010000
0000060 00000ac0 0001532c 00000000
00000000
0000100 0001532c 00000001 fc16ab28
00000000
0000120 00000000 00000000 00000000
00000000
*
0000220 00000000 00000000 000008c0
000009c0
0000240 ffffffff 00000000 ffffffff
00000000
*
```

●第一段階ブートローダ（FSBL）

第一段階のブートローダがすべきことは次の通りです．
（1）CLK，DDR SDRAM，MIO等のPSのコンフィグレーション
（2）ビットストリームによりPL（プログラマブル・ロジック）をプログラム
（3）必要があれば第二段階のブートローダを呼び出し実行あるいはアプリケーションを実行

BOOT.binにはビットストリームや第二段階のブートローダであるU-BootやLinuxカーネルの本体であるzImage，デバイス・ツリーのバイナリ（dtb），Linuxファイルシステムイメージなどを入れ込むことができます．

ZedBoardの付属のSDカードのBOOT.binにはU-Bootが入っているものの，zImageやデバイスツリーおよびファイルシステムはSDカード内に別のファイルとして存在しています．SDカードの上にある単なるファイルなので，デバッグ時には入れ替えなどが容易にできて便利です．出荷時にはBOOT.binに全てのファイルを格納する，あるいはU-Bootを入れずにLinuxシステムだけを入れるなどの使い分けをするとよいでしょう．

FSBLによって，CLK，DDR SDRAM，MIO等が初期化されれば，ARMプロセッサとしてDDR SDRAMなどの大容量メモリも使えますし，MIOの周辺機器も使えます．

その後，ビットストリームをプログラムすれば，PL部分であるFPGAも使えることになります．なお，ビットストリームのプログラムはFSBLでの必須ではないので後に回すこともできます．

ARMプロセッサとしてかなり柔軟な作りになっているという印象です．

●第二段階ブートローダ（SSBL）

第二段階のブートローダはオプショナルです．第一段階のブートローダで事足るのであれば，第二段階のブートローダは必要ありません．

ZedBoardの付属のSDカードでは，第二段階ブートローダとしてU-Bootが使われています．

●ZedBoard上でLinuxが立ち上がるまで

Zynqのブート手順がわかったところで，もう一度，Linuxが起動するまでをスローモーション？で説明します．
（1）まず電源が入る
（2）ここではじめにARMプロセッサが立ち上がる（この時点ではARMプロセッサは立ち上がるものの，周辺機器は全く使えない）
（3）ARMプロセッサが内部のROMを実行する．このROMは外部からは見えない
（4）ジャンパを見て，SDカードからブートする設定だと判定する
（5）SDカードの内をFATファイル・システムと理解してBOOT.binを探す
（6）BOOT.binを読み込みFSBLを探し，最初の192KバイトまでをOCMへ読み込む
（7）OCM内のFSBLへジャンプする

（8）FSBLでは通常，基本的な周辺機器のみ初期化する（CLK，DDR SDRAM，MIO等）．これでとりあえずDDR SDRAMは使えるようになる

（9）FSBLではさらにBOOT.binのヘッダを見て，FPGA部分をコンフィグレーションする

（10）FPGA部分のコンフィグレーションが終了すると，ZedBoard上の青いLEDが点灯する

（11）続いて，第二段階ブートローダ（SSBL）を読み込む（ここではU-Boot）

（12）U-Bootが実行される

（13）U-Bootはスクリプトを実行し，Linuxカーネル（zImage）をDDR SDRAMへ展開する

（14）続いてdevicetree.dtbをDDR SDRAMへ展開する

（15）さらにramdisk8M.image.gzをDDR SDRAMへ展開する

（16）最後にLinuxの先頭アドレスである0x8000へジャンプする

（17）Linuxが起動する

　ルート・ファイル・システム（ramdisk8M.image.gz）のSDカードからの展開が早くはないので，起動には少々時間がかかります．SDカードからの起動ではなく，クワッドSPIから起動させる場合は，起動時間は短縮されます．

2.5　Linuxとしてよりよい環境を作るには？

　ZedBoard付属のLinuxを使ってみると，いろいろな改善点が浮かび上がってきます．大半は他のZynqシステムにも共通する問題です．本書では次のようなストーリで，最終的には非常に使いやすいLinuxシステムを仕上げていきます．

（1）Linuxなしでの実行
（2）すでにあるLinuxを実行
（3）クロス・コンパイルによりアプリケーションを追加
（4）ルート・ファイル・システムを自由に作れるような環境の構築
（5）PL（プログラマブル・ロジック）に既存のIPコアを追加して合成しLinuxから確認
（6）PL（プログラマブル・ロジック）に自作のIPコアを追加して合成しLinuxから確認

　開発環境あるいは製品化を目指すための有用なベース・システムを構築するために，いろいろと改良していきましょう．

第3章 開発ツールPlanAheadのインストールと実践

ISE Design Suite 同梱の開発ツール
PlanAhead を使った Zynq の開発手順

3.1 開発ツールの入手方法とセットアップ手順

ZedBoardを使っての開発にはXilinx社の開発ツールが必要です．ここではISE Design Suite 14.4を使用します（図3.1）．Zynqの開発には無償版のISE WebPACKが使用可能です．ISE Design Suiteをインストールすると次のツールが同時にインストールされます．

- **Xilinx Platform Studio（XPS）**

プロセッサを使用したエンベデッド・システムを構築する際に使用するツールセットです．Zynqプロセッサに対してバスやIPコアを選択し接続することでハードウェアの構築を可能にします．以下XPSと呼びます．

- **Xilinx SDK（Software Developer Kit）**

Xilinx社が用意しているC/C++の統合開発環境です．Eclipseをベースにしています．以下SDKと呼びます．

- **PlanAhead**

システム全体の設計・解析を可能とする統合ツールです．今回はXPSで設計したハードウェアのデザインの合成や，後述のXPSとSDKの橋渡しに使います．

各自のシステムにISE Design Suite 14.4（またはそれ以降）をインストールしてください．筆者は64ビット版Windows 7にISEをインストールし使用しました．また，Linuxのクロス・コンパイル環境として，必要に応じて64ビット版のUbuntuサーバを使用しています．

図3.1 ISE Design Suite 14.4のダウンロード

3.2 ARM で Hello World

まずはSoCの中心であるARMでHello Worldの出力を目指します．最初はPL部，すなわちFPGA部分を使いません．ARMだけでの起動を確認します．

●PlanAhead起動

まずはPlanAheadを起動します[図3.2(a)]．Create New ProjectをクリックするとNew Project用のガイドが立ち上がります[図3.2(b)]．Nextを押します．Project Nameウィンドウに変わります[図3.2(c)]ここではProject NameとProject locationを入力

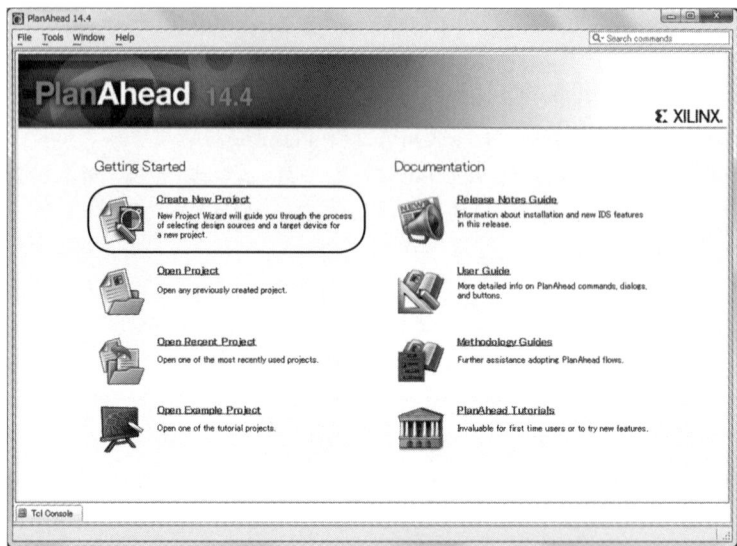

(a) PlanAhead 初期設定画面

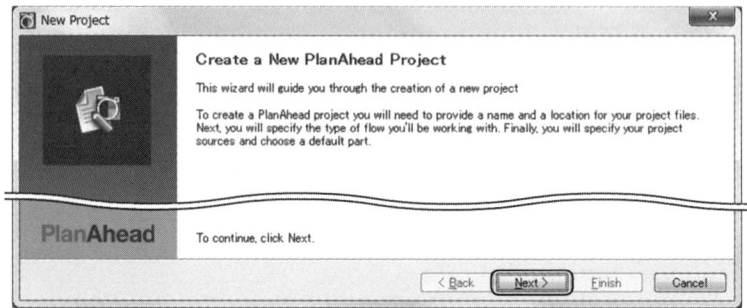

(b) 新規プロジェクト作成

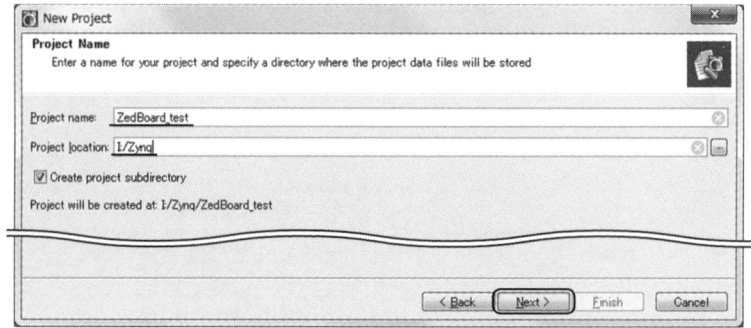

(c) プロジェクト名(Project Name)の入力

図3.2 PlanAheadでの初期設定

します．それぞれZedBoard_test，I:/Zynqとしました．Project locationは使っている開発環境に合わせて選びます．Project TypeウィンドウではRTL Projectを選択してNextボタンで次に進みます［図3.2（d）］．

Add Sourcesウィンドウでは特に何も追加する物はありません．筆者はTarget languageをVHDLとして次に進みました［図3.2（e）］．

Add Existing IPウィンドウでも特に何も追加する物はありません．Nextボタンで先に進みます［図3.2（f）］．Add Constraintsウィンドウでも特に何も追加する物はありません．Nextボタンで先に進みます［図3.2（g）］．

Default PartウィンドウではSpecifyにBoardsを選びます［図3.2（h）］．FilterでZynq-7000を選ぶと

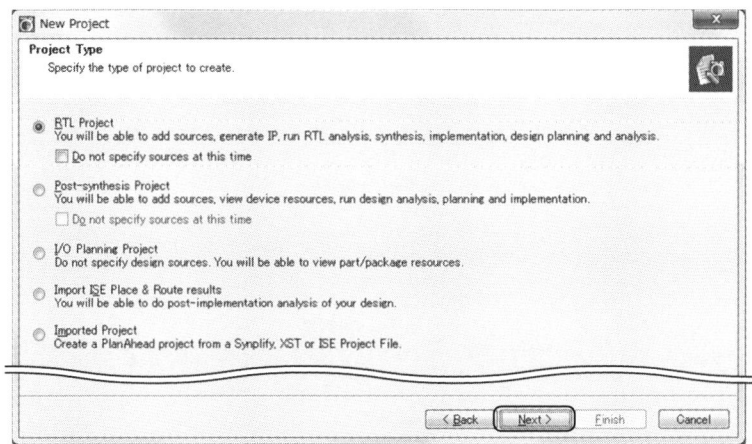

(d) プロジェクト・タイプ（Project Type）の選択

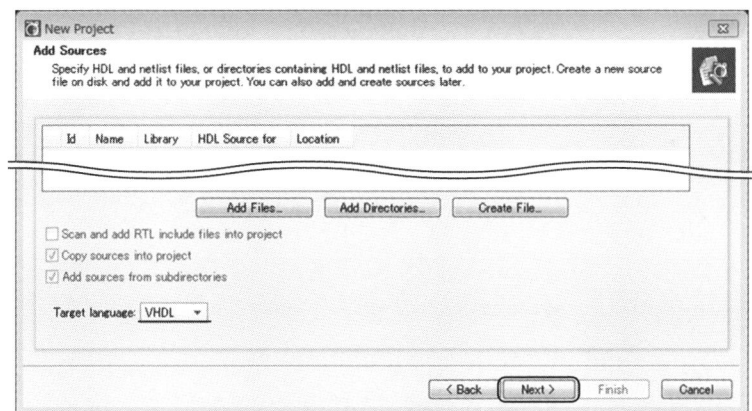

(e) ソースの追加（Add Sources）

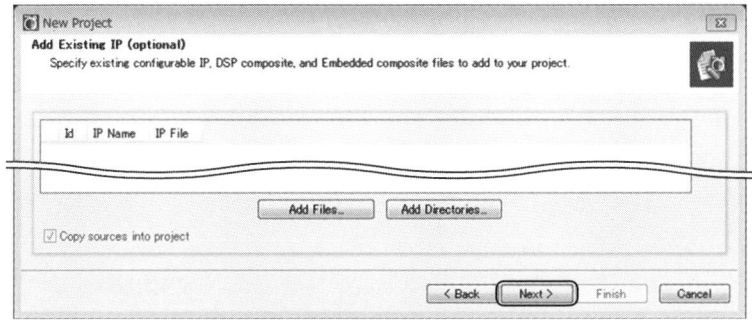

(f) 既存IPの追加（Add Existing IP）

3.2 ARMでHello World　33

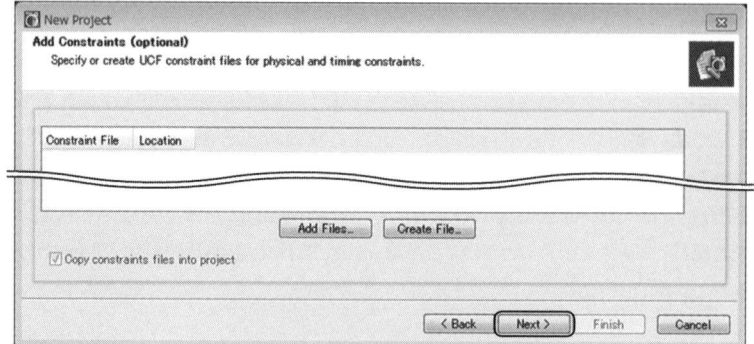

(g) 制約の追加（Add Constraints）

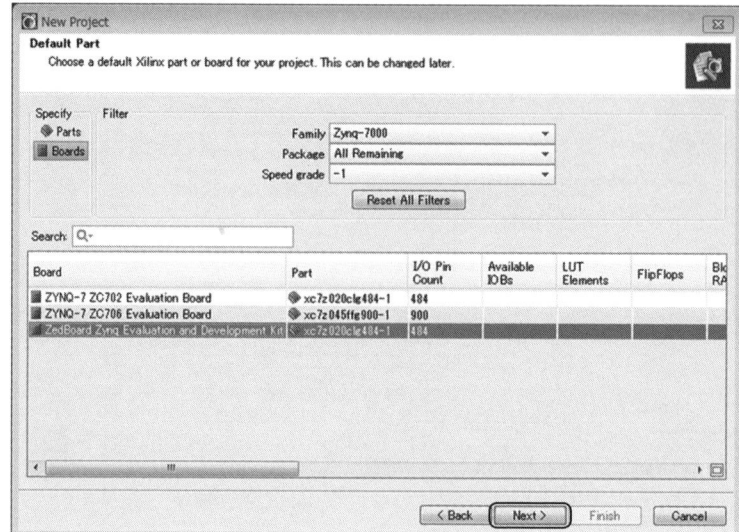

(h) ボードの選択（Default Part）

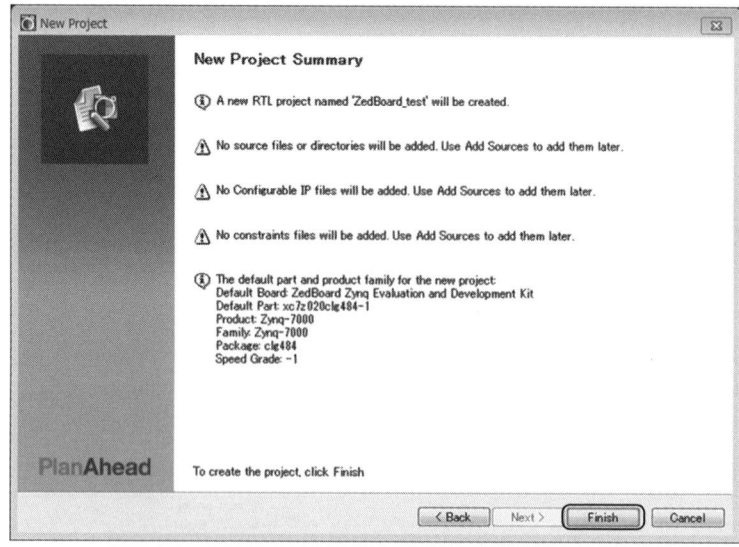

(i) 新規プロジェクト最終確認画面（New Porject Summary）

図3.2　PlanAheadでの初期設定（続き）

ZedBoardが現れます．ZedBoardが選択肢にない場合はPlanAheadが古いのかもしれません．バージョン14.4以降であることを確認します．ZedBoardを選択し次に進みます．

最後にNew Project Summaryが表示されます［図3.2（i）］．ZedBoardが選択されていることを確認してFinishで準備終了です．

●**ソースの追加**

PlanAheadのメインGUIが立ち上がりました（図3.3）．この状態では何もデザインがありません．そこで，左のProject Managerメニュー内のAdd Sourcesボタンをクリックしてソースの追加をします．ここでいうソースは後にXPSで使用するハードウェアのデザインのためのソースです．

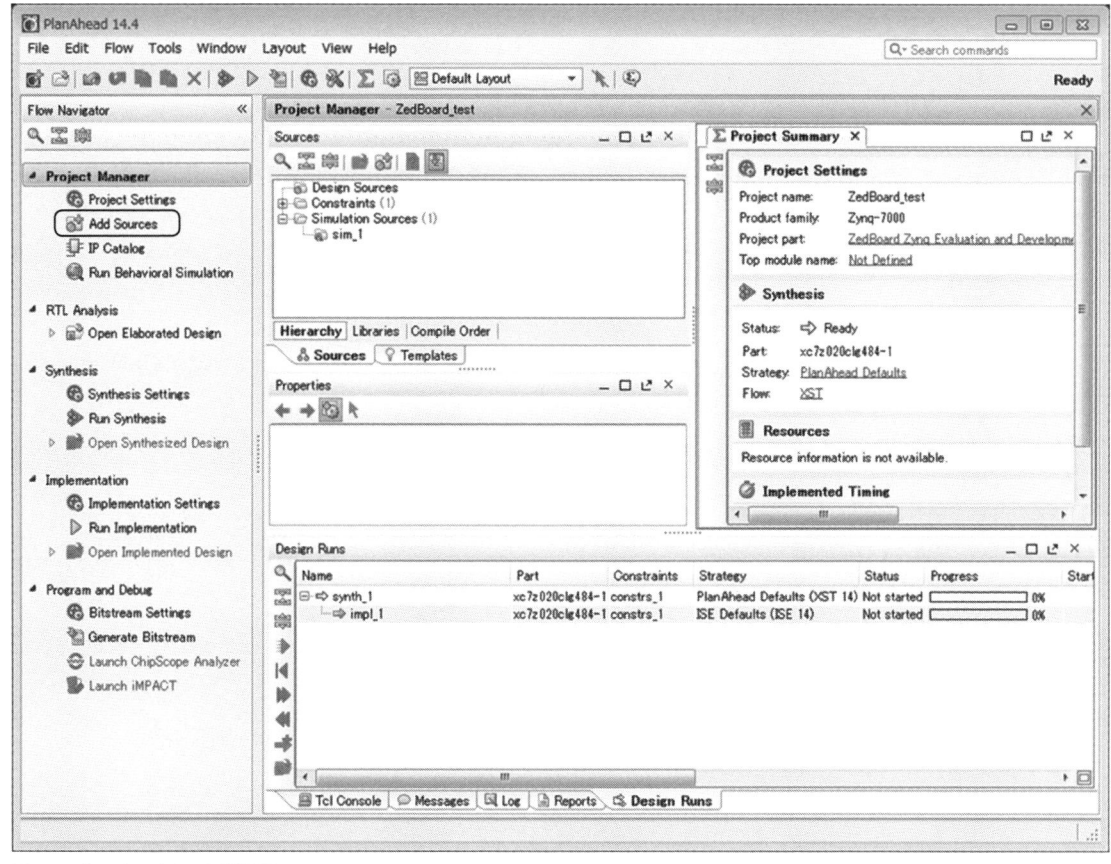

図3.3 PlanAhead GUI 初期画面

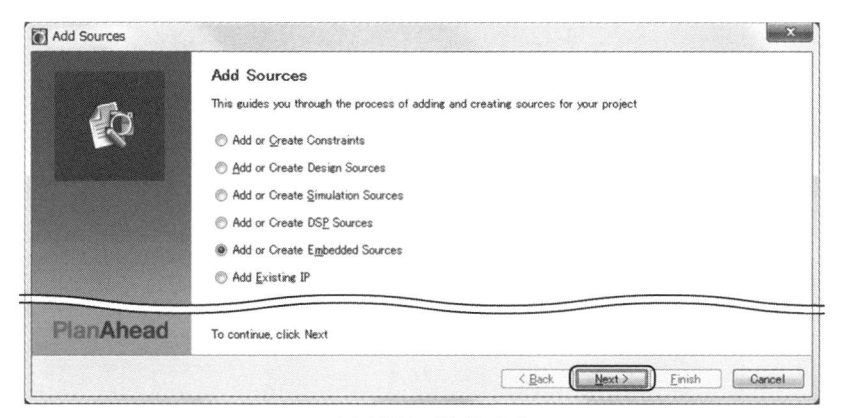

（a）新規のデザイン作成

図3.4 ソースの追加

3.2 ARMでHello World 35

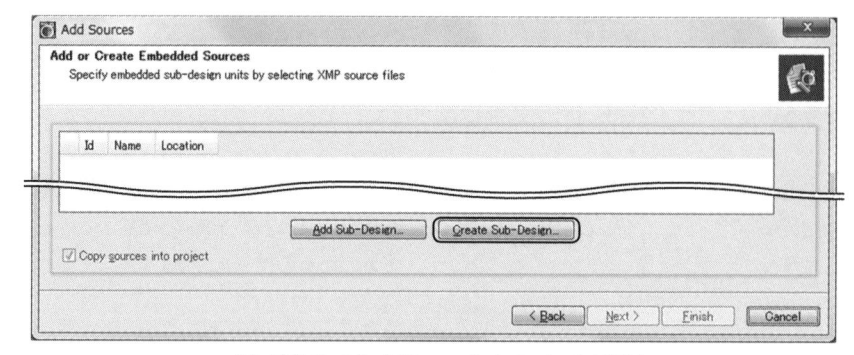

(b) デザインの作成（Create Sub-Design）を選択

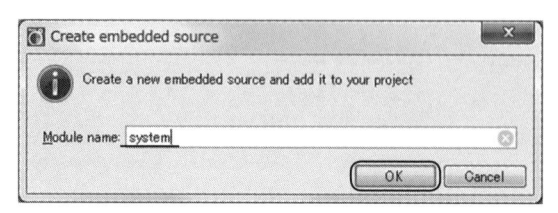

(c) モジュール名（Module name）の入力

図3.4 ソースの追加（続き）

Add Sources ウィンドウで Add or Create Embedded Sources を選択しNext ボタンをクリックします［図3.4（a）］．Add or Create Embedded Sources ウィンドウでは Create Sub-Designをクリックします［図3.4（b）］．Module name の入力を促すウィンドウが現れるので system と入力しOK をクリックします［図3.4（c）］．モジュールが追加されました．Finishをクリックすると，しばらくしてXPSが立ち上がります．

●XPSツアー

ここからXPSを使用してZynqのシステムを構築していくことになります．BSB Wizardを使うかどうかのプロンプト・ウィンドウが出るので Yes をクリックします［図3.5（a）］．

Create New XPS Project Using BSB Wizardウィンドウではすでに Project File が入力されています［図3.5（b）］．そのまま，OKをクリックします．Board

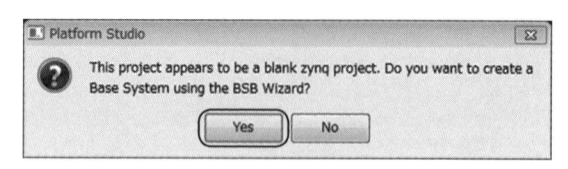

(a) BSB ウィザード（BSB Wizard）の実行の確認

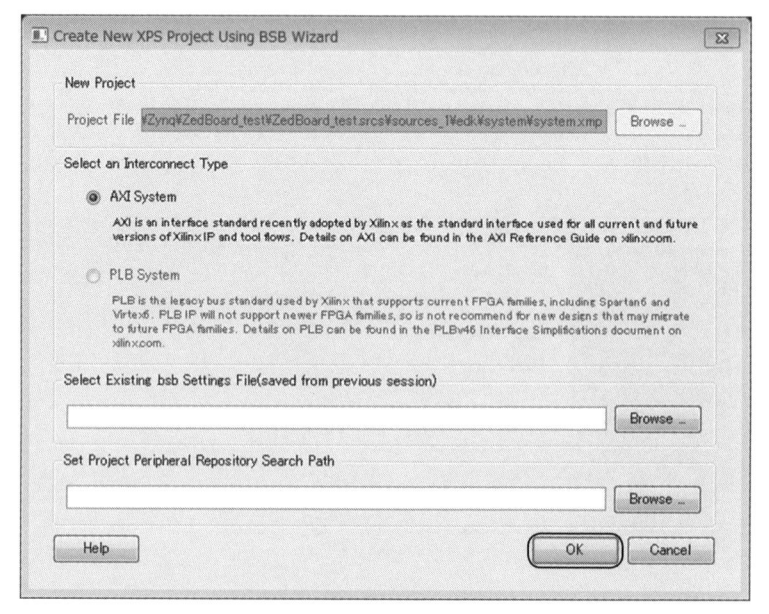

(b) XPS 用のプロジェクトの作成

図3.5 Zynq システムの構築

and System SelectionでもZedBoardが入力済みです［図3.5 (c)］. Nextをクリックします.

Peripheral Configurationでもすでに必要なGPIOが設定されています［図3.5 (d)］. そのままFinishでXPSのメインのGUI画面が表示されます. XPSでの作業はこれで終わりです.

今までFPGAを使用してきた読者は肩透かしを食った感じがするかもしれません. しかし，これがPL部を使用した新しいプログラマブルなSoCの構築方式なのです. 中心になるSoCがARMとしてすでに出来上がっているので，用意された雛形があればそれですぐにスタートできるのです.

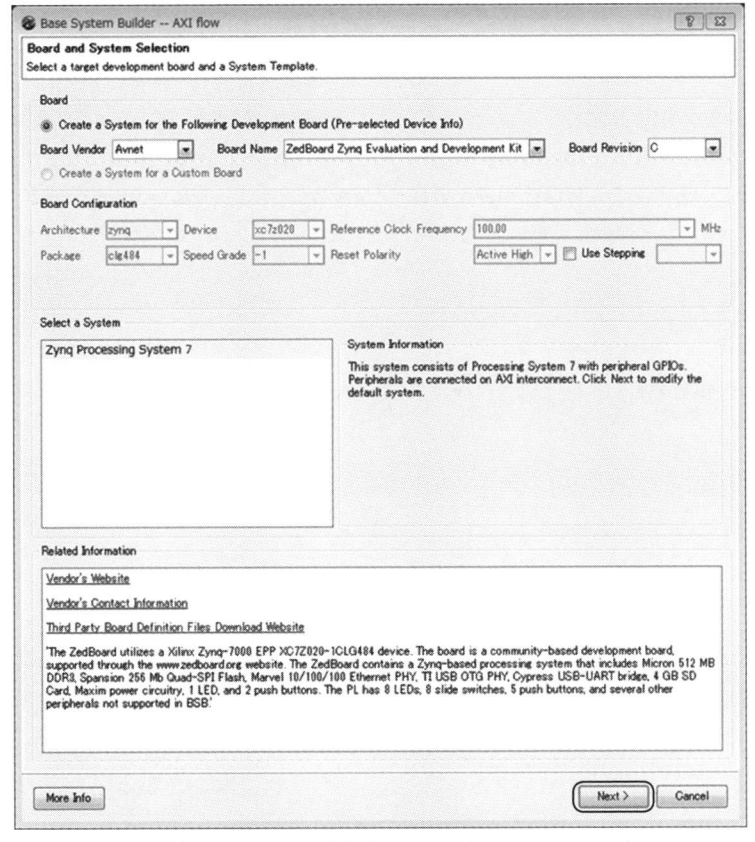

(c) ボード/システムの選択 (Board and System Selection)

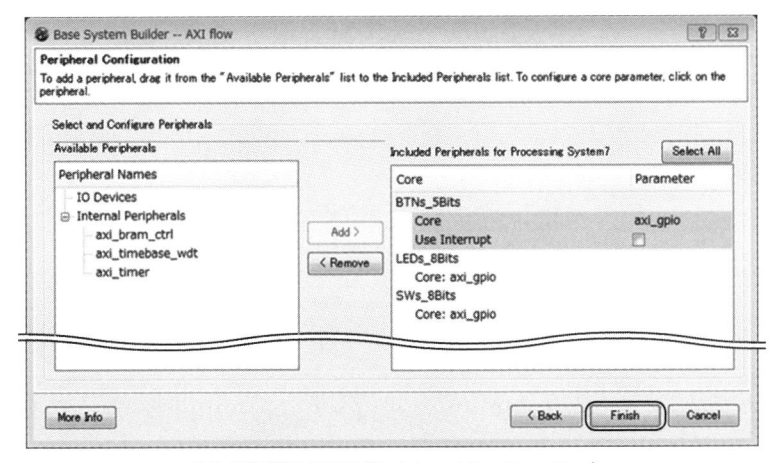

(d) 周辺機器の設定 (Peripheral Configuration)

●**Zynqタブ**

これだけでは面白みに欠けるのでちょっとツアー的に見て回ってみます．Zynqというタブの中にI/O Peripheralと書かれたみどりの箱があります．クリックしてみます［図3.6（a）］．

Zynq PS MIO Configurationsというウィンドウが開きました［図3.6（b）］．これはMIOのどれが有効になっているかを示す表です（MIOについての詳細は第6章を参照）．例えば，ZedBoardではQSPI，Enet0，USB1，UART1などが有効になっています．GPIOの"＋"ボタンを開いてみます［図3.6（c）］．

MIO GIPOにチェックが入っていますが，EMIO GPIOがOFFになっています．ここではそういう項目があるのだなぁと感心しつつ，何も変更をせずにCloseをクリックします．

その他，IPコアのリスト（ここから必要なIPコアを選択してシステムに追加する．今は使わない）やBus Interfaces，Ports，Addressesというタブがあります．

Bus Interfacesは，追加されたIPコアがどのようにシステムのバスに接続されているかを指し示します．この例ではプロセッサにAXI4 Liteバスを通して三つのGPIO（BTNs_5Bits，LEDs_8Bits，SWs_8Bits）が接続されています［図3.7（a）］．

PortsはそれぞれPORTの信号線がどのように接続されているかを示します．

Addressesは，各IPコアがどのアドレスに配置されているかを指し示します．GPIOは0x4120_0000からの領域に配置されており，PL上のIPコアであることがわかります［図3.7（b）］．PS部にあるコアは0xE000_0000からの領域に配置されておりこれは固定です．なお，これらの周辺機器の詳細は，Xilinx社の資料 ug585-zynq-7000-TRM.pdfという資料のAppendix BのRegister Detailsに書かれています．

一通りXPSを見て回ったら終了し，PlanAheadに戻ります．

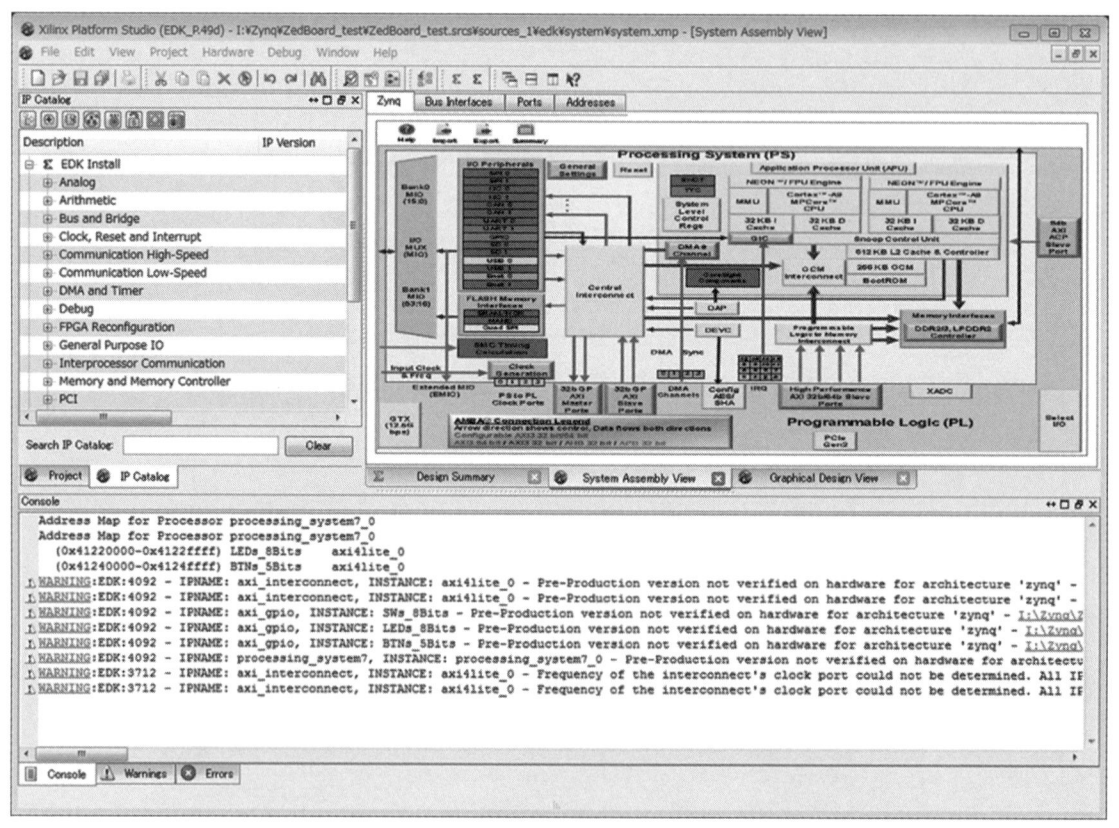

（a）XPSの全景

図3.6　XPSツアー

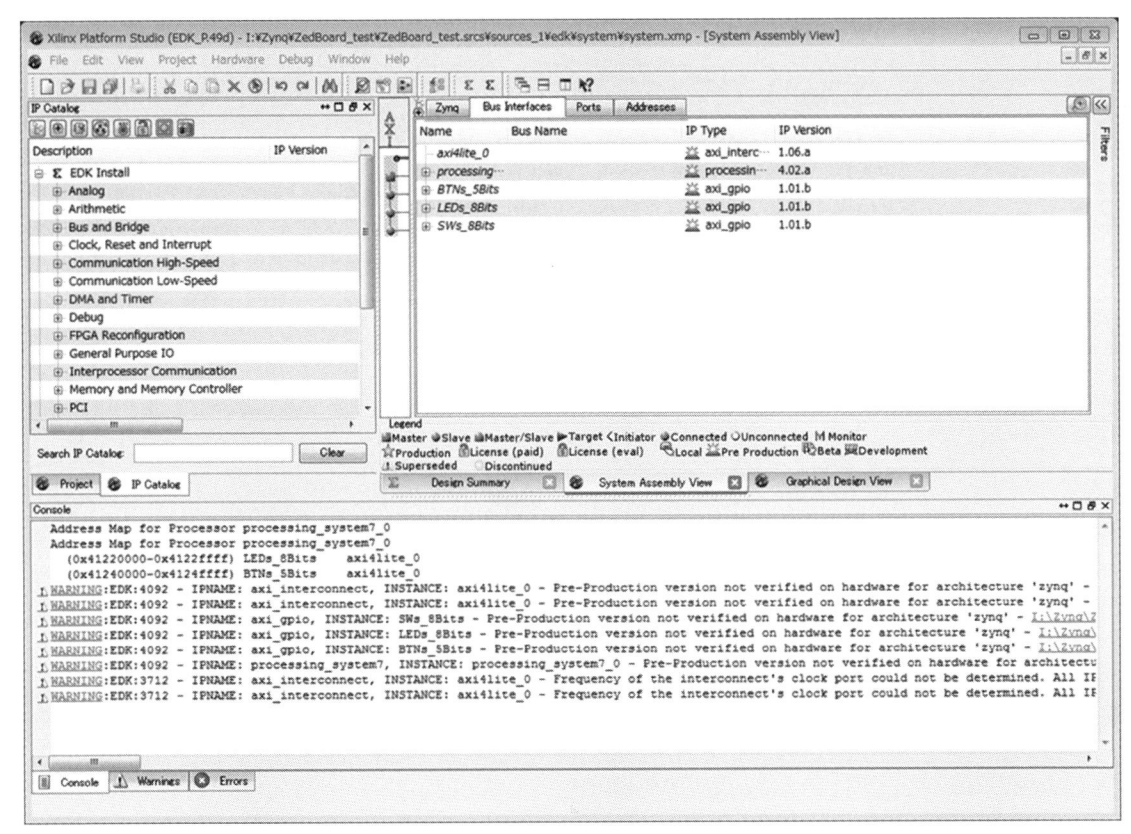

(a) バス・インターフェース（Bus Interfaces）

図3.7 システムの詳細設定を確認する

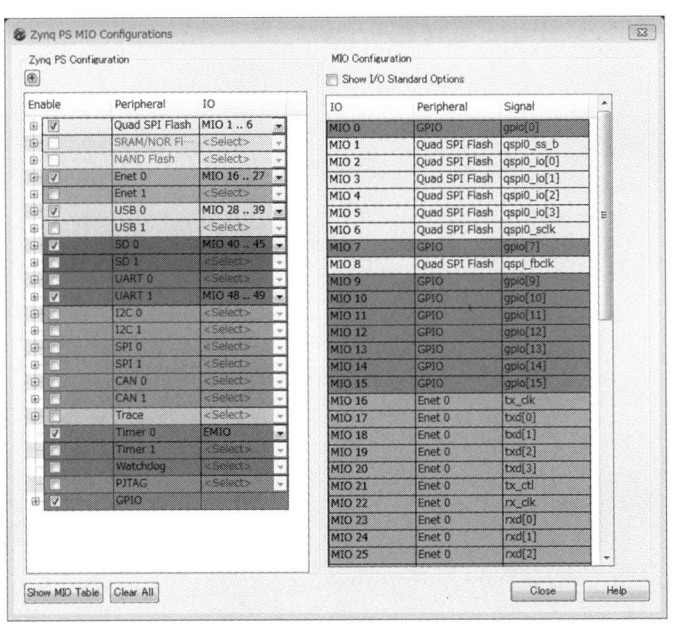

(b) Zynq用のIO設定

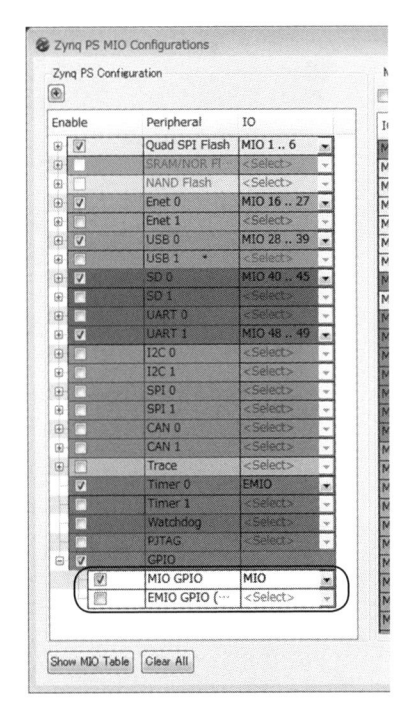

(c) Zynq用のIO設定（GPIO の詳細を開く）

3.2 ARMでHello World　39

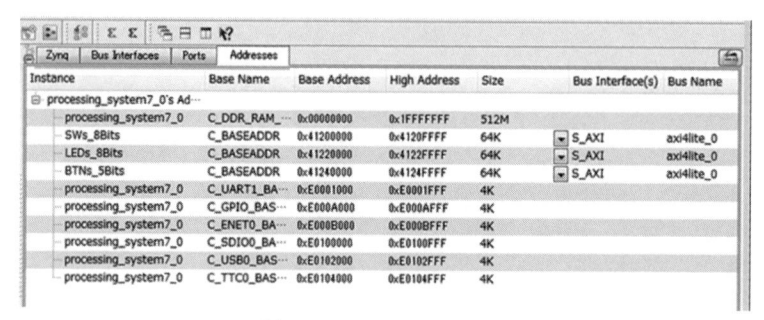

(b) アドレス配置（Addresses）

図3.7 システムの詳細設定を確認する（続き）

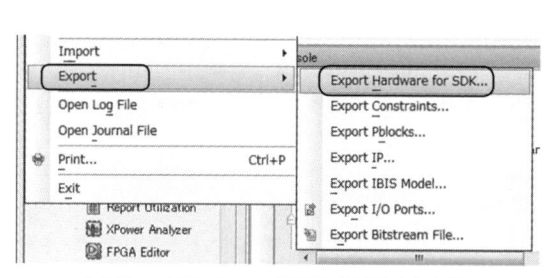

(a) Export Hardware SDKでSDKを立ち上げる

(b) Export Hardware for SDKの確認画面

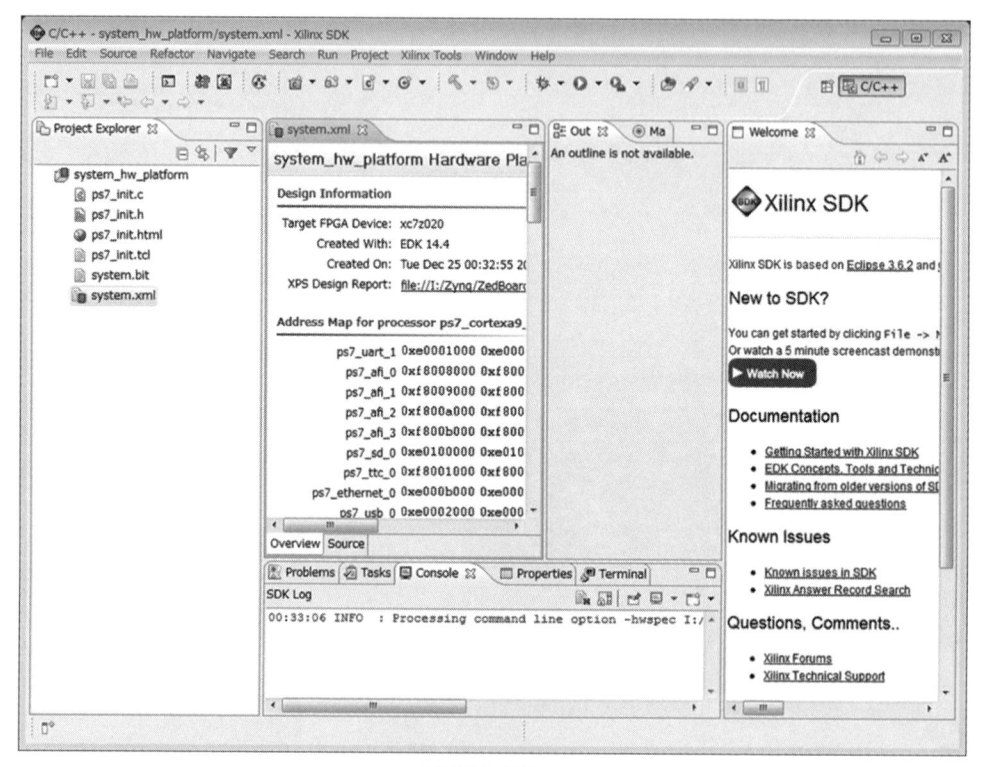

(c) SDK初期画面

図3.8 PlanAheadからSDKを立ち上げる

40　第3章　開発ツールPlanAheadのインストールと実践

●SDKを使う

PlanAheadにもどったらSDKを立ち上げます．Export Hardware for SDKでハードウェア情報をSDKに引き渡し，それをベースにSDKで開発が可能になります．File → ExportからExport Hardware for SDKを選択します［図3.8（a）］．Export Hardware for SDKウィンドウが表示されるのでLaunch SDKにチェックを入れてOKをクリックします［図3.8（b）］．これでSDKが立ち上がります［図3.8（c）］．

2回目以降にSDKが必要になった場合，ハードウェアに変更が無ければそのままSDKを立ち上げます［図3.9（a）］．これで，ハードウェアの開発環境とソフトウェアの開発環境が見事に分離可能です．ハードウェアの設計者はハードウェアの設計・テスト済みの環境をつくりそれをソフトウェア開発者に渡せばよいのです．ソフトウェア開発者はPlanAheadやXPSなしにソフトウェアの開発が可能です．

SDKで新しいプロジェクトを追加し，Hello Worldプログラムを作ります．File→Application Projectを選択します［図3.9（b）］．Application ProjectウィンドウでProject NameにHelloWorldと入力しNextをクリックします［図3.9（c）］．TemplatesウィンドウではHello Worldをテンプレートとして選択しFinishで終了です［図3.9（d）］．自動的にコンパイルが始まり，終了します［図3.9（e）］．

これで準備が終わりました．ぜんぜんプログラム・コードを入力していないじゃないか！と思われる読者もいるかもしれません．HelloWorldならプログラムしなくてもXilinx社が用意してくれているのです．

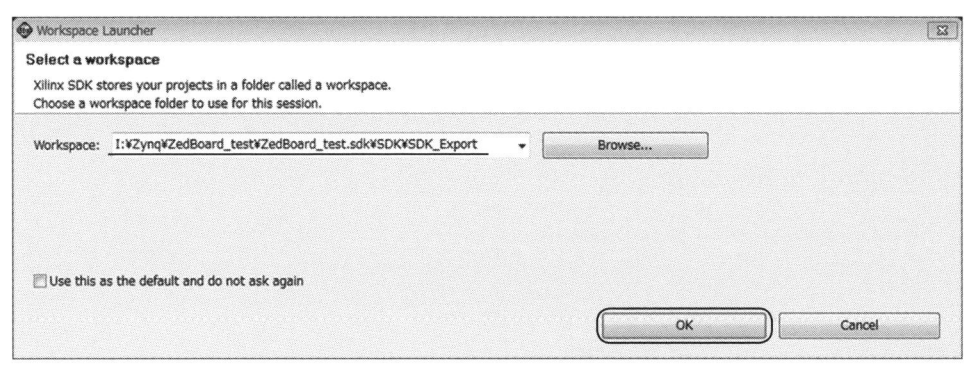

（a）SDKを単体で立ち上げ時のWorkspace選択画面

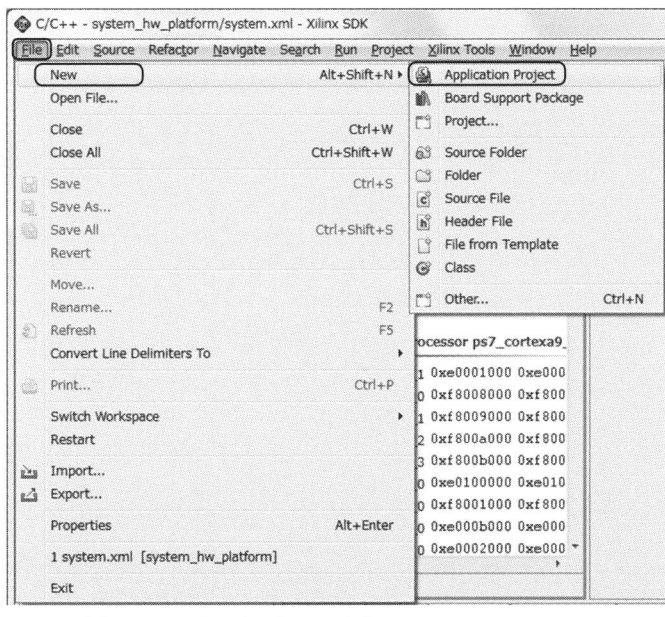

（b）SDKでの新規プロジェクト作成

図3.9 SDKを単体で立ち上げる

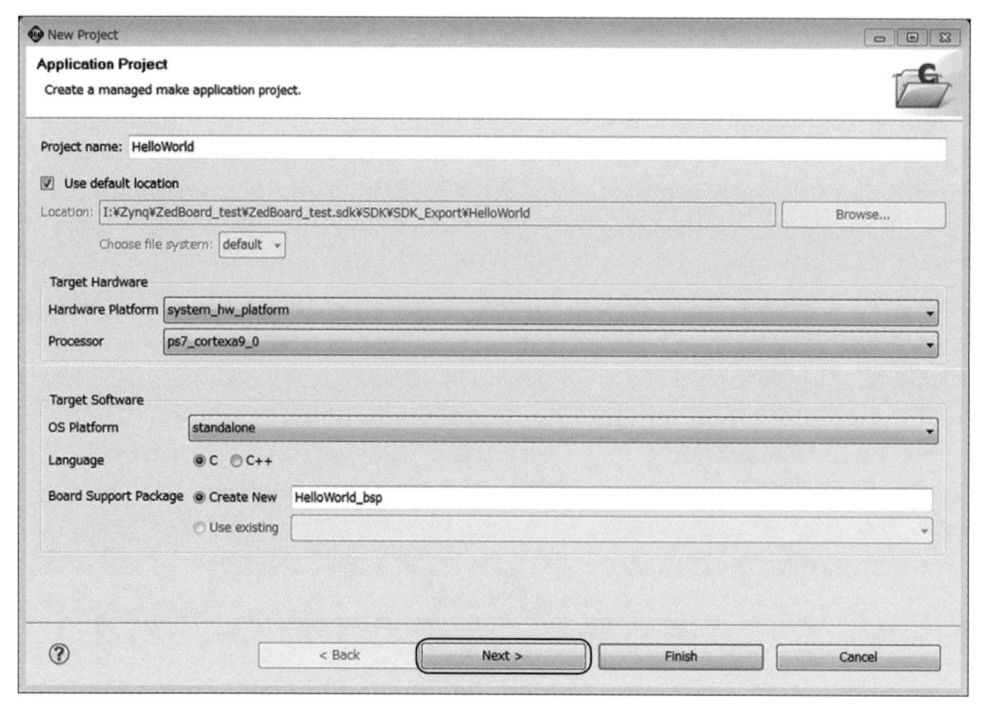

(c) プロジェクト名の入力

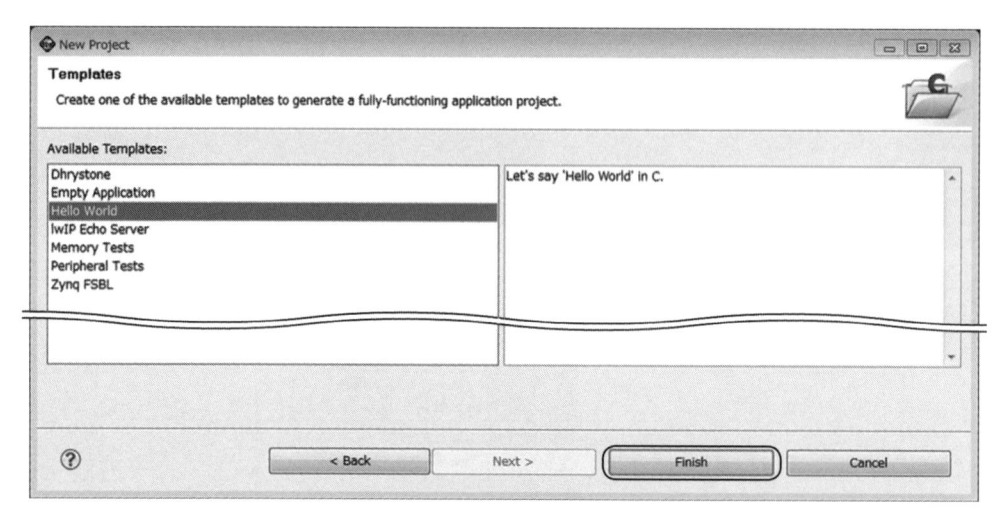

(d) テンプレート（Templates）の選択

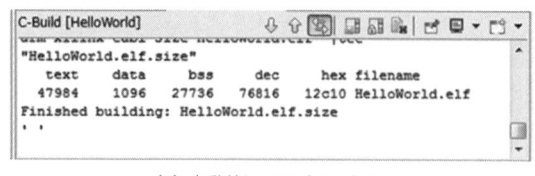

(e) 自動的にコンパイルされる

図3.9 SDKを単体で立ち上げる（続き）

コラム3.1　ISE Design Suite 14.4 の gcc

64ビット版Windows上では，ISE Design Suite 14.4のgccがインストールされずにSDKでコンパイル時にエラーになってしまいました．Xilinx社のWebサイトに既知の問題（AR #53306）として回避方法が載っています．筆者の場合単純にコンパイラをcopyしました．

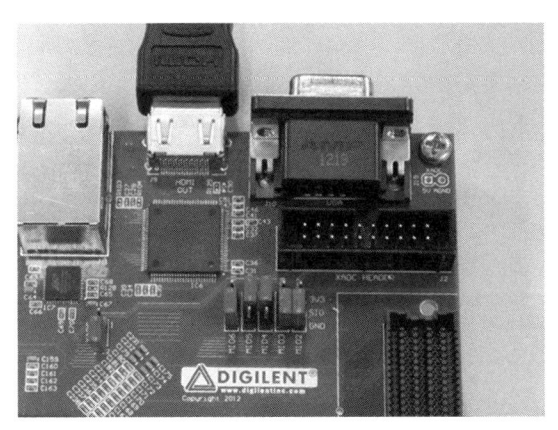

写真3.1 ZedBoardのジャンパの設定

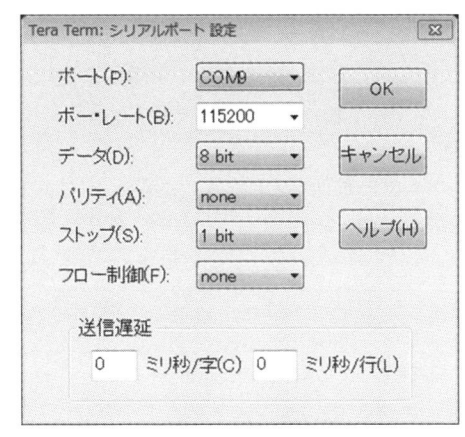

(a) TeraTermの設定画面

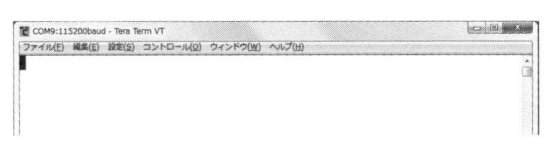

(b) TeraTerm立ち上げ画面

図3.10 TeraTermの設定

● ZedBoardの準備

まずZedBoardのジャンパを確認します．ジャンパはSDカードから起動しないようすべてGND側にします（写真3.1）．さらにダウンロード・ケーブルを接続します．ZedBoardにはすでにダウンロード・ケーブル互換回路がオンボードで載っているので，PCとZedBoardをUSBケーブルでつないでデバッグできます．

UARTの設定としてZedBoardとPCをUSBケーブルで接続します．PC側にUSB-シリアル用のドライバが必要になります．

ケーブル接続時にドライバを要求された場合は，ネットワーク経由でインストールするようにします．筆者の環境では（64ビット版Windows 7），インターネット経由で自動インストールができました．Windowsの自動インストールが使えない場合，Digilent社あるいはCypress社のWebサイトからダウンロードしインストールするようにします．

そしてZedBoardの電源をONにします．ZedBoardはSDカードから立ち上がらずにJTAGからの制御待ちの状態になります．

次にPC側でターミナルソフトを立ち上げます．筆者はいつもTeraTermを使用しています．設定は，通信速度115200bps，データ長8ビット，ストップ・ビット1ビット，パリティなしと設定します［図3.10 (a)］．この段階では，ターミナルソフトを立ち上げても何も表示されません［図3.10 (b)］．

● HelloWorldの実行

ここでSDKに戻り，HelloWorldを右クリックしてメニューを出します．Run As→Run Configurations...を選択します［図3.11 (a)］．Run Configurationsウィンドウで一番下のXilinx C/C++ ELFを選び右クリックでメニューを出し，Newを選択します［図3.11 (b)］．HelloWorld Debugが生成されます［図3.11 (c)］．念のためDevice Intializationでps7_init.tclが指定されているかどうかを確認します［図3.11 (d)］．このps7_init.tclスクリプトはハードウェアを初期化するためのスクリプトです．何をどう初期化するかは第6章で説明します．PlanAheadの起動時にBoardsで指定したZedBoardのハードウェアのセッティングに即したスクリプトが自動的に生成されています．

いよいよRunをクリックし実行です．FPGAがコンフィグレーションされていないと「続けますか」という意味のメッセージが出ますが，今はFPGA部を使っていないので，OKで続けます［図3.11 (e)］．うまくいけばTeraTermでHello Worldを確認することができます［図3.11 (f)］．

3.3 とにかくLinuxまで立ち上げる

ここではJTAG経由でLinuxを立ち上げ，その後Linuxのアプリケーションの動作を確認します．ここでもPL部は使いません．

最初にハードウェアを確認します．SDカードからの

立ち上げではないので，先ほどと同様に写真3.1のように全てがGND側に接続されているか確認します．またダウンロード・ケーブルが接続されていることも確認します．

ZedBoardの電源を入れます．ZedBoardはSDカードから立ち上がらずに，JTAGからの制御待ちの状態になります．

●**XMDプロンプトを開く**

SDKからXilinx Tools→XMD Consoleを選択しま

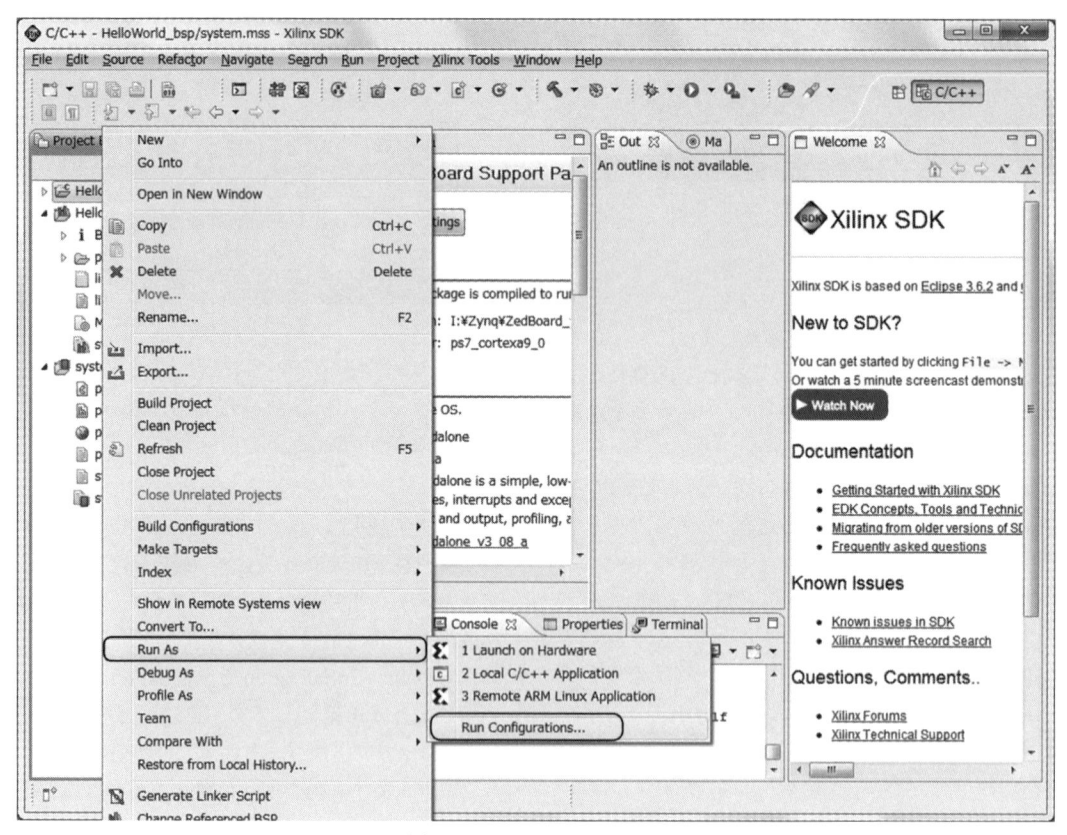

(a) Run Configurationsの選択

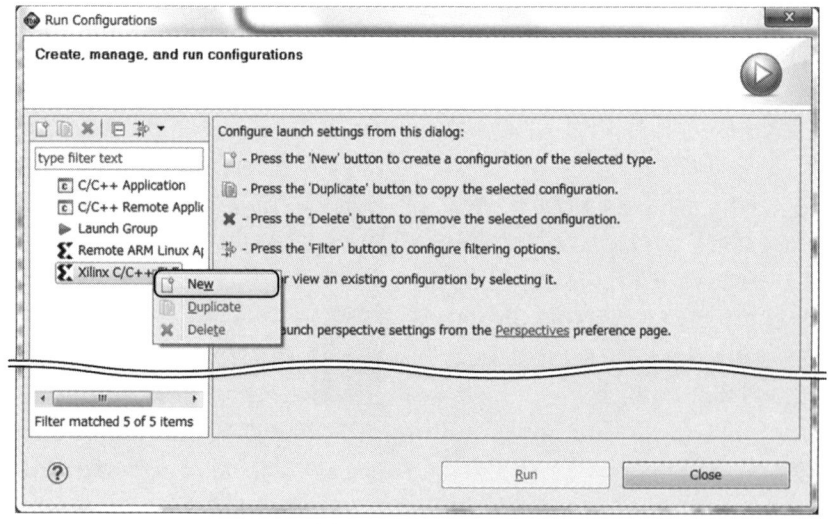

(b) Xilinx C/C++の選択

図3.11　HelloWorldの実行

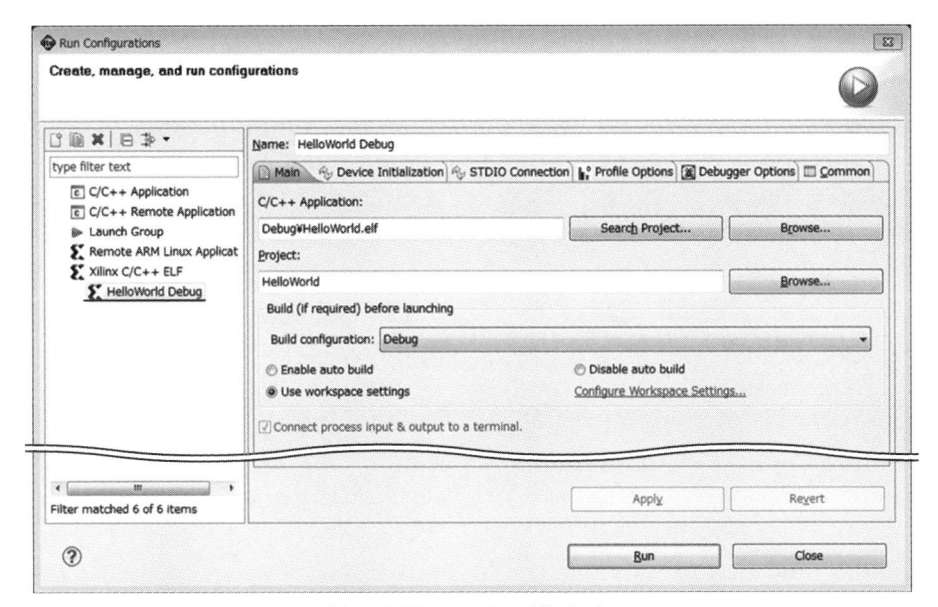

(c) HelloWorld Debug が生成される

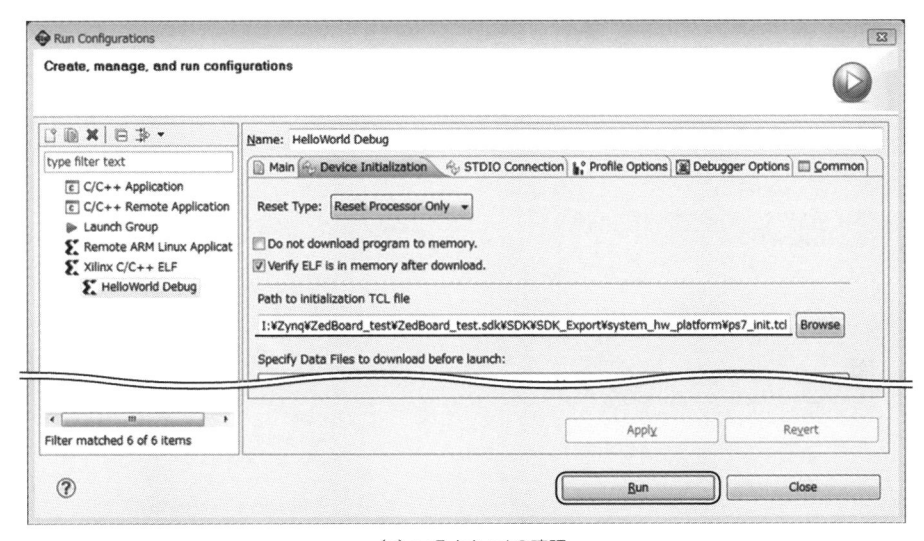

(d) ps7_init.tcl の確認

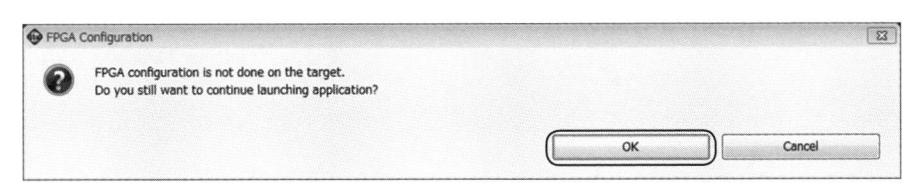

(e) FPGA が未コンフィグレーション状態のときの確認

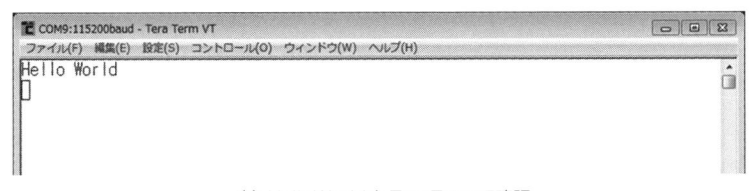

(f) HelloWorld を TeraTerm で確認

す［図3.12（**a**）］．すると，右下にXMD%のプロンプトが現れます［図3.12（**b**）］．JTAG経由でARMに接続するためにconnectコマンドを打ちます［図3.12（**c**）］．

```
XMD% connect arm hw
```

うまく設定されていればARMコアと通信が可能な状態になります［図3.12（**d**）］．ここで手作業で，ps7_init.tclを実行してハードウェアを初期化します．

```
XMD% source ./ZedBoard_test.sdk/
     SDK/SDK_Export/hw/ps7_init.tcl
XMD% ps7_init
```

さらにZedBoardのボードのバージョンがRevision Cの場合は，次の作業が必要です．

```
XMD% source ./SD-Card/stub.tcl
XMD% target 64
```

ここで次の四つのファイルを使用しLinuxを動かします．

- u-boot.elf
- zImage
- devicetree.dtb
- ramdisk8M.image.gz

これらのファイルは今回，特別に用意しました．ZedBoardに付属の同等のファイルや，Xilinx社やZedBoardのWebサイトからダウンロードできるファイルも使用できますが，いくつかの理由があって（後述），場合によってはうまく動作しません．ここでは詳しい理解は後の章で理解することとして，簡便にできるように，本書で用意したファイル使って動作確認をします．

ここではSD-Cardというディレクトリにそれらのファイルがあるものとします．また，ZedBoardはあらかじめネットワークとHDMIコネクタ経由でDVI-Dのディスプレイに接続しておきます．

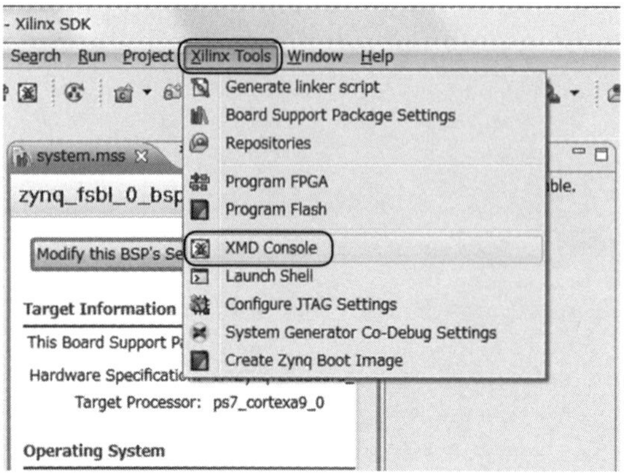

（**a**）XMD Consoleを選択

（**b**）SDK内のXMDプロンプト

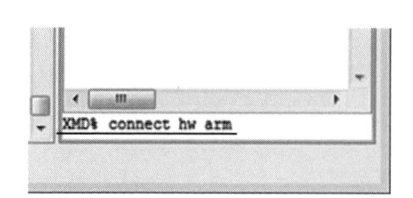

（**c**）connect hw armでARMコアへ接続

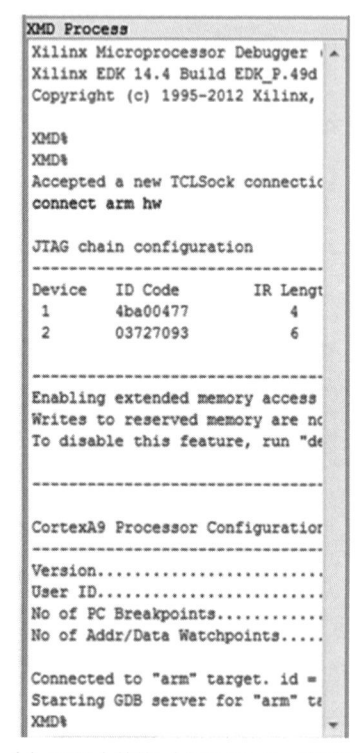

（**d**）ARMと接続した旨のメッセージを確認

図3.12　XMD Consoleの起動

●u-boot.elfのダウンロード

u-boot.clfを，XMDのdowコマンドでダウンロードします［図3.13（a）］．この時，FPGAがコンフィグレーションされていないというワーニングが出ます．このワーニングは現時点では問題ないので気にせず先に進みます．

```
XMD% dow u-boot.elfl
```

conコマンドで実行します．すると，TeraTerm上にu-bootの立ち上げ状況が示され，最後は勝手にtftpでカーネルをネットワーク経由で読み込もうとします．ここではtftpは使わないので，Ctrl-Cにより処理を止めます［図3.13（b）］．

SDKのXMD Consoleにもどりstopコマンドを実行すると，u-boot.elfの実行は一時的にとまります［図3.13（c）］．

●Linuxのダウンロード

次にデータとしてLinuxに必要な三つのイメージをメモリ上に展開します．コマンドはdowを-data引数をつけて実行します．

```
XMD% dow -data SD-Card/zImage 0x8000
XMD% dow -data SD-Card/ramdisk8M.image.gz 0x800000
XMD% dow -data SD-Card/devicetree.dtb 0x1000000
```

三つのファイルを展開したら，再びconコマンドでu-bootを再開します［図3.14（a）］．その上で，go 0x8000を実行する［図3.14（b）］と，Linuxが展開され実行が開始されます［図3.14（c）］．

(a) u-bootのダウンロード

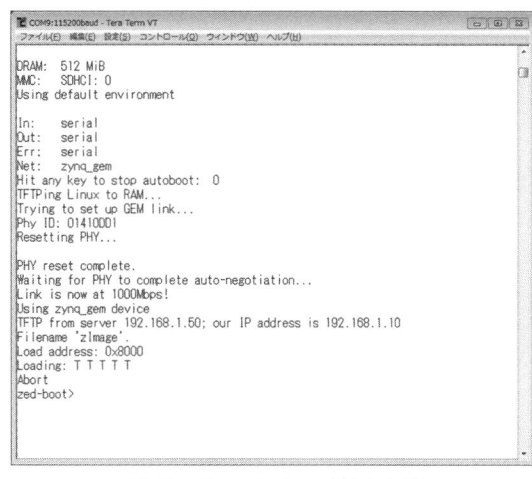

(b) TeraTermでu-bootが立ち上がる

(c) XMDでstopしu-bootを一時停止

図3.13　u-bootの起動

3.3　とにかくLinuxまで立ち上げる　47

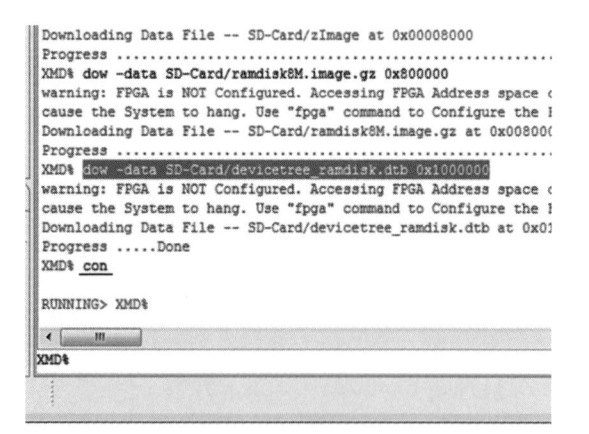

(a) conコマンドで再開

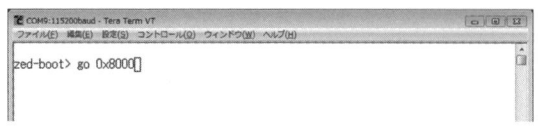

(b) u-bootでgoコマンドを入力

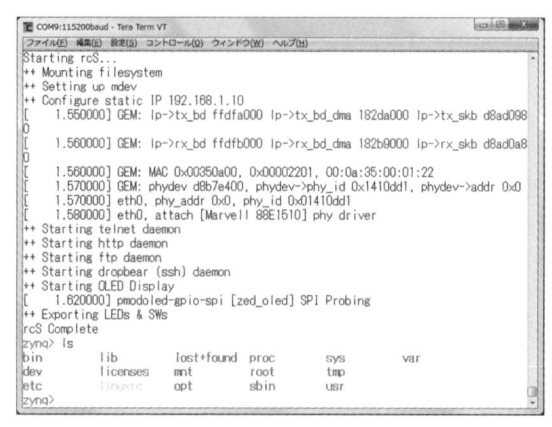

図3.14 Linuxを実行

(c) Linuxが立ち上がる

●**Linuxが動かない！**

操作ミスなどをして何度かやり直していると，次に立ち上がらなくなることがあるようです．この一つの原因として，LinuxがMMUを使っていることがあげられます．ARM上にLinuxのMMUの情報が中途半端に残っていたりすると，u-bootなどは正しく動作しないでしょう．その場合は次の手順で，最初にrstコマンドを実行し，正しくハードウェアを初期化します．

```
XMD% rst
XMD% source ./ZedBoard_test.sdk/
SDK/SDK_Export/hw/ps7_init.tcl
XMD% ps7_init
XMD% source ./SD-Card/stub.tcl
XMD% target 64
```

途中までLinuxが動作して止まってしまうケースがあるかもしれません．用意したファイルではそのようなことが起こらないようにミニマムな構成でも動作するようにできていますが，間違えて他のLinuxや`devicetree.dtb`などを利用すると，LinuxがPL上の周辺機器を検出して止まってしまうケースがあります．そのような場合はPL部が応答しないために先に進まないのでしょう．本来なら，バス・エラーかタイム・アウトでカーネル・パニックになるべきで，Linux OS（あるいはPL部）の問題でもあります．ただ

しいオブジェクトかどうか再確認してトライしてみてください．

3.4 Linuxのアプリケーションをデバッグする

●**Linux版HelloWorldの作成**

ここでは，先に立ち上げたLinux上でアプリケーションを動作させデバッグします．作業に先立ちネットワークがつながるかどうかを確認します．LinuxのアプリケーションはSDKからネットワークを使って転送されデバッグされます．

ネットワークの確認が終わったのち，SDKで作業再開です．SDKのNew→Application Projectを選択します［図3.15（a）］．

Application Projectウィンドウでプロジェクト名をHelloWorld_linuxとし，OS Platformでlinuxを選びます［図3.15（b）］．Nextをクリックし先へ続けます．

TemplatesウィンドウでLinux Hello Worldを選択しFinish［図3.15（c）］します．すると自動的にコンパイルが始まり完了します［図3.15（d）］．

●**実行＆デバッグ**

コンパイル終了後，HelloWorld_linuxを右クリックでメニューを表示させ，Debug AsのDebug Configurationsを選択します［図3.16（a）］．Debug ConfigurationsウィンドウのRemote ARM Linux Applicationから，右クリックでNewを選択します［図3.16（c）］．MainタブのConnectionの横の横のNewボタンをクリックします［図3.16（d）］．New Connection

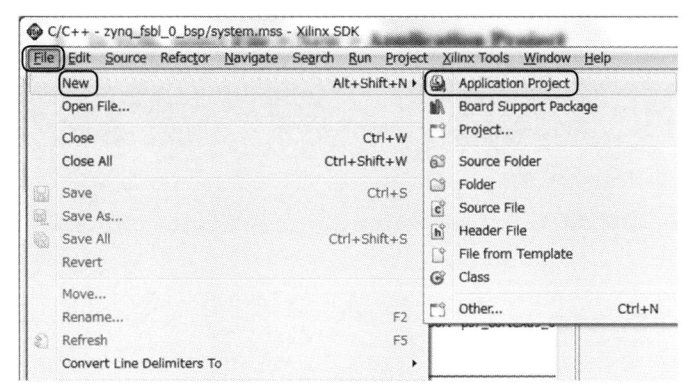

(a) Application Projectを選択

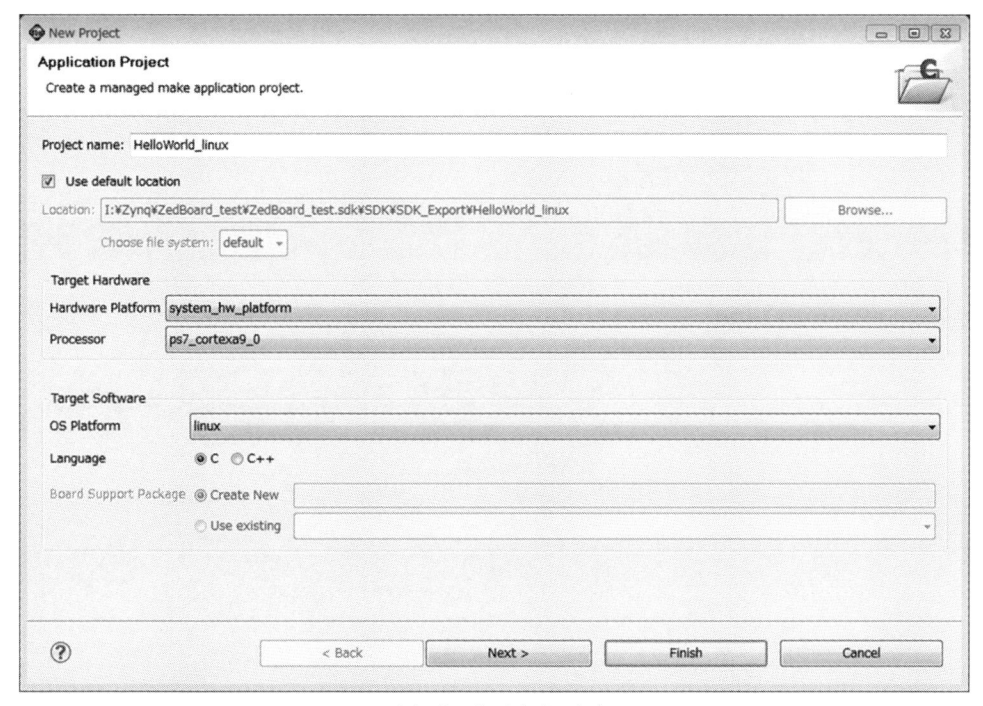

(b) プロジェクト名の入力

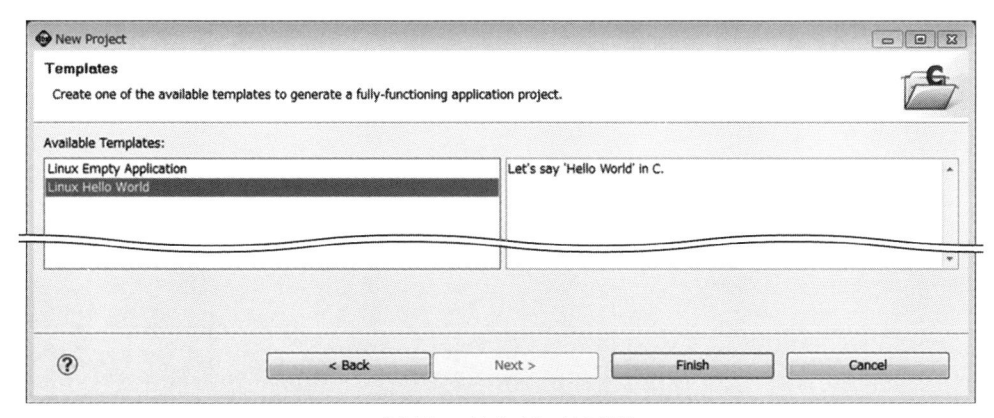

(c) Linux Hello Worldの選択

図3.15　Linux版HelloWorldを作る

3.4　Linuxのアプリケーションをデバッグする　49

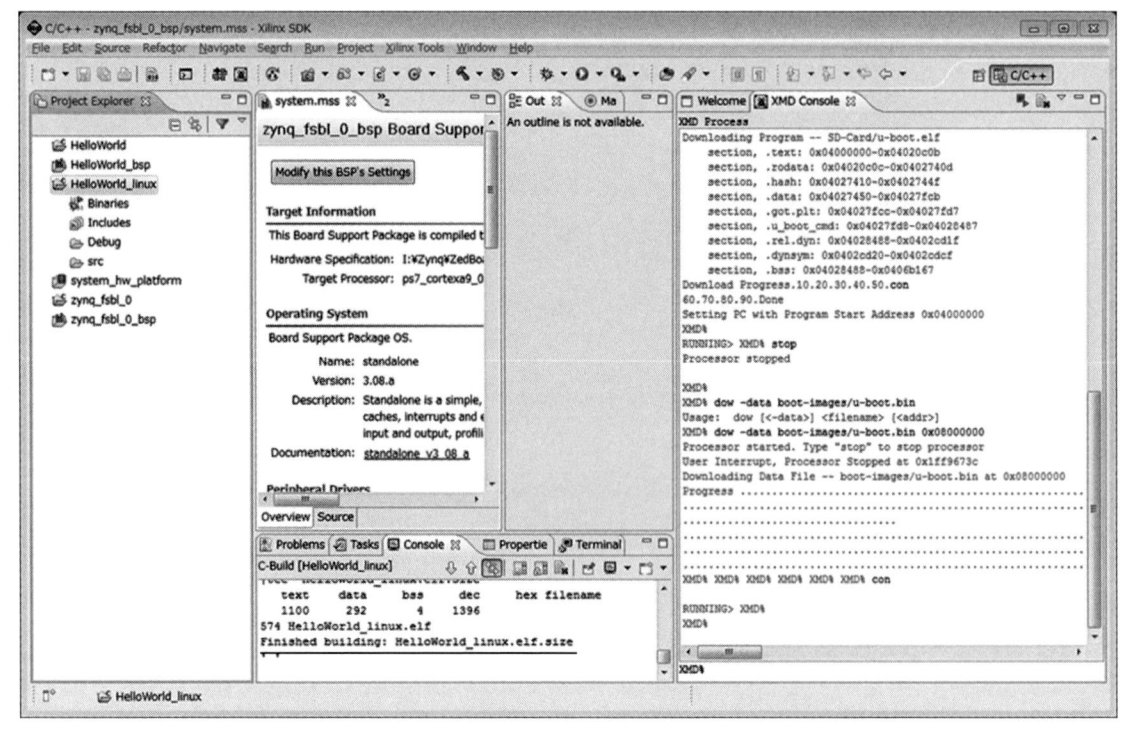

（d）自動的にコンパイル完了

図3.15　Linux版HelloWorldを作る（続き）

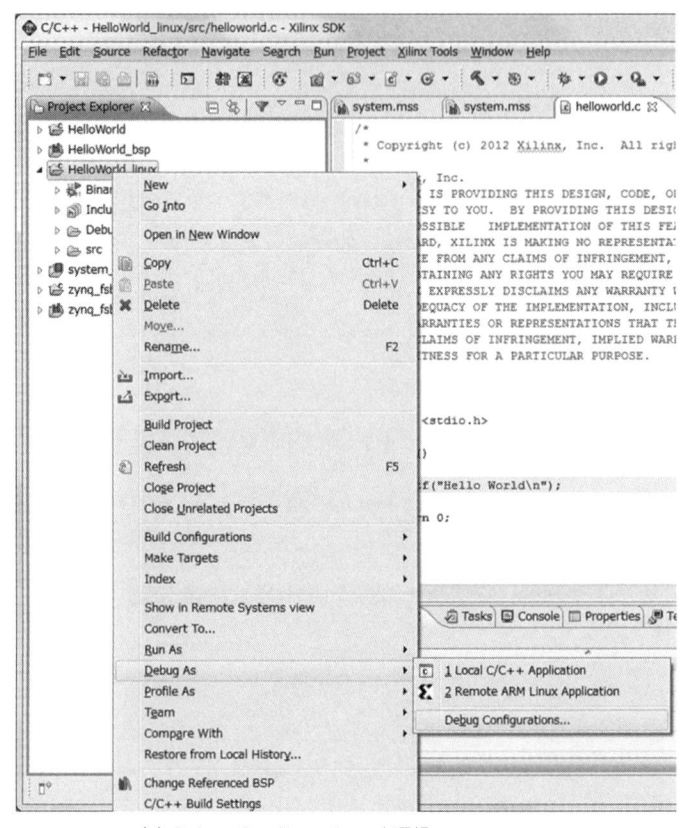

（a）Debug Configurationsを選択

図3.16　LinuxのHelloWorldのデバッグ設定

50　第3章　開発ツールPlanAheadのインストールと実践

ウィンドウが開くのでSSH Onlyを選択し，Nextをクリックします［図3.16（e）］．Host nameにZedBoardのIPアドレスを入力しConnection nameにはzedboardとしてFinishをクリックします［図3.16（f）］．

ここでLinuxのコンソールで，ifconfigコマンドでネットワーク環境を確認しておきましょう．必要ならifconfigで再設定します［図3.16（g）］．

●ifconfigでIPアドレスを再設定する方法

ifconfigでIPアドレスを再設定するには，次のように，いったん停止してから再度開始することで可能です．busyboxについている簡易版ifconfigでIPアドレスを再設定する方法を示します．

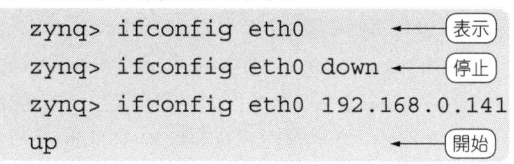

```
zynq> ifconfig eth0            ←（表示）
zynq> ifconfig eth0 down       ←（停止）
zynq> ifconfig eth0 192.168.0.141
up                             ←（開始）
```

SDKに戻り，Debug ConfigurationsのRemote Absolute File Path for C/C++ Application:の下にある，一番右のBrowse…をクリックします［図3.17（a）］．Select Remote C/C++ Application Fileウィンドウが開き，ファイル・システムのルートが見えます［図3.17

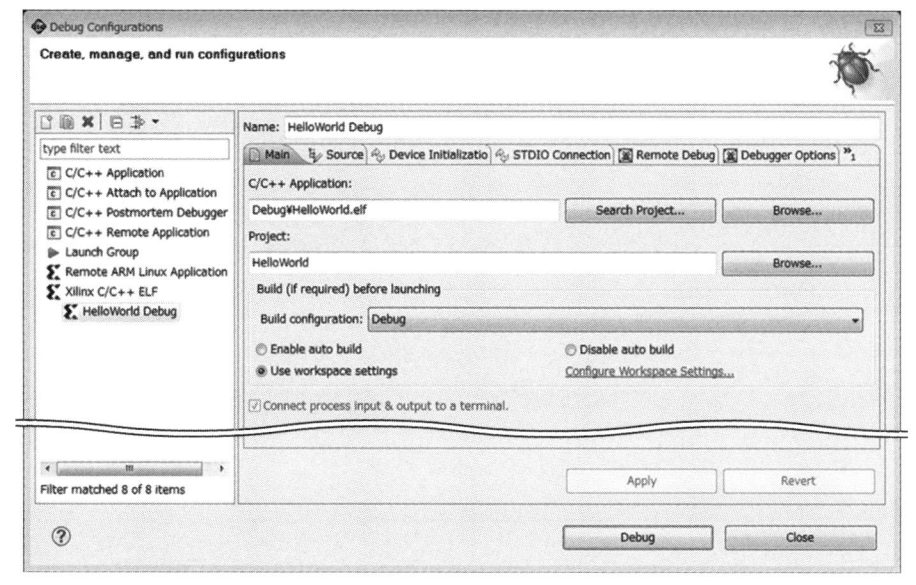

（b）Debug用設定画面

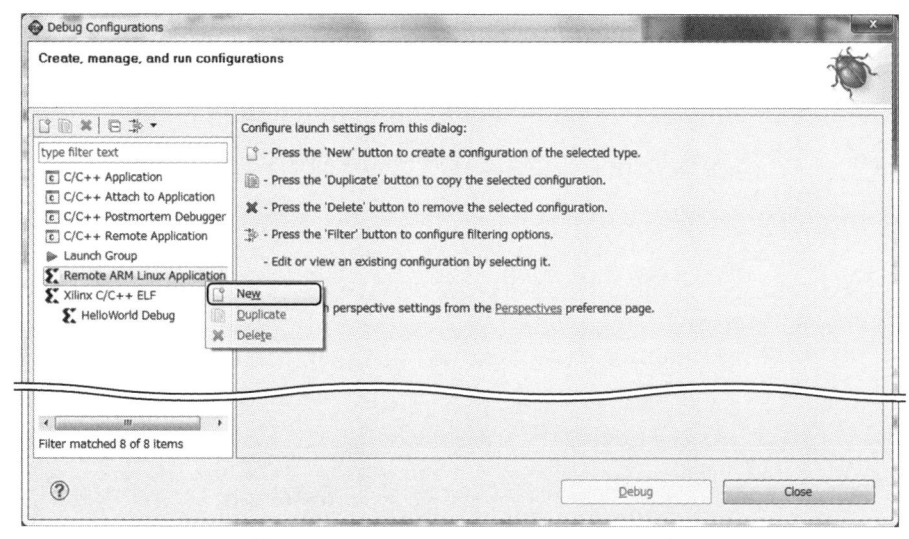

（c）Remote ARM Linux ApplicationのNewを選択

3.4 Linuxのアプリケーションをデバッグする　51

(b)]．ルートをクリックするとさらにディレクトリを見ることができます［図3.17（c）］．そこで右クリックでNew→Folderを選択します［図3.17（d）］．

New FolderウィンドウでNew folder nameにappsを入力しFinishをクリックします［図3.17（e）］．appsディレクトリができました［図3.17（f）］．appsを更に右クリックNew→Fileで選択します［図3.17（g）］．New FileウィンドウでNew file nameにHelloWorld_linux.elfを入力し，Finishをクリックします［図3.17（h）］．appsディレクトリの下にHelloWorld_linux.elfが見えます［図3.17（i）］．OKをクリックします．

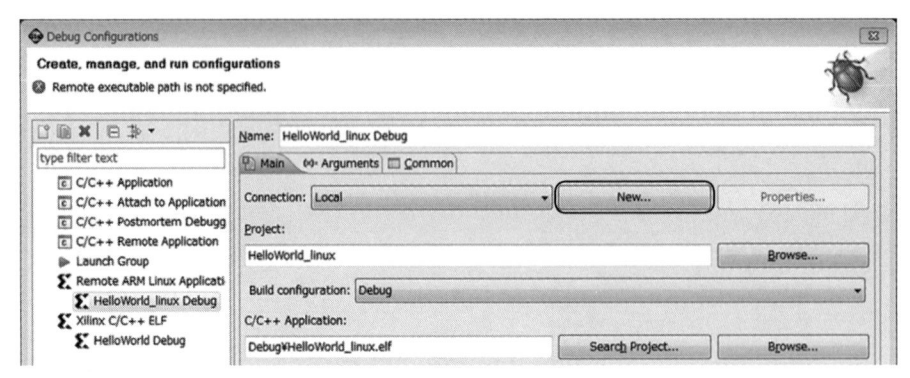

(d) ConnectionのNewを選択

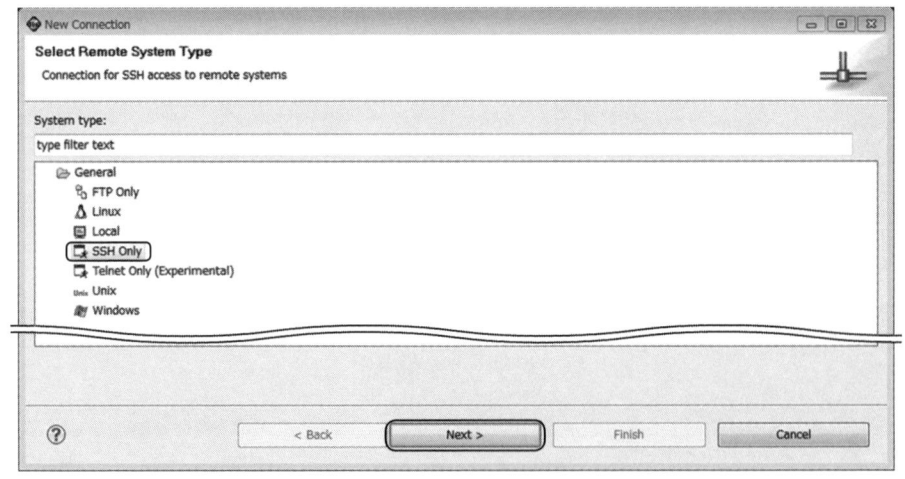

(e) SSH Onlyを選択

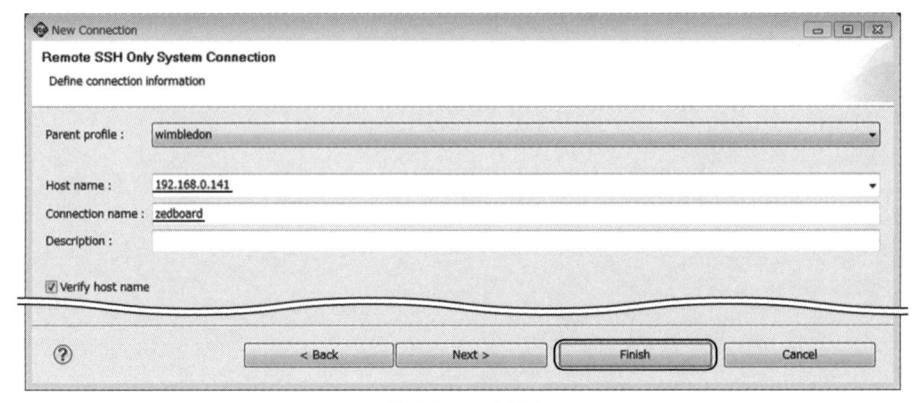

(f) SSHホスト設定

図3.16　LinuxのHelloWorldのデバッグ設定（続き）

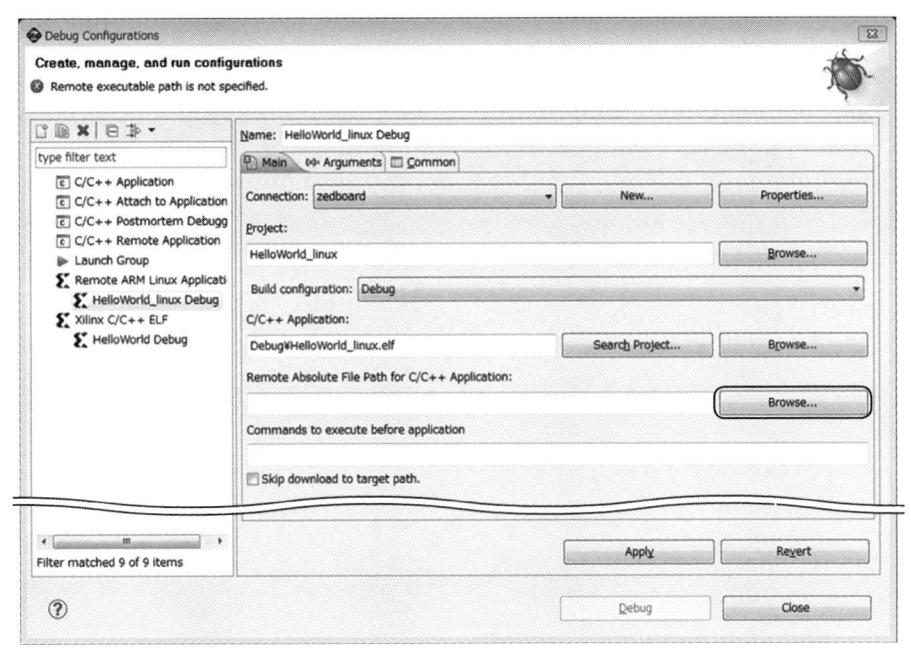

(a) Browseの選択

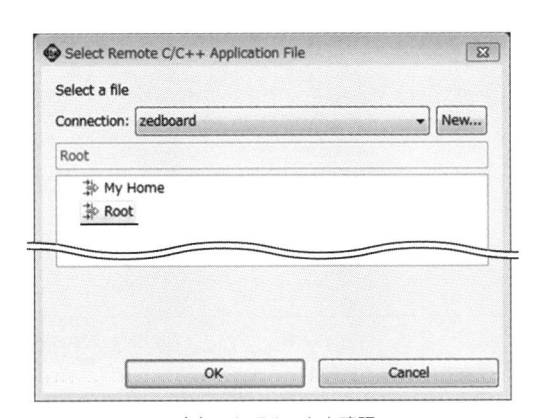

(b) sshでルートを確認

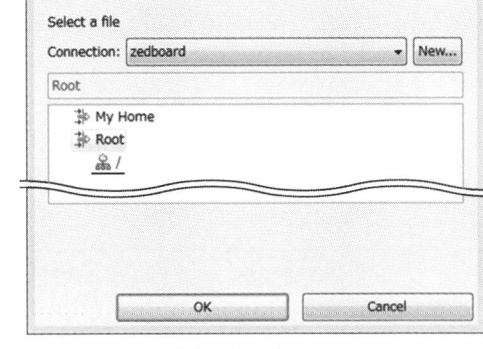

(c) ルート・ディレクトリ

図3.17　LinuxのHelloWorldのデバッグ準備

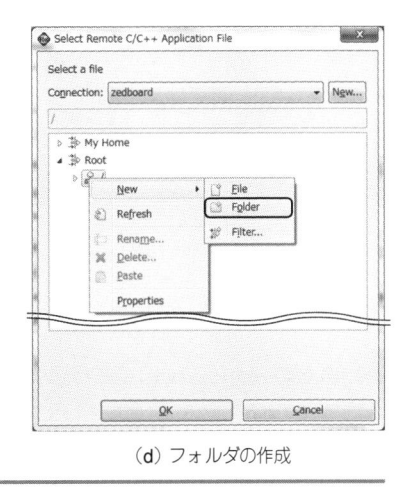

(d) フォルダの作成

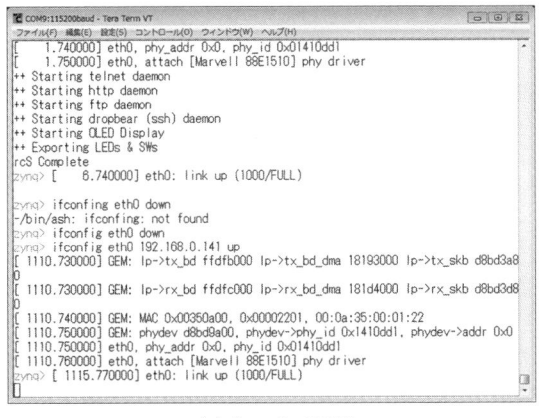

(g) ifconfigの確認

3.4　Linuxのアプリケーションをデバッグする

(e) Folder名入力

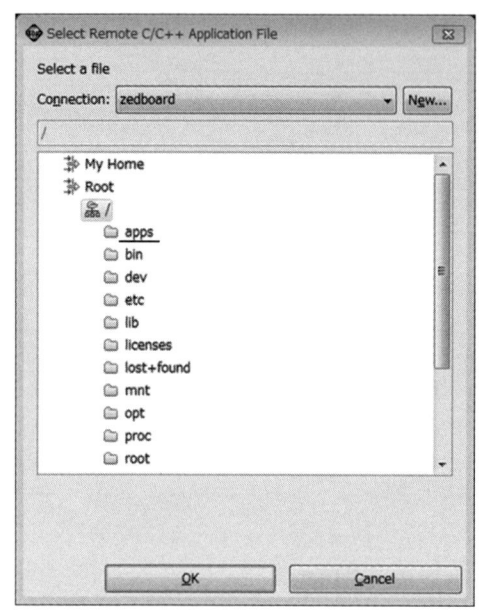

(f) appsディレクトリの確認

(g) Fileの選択

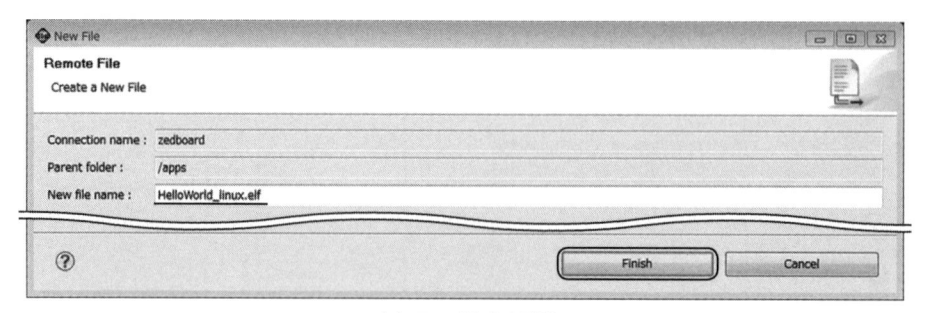

(h) ファイル名の確認

図3.17 LinuxのHelloWorldのデバッグ準備（続き）

●**LinuxのHelloWorldのデバッグ**

Debug Configurationsに戻るのでDebugボタンをクリックします［図3.18（a）］．Debug用のperspective（パースペクティブ：Eclipseでの画面構成のこと．意図せずDebugが始まると，今までと違う画面構成に切り替わりビックリする．元に戻したいときはあわてずに，右上のC/C++のパースペクティブに切り替えるためのボタンをクリックする．とにかくあわてないこと）に切り替わる旨のメッセージが出ます．Yesをクリックして先に進みます［図3.18（b）］．

54　第3章　開発ツールPlanAheadのインストールと実践

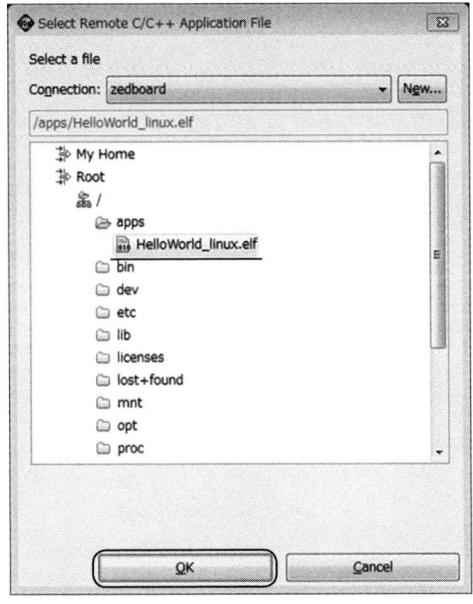

(i) HelloWorld.elfの確認

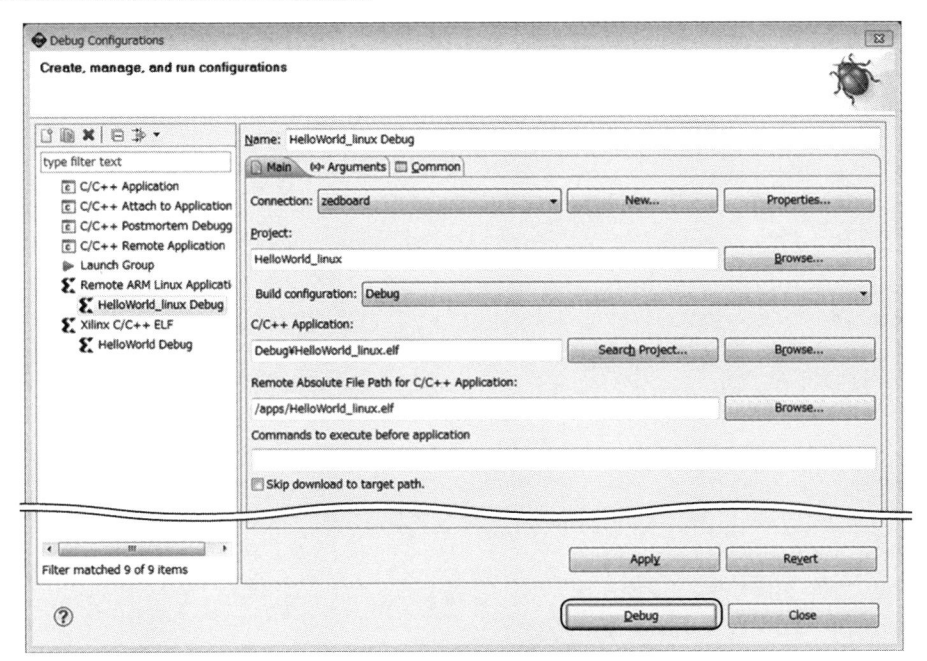

(a) デバッグを選択

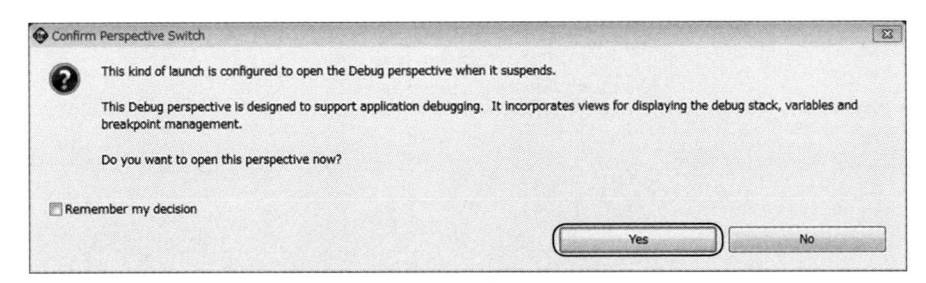

(b) パースペクティブ切り替え確認画面

図3.18 LinuxのHelloWorldの実際のデバッグ

3.4 Linuxのアプリケーションをデバッグする 55

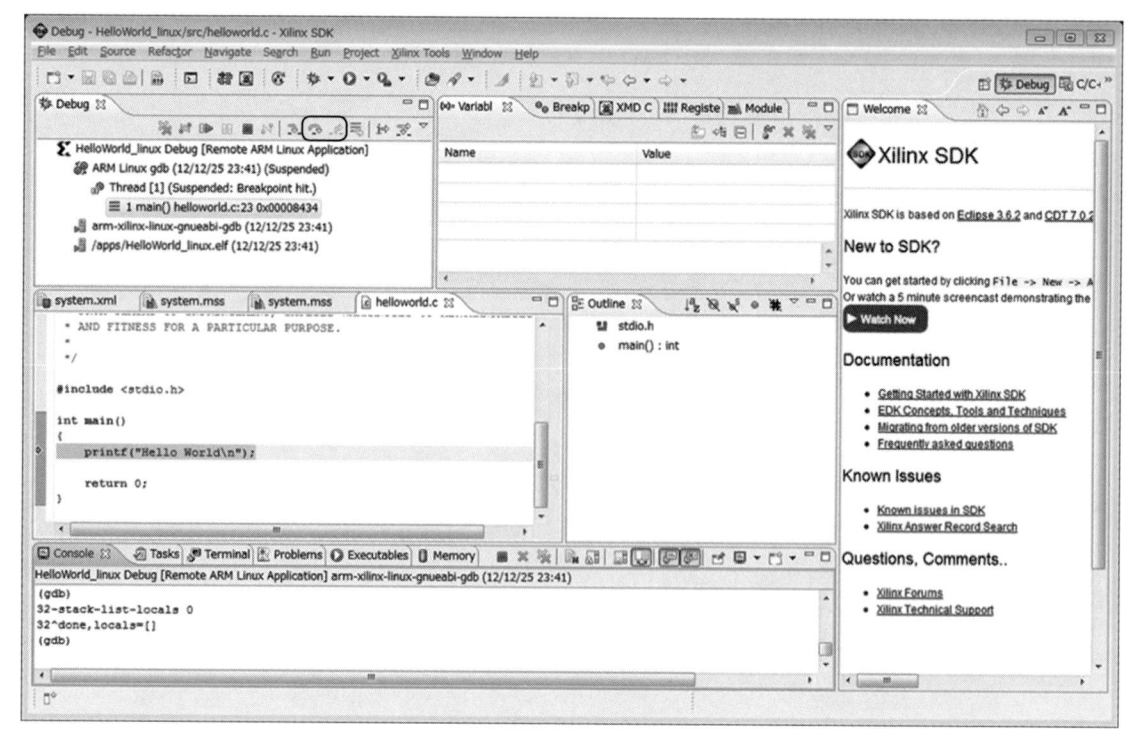

(c) Debug用パースペクティブ画面

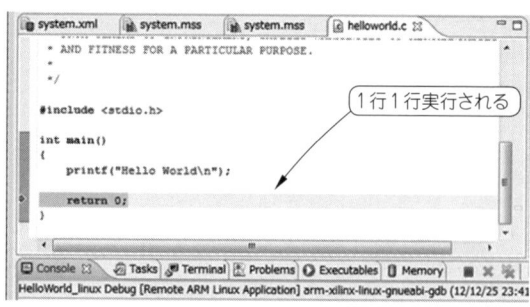

(d) HelloWorldステップ実行

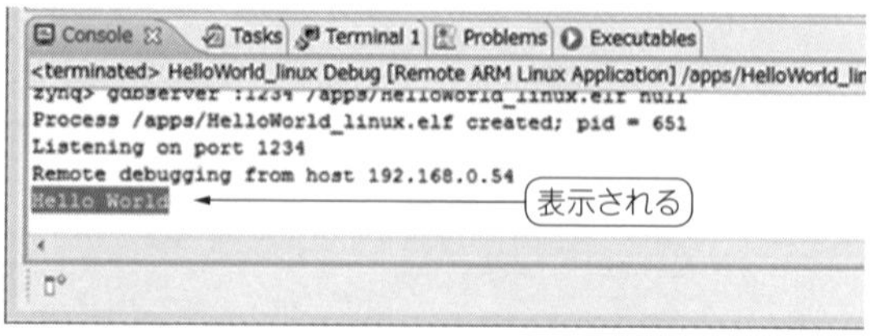

(e) HelloWorldの表示確認

図3.18 LinuxのHelloWorldの実際のデバッグ（続き）

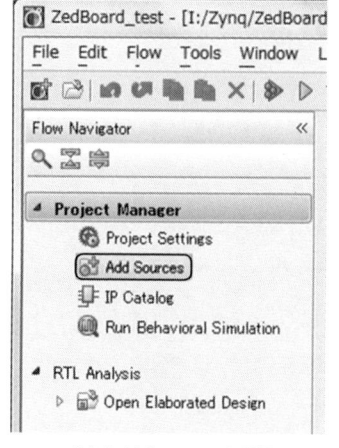

(a) Add Sourcesを選択

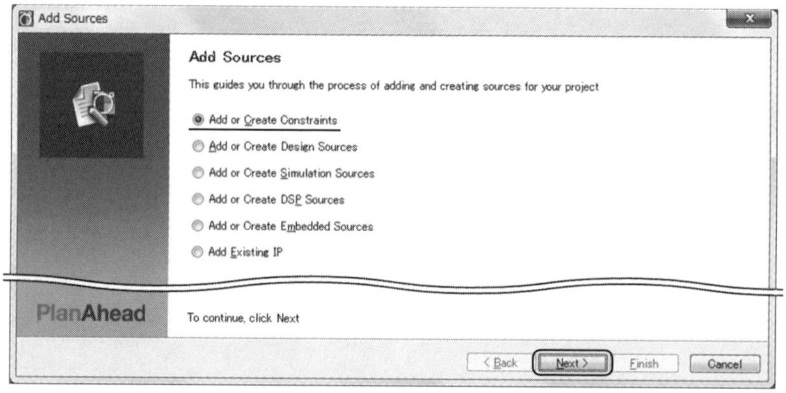

(b) Add or Create Constraintsの選択

図3.20 ucfファイルの追加

56　第3章　開発ツールPlanAheadのインストールと実践

Debug用のパースペクティブに切り替わるので，Debugを開始するためにステップ再生ボタンをクリックします［図3.18（c）］．LinuxのアプリケーションHelloWorld_linuxが一行一行実行されます［図3.18（d）］．Consoleに切り替えるとHello Worldが表示されて実行されているのがわかります［図3.18（e）］．

3.5 Linux立ち上げ用のSDカードを作る

●ucfファイルの追加

　Linux立ち上げ用のSDカードを作ります．ここではPL部も使えるようにします．

　ZedBoardではXPSの初期設定で，すでにいくつか

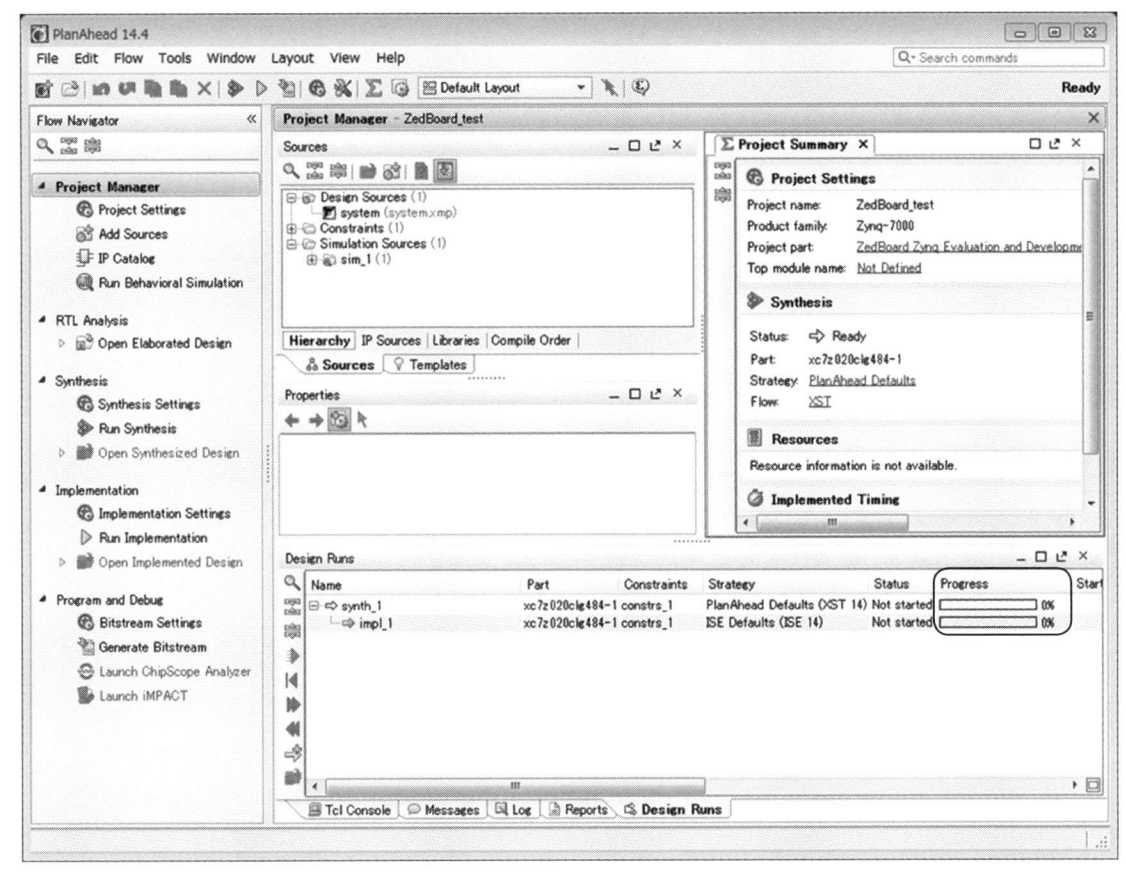

図3.19　PlanAheadでの合成/実装の0%の確認

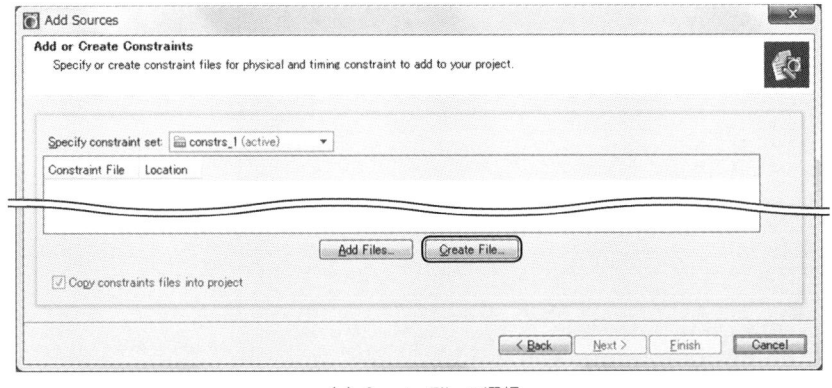

(c) Create File の選択

(e) ucf ファイル名の確認

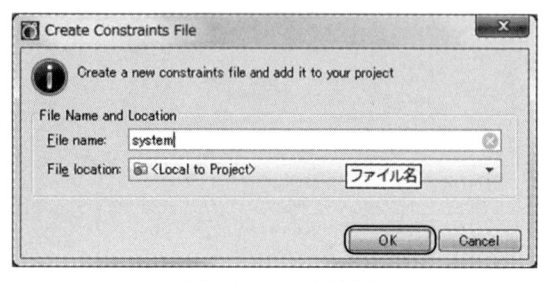

(d) ucf ファイル名の入力

図3.20 ucf ファイルの追加（続き）

のGPIOが使えるよな設定になっています．PlanAheadを使い合成をしてビットストリームを作り，それを埋め込んだBOOT.binを作ることができます．まずはPlanAheadに戻り，ビットストリームを作ります．

PlanAheadに戻ると，下部のDesign Runペインの合成（synth_1），実装（impl_1）の両方が0％になっているのがわかります（図3.19）．

まずは，実装に必要なピン配置を書いたucfファイルを追加します．Project ManagerメニューのAdd Sourcesをクリックします［図3.20 (a)］．Add SourcesウィンドウのAdd or Create Constraintsを選択し，Nextをクリックします［図3.20 (b)］．Add or Create ConstraintsウィンドウでCreate Fileを選択します［図3.20 (c)］．ucfファイルのFile nameの入力を促すウィンドウが表示されるので，ここではsystemと入力します［図3.20 (d)］．Add or Create Constraintsウィンドウにsystem.ucfが追加されたのを確認し，Finishをクリックします［図3.20 (e)］．

PlanAheadのメイン画面にはsystem.ucfが追加されています［図3.21 (a)］．ダブルクリックで編集画面を立ち上げ，リスト3.1の内容を追加します［図3.21 (b)］．

リスト3.1　ZedBoard用 system.ucf 設定

```
#
# pin constraints
#
NET BTNs_5Bits_TRI_IO[0]  LOC = "P16"  |  IOSTANDARD = "LVCMOS25";
NET BTNs_5Bits_TRI_IO[1]  LOC = "R16"  |  IOSTANDARD = "LVCMOS25";
NET BTNs_5Bits_TRI_IO[2]  LOC = "N15"  |  IOSTANDARD = "LVCMOS25";
NET BTNs_5Bits_TRI_IO[3]  LOC = "R18"  |  IOSTANDARD = "LVCMOS25";
NET BTNs_5Bits_TRI_IO[4]  LOC = "T18"  |  IOSTANDARD = "LVCMOS25";
NET LEDs_8Bits_TRI_IO[0]  LOC = "T22"  |  IOSTANDARD = "LVCMOS33";
NET LEDs_8Bits_TRI_IO[1]  LOC = "T21"  |  IOSTANDARD = "LVCMOS33";
NET LEDs_8Bits_TRI_IO[2]  LOC = "U22"  |  IOSTANDARD = "LVCMOS33";
NET LEDs_8Bits_TRI_IO[3]  LOC = "U21"  |  IOSTANDARD = "LVCMOS33";
NET LEDs_8Bits_TRI_IO[4]  LOC = "V22"  |  IOSTANDARD = "LVCMOS33";
NET LEDs_8Bits_TRI_IO[5]  LOC = "W22"  |  IOSTANDARD = "LVCMOS33";
NET LEDs_8Bits_TRI_IO[6]  LOC = "U19"  |  IOSTANDARD = "LVCMOS33";
NET LEDs_8Bits_TRI_IO[7]  LOC = "U14"  |  IOSTANDARD = "LVCMOS33";
NET SWs_8Bits_TRI_IO[0]   LOC = "F22"  |  IOSTANDARD = "LVCMOS25";
NET SWs_8Bits_TRI_IO[1]   LOC = "G22"  |  IOSTANDARD = "LVCMOS25";
NET SWs_8Bits_TRI_IO[2]   LOC = "H22"  |  IOSTANDARD = "LVCMOS25";
NET SWs_8Bits_TRI_IO[3]   LOC = "F21"  |  IOSTANDARD = "LVCMOS25";
NET SWs_8Bits_TRI_IO[4]   LOC = "H19"  |  IOSTANDARD = "LVCMOS25";
NET SWs_8Bits_TRI_IO[5]   LOC = "H18"  |  IOSTANDARD = "LVCMOS25";
NET SWs_8Bits_TRI_IO[6]   LOC = "H17"  |  IOSTANDARD = "LVCMOS25";
NET SWs_8Bits_TRI_IO[7]   LOC = "M15"  |  IOSTANDARD = "LVCMOS25";
#
# additional constraints
#
```

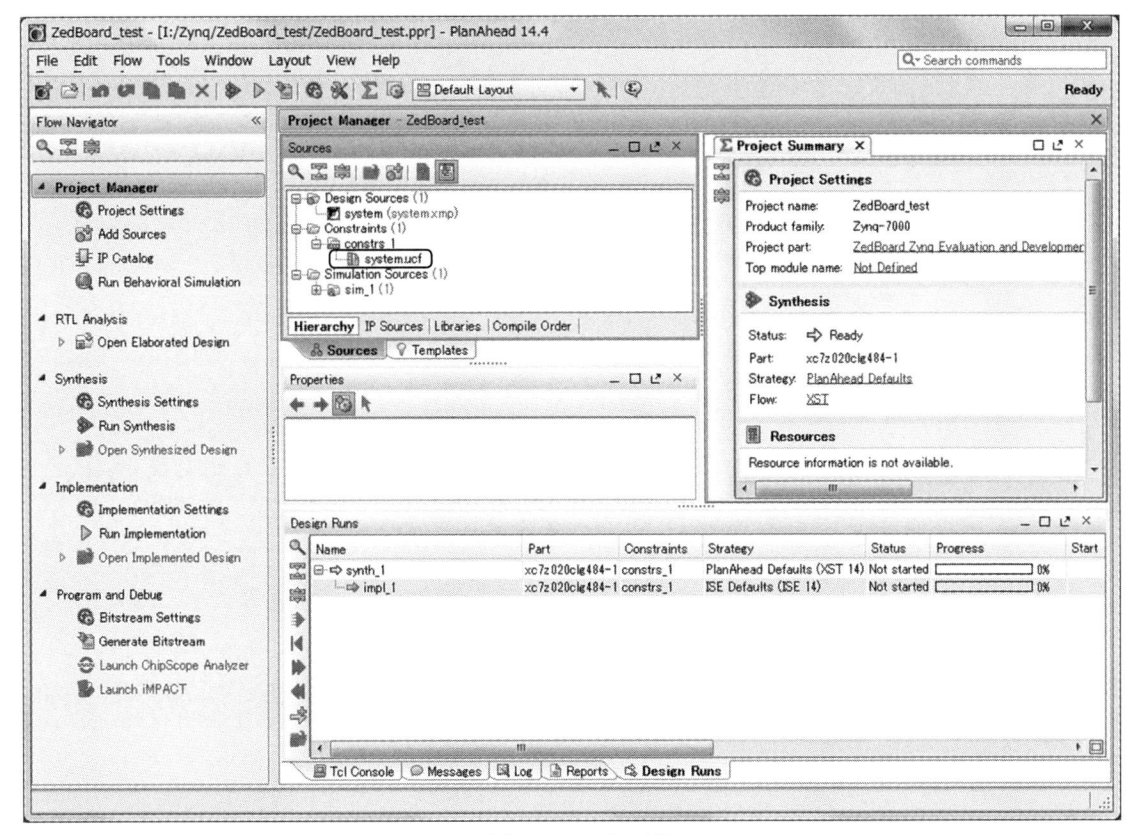

(a) system.ucfの確認

蛇足ながら，Xilinx社の新しい統合環境であるVivadoでは，制約用のファイルであるucfがtclベースに置き換わります．tclベースの制約は業界標準でもあるので，今後のVivadoのZynqサポート状況にも注目したいところです．

● **ビットストリームの生成**

次にDesign Sourcesのsystemを右クリックし，Create Top HDLを選択します（図3.22）．これでトップ・モジュールのソースが自動生成されます．左下のメニューのProgram and DebugのGenerate

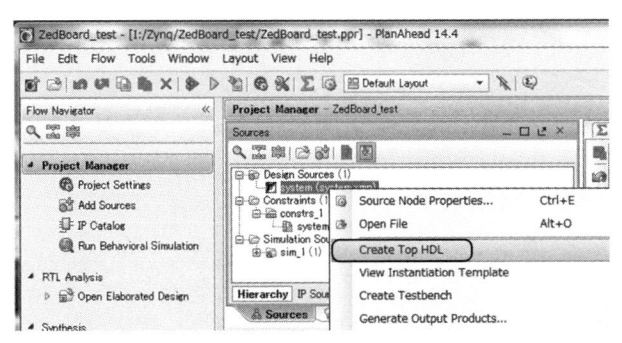

(b) system.ucfの編集

図3.21 PlanAhead上のsystem.ucfの確認

図3.22 Create Top HDLの選択

3.5 Linux立ち上げ用のSDカードを作る 59

Bitstreamをクリックして，ビットストリームを生成します [図3.23 (a)]．途中ワーニングがいくつか出ますが気にせずに先に進めます [図3.23 (b)]．

最終的に完成したデザインを見ることができます [図3.24 (a)]．生成されたビットストリームはSDKへExportします [図3.24 (b)]．

これで，ビットストリームを含んだファイルBOOT.binを作る準備が整いました．

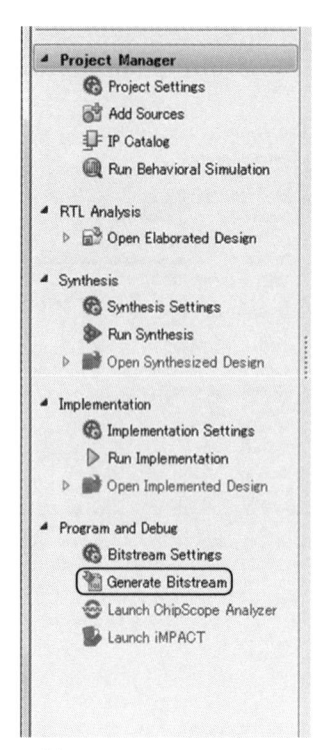

(a) Generate Bitstreamの選択

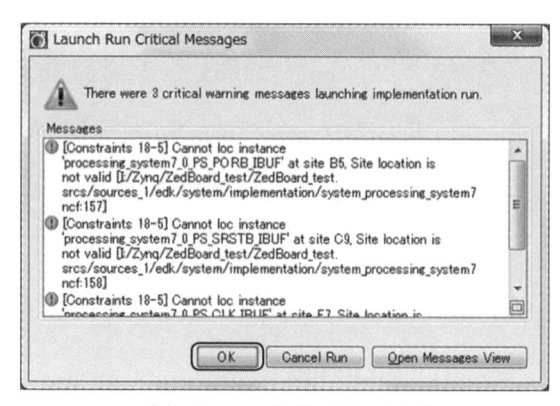

(b) Bitstream生成時のワーニング

図3.23　ビットストリーム (Bitstream) の生成

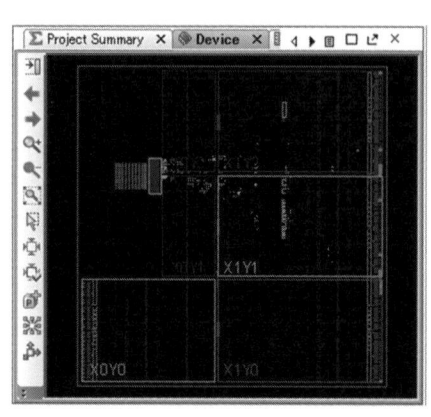

(a) 完成したデザイン

(c) SDKを立ち上げる

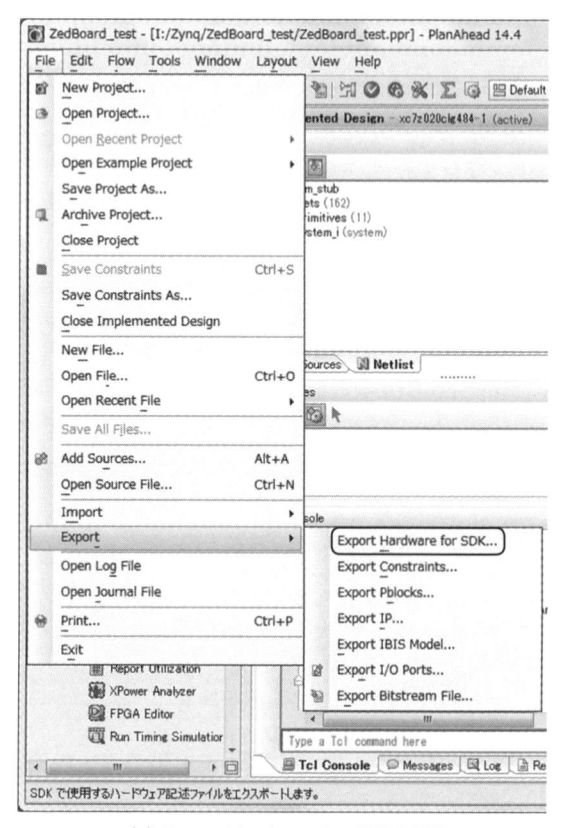

(b) Export Hardware for SDKを選択

図3.24　生成されたビットストリームをSDKへExport

●FSBLを作る

Linux立ち上げ用のSDカードを作るには，BOOT.binを作る必要があります．その中に含める次の三つのファイルが必要です．

- FSBL
- ビットストリーム
- u-boot.elf（SSBL：Second Stage Boot Loader）

FSBLは最初に立ち上げる初期化用のプログラムです．ビットストリームはすでに前節で作りました．u-boot.elfはあらかじめ用意されている汎用の

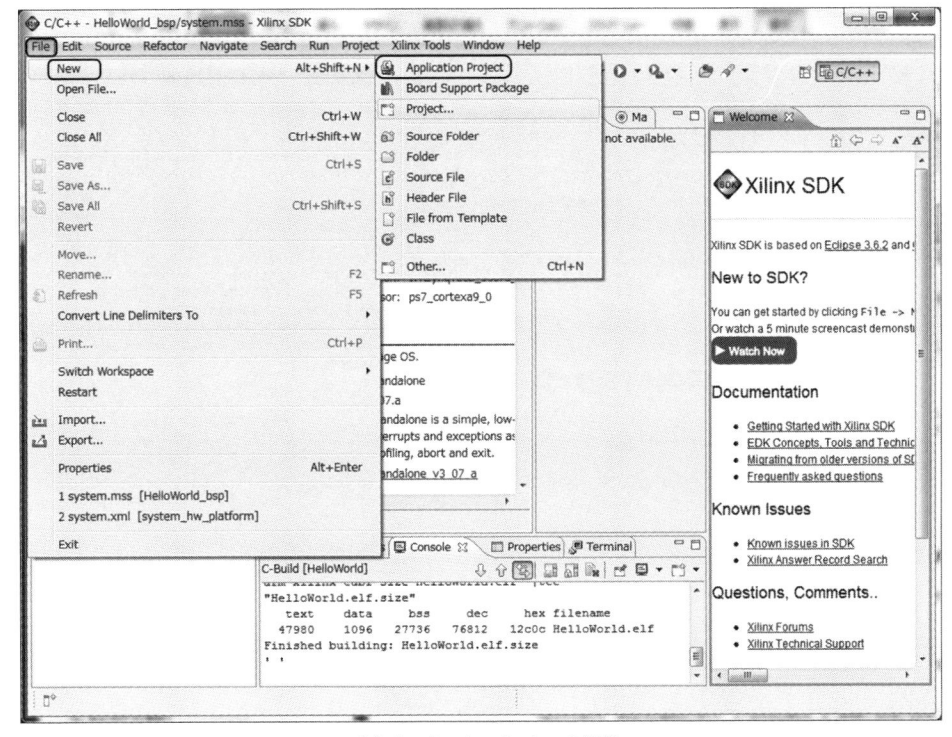

(a) Application Projectの選択

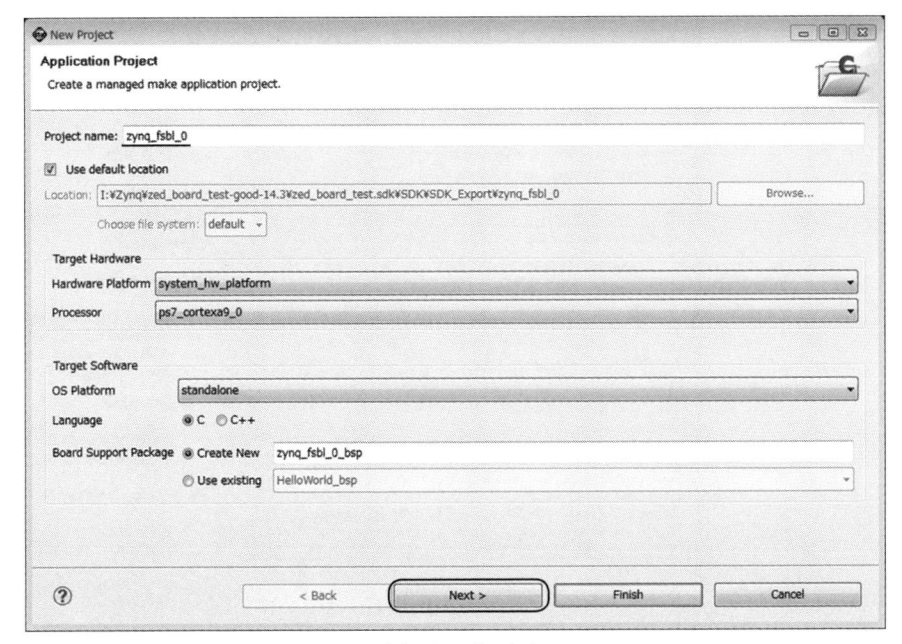

(b) FSBL名の入力

図3.25　FSBLを作る

ブートローダです．

　まずSDKでFSBLを作る必要があります．SDKのメニューNew→Application Projectを選択します［図3.25 (a)］．Application ProjectウィンドウでProject nameをzynq_fsbl_0とします［図3.25 (b)］．Templatesウィンドウで一番下のZynq FSBLを選択します［図3.25 (c)］．Finishをクリックすることで自動的にFSBLがコンパイルされます［図3.25 (d)］．

●**ブート・イメージを作る**

　これでブート・イメージを作るのに必要な三つのファイルがそろいました．zynq_fsbl_0を選択し，引き続きSDKでXilinx Tools→Create Zynq Boot Imageを選択します．

　Create Zynq Boot Imageウィンドウではすでにzynq_fsbl_0.elfとsystem.bitが追加されています（図3.26）．もし，追加されていないようであれ

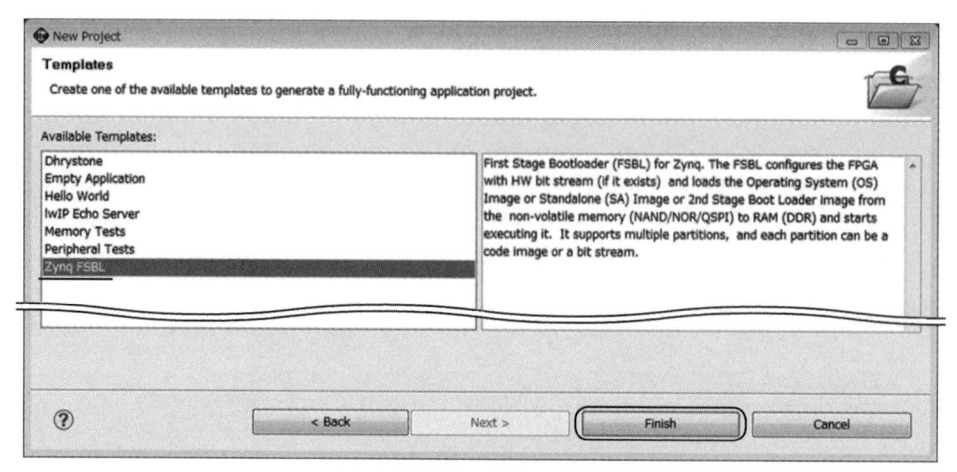

(c) Zynq FSBLテンプレートの選択

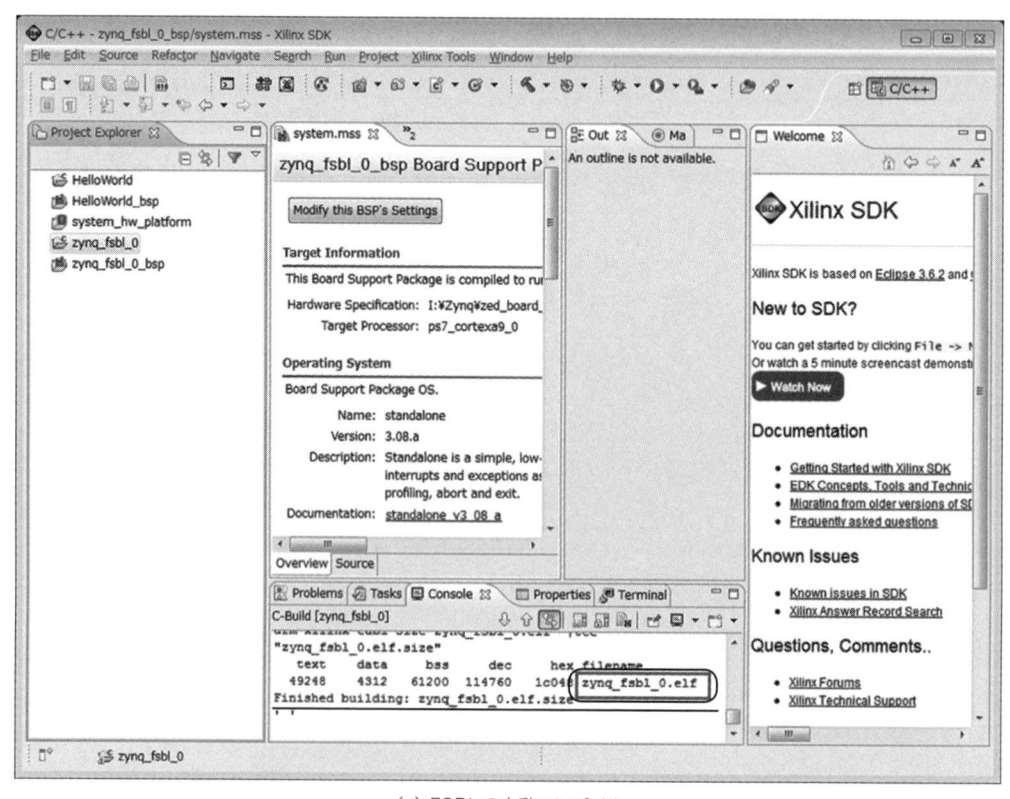

(d) FSBLの自動コンパイル

図3.25　FSBLを作る（続き）

ばzynq_fsbl_0を選択していなかったのでしょう．SDKのメインに戻りやり直します．

さらにAddボタンをクリックし，u-boot.elfを追加します（図3.27）．この順番は非常に重要です．次の順であることを確認します．

(1) zynq_fsbl_0.elf
(2) system.bit
(3) u-boot.elf (Second Stage Boot Loader)

Create ImageでOutput folderにu-boot.binが生成されます．使用するときはBOOT.binに名称を変更します．

● SDカードへコピー

これでLinux立ち上げ用のSDカードをつくるのに必要なファイルをすべて用意することができました．次のファイルをFATでフォーマットされたSDカードにコピーすれば，Linuxが起動できるSDカードができあがります（図3.28）．

- BOOT.bin
- zImage
- devicetree.dtb
- ramdisk8M.image.gz

ビットストリームを作ってPL部があるシステムが起動できるようになりましたが，それをハードウェアとしてLinuxが認識するためには，対応したデバイス・ドライバなどが必要です．つまり，ボタンやスイッチ，LEDを組み込んだのに，Linuxからはすぐには使えないのです．

どのようにすればLinuxから使えるかは，現時点では深く言及しなかった三つのファイル，zImage（Linuxのカーネル），devicetree.dtb（詳細は後述），

コラム3.2 フラッシュROMからLinuxを立ち上げる

●フラッシュROMへの書き込みファイル

SDKでブート・イメージを作成する際に，Linuxとdtbとramdiskを組み込むことで，全部入りのイメージを作ることができます．このイメージをフラッシュROM (QSPI) に書き込むことにより，SDカードなしでもLinuxが立ち上がります．

Create Zynq Boot Imageウィンドウではzynq_fsbl_0.elfとsystem.bitがデフォルトで追加されますが，加えてuboot.elfとzImage，devicetree.dtb, ramdisk8M.image.gzが必要です．結果として次のファイルでイメージを生成します．

(1) zynq_fsbl_0.elf
(2) system.bit
(3) u-boot.elf (Second Stage Boot Loader)
(4) zImage
(5) devicetree.dtb
(6) ramdisk8M.image.gz

順番とオフセットが重要です．これらのファイルをu-bootを使用してフラッシュROMに書き込みます．ZedBoardのジャンパをフラッシュROMから立ち上げる設定にしておき電源を入れれば，ZedBoard上でLinuxがSDカードなしで立ち上がります．

注意点として，この場合でも正しいLinuxとdevicetree.dtbがないと，PL部をデバイス・ドライバ経由でアクセスできない点です．

●オフセットが重要な理由

イメージを作成するにあたって，Create Zynq Boot Imageウィンドウでのオフセットが重要です．幾つかのWebサイトなどの情報を確認すると，それぞれの環境によりオフセットの値が違うことがわかりました．このオフセット値が異なると，Linuxは全く立ち上がりません．理由はu-bootにあります．

u-bootのソースを確認すると次の記述を見つけました．

```
"qspiboot=echo Copying Linux from QSPI flash to RAM...; \ cp 0xFC100000 0x8000 ${kernel_size}; \ cp 0xFC600000 0x1000000 0x8000; \ echo Copying ramdisk...; \ cp 0xFC800000 0x800000 ${ramdisk_size};\ ping 10.10.70.101;\ go 0x8000\0"
```

QSPIのフラッシュROMは0xFC00_0000から始まるので，このソースはオフセットで0x100000の位置にカーネルが，0x600000の位置にdtbが，0x800000の位置にramdiskがあることを前提にしています．

つまりこれらのオフセット位置は，u-bootにおいて決め打ちです．u-bootのこの値とイメージのオフセットは合わせる必要があるのです．異なるu-bootとオフセットの組み合わせだと動作しません．

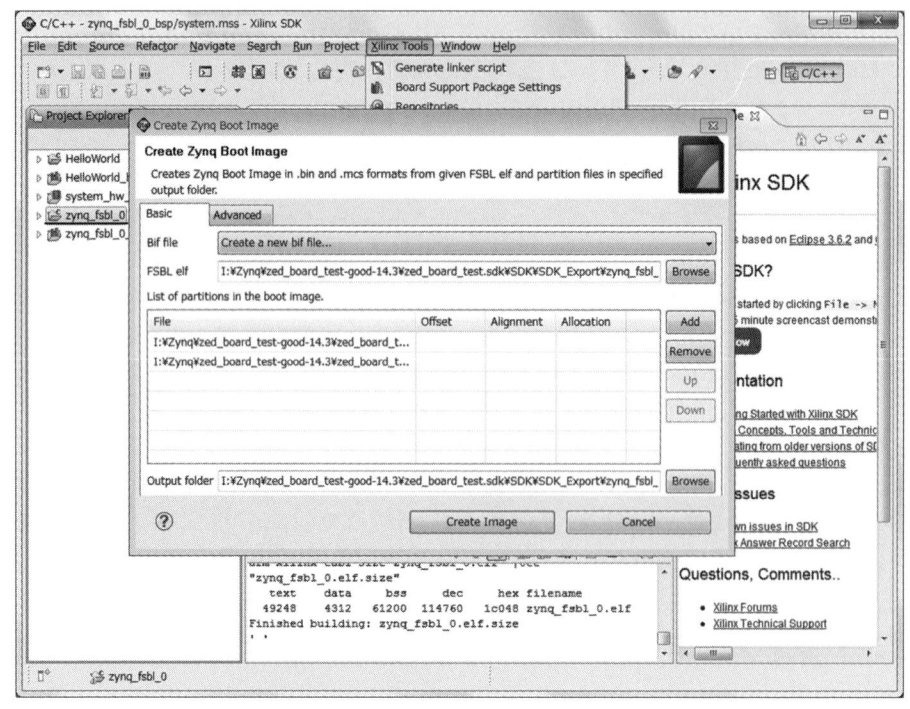

図3.26　Create Zynq Boot Imageの確認

図3.27　Boot Imageにu-boot.elfを追加

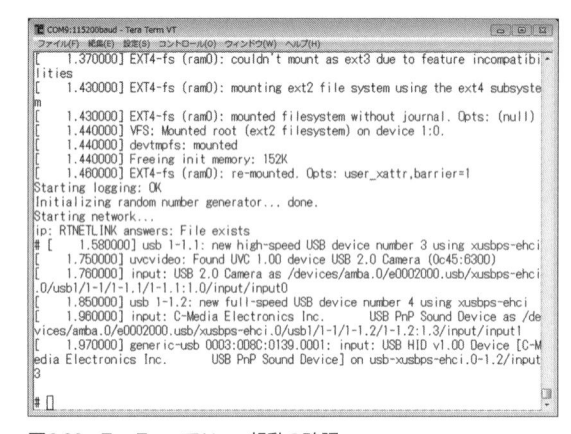

図3.28　TeraTermでLinux起動の確認

ramdisk8M.image.gz（ファイル・システム）を理解する必要があります．次章以降で実際にLinuxカーネルを作り，devicetree.dtbを理解し作成することで解決していきます．ここではLinuxが起動することだけを確認しましょう．

＊　　　＊　　　＊

ここまで来たことで，次のことが達成できました．
(1) PlanAheadを使いZedBoardのBSPを使ってプロジェクトを作成
(2) SDK を使ってスタンドアロン・プログラム（FPGAなし）の実行／デバッグ
(3) あらかじめあるLinuxを立ち上げる
(4) Linuxアプリケーションのデバッグ
(5) PlanAheadでBSPのデフォルト設定のPL部の合成
(6) FSBLの作成
(7) Linuxを立ち上げるためのSDカードの作成

なお，いくつか詳しく説明せずに飛ばした内容もあります．
- devicetree.dtb とはなにか？
- Linux用のramdiskの設定

これらは次章以降で説明します．

第4章 次世代ツールVivadoを使ってみよう

Zynq対応開発ツールの最新版
Vivadoを使ったZynqの開発手順

　Xilinx社は新しいFPGA開発ツールVivadoを発表しました．登場当初はZynqに対応していなかったのですが，バージョンアップによりZynq対応になりました．ZedBoardのBSPも初めから用意されたので，実に簡単にVivadoを使えることがわかりました．

　Vivadoは，今までのツール群をさらに統合を進めた形になっています．まず，プロセッサを使用した開発を中心に既存のIPコアを組み合わせてIPコアをインテグレートできます（IP Integrator）．また，VHDLやVerilog HDLを使った今まで通りのFPGAの開発もシミュレーション（XSIM）ももちろんサポートされています．できあがった回路図はインターフェースをつけてやればIPコアとしてパッケージ化できます．作成されたパッケージはツール非依存・業界標準のIP-XACTで，IP Integratorで汎用的に使うことができるようになります．

図4.1　Vivadoのダウンロード

ツールの外観はPlanAhead風ですが，設計は一新されており中身はまったく違います．PlanAheadは外部コマンドを呼び出すラッパーという印象だったのですが，Vivadoはtclベースで全体がすっきりとまとめられています．SDKとの連携もスムーズです．

現時点では既存のISEからVivadoへの過渡期と言えます．たとえば既存のツールにあった機能がすべてVivadoに入っているかというとそうではありません．EDKで用意されているIPコアでも，特殊なものはVivadoにまだ無いかもしれません．また，Vivadoで設計可能なFPGAは7シリーズ以降（Zynqを含む）なので，Spartan-6の開発であればISEが必要になります．

つまり現時点では，開発のターゲットによってPlanAheadとVivadoは使い分けていく必要がありそうです．

この章では，Vivadoを使っての開発を見ていきます．なお，ここではVivado 2013.2で，SDKを含むバージョン（Xilinx_Vivado_SDK_2013.2_0616_1）を使用しています（一部2013.3にも言及）．以前のSDKではTCFに対応していないので，Vivadoとはうまく連携しないことに注意してください（図4.1）．

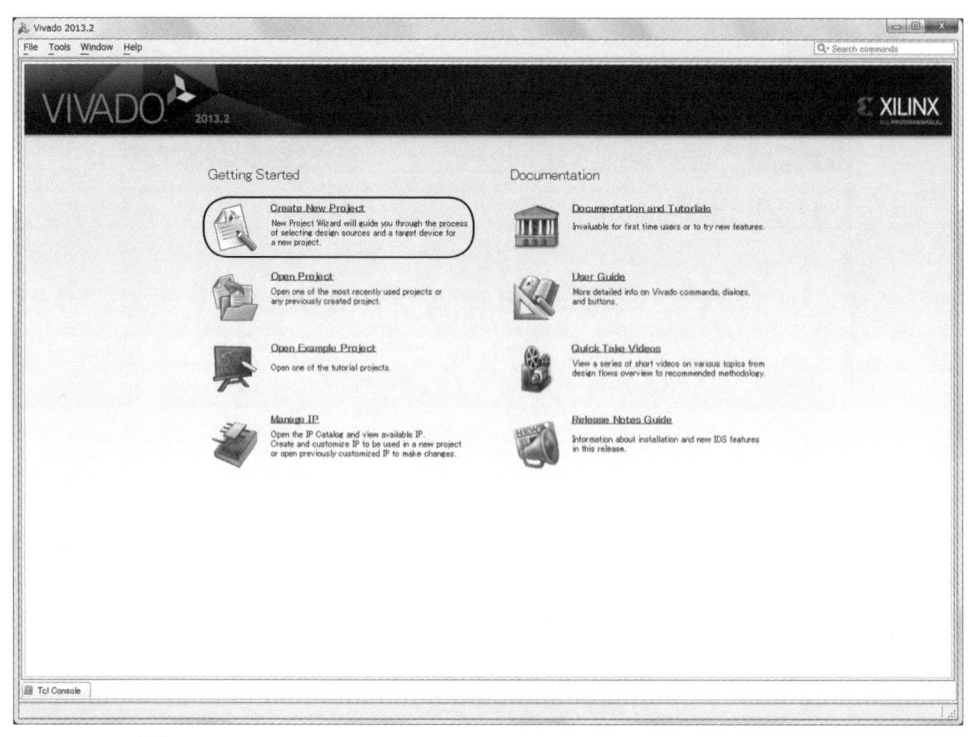

図4.2　Vivado起動画面

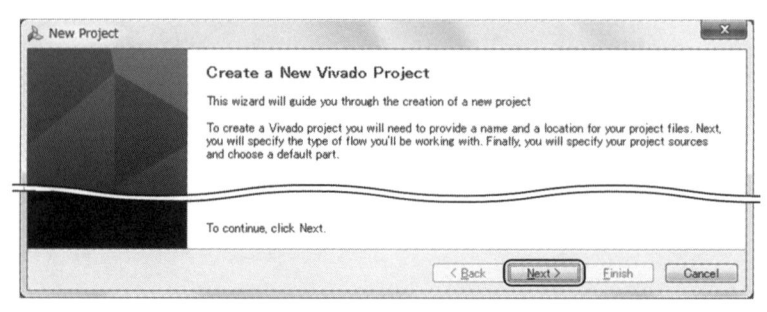

(a) Create a New Vivado Project

図4.3　新規プロジェクトの作成

66　第4章　次世代ツールVivadoを使ってみよう

4.1 IPコアをブロックのように組み合わせる

ここではZedBoard用のデザインを作り，AXI GPIOを含めて動作させるところまでを目標にします．

●プロジェクトの作成

何はともあれ，Vivado IDEを立ち上げてプロジェクトを作ってみます．Vivadoをダブルクリックで立ち上げると，PlanAheadの立ち上げ画面とそっくりの画面が表示されます（図4.2）．

Create New Projectを選択し，新規プロジェクト作成のWizardを起動します［図4.3（a）］．Project名をsimpleにし［図4.3（b）］，Target languageにVHDLを選択します［図4.3（d）］．BoardsではZedBoardを選択し（筆者の場合は Rev.C. 環境に合わせて

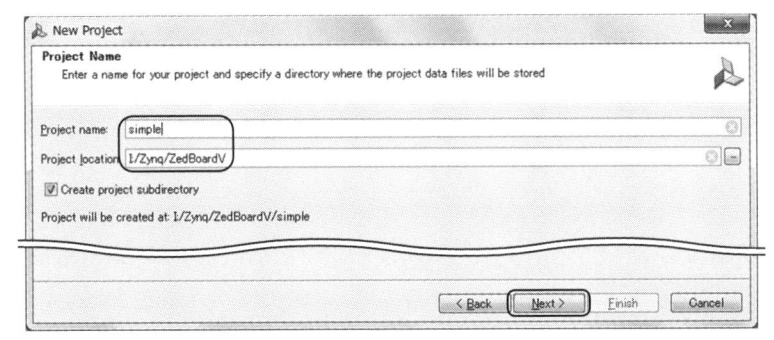

(b) Project Name（プロジェクト名とディレクトリ）

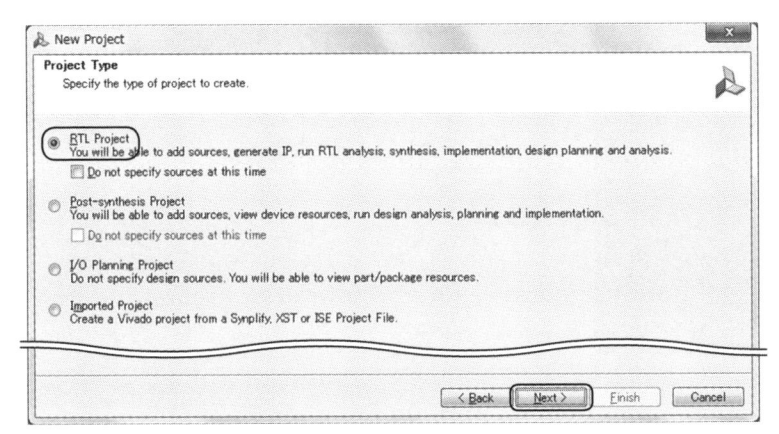

(c) Project Type（プロジェクト・タイプ）

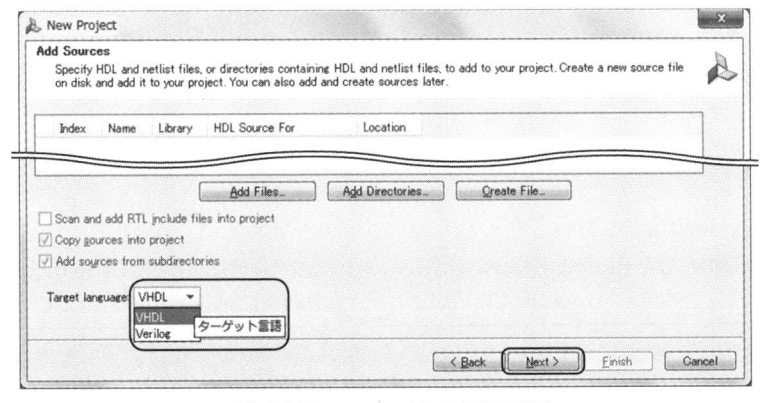

(d) Add Sourceターゲット言語の指定

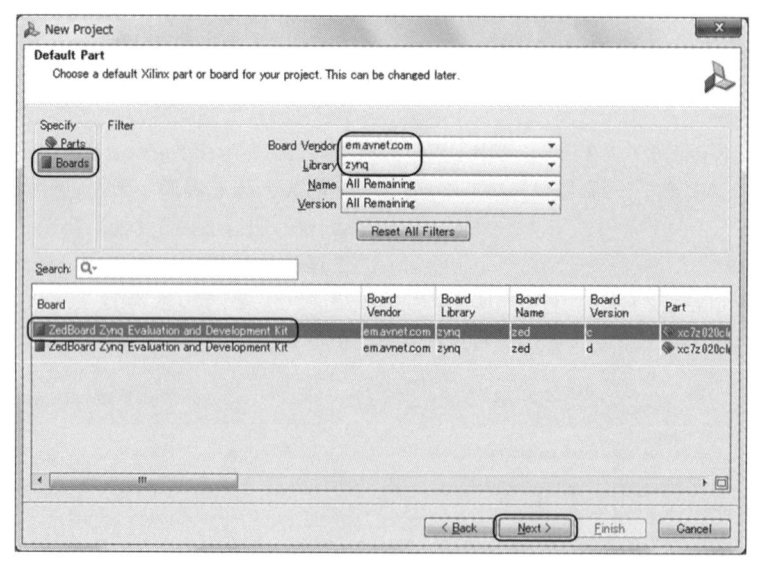

(e) ボードの選択

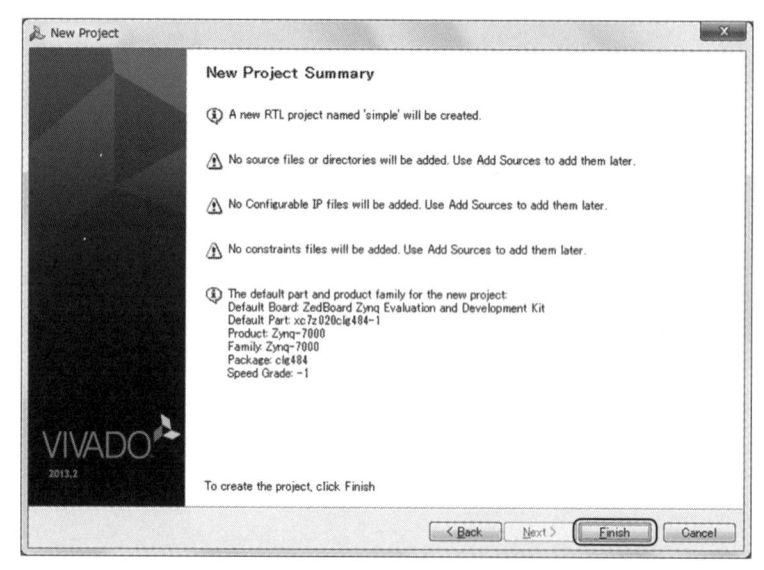

(f) New Project Summary 最終確認画面

図4.3 新規プロジェクトの作成（続き）

Revisionを選択），最後にFinishでプロジェクトを作ります［図4.3(f)］．これでプロジェクトが作成されました．

●**Vivado Flow Navigatorのツアー**

Vivadoの左側にはFlow Navigatorというメニューがあります（図4.4）．

(1) Project Manager

プロジェクト・セッティング/ソースの追加/IPの選択をするためのメニュー

- Project Setting
  プロジェクトのセッティングを実行
- Add Sources
  ソースを追加
- IP Catalog
  追加するIPコアを選択するIPカタログを表示させる

(2) IP Integrator

IPコアを組み合わせて回路図を描く

- Create Block Design
  回路図を最初に作るためのウィンドウを作成

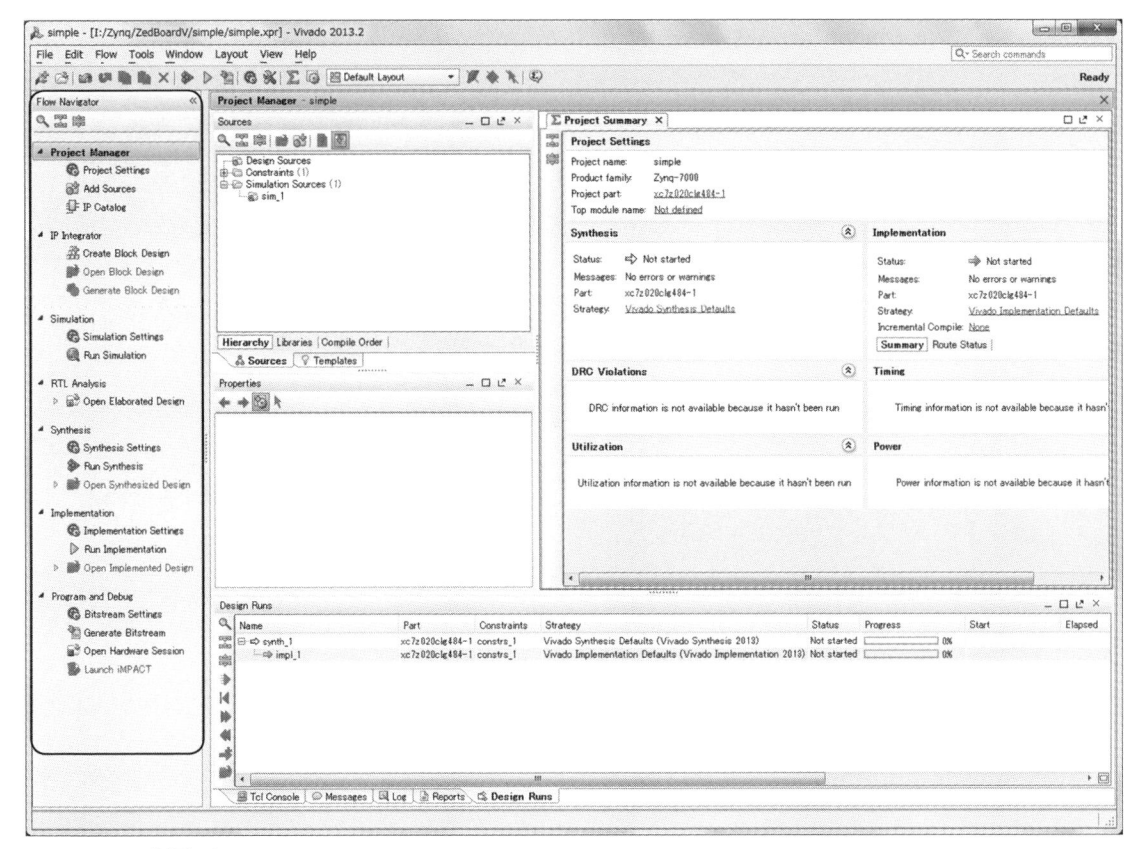

図4.4　Vivado外観とFlow Navigator

- Open Block Design
  すでにある回路図を開く
- Generate Block Design
  回路図から実際に合成するために必要なファイルを作成

(3) Simulation

シミュレータに関するメニュー

- Simulation Settings
  シミュレーションに関するセッティング
- Run Simulation
  シミュレーションを実行

(4) RTL Analysis

VHDLやVerlog HDLの論理的な合成をし，デザインを洗練させるためのメニュー．IP Integratorを使用する際は使用しない．メニューはOpen Elaborated Designだけでここをクリックすると合成が始まり，その後レポートなどを参照することができる．

(5) Synthesis

実際のXilinx社のチップに即した合成(Synthesis)をする．(恐らく)最初に指定されたチップの情報からどのようなプリミティブがあるかがわかるので，そこから得た情報で合成をする．Synthesis Settingsで合成時の設定をし，Run Synthesisで実際の合成が開始される．合成終了後，Open Synthesized Design以下のメニューが使えるようになる．

(6) Implementation

実際のXilinx社のチップに即した実装(Implementation)，つまりプリミティブの配置とその配線をする．Implementation Settingsで合成時の設定をし，Run Implementationで実際の実装が開始される．実装終了後，Open Implemented Design以下のメニューが使えるようになる．

(7) Program and Debug

プログラム(実機へのダウンロード)やDebugに関するメニュー．Launch iMPACTのメニューがあるが，iMPACTをインストールせずにプログラムが可能．

●**実際にIPコアを配置する**

まずはIP IntegratorのCreate Block DesignでIPコアを配置するためのデザインの基を生成します．絵を

4.1　IPコアをブロックのように組み合わせる　69

描くためのキャンバスを用意するようなものです［図4.5（a）］．

Design nameはsimpleに変えました［図4.5（b）］．図4.5（c）の画面になったら，Add IP...でIPコアを付け足していきます［図4.5（d）］．Add IP...をクリックするとIPコア一覧が現れるので［図4.5（e）］，Searchにzynqと入力します［図4.5（f）］．ZYNQ7 Processing Systemを選択し，ARMコアを含むインターフェース部分を付け加えます［図4.5（g）］．

実行するとTCL Consoleに次のようにTCLスクリプトの実行される様が表示されます．

```
create_bd_cell -type ip -vlnv
 xilinx.com:ip:processing_
 system7:5.2 processing_
```

```
system7_1
INFO: [PS7-6] Configuring
Board Preset zed. Please wait
......
create_bd_cell: Time (s): cpu
= 00:00:05 ; elapsed =
00:00:09 . Memory (MB): peak =
580.520 ; gain = 37.445
endgroup
```

このように，Vivadoは内部でTCLのスクリプトを実行します．VivadoのGUIを立ち上げずにTCLコンソールだけで同じことを実行することも可能ですし，GUIでの作業をレコードしておき後で再生（実行）することも可能です．

（a）Create Block Design

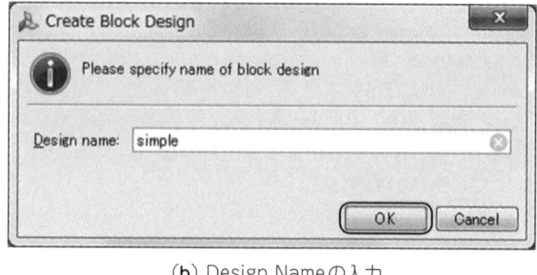

（b）Design Nameの入力

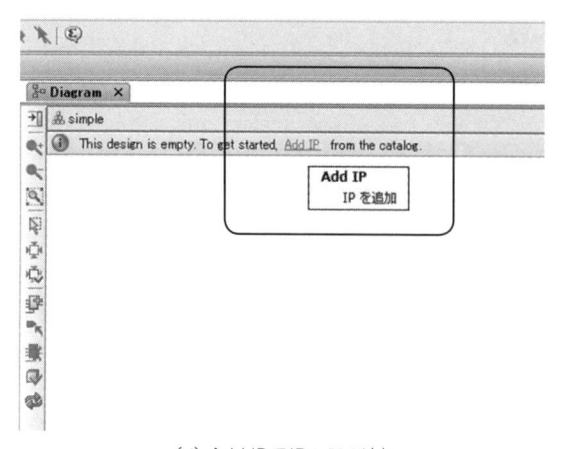

（d）Add IPでIPコアの追加

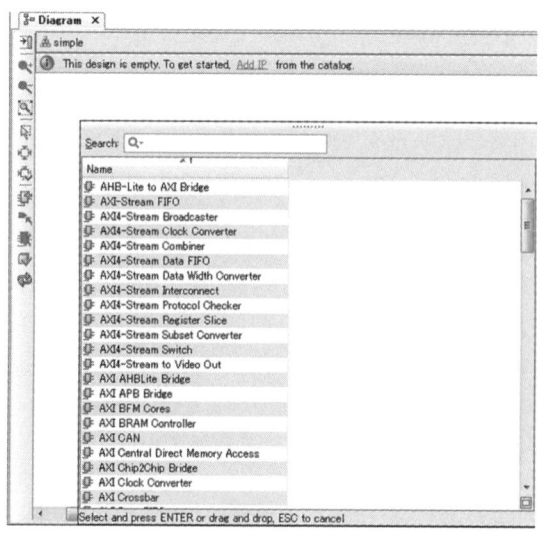

（e）IPコア一覧

図4.5 デザインの作成

その後，外部との接続をするためにMake External を実行しなければなりません．対象となるのはDDRとFIXED_IOです．

なお，Vivadoの新しい版（2013.3以降）ではMake Externalを使うのではなく，Run Block Automation を使用してください．Make ExternalだけではUARTなどのZedBoardの初期設定が無視されてしまうためです（後述）．

まず，DDRのコネクタにマウスを合わせて，右マウスボタンでメニューが出るのでMake Externalを選択

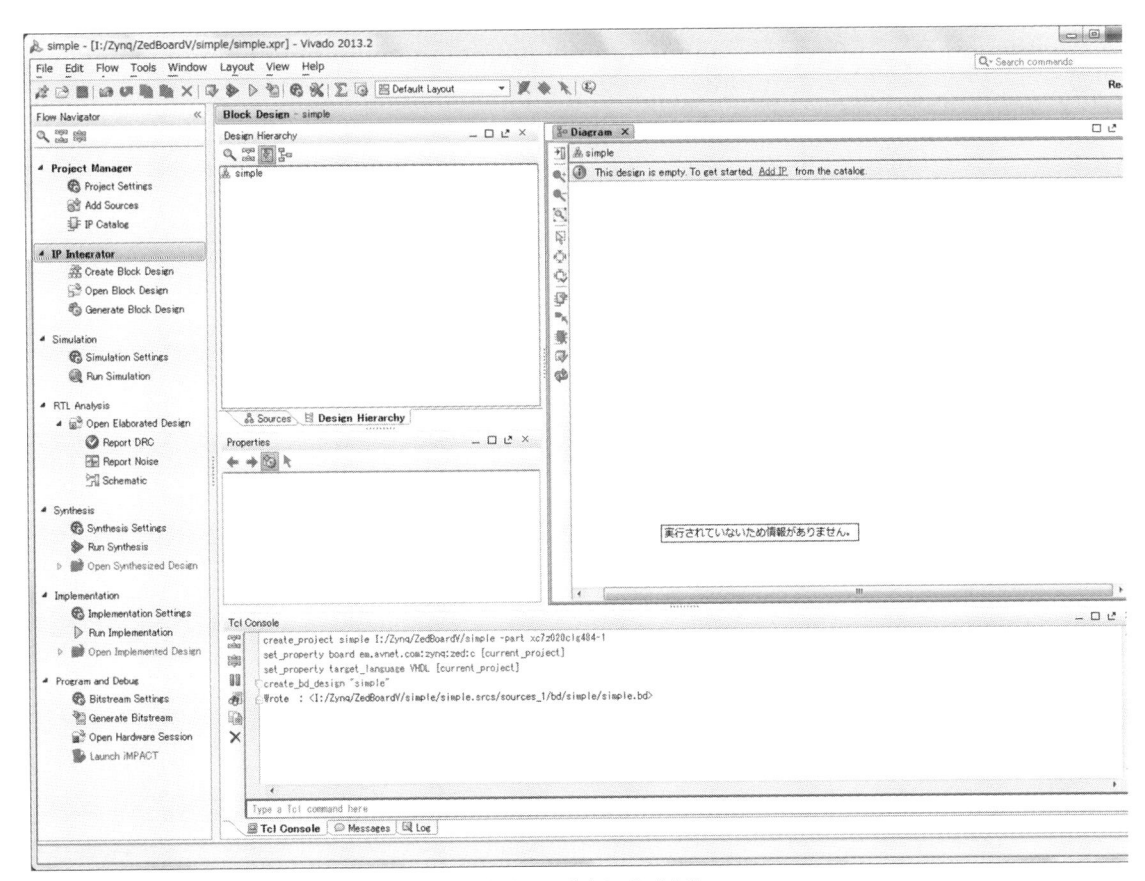

（c）白紙のデザイン作成直後

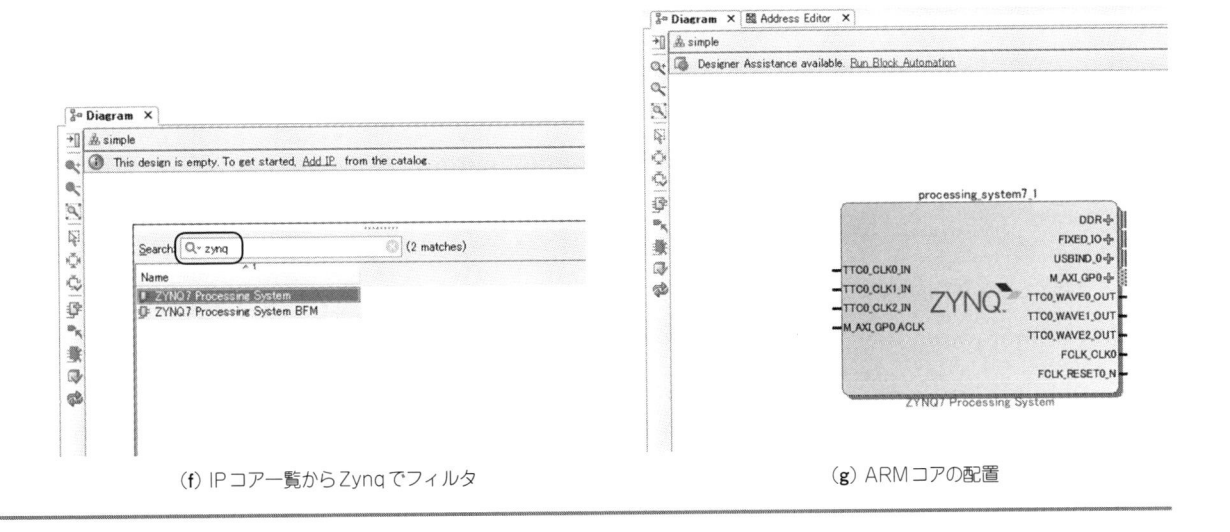

（f）IPコア一覧からZynqでフィルタ

（g）ARMコアの配置

4.1 IPコアをブロックのように組み合わせる 71

します [図4.6 (a)]. 同様にFIXED_IOもMake Externalを実行します [図4.6 (b)].

このままでは，ARMプロセッサだけが配置しても何もできないため，次のIPコアをAdd IPで付け加えます [図4.6 (c)].

- AXI GPIO
- AXI BRAM Controller
- Block Memory Generator

図4.6 (d) のようにバラバラに何の接続もされずにIPが配置されました．この各IPの設定をカスタマイズしつつ，回路図をつなぐように接続していきます．

次に，各IPコアの接続の方法を見ていきます．

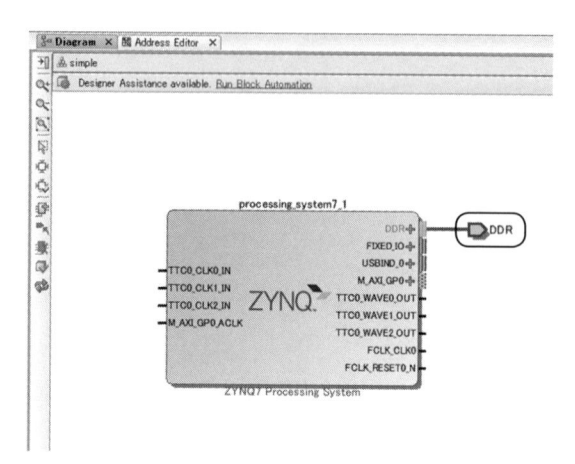

(a) DDR外部端子作成

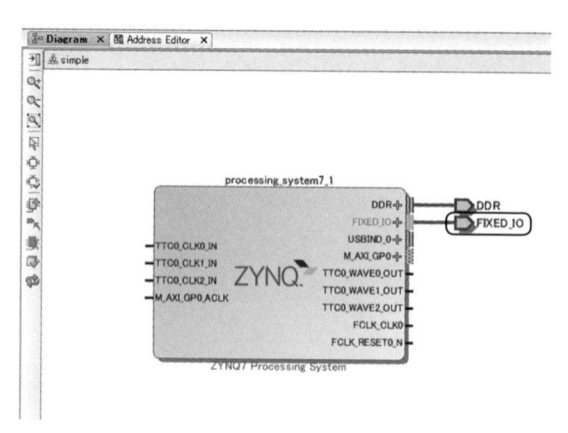

(b) FIEXED IO外部端子作成

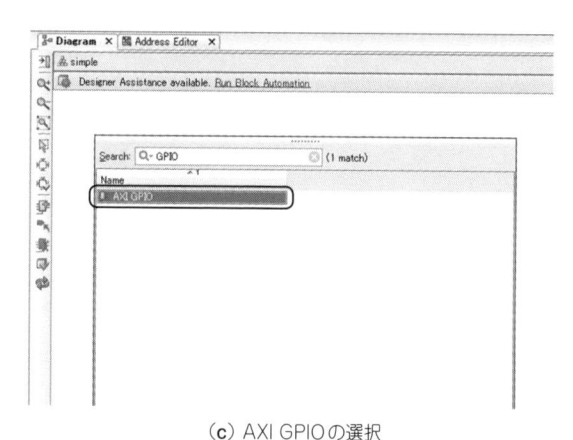

(c) AXI GPIOの選択

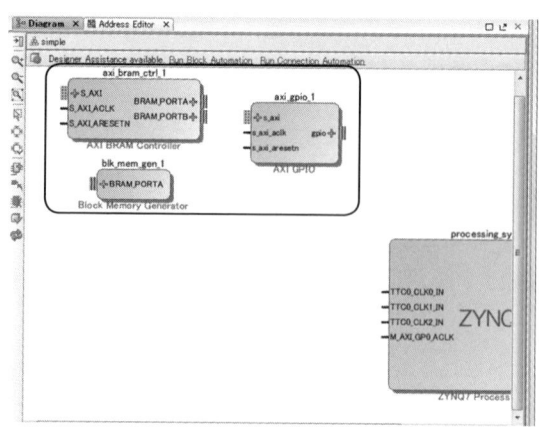

(d) 周辺IPコアの配置

図4.6 Make Externalによる外部端子作成と周辺IPコアの配置

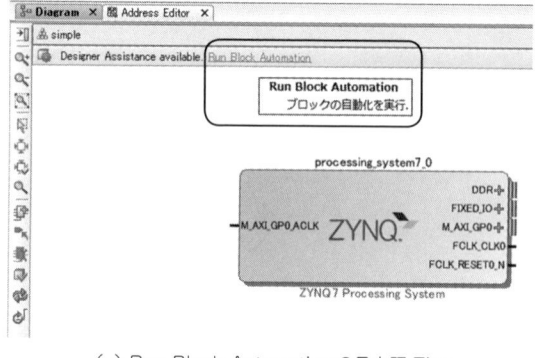

(a) Run Block Automationの日本語 Tips

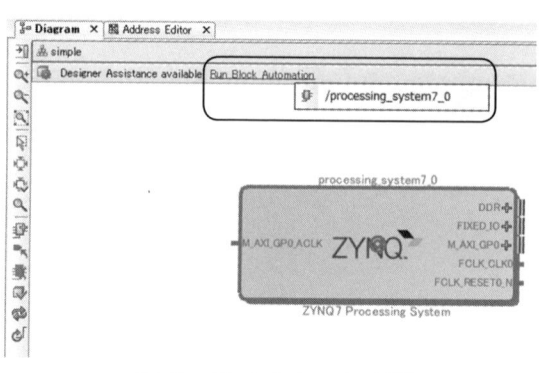

(b) Run Block Automation選択

図4.7 Vivado 2013.3での自動配線

72 第4章 次世代ツールVivadoを使ってみよう

●**Vivado 2013.3の場合**

　Vivado 2013.3ではRun Block Automationを使用します．Zynqを選択するとDiagram情報にDesigner Assistance available.としてRun Block Automationの表示が現れます．マウス・カーソルを合わせると日本語でTIPSも表示されます［図4.7（a）］．さらにクリックすると選択項目が表示されるので選択します［図4.7（b）］．すると，ウィザードが実行されボードのプリセット（この場合，ZedBoard用のプリセット）を使うかどうかを尋ねてきます［図4.7（c）］．OKをクリックすると自動的に配線がなされます．確認のためにZynqの回路図をダブルクリックすると設定画面が表示されます［図4.7（d）］．

　チェックがついているのがボードのプリセットで選択されたペリフェラルです．Vivado 2013.3 の場合，Make External だけだとこのチェックが外れてしまうので要注意です．外れたままだと，結果として SDK にエキスポートした際に UART が定義されず標準の出力先がない状態になり xil_printf がコンパイルエラーになったりします．

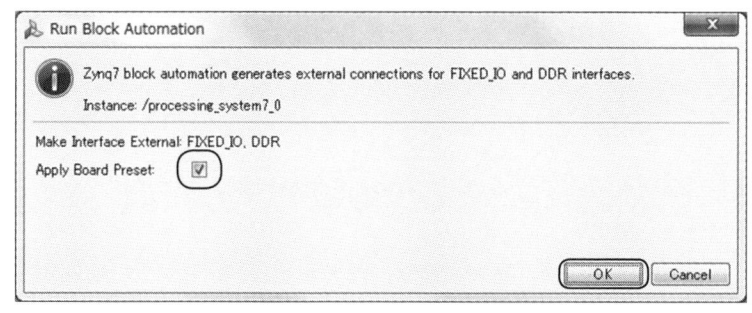

（c）Run Block Automation確認画面

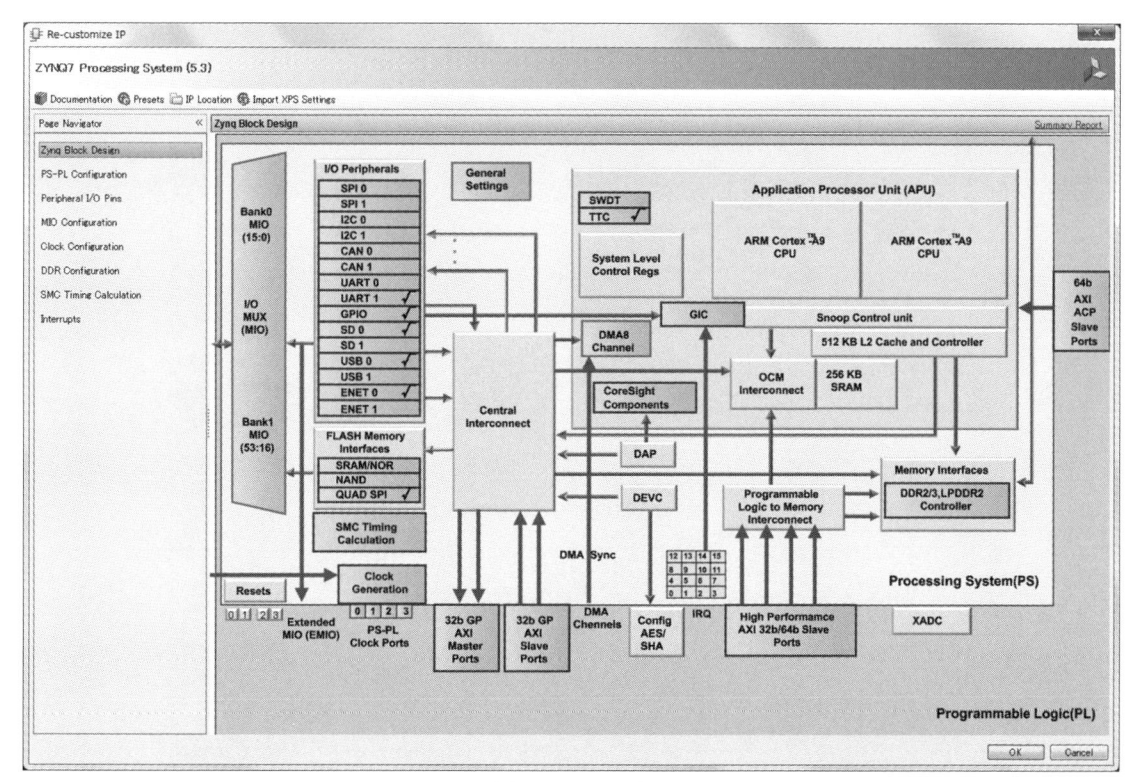

（d）Zynqの設定確認

4.1　IPコアをブロックのように組み合わせる　73

●**BRAMの設定と接続**

BRAM Memory Generatorで作ったblk_mem_gen_1というIPコアをダブルクリックし，IPコアのカスタマイズ画面を出します［図4.8 (a)］．あるいは，BRAM Memory Generatorを右クリックでメニューからCustomize Blockを選択します．画面右のBasicタブ内のMemory TypeをTrue Dual Port RAMに変更します［図4.8 (b)］．あるいは，BRAM Memory Generatorを右クリックでメニューから変更はそれだけなのでOKを押しカスタマイズ画面を消します．

次にAXI4 BRAM Controllerのインスタンスaxi_bram_ctrl_1［図4.8 (e)］と，先のカスタマイズを施したblk_mem_gen_1のPORTAとPORTBを接続します［図4.8 (f)］．

このように回路の部品であるIPコアを貼り付けて，各IPコアを結ぶことで回路図を作っていきます．EDK

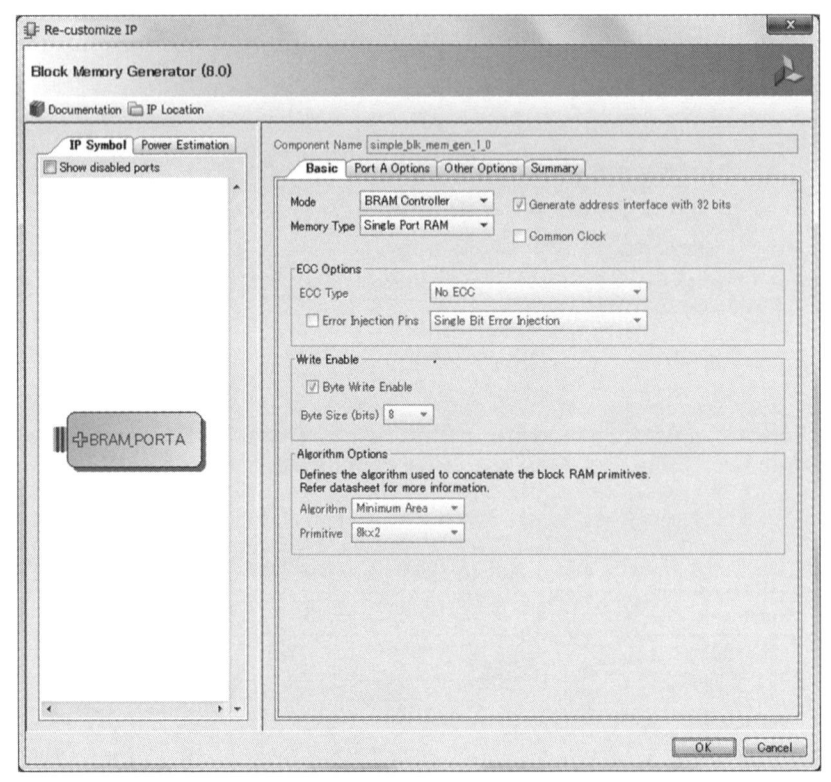

(a) BRAMカスタマイズ画面

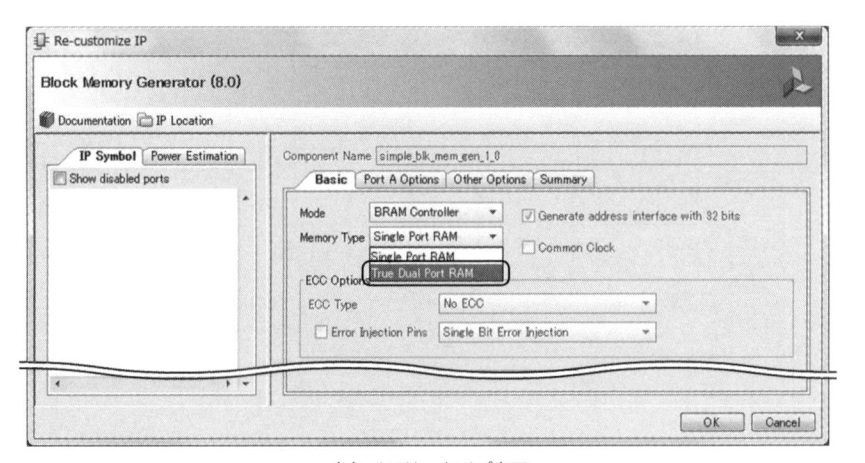

(b) メモリ・タイプ変更

図4.8 BRAMの設定

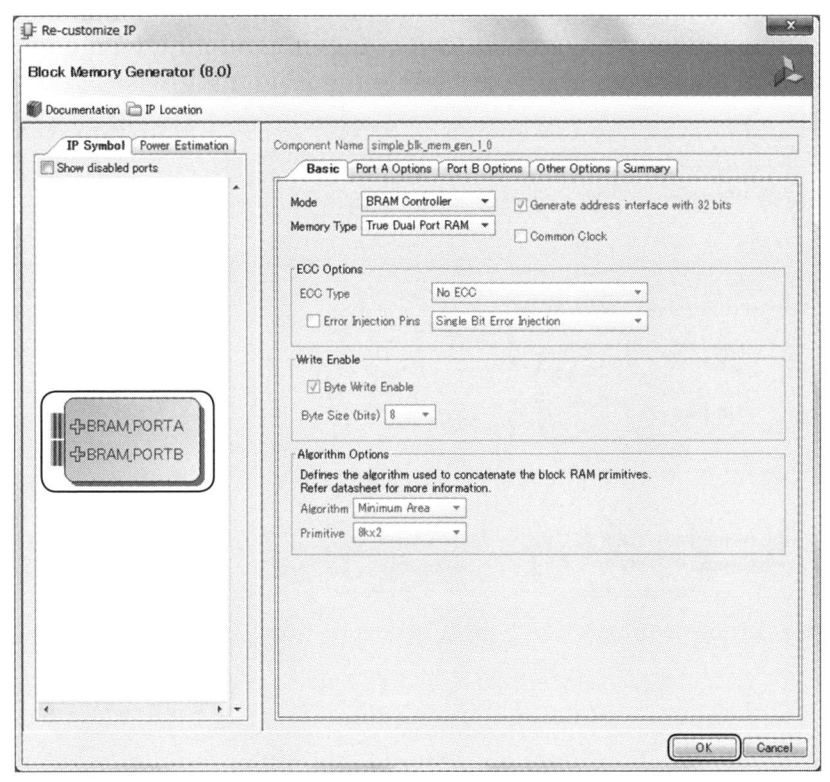

(c) True Dual Port RAMへの変更確認

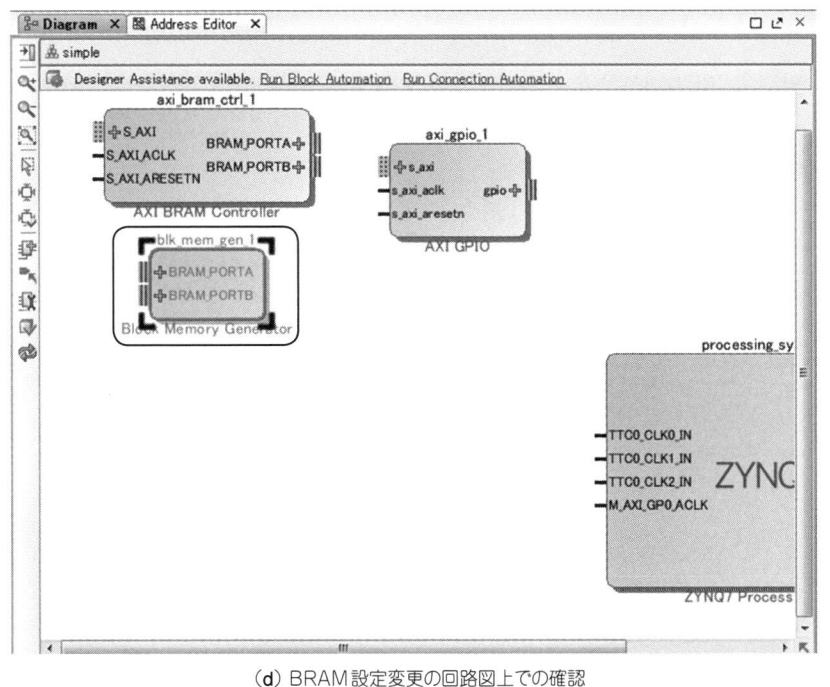

(d) BRAM設定変更の回路図上での確認

がバスを中心とした作図であったのに対し，Vivadoではインターフェース中心の回路図作成ツールになっています．特にMake Externalによって作成される外部への端子を含めたダイアグラムの作成は，EDKではわかりづらかった全体像が一目でわかるようになりました．

各インターフェースは，インターフェース上で右クリックしBlock Inteface Propertiesで確認することができます．例えば，今接続したBRAM_POARTAはVLNV（Vendor Library Name Version）がxilinx.com:interface:bram_rtl:1.0となっています．このインターフェースはXilinx社がbramのインターフェース

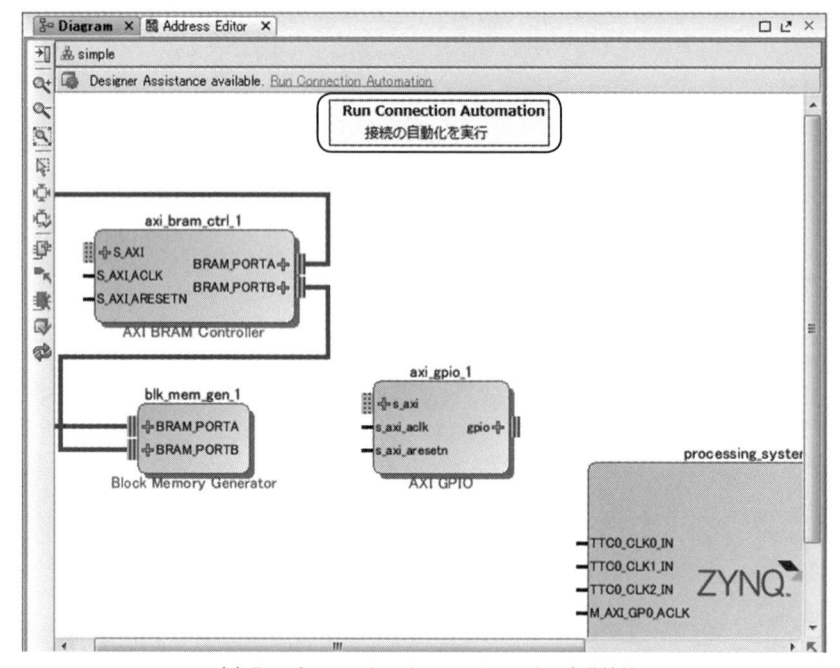

(e) Run Connection Automationによる自動接続

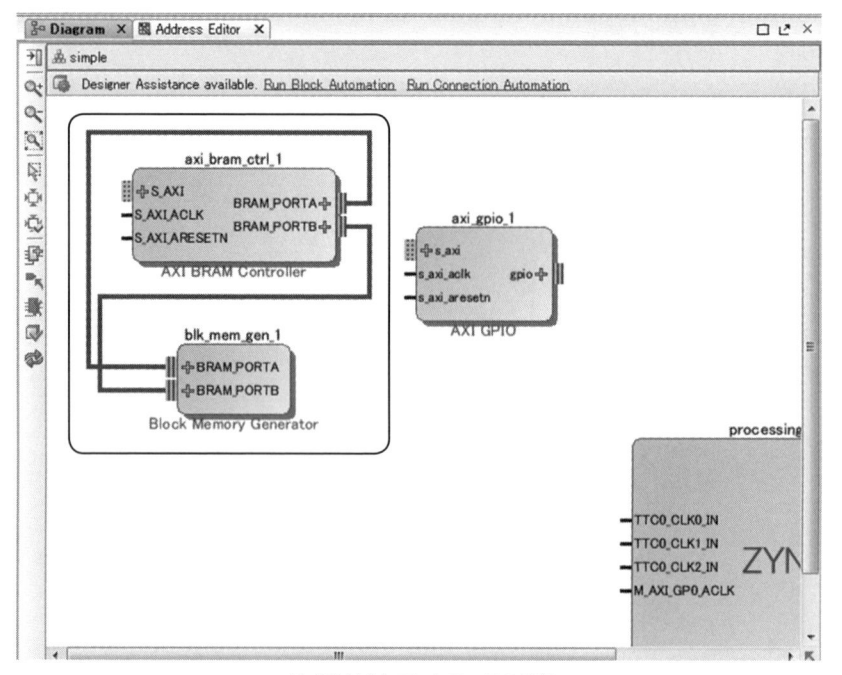

(f) BRAMとコントローラの接続

図4.8 BRAMの設定（続き）

として定義しているもので，このインターフェースにそっているIPコアなら接続可能です．AXI BRAM ControllerのS_AXIはAXIのスレーブ・インターフェース(xilinx.com:interface:aximm_rtl:1.0)です．

●**Designer Assistanceを使った自動配線**

この時点ではまだ回路図はいくつもの未接続が残り完成していません．ひとつひとつをつないでもよいのですが，Designer Assistanceという便利な機能があるので，ここではそれを使います．

Designer Assistance が使える場合は Designer Assistance availableと書かれた行が出現し，さらに Run Connection Automationをクリック［図4.9(a)］すると自動で接続可能なインターフェースを選択するメニューが現れます［図4.9(b)］．

ここで選択可能な三つの接続/axi_gpio_1/s_axi (GPIOのAXIバスへの接続)，/s_gpio_1/gpio (GPIOの外部接続)，/axi_bram_ctrl_1/S_AXI (BRAM ControllerのAXIバスへの接続)を順に接続していきます．

/axi_gpio_1/s_axi (GPIOのAXIバスへの接続)を選択し，確認メッセージの後，ダイアグラムは図4.9(c)のように自動的にAXI InterconnectやProc Sys ResetなどのIPコアが増えた上にバス接続がなされます．

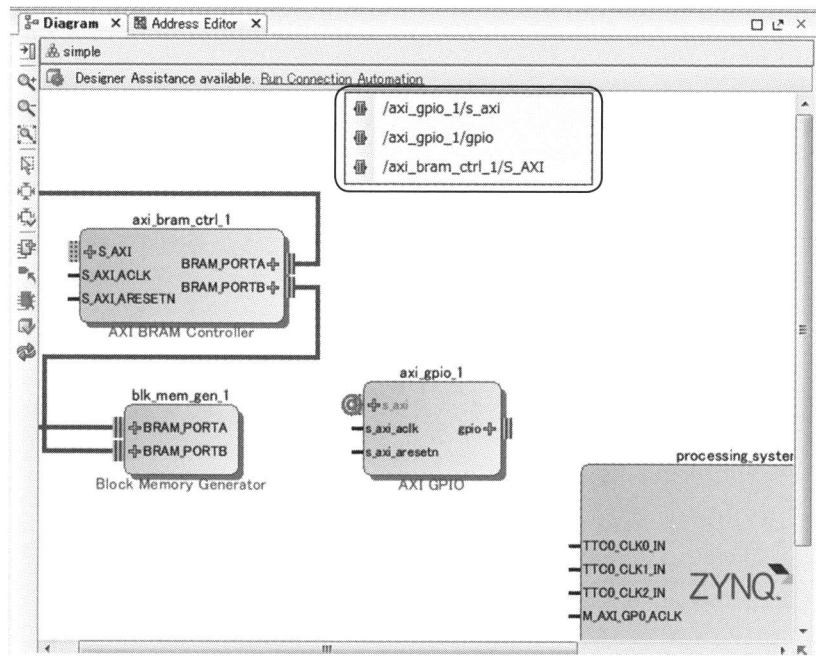

(a) Run Connection Automationの選択リスト

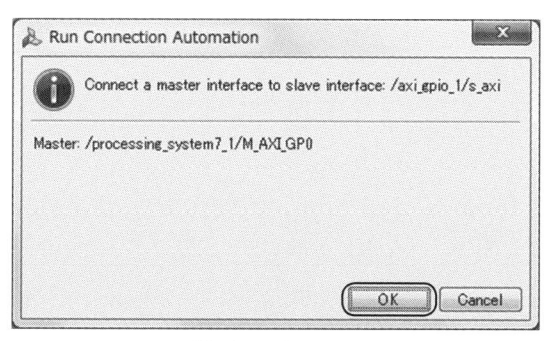

(b) 自動選択確認画面

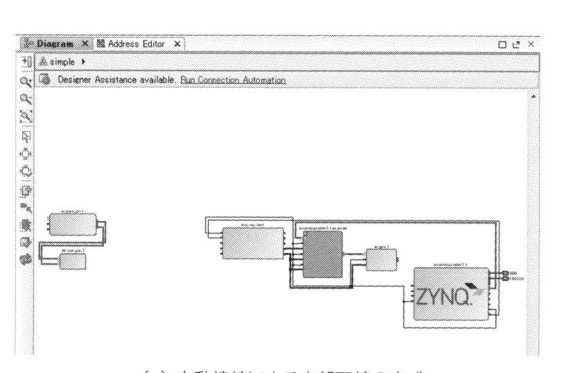

(c) 自動接続による内部配線の完成

図4.9 自動接続を使った配線

4.1 IPコアをブロックのように組み合わせる 77

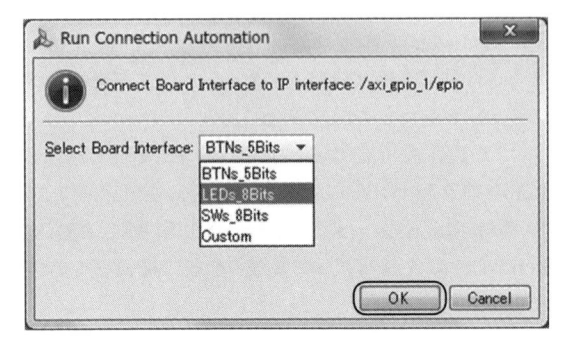

(d) 既存のLED外部機器との接続

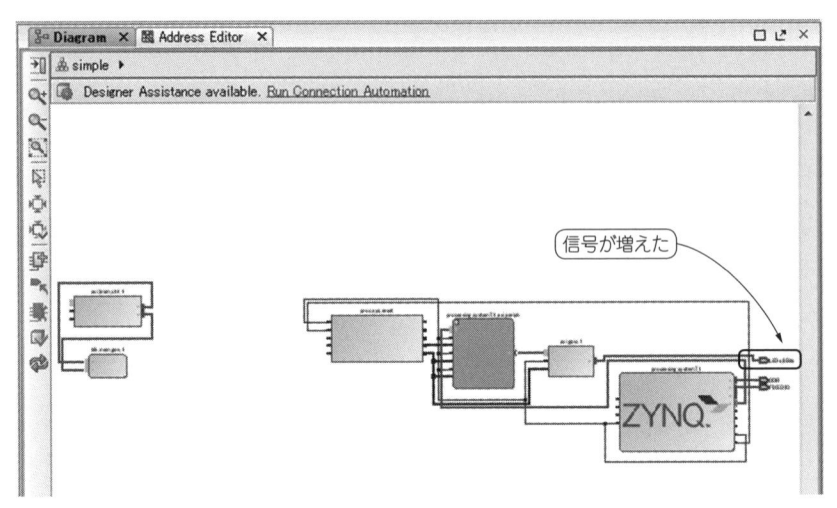

(e) 外部LEDの配線を回路図で確認

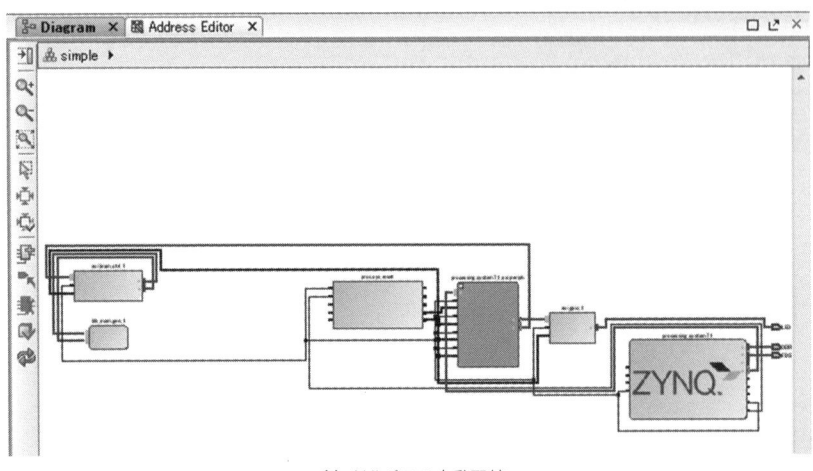

(f) AXIバスの自動配線

図4.9 自動接続を使った配線（続き）

さらに，/s_gpio_1/gpio（GPIOの外部接続）を選択すると，今度は外部接続の選択肢が現れます．これはZedBoardのBSP内にあらかじめ設定されているスイッチやLEDです［図4.9(d)］．ここではLEDs_8Bitsを選択します．

最後に/axi_bram_ctrl_1/S_AXI（BRAM ControllerのAXIバスへの接続）接続します［図4.9(f)］．

●Address Editor

配置したIPコアのアドレスなどは，Address Editor

78　第4章　次世代ツールVivadoを使ってみよう

(a) アドレス・レンジの変更

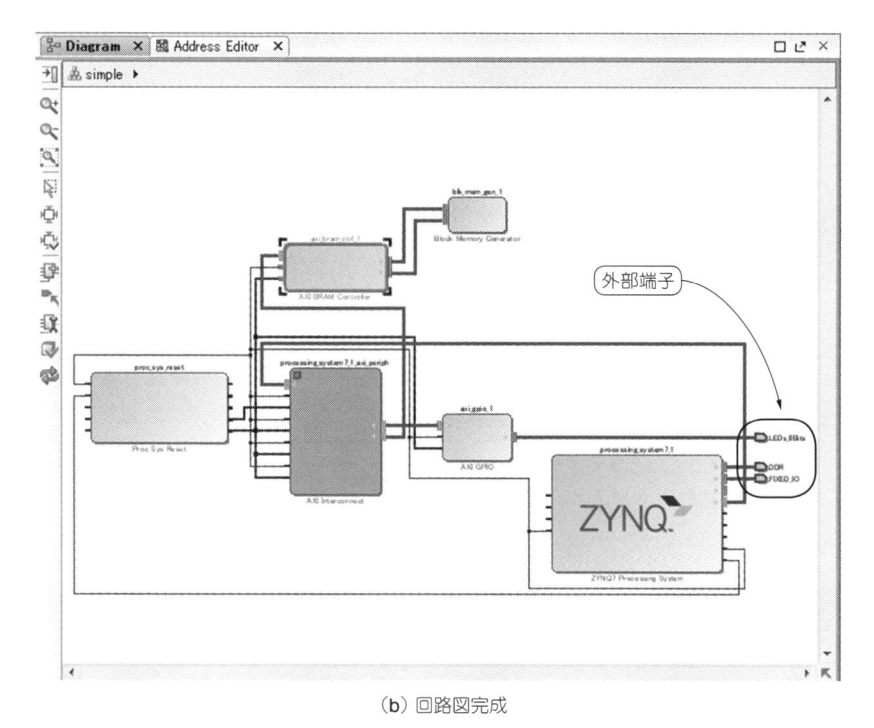

(b) 回路図完成

図4.10 Address Editorを使う

で調整することが可能です．ここではbramのRangeを64Kに変更します［図4.10（a）］．完成した回路図を図4.10（b）に示します．まさに回路図ができ上がりました．

右の五角形のマークは外部への端子（Make Externalで生成した部品）を表します．外部への端子は入力も出力も作ることができます．これらの端子は後に実際のピン・アサインをします．ピン設定はVivadoではucfファイルではなくなり，XMLベースになったのですが，その設定にXMLを意識することはありません．後述のImplementation時にVivadoに統合されたIOのレイアウト画面で設定可能です．

このブロック・デザイン画面は，IP IntegratorのOpen Block Designから該当のデザインを選択することで，いつでも見ることができます．

最後に念のためにメニューのToolsからValidate Designを実行しておきます．これでデザインのチェックが行われます．

●デバッグ用の設定

デバッグ時に回路の中身を参照するためにここで，デバッグ用の設定をしておきます．これによりリアルタイムにハードウェアの状態をチェックすることが可能です．Xilinx社のFPGAに埋め込むロジック・アナライザ機能ChipScopeProの機能を使うと言った方がわかりやすい方もいるかもしれません．

4.1 IPコアをブロックのように組み合わせる 79

なお，ChipScopeProを含む合成にはライセンスが必要なので，ライセンスが切れていないことを確認してください（試用版であればインストール後30日間）．

まず，GPIOのやり取りを監視するためにaxi_mem_interconとaxi_gpio_1のaxiで接続されているインターフェースを選択します．Interface Connection PropertiesにはAXIを示すインターフェースと，線の名称（processing_system7_1_axi_periph_m00_axi）が表示されます［図4.11（a）］．右クリックでメニューを表示しMark Debugを選択します［図4.11（b）］．これでデ

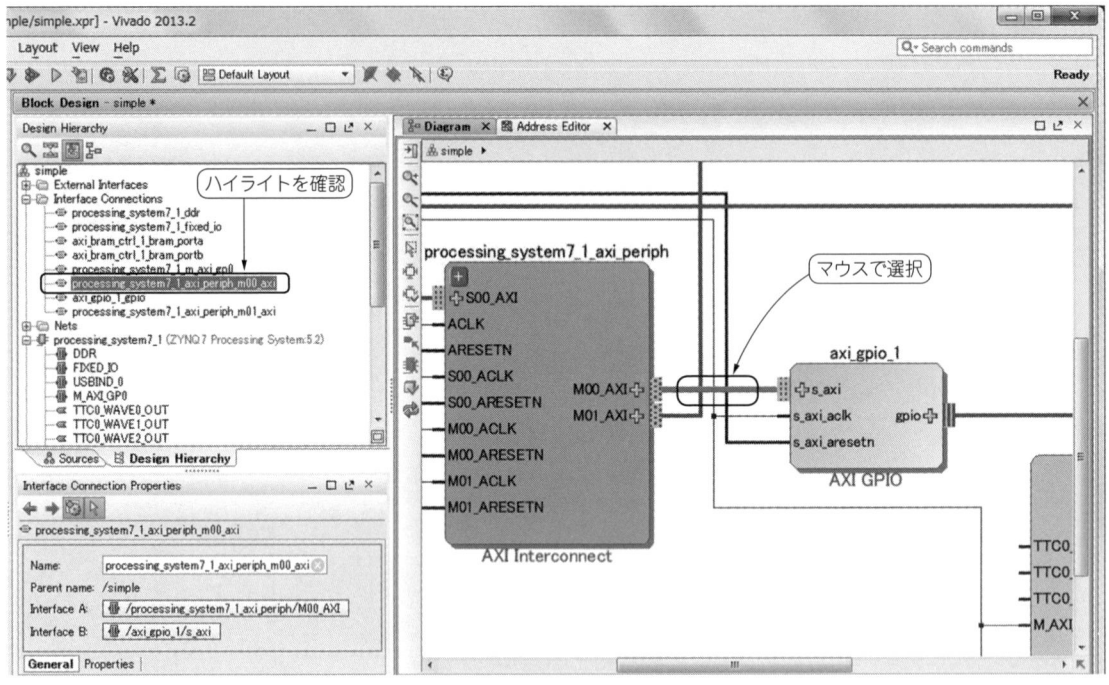

（a）デバッグするインターフェースを選択

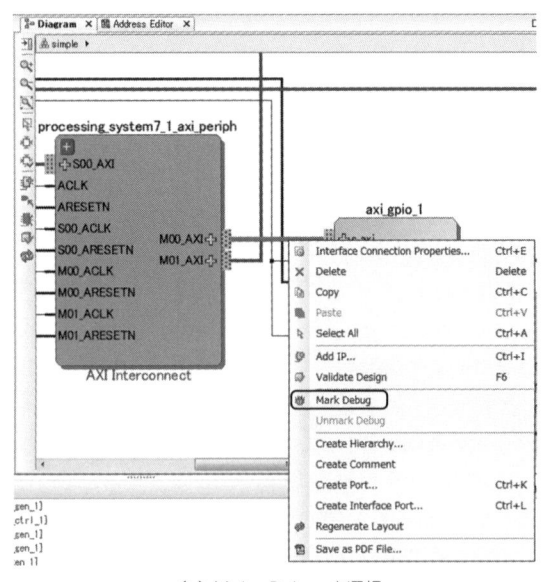

（b）Make Debugを選択

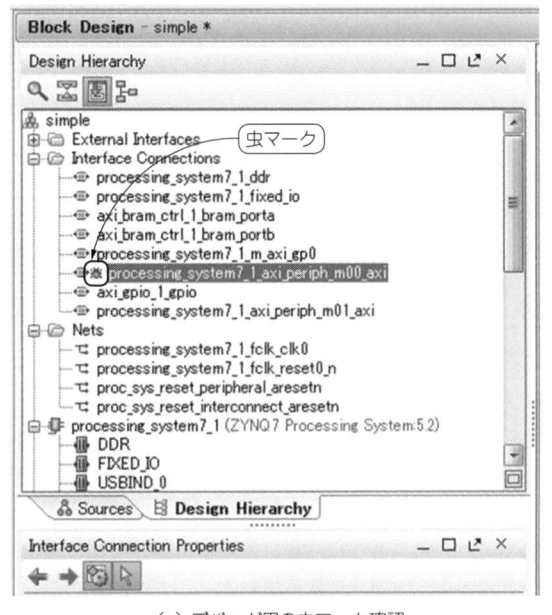

（c）デバッグ用の虫マーク確認

図4.11　デバッグ用の設定

80　第4章　次世代ツールVivadoを使ってみよう

バッグ用の設定ができました．

Design HierarchyビューのInterface Connectionsのprocessing_system7_1_axi_periph_m00_axiを見ると，デバッグが設定された旨を示すDebug（虫）マークが表示されます［図4.11（c）］．

デバッグのための準備は合成の後にも必要になります．最終的には，ARMのプログラムを走らした際にここで設定したインターフェースの波形を見ることができます．また，トリガをかけて表示のスナップショットをとることも可能です．

●Generator Block DesignとCreate HDL Wrapper

Generator Block Designにマウスカーソルを置くとツールチップとして日本語のヒントが表示されます．この「合成，シミュレーションおよびインプリメンテーションに必要な出力を生成します．」とは何でしょう？

実はDiagram上で回路を描いただけでは接続が規定されただけであり，それをつなぐグルーロジックや外部端子の情報などは生成されていません．そこでこのGenerator Block Designをすることにより，トップ・モジュールなどの必要ファイルや外部端子を規定するXMLなどが自動生成されます．Generator Block DesignのメニューはVivadoの2013.2からの便利な

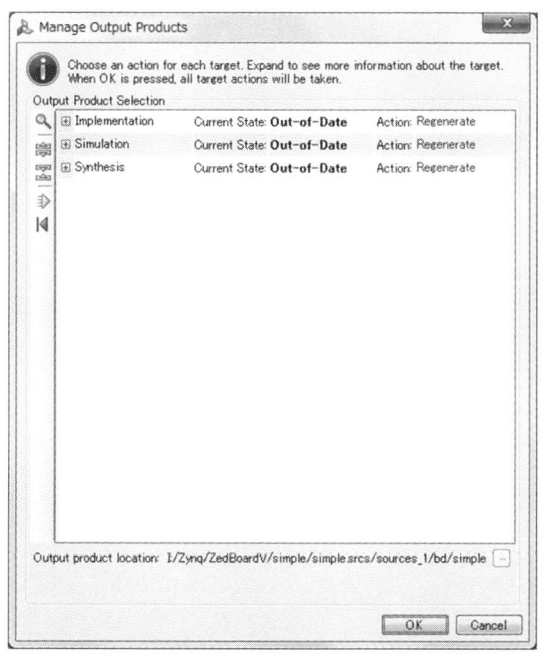

図4.12　Vivado 2013.3に追加されたGenerate Output Product

ショートカット機能なので，以前のVivadoではメニュー上にはありません．Hierachyのデザインを右クリックして出したメニューの中にGenerator Output Product...があり，この機能が便利なように左のメニューの中に追加されました（図4.12）．

注意点として，回路図のダイアグラム（Diagram）を変更した場合は，このGenerator Block Designを必ず実行する必要がある点です．TclのConsoleを見ていると，この操作がgenerate_targetを実行していることがわかります．

Generator Block Designを実行すると，トップ・モジュールも自動生成されています．このケースでは./hdl/zynq_simple_wrapper.vhdです．しかし，VivadoでOpen Fileしてもその結果はまだ反映されていません．そこで，次にCreate HDL Wrapperを実行します．

具体的にはHierachyのsimpleからマウスの右クリックでメニューを出し［図4.13（a）］，Create HDL Wrapperを実行します［図4.13（b）］．Tclのコマンドとしてはmake_warapperを実行することに相当します．実行するとワーニングが出ますが，気にせずOKとして前に進みます．これでVivadoのツールに状況が反映されました（具体的には/imports/hdl/zynq_simple_wrapper.vhdが更新される）．なおVivado 2013.3ではこの部分がauto-updateされるように改良されています．

実際にVivadoが何をやっているかは，Tcl Consoleを見ればわかります．そして，より詳しくVivadoの挙動を知るには，Vivad Design Suite Tclコマンド・リファレンス・ガイドを参照することになります．

Vivadoが持つ，ブロック・デザインの管理機能を簡単に試すために，led_outの名称をspecial_led_outに変えてみます．変えるにはダイアグラムの部品をクリックしExternal Product PropertiesのGeneralのNameを変更します（図4.14）．その後，Generator Block Designを実行しますが，Vivadoがツールとしてその必要がないと判断した場合は，図4.15のようにGeneratedと表示されます．

●RTL AnalisysとSynthesis

合成にはには2段階の過程があります．一つは一般的なRTLレベルの合成（RTL Analisys）と，もう一つはXilinx社の各プリミティブに適合させた合成（Synthesis）です．前者はANDやORなど一般的なRTLの回路図を生成するのに対し，後者はXilinx社の

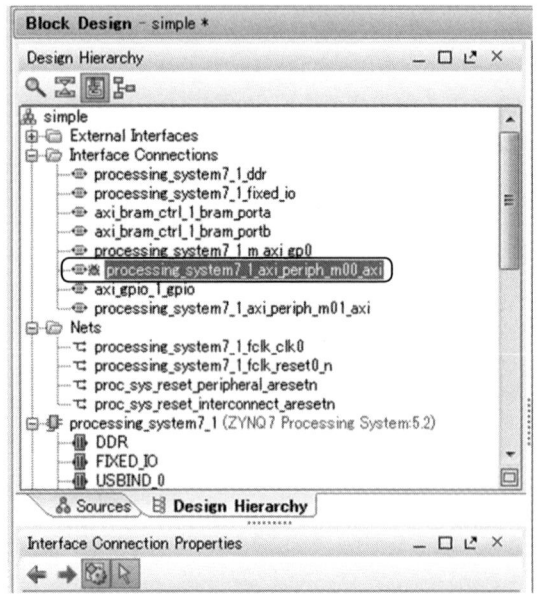

(a) デザインをメニューから選択

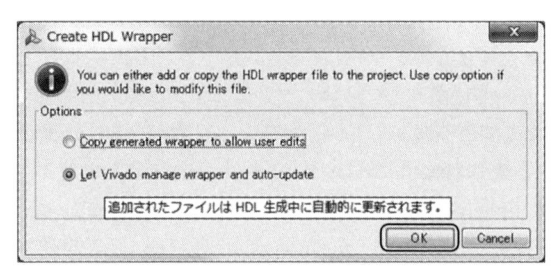

(c) トップ・モジュールの自動生成確認画面　　(b) Create HDL Wrapperをメニューから選択

図4.13　トップモジュールの明示的な生成

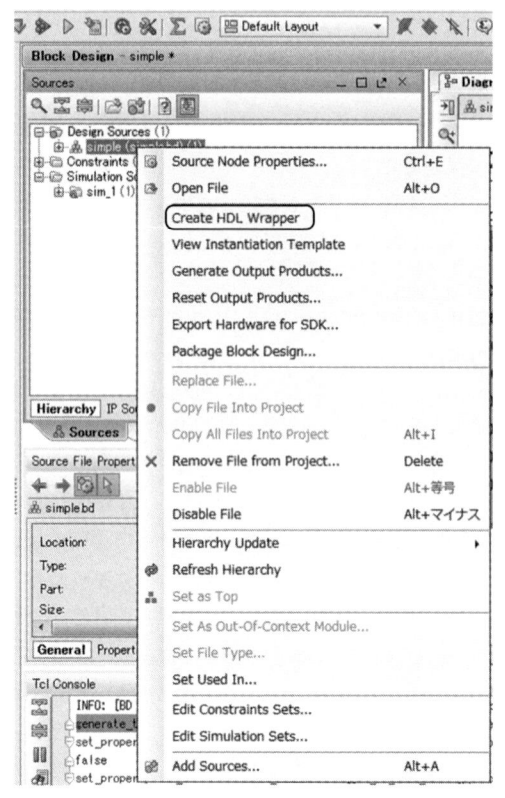

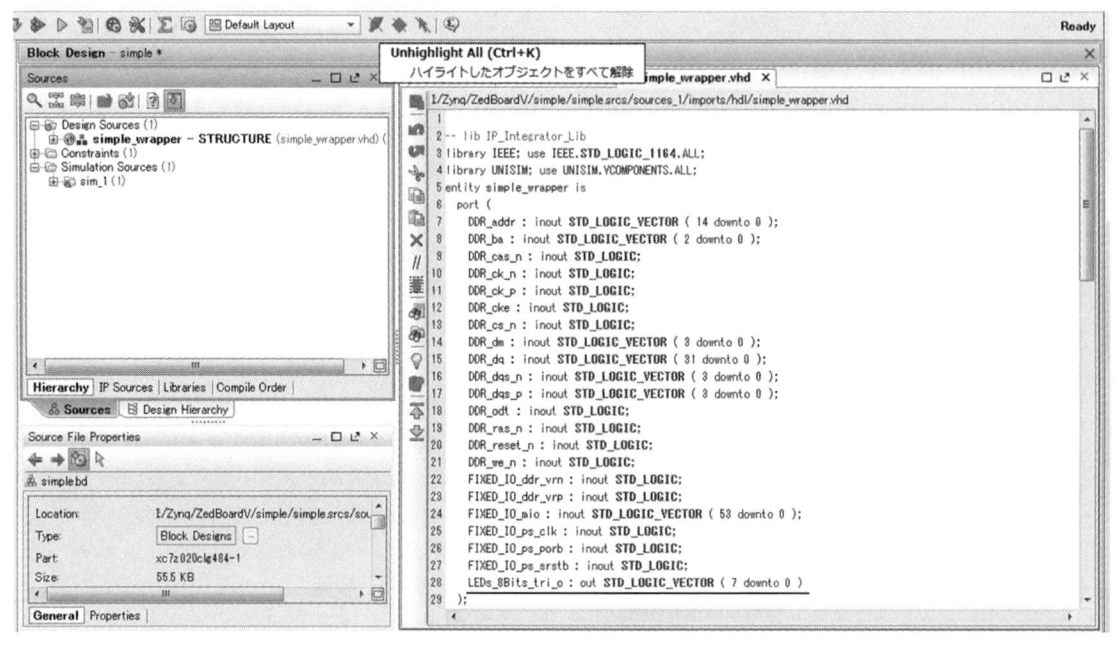

図4.14　LEDの名称をエディタで変更

82　第4章　次世代ツールVivadoを使ってみよう

チップ内の対応するプリミティブを割り当てます．どちらの場合もTCLのsynth_designコマンドで実行可能です．

ただし，今回のようなBlock Designレベルでの設計では，RTL AnalisysのSchematicを実行しても図4.16のような簡単な絵が出てきてほとんど意味がありません．

ここで詳細なデザインが表示されてしまうと，Block DesignとしてIPコアを提供するベンダの機密情報が守れないからでしょう．RTL Analisysはより詳細な信号レベルでの設計時に有効になります．ここではRTL AnalisysはスキップしてSynthesisによる合成に取り掛かります．

●Synthesis（合成）とレポート

Run Synthesisをクリックして合成させてみます［図4.17（a）］．筆者の環境では7分程度合成が終了しました．合成後にメニューが出た場合，ここではそのまま次のステップのRun Implementationに行かずに，Open Synthesized Designを選択します［図4.17（b）（c）］．

BSPによりZedBoardのピン配置は決定されているので，Block Designで特に指定していなくても自動的にピン・アサインが決定しています．ピン・アサインを変えたい場合は，I/O Planningのレイアウトにする

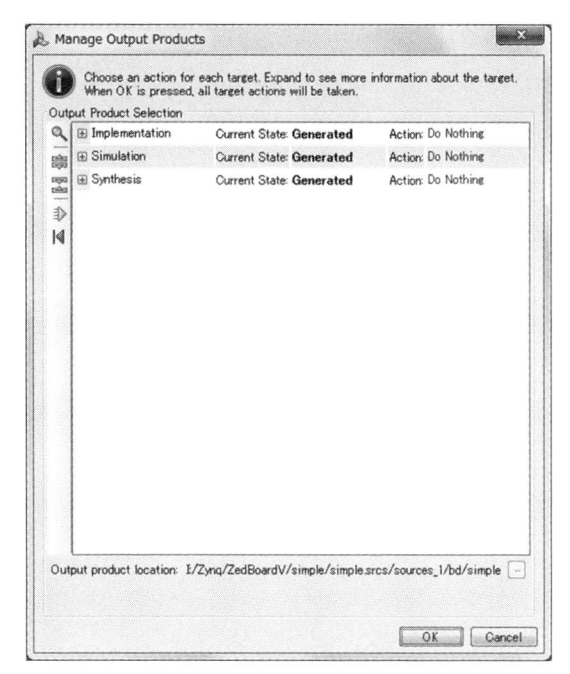

図4.15 Generate Block Designで生成を確認

と便利です［図4.17（d）］．Vivadoの下部にI/O Portsが表示されるので，そこで設定でI/Oのピンを変えることができます［図4.17（e）］．

Run Synthesisが終了すると，Synthesized Designのメニューが使えるようになります．タイミング制約はEdit Timing ConstraintsをクリックするとGUIで

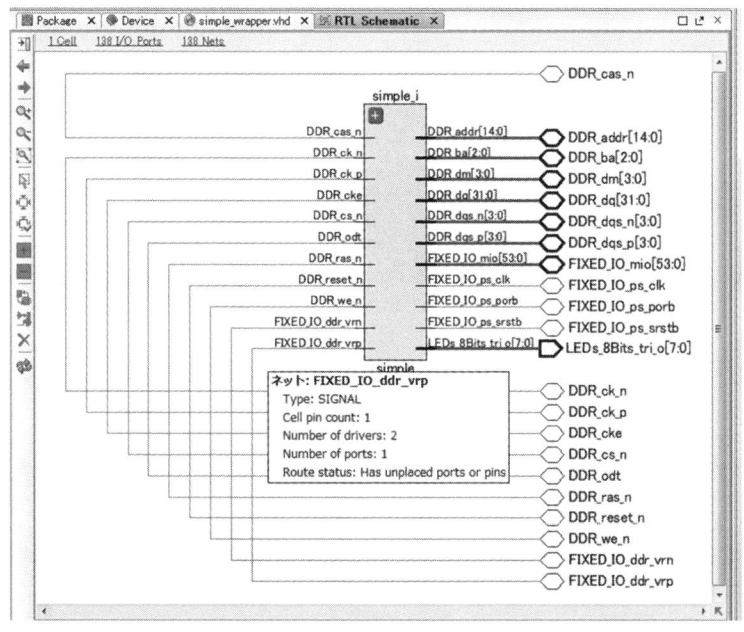

図4.16 RTL Analisys 実行結果

4.1 IPコアをブロックのように組み合わせる

(a) Run Synthesis を選択

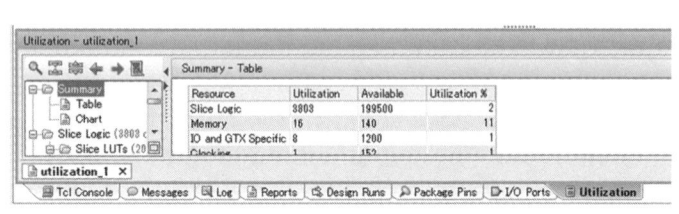

(b) Open Synthesized Design を選択

(g) タイミング・レポート結果

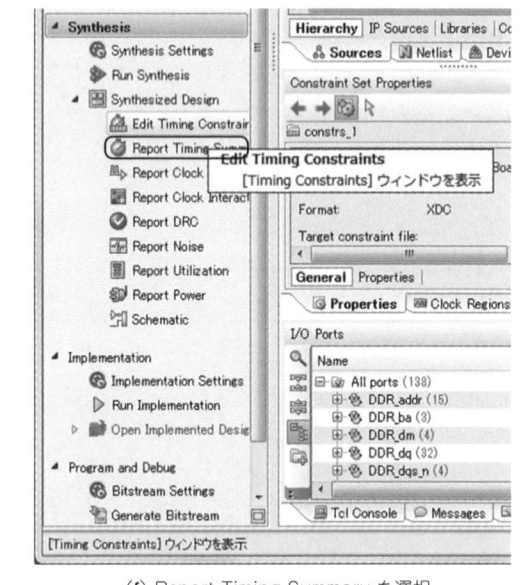

(d) I/O Planningを選択

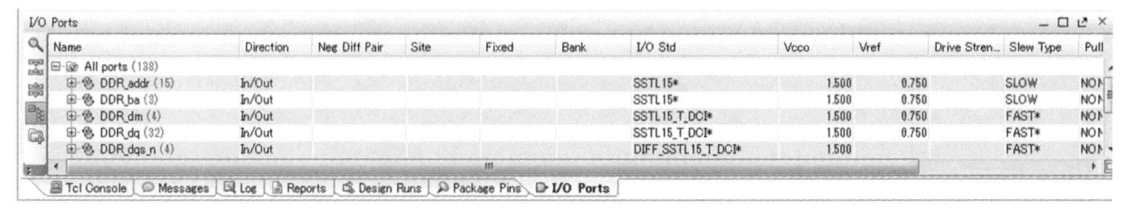

(f) Report Timing Summary を選択

(e) I/O一覧表示

図4.17　Synthesisによる合成

84　第4章　次世代ツールVivadoを使ってみよう

変更することができます．今回のデザインは単純であるため特に何も変更することはありません．

Report Timing Summaryをクリックすることでタイミングの情報を得ることができます［図4.17（f）］．また，Report Utilizationで使用リソースを得ることができます［図4.17（g）］．

●**合成後のデバッグ設定**

ここではデバッグの設定をします．まずレイアウトをデバッグに設定します．Debug Netsにはデバッグの未設定の信号線が表示されます．この信号線にデバッグ用のモジュールであるILA（Integrated Logic Analyzer debug core）をつなぐことでデバッグ時に信号線の様子を取得（キャプチャ）することができるようになります［図4.18（a）］．

次にSet Up Debugボタンをクリック［図4.18（b）］します（toolから選択するかDebug Netsで右マウスボタンのメニューから選択）．するとデバッグ用のウィザードが表示されます［図4.18（c）］．Nextを押すと信号線の一覧が表示されます．ILAでの信号線のキャプチャは同じクロック・ドメインでなくてならないという条件があるのでここで確認します．

Ctrl-Aで全ての信号線を選択し［図4.18（d）］，右クリックでメニューを出し，Select Clock Domain...を選択します［図4.18（e）］．ここでは基本的にproccessing_system7_1/FCLK_CLK0がベースになります［図4.18（f）］．OKを押し，さらにサマリーウィンドウでFinishをクリックすることで完成です．

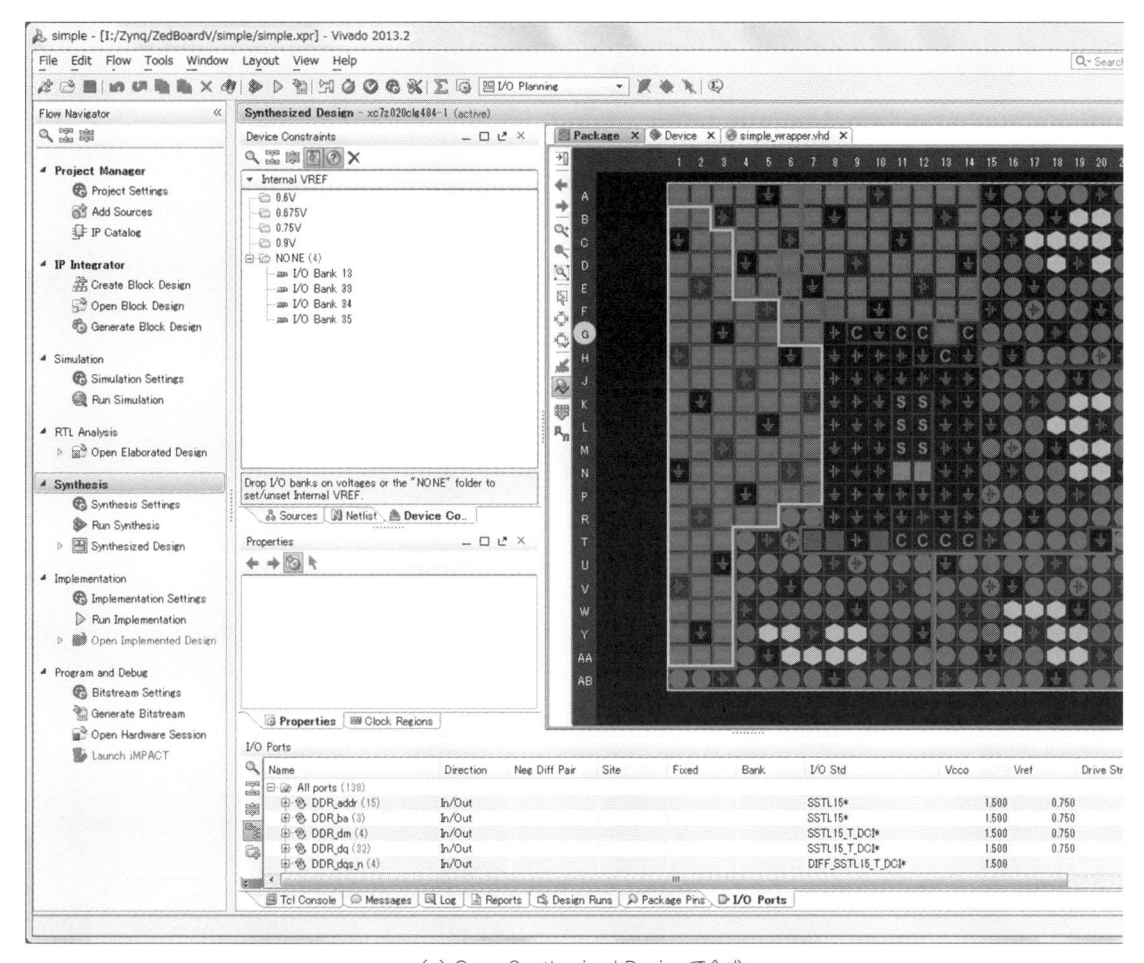

（c）Open Synthesized Designで合成

4.1 IPコアをブロックのように組み合わせる　85

● **Implementation/Generated Bitstream/ SDKへのExport**

Run ImplementationをクリックしてImplementation（実装）をします［図4.19（a）］．これにより実際のFPGA内のプリミティブを使うように配置配線されます．Save Projectのメッセージが出て制約をセーブするように促されるのでクリックによりセーブします［図4.19（b）］．

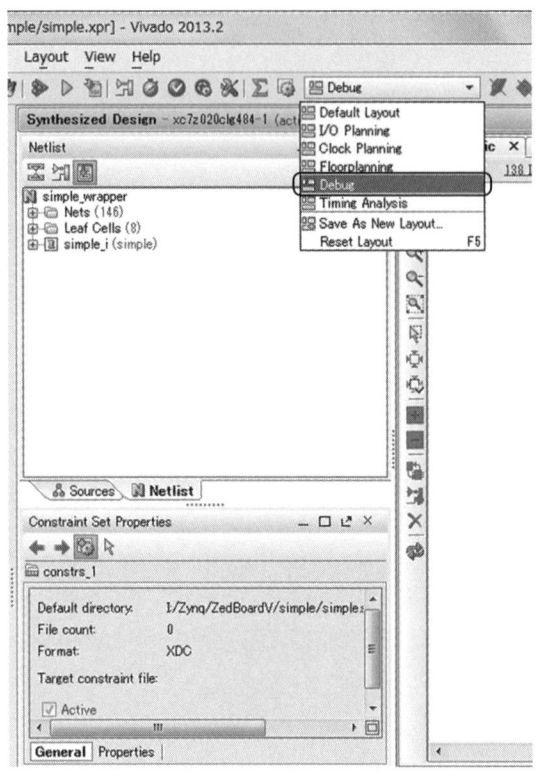

HierarchyのConstraintsのconstrs_1の下には，simple_wrapper.xdcという制約を記述するファイルが自動生成されています．これを開くと今回のデザインのピン・アサインを含んだ制約を見ることができます．ucfファイルではなくTCLベースの制約に変更されていることがわかります．

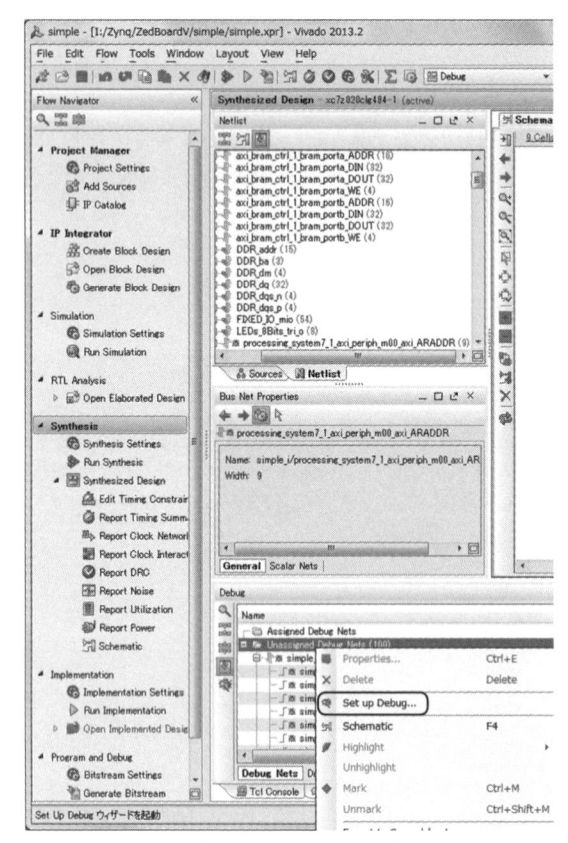

(a) Debug を設定

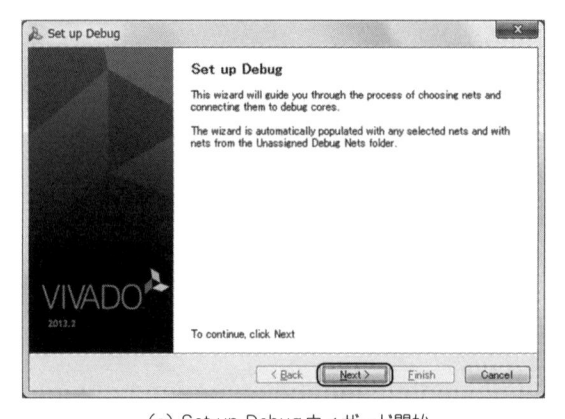

(b) Set Up Debugを選択

(c) Set up Debugウィザード開始

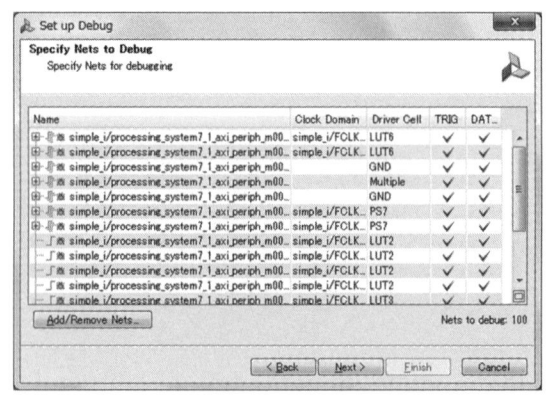

(d) Ctrl-Aで全信号選択

図4.18 合成後のデバッグ設定

Implementationが終了するとOpen Implementation Designが使えるようになります。ここでもReport Timing SummaryやReport Utilizationでタイミングの整合性やリソースの使用状況を見ることができます。またEdit Timing Constraintsでのタイミング制約を追加することもできます。

次にGenerated Bitstreamをクリックすることで、ついにFPGAにダウンロード可能なBitstreamを作ることができるようになります［図4.19(c)］。作成したBitstreamは、今までのツールiMPACTでも、裏でhw_serverを動作させた上でOpen Hardware Sessionを実行してダウンロードすることも可能です。

ZynqではARMコアが内蔵されているので、SDKを起動してSDKからダウンロードさせます。Fileの

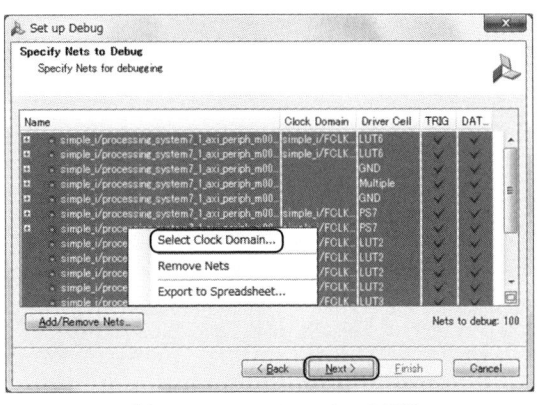

(e) Select Clock Domain... を選択

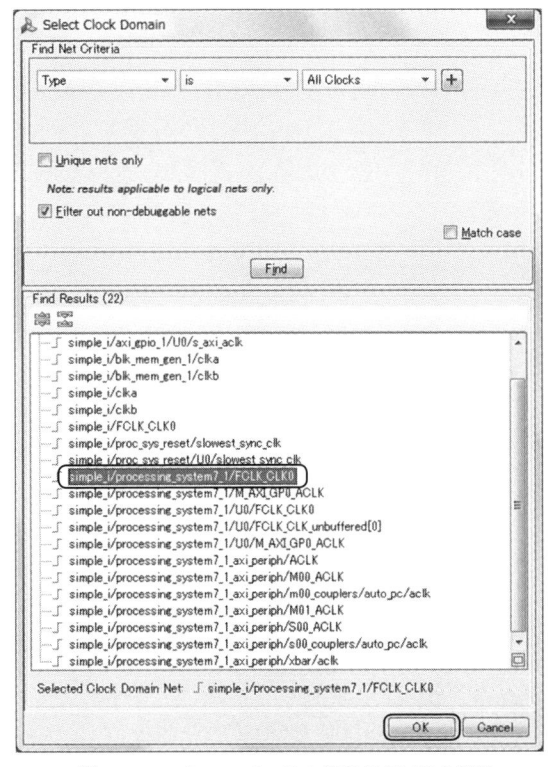

(f) proccessing_system7_1/FCLK_CLK0を選択

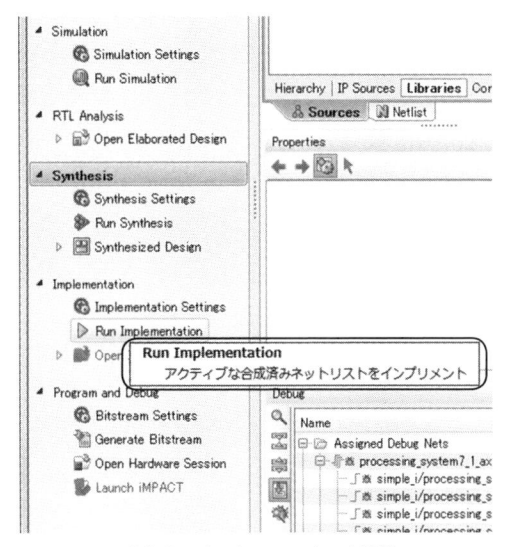

(a) Run Implementationを選択

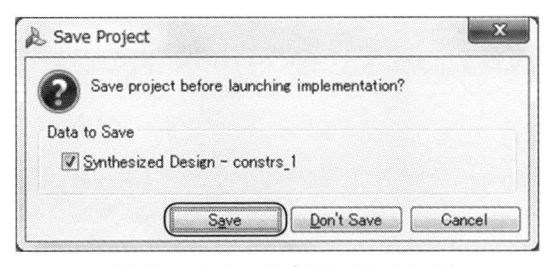

(b) Save Projectでプロジェクトをセーブ

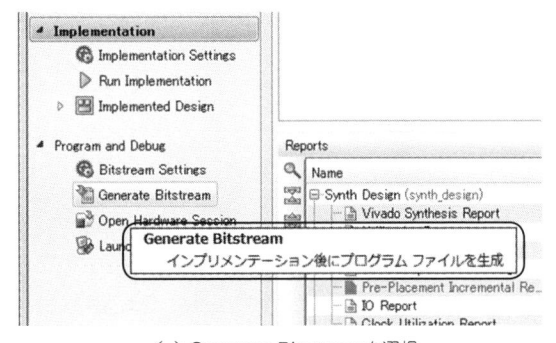

(c) Generate Bitstreamを選択

図4.19　Implementation（実装）を実行

4.1　IPコアをブロックのように組み合わせる　87

ExportさらにExport Hardware for SDKを選ぶと，HardwareをSDKへエクスポート可能です［図4.19（d）］．Launch SDKにチェックを入れてエクスポートのついでにSDKも立ち上げます［図4.19（e）］．

●SDKでのデバッグ準備

SDKでデバッグする前の処理として，二つのバックグラウンドのサーバを立ち上げます．一つはhw_serverで，もう一つはvcse_serverです．CSE ServerはEclispeで採用しているTCFに対応しています．TCFはgdb serverに変わるベンダ非依存の組み込みシステム向けのターゲットとのコミュニケーションをとるためのフレームワーク（Target Communication

（d）Export Hardware for SDKでSDKへエクスポート 　　　　　（e）Export Hardware for SDK確認画面

図4.19　Implementation（実装）を実行（続き）

（a）hw_serverの立ち上げ

図4.20　デバッグに必要なサーバを立ち上げる

88　第4章　次世代ツールVivadoを使ってみよう

Framework)です.

TCFを利用したEclispeのデバッグでは，従来にはなかなかできなかったハードウェアの情報を取りながらのデバッグも可能となります．なお，Eclipse側もTCFへの対応が必要です．そのため，従来のEDKなどに添付しているSDKではなく，Vivadoに対応した（TCFに対応した）SDKを使用することと，実行時にTCFを使用する必要があります（従来のgdb serverのインターフェースもあるため）.

二つのTCL Shellを立ち上げて，それぞれ次のようにhw_serverとvcse_serverを起動します（図4.20）. コマンド・プロンプトからC:\Xilinx\Vivado\2013.2\binにあるそれぞれのコマンドを起動しても同じ効果があります.

```
>hw_server
>vcse_server -tcf
```

さて，一方ですでにSDKは立ち上がっていると思います［図4.21（a）］. File→New→Application Project

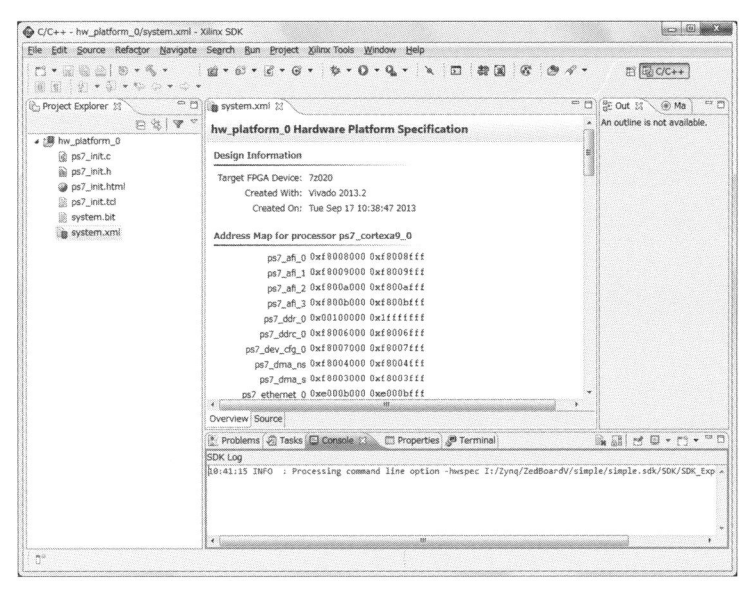

(a) SDKの立ち上げ画面

図4.21 SDKを使う

(b) vcse_serverの立ち上げ

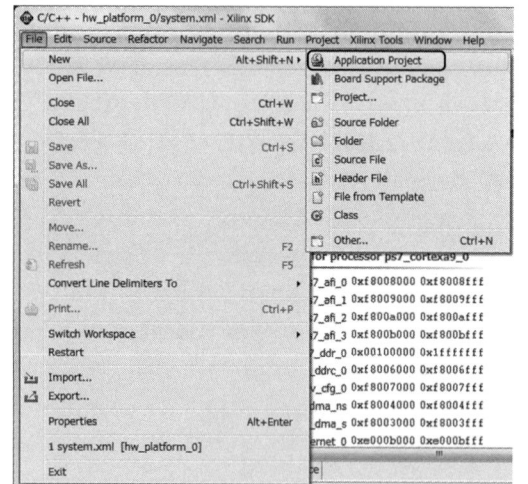

(b) Application Projectの選択

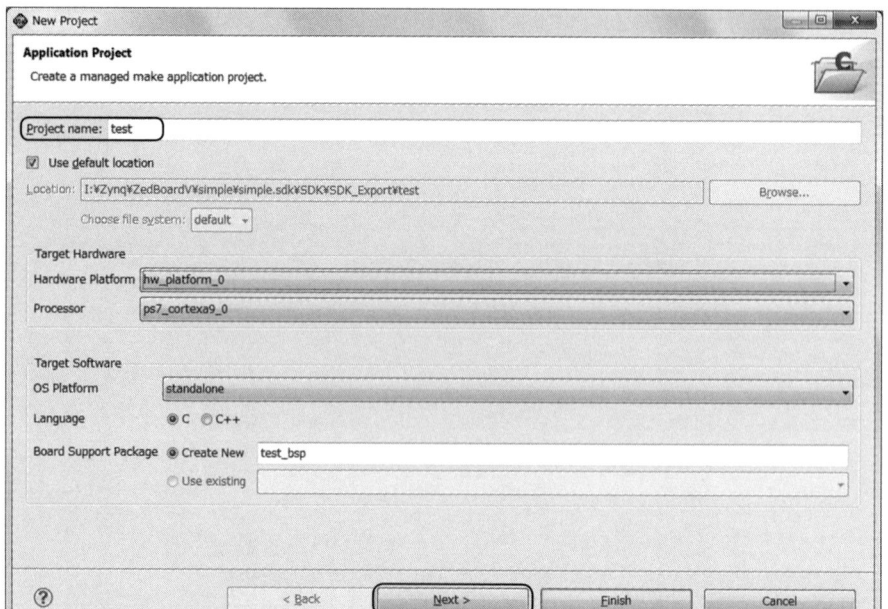

で新たなプロジェクトを生成します［図4.21（b）］．ここではtestとします．TemplatesからPeripheral Testを選ぶと，可能な周辺機器のテストを自動生成してくれます［図4.21（c）］．ここではGPIOの自動テストをするためにこのPeripheral Testを選びます［図4.21（d）］．選択後，自働的にコンパイルまでしてくれて，sizeコマンドで大きさまで教えてくれます［図4.21（e）］．

参考までに説明すると，筆者は最初「古いSDK」を使ったためTCFに対応しておらず，後述の信号線を見ることができなかったのと，Peripheral Testのテンプレートも古いものでした．SDKはVivadoに対応した

(c) Project name設定

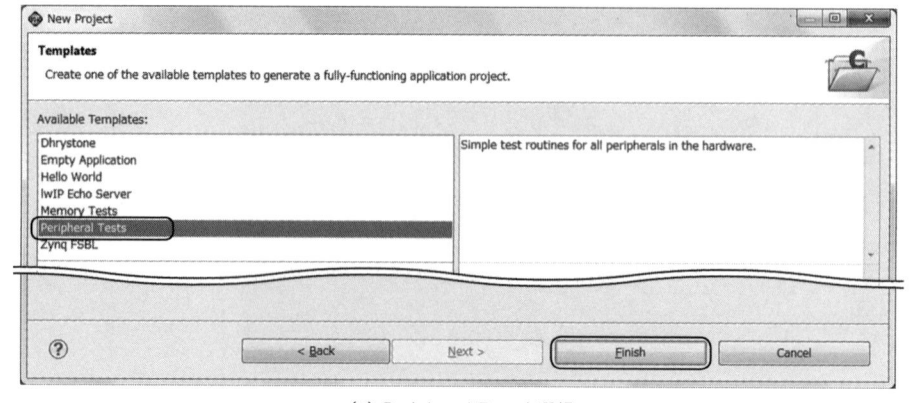

(d) Peripheral Testを選択

図4.21 SDKを使う（続き）

90 第4章 次世代ツールVivadoを使ってみよう

もの使う必要があります．SDKなしのVivadoのインストーラもあるので注意が必要です．

● **JTAGの設定**

次にJTAGの設定をします．これはXilinx Hardware Serverを選択します［図4.22（a），（b）］．Program FPGAを実行するとZynqのFPGAにBitstreamが流し込まれます［図4.22（c）］．うまくいけばZedBoard上で青いLEDが点灯します［図4.22（e）］．

プログラムを流し込みソースデバッグをするためにDebug AsからLaunch on Hardware（System Debugger）を選択します［図4.23（a）］．アイコンにTCFのマーク

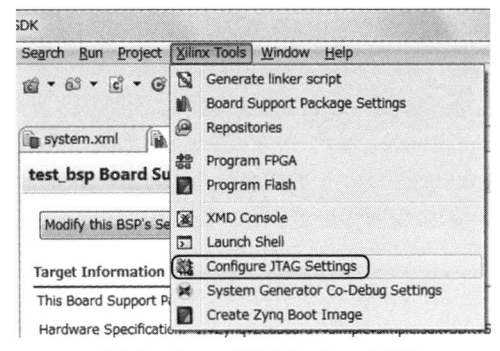

（a）Configure JTAG Settingsを選択

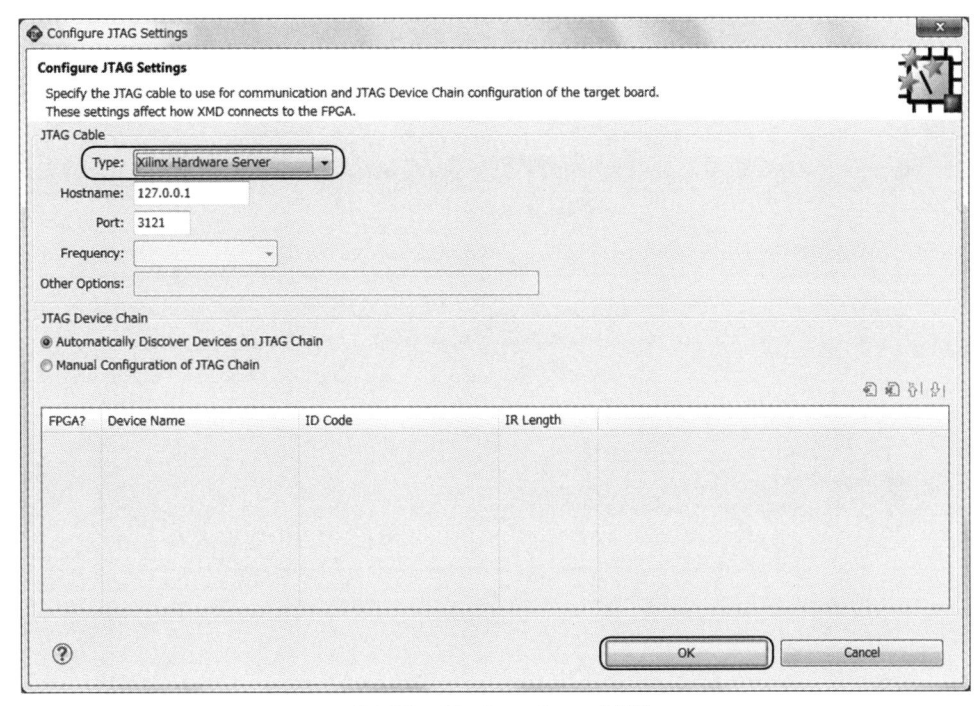

（b）Xilinx Hardware Serverを選択

図4.22 JTAGによるダウンロード

（e）自動コンパイルの結果

4.1 IPコアをブロックのように組み合わせる 91

が書いてあります．TCFが付いていないほうはgdb server用なので選択しません．

ZedBoardのUSBシリアルとPCを接続してコンソールを表示にします．筆者の環境ではTeraTermを使っています．デバッグが開始されるとパースペクティブが変更になり，自働的に実行され最初の部分で停止します［図4.23（b）］．既に回路図の時点でGPIOの信号線の様子を見るよう設定してあります．そこで，テスト・プログラム内のGPIOをアクセスする直前の箇所で止めるようにブレイクポイントを設定します［図4.23（c）］．具体的にはtestperiph.cの101行目GpioOutput Exampleを呼ぶ箇所になります．

ここではまだ実行しません．次の信号線確認の設定をした後に実行します．

●Vivadoによる信号線の確認準備とデバッグの実行

ここでいったんVivadoに戻り，信号線の情報の取り込み準備をします．Open Hardware Sessionを実行するとhw_serverに接続しに行きます．ウィザードが立ち上がるので，そのまますべて既定の設定のままNext

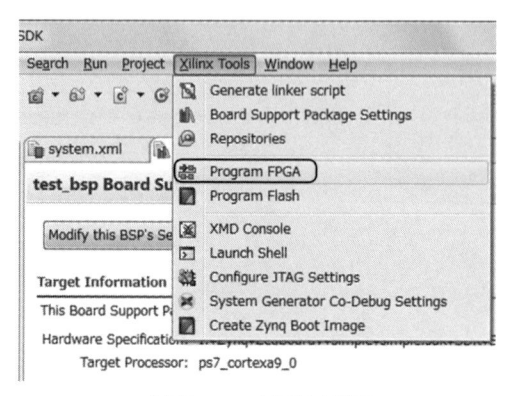

(c) Program FPGAを選択

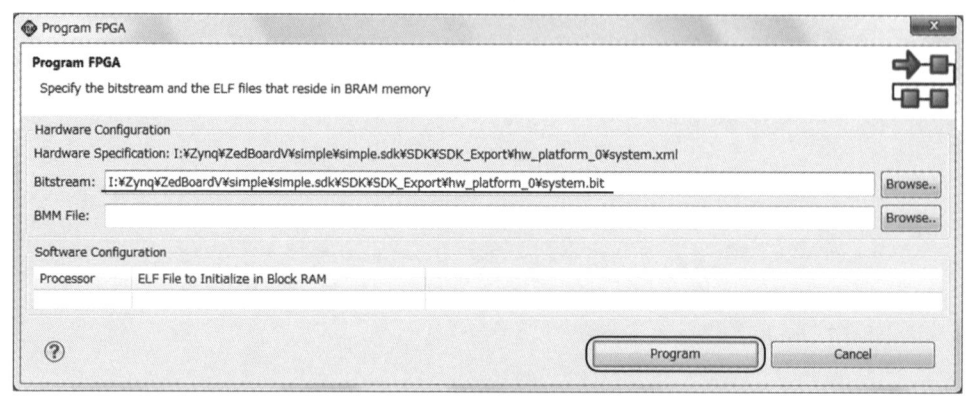

(d) System.bit選択とProgram

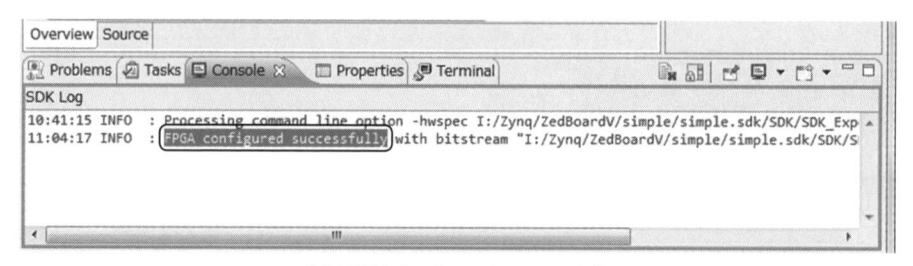

(e) FPGA Configured successfully

図4.22 JTAGによるダウンロード（続き）

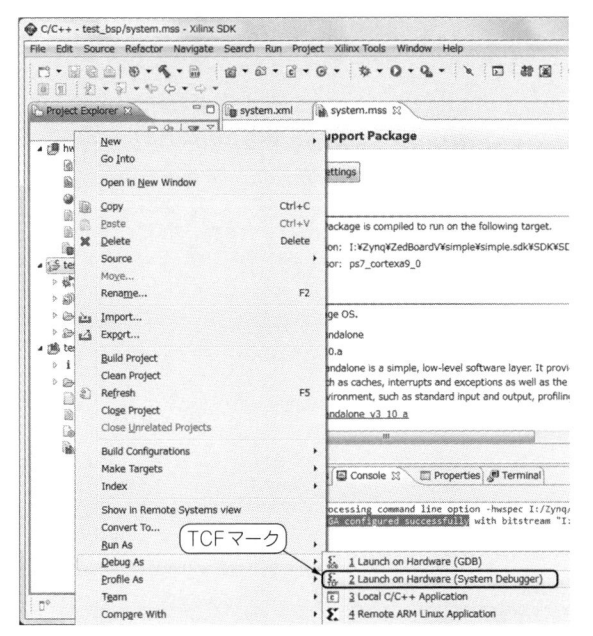

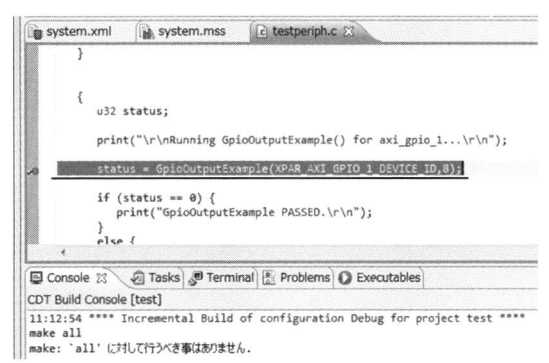

(a) Launch on Hardware (System Debugger)を選択

(c) ブレイクポイントの設定

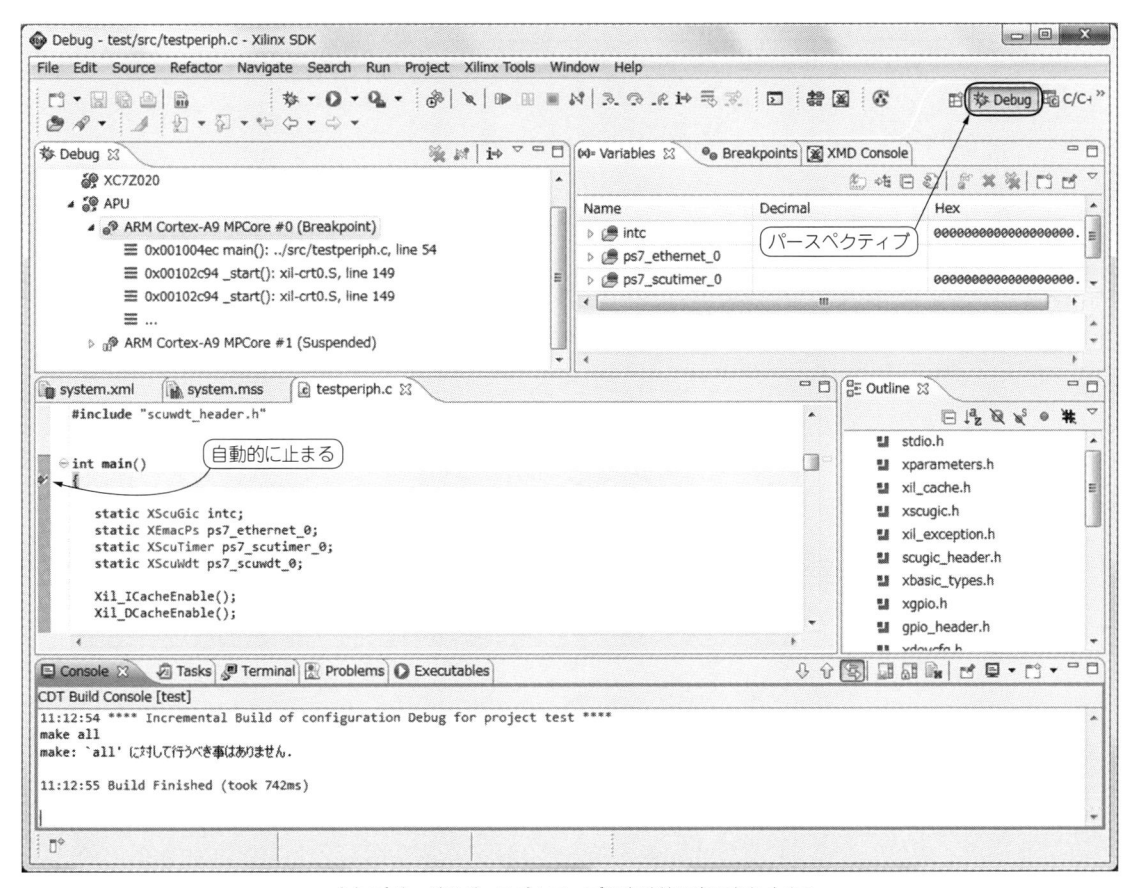

(b) デバッグ用パースペクティブに自動的に変更され止まる

図4.23　デバッグの準備

4.1　IPコアをブロックのように組み合わせる　　93

で進み，最後にFinishで設定を終えます［図4.24（c）～（g）］．

うまくいけば図のようにhw_serverへの接続がなされます．Hardwareの中にhw_ila_1が見えています［図4.25（a）］．ここでhw_ila_1の右マウスのメニューからRun Trigger Immediateを選択します．すると，信号線の状況がリアルタイムで示されます．

このままだと期待する信号線の状況をとらえられないので，トリガを設定して表示を停止させるようにします．

下のウィンドウにDebug Probesがあるので，hw_ila_1のprocessing_system7_1_axi_periph_m00_axi_WVALIDの行のCompare ValueのWVALIDを1に設定します［図4.25（b）］．次にhw_ila_1の先頭に戻って，

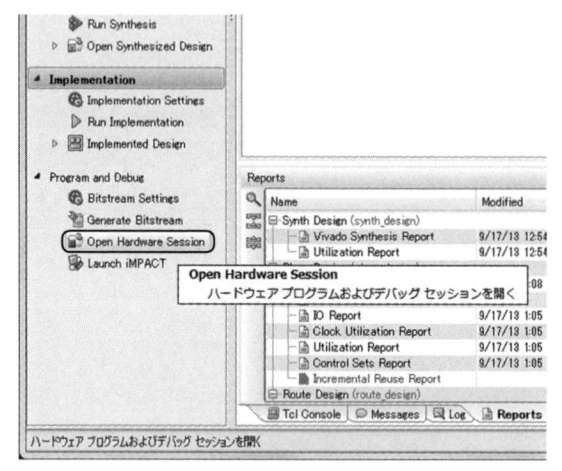

(a) Open Hardware Sessionの選択

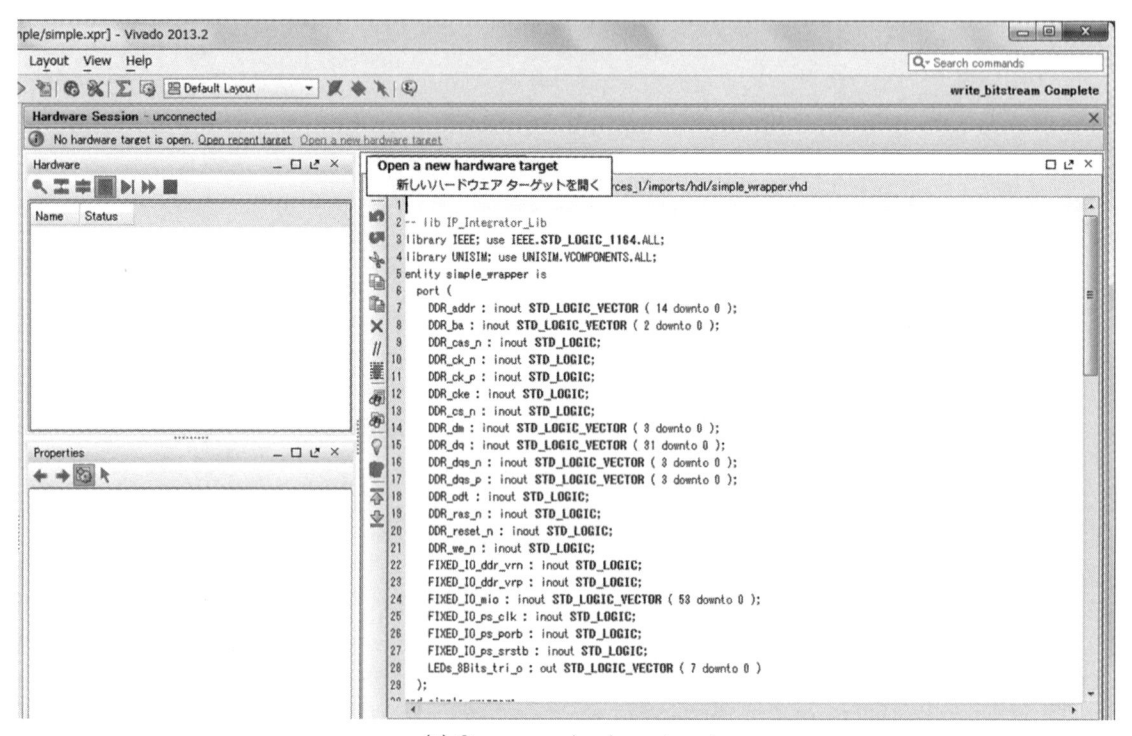

(b) Open a new hardware target

図4.24　Vivadoによる信号線デバッグ

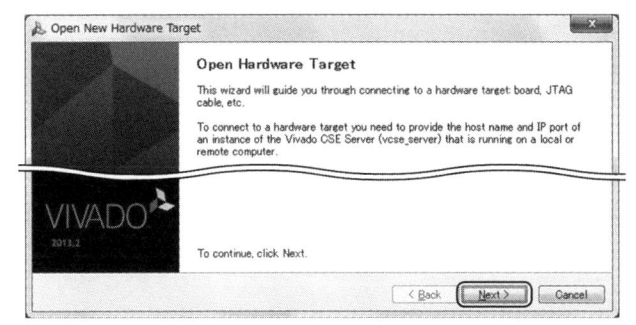

(c) Open Hardware Sessionウィザード

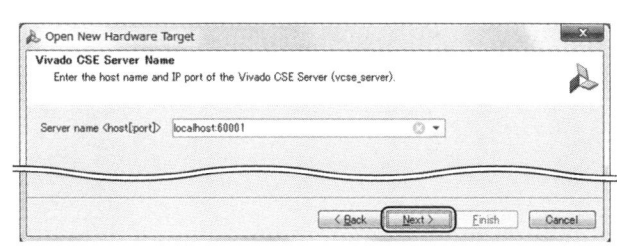

(d) Vivado CSE Server Name

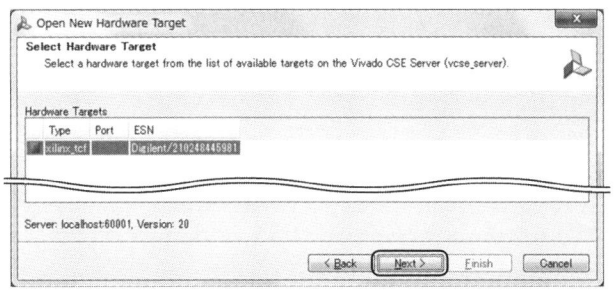

(e) Select Hardware Target

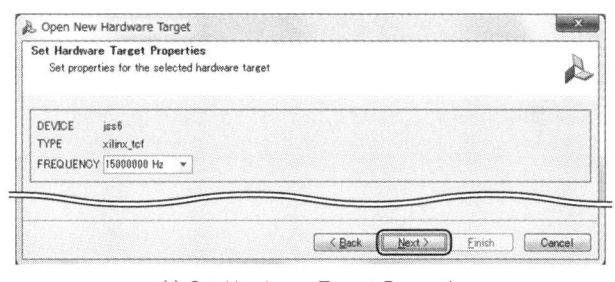

(f) Set Hardware Target Properties

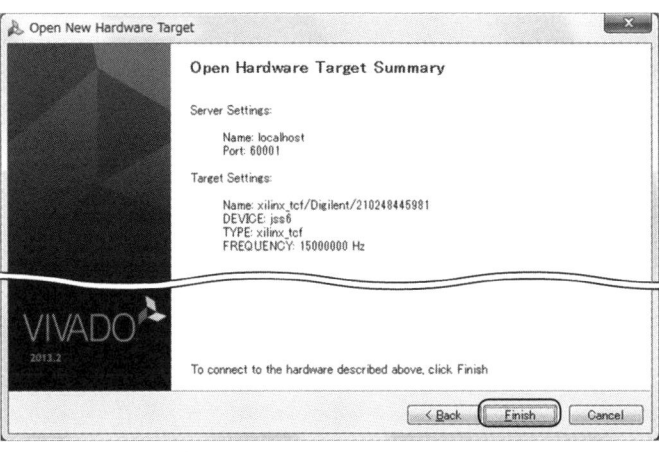

(g) Open Hardware Target Summary

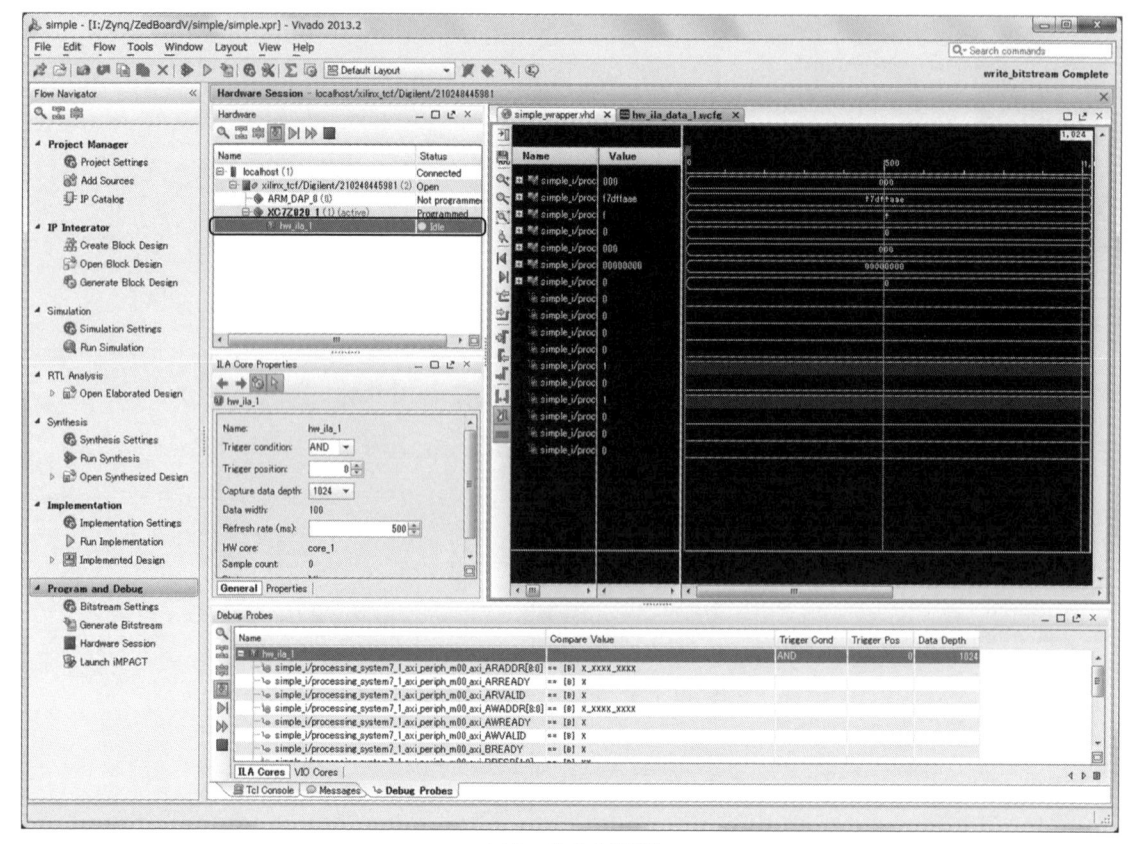

(a) hw_ila1_1の確認

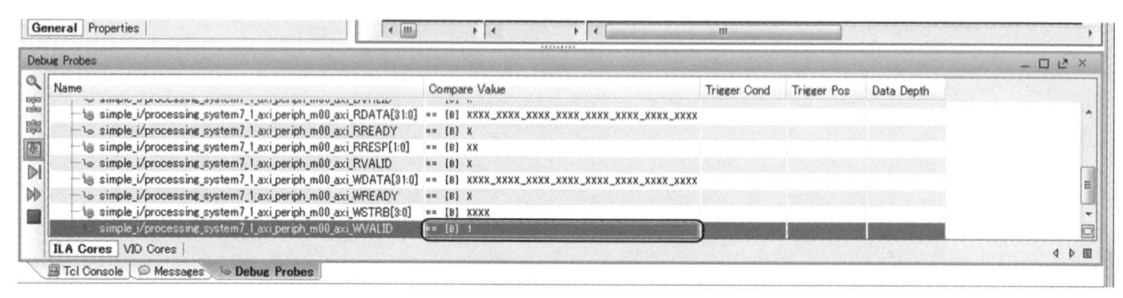

(b) Compare Valueの変更

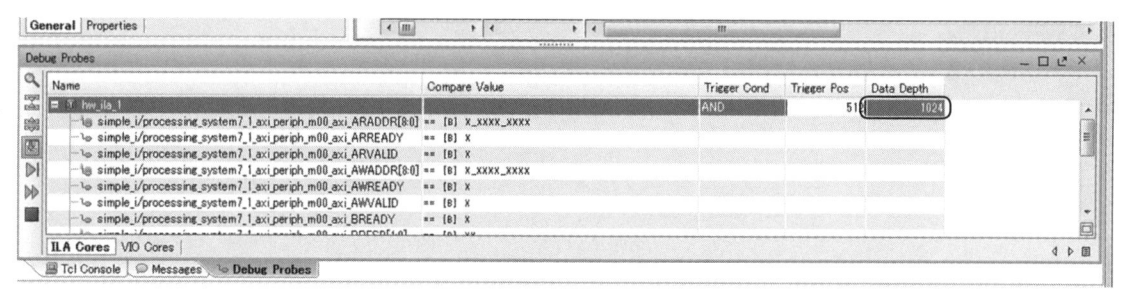

(c) Trigger Posの変更

図4.25 トリガの設定

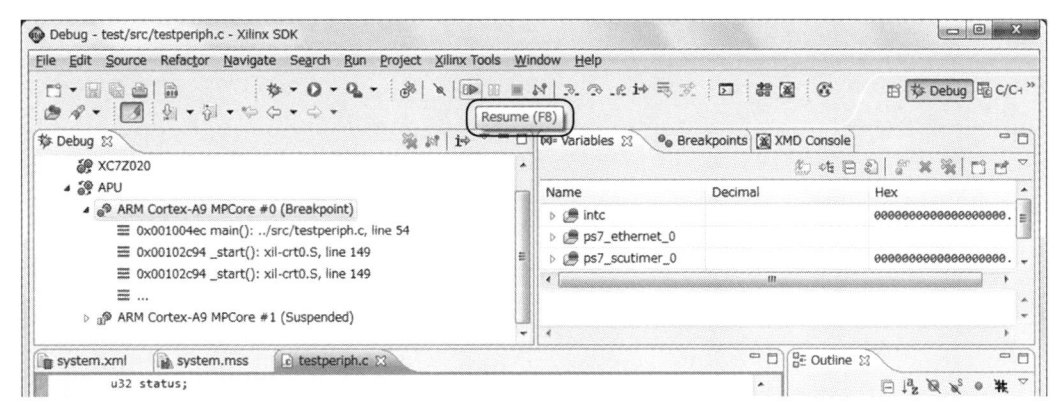

(a) Resumeによるプログラムの再開

(b) ブレイクポイントで停止

図4.26 SDKによるソース・バッグの実際

Trigger Posを1024になっているところを512に設定します［図4.25（c）］．これでRun Triggerを押すと，指定のトリガがかかるまで実行されます［図4.25（d）］．HardwareはIdleからCapturingになっているはずです．

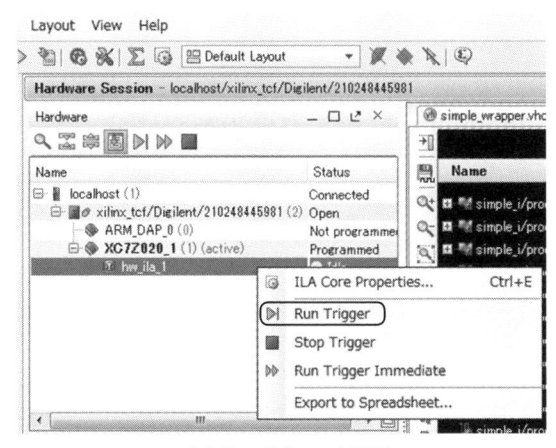

(d) Run Triggerを選択

●**ステップ実行の様子**

これで準備が整いました．デバッグを開始します．再びSDKに戻り，プログラムの実行をResumeにより再開します［図4.26（a）］．先程設定したブレイクポイントで実行は停止するはずです［図4.26（b）］．

LEDの点灯に備えて，ZedBoardに注目します．Step Over（ステップオーバ）で一行実行する［図4.26（c）］と，GPIOをアクセスします（LEDが一瞬点灯）．その瞬間にVivado側ではトリガにひっかかり，Capturingが停止します［図4.26（d）］．

今まで見てきたように，Vivadoでは次のことができます．
(1) 既存のIPコアを組み合わせて簡便にSoCシステムを組む
(2) SDKと連携してデバッグ可能
(3) デバッグ用のモジュール（ILA）を挿入して信号線を観測

ZynqがAll Programable SoCであるなら，それを支える統合ツールがVivadoであると言えます．

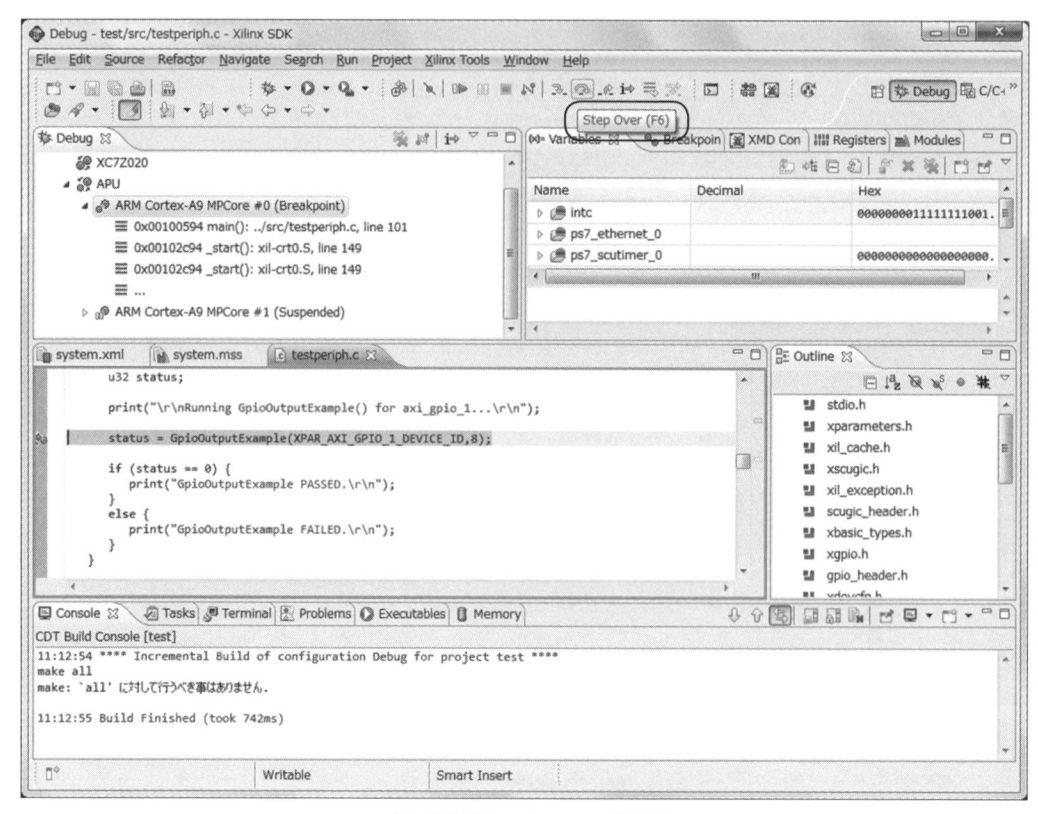

(c) SDKでStep Overで一行実行

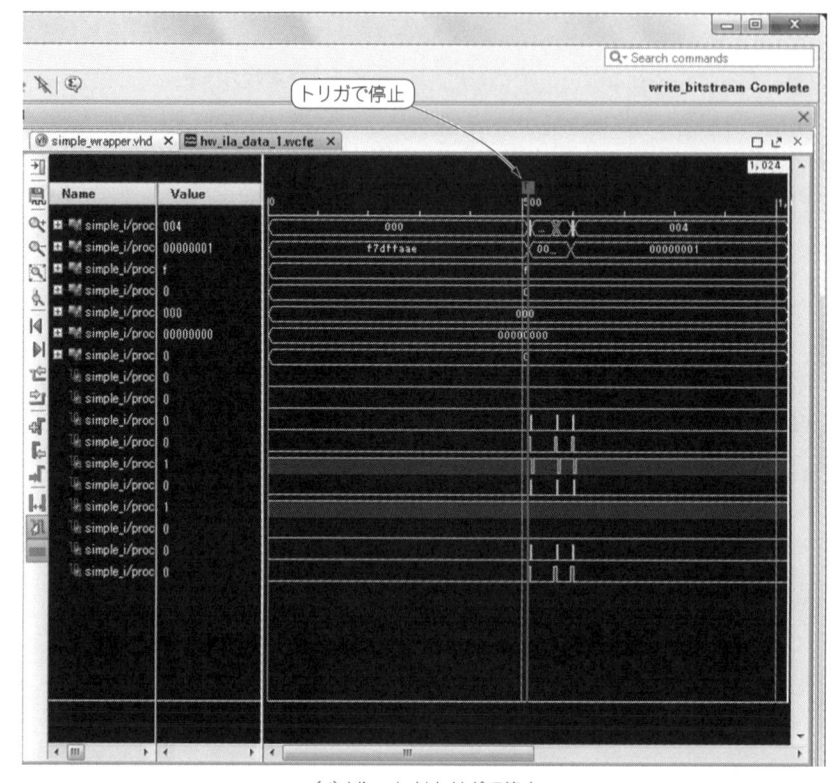

(d) Vivadoはトリガで停止

図4.26 SDKによるソース・バッグの実際（続き）

98　第4章　次世代ツールVivadoを使ってみよう

4.2 ARMを使用しないごく簡単なハードウェアの作成

既存のIPコアを組み合わせてSoCをシステムに組み込むことができることはわかりました．しかし，旧来のFPGAの使い方はどうでしょう？スイッチやLEDだけを使った簡単なハードウェアはどうしたらよいのでしょうか？これらの機能もVivadoに統合されています．さらに，自分で作った回路はIP-XACT（IEEE1685）として，IPコア化可能です．

ここでは，実に簡単な回路を書いてそれをIPコア化してみます．IPコア化したモジュールは前のセクションで作ったZynqを使ったデザインに組み入れること ができます．

●プロジェクトの生成

まずはVivadoを立ち上げて新しいプロジェクトを生成します．ここではIP Integraterは使用しません．Project名をsw_ledにし，Target languageにVHDLを選択，BoardsではZedBoardを選択し（筆者の場合はRev.C．環境に合わせてRevisionを選択），最後にFinishでプロジェクトを作ります（図4.27）．これでからのプロジェクトが作成されました．Add Sourcesでsw_led.vhdを追加します．ここで使う簡単なソースをリスト4.1に示します．

リスト4.1　LED点灯回路

```
library IEEE;
use IEEE.STD_LOGIC_1164.ALL;

entity sw_led is
    Port ( sw_in : in STD_LOGIC;
           led_out : out STD_LOGIC);
end sw_led;

architecture Behavioral of sw_led is

begin

    led_out <= not sw_in;

end Behavioral;
```

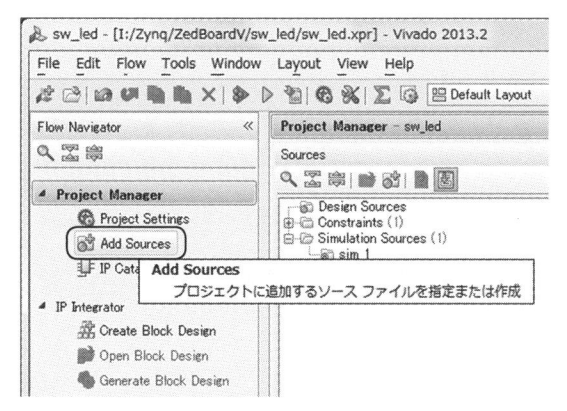

(a) Add Sourcesの選択

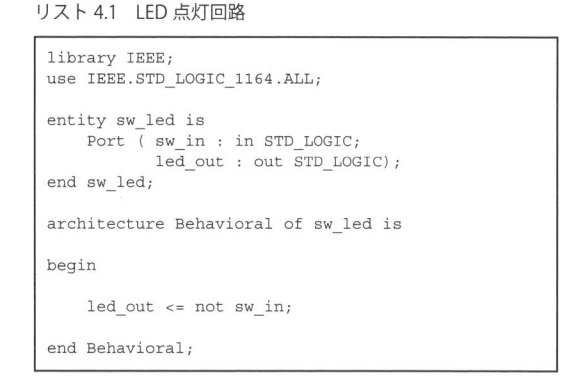

(b) Add or Create Design Sourceの選択

図4.27　Vivadoによる新規簡単ハードウェア・プロジェクトの準備

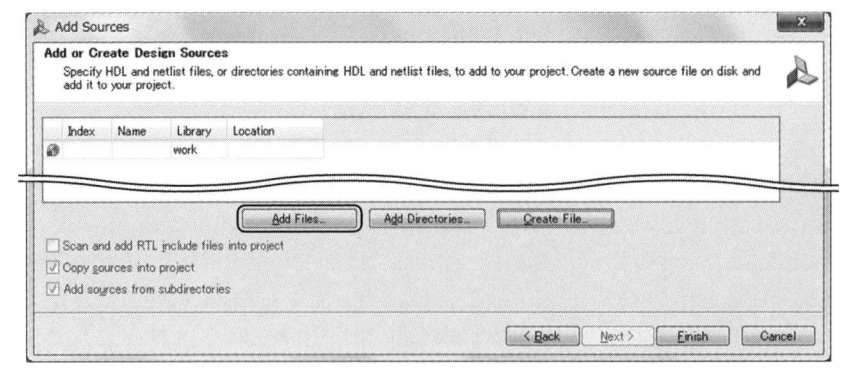

(c) Add Filesの選択

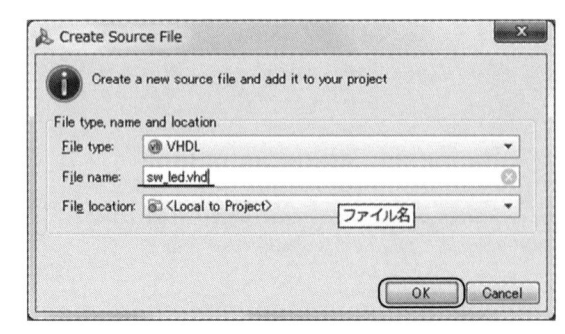

(d) ファイル名設定

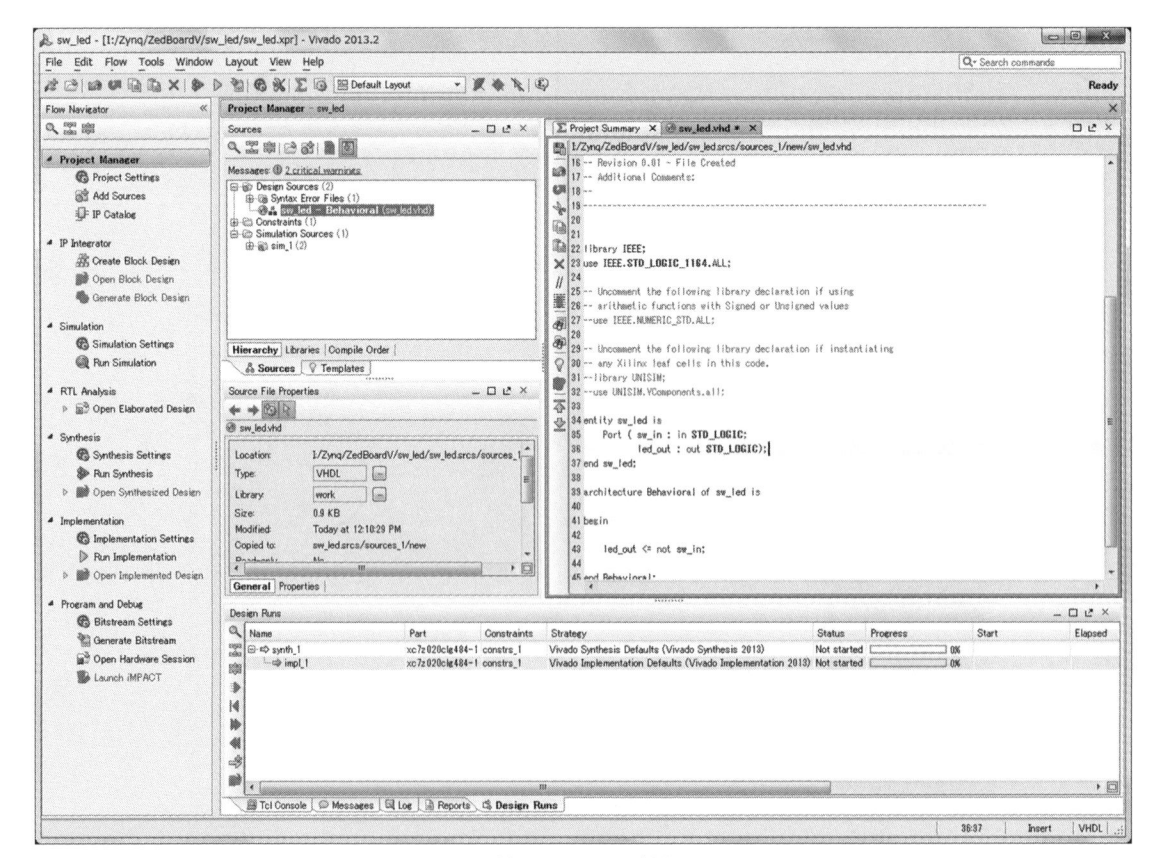

(e) sw_led.vhdが追加

図4.27 Vivadoによる新規簡単ハードウェア・プロジェクトの準備(続き)

● **論理合成**

書いたVHDLソースを合成してみます．sw_led.vhdを選択してRTL AnalysisのOpen Elaborated Designを実行します［図4.28 (a)］．しばらくすると合成が終わるのでSchematicをクリックします．図4.28 (b) からもわかる通り，表示される回路図は実に一般的なものです．Xilinx社のプリミティブには依存していません．ISEを使用している方や回路図を見慣れている方には親しみやすいかもしれません．

● **テストベンチとシミュレーション**

Add Sourcesを実行してテストベンチを追加します．プログラムがあまりにも簡単なのでテストベンチがいらないくらいですが，シミュレーションも体験してみます．筆者はリスト4.2のテストベンチを使いました．

テストベンチの追加はAdd Sourcesです［図4.29 (a)］．ウィザードのAdd or Crate Simulation Sourcesを選択［図4.29 (b)］してtest_bench.vhdを生成します．Hierarchyのsim_1の下にあるtest_bench.vhdをダブルクリックで編集可能にし，ソースを正しく入力し，ファイルをセーブします［図4.29 (d)］．

Simulation Settingsでtest_benchをトップ・モジュールに設定します．更にSimulation タブでSimulation Run Timeを0にしておきます（図4.30）．こうするとシミュレーションはいきなりは始まりません．

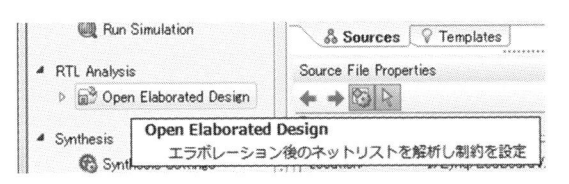

(a) Open Elaborated Designの選択

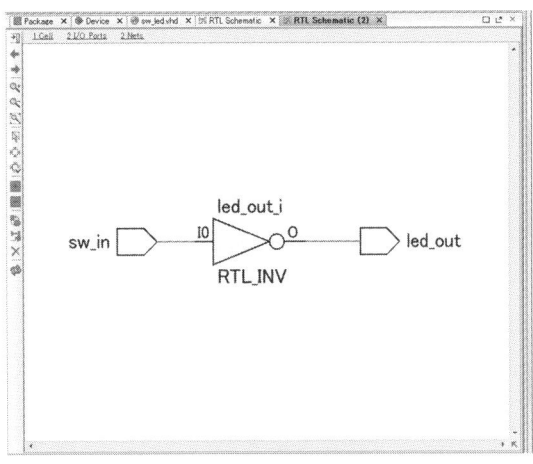

(b) 合成結果の回路図

図4.28 ハードウェアの合成

リスト4.2 LED点灯用テストベンチ

```
entity test_bench is
    Generic (CLOCK_RATE      : integer :=
            200_000_000                -- clock rate
    );
end test_bench;

architecture Behavioral of test_bench is
      component sw_led is
        port ( sw_in : in STD_LOGIC;
           led_out : out STD_LOGIC);
      end component sw_led;
      signal clk_rx              : std_logic := 'U';
      signal sw_in               : std_logic := 'U';
      signal led_out             : std_logic := '0';
begin

    -- welcome message
    welcome: process
    begin
          --writeNowToScreen("Starting the testbench
                    for CQ SW-LED IP!");
          --writeNowToScreen("CLOCK_RATE =
                    "&integer'IMAGE(CLOCK_RATE));
          wait;
    end process welcome;

    -- generate the clk_rx signal
    gen_clk_rx: process
        begin
            clk_rx <= '0';
                wait for 10ns;
            clk_rx <= '1';
                wait for 10ns;
        end process;

    sw_led_0: sw_led
        port map ( sw_in => sw_in,
                led_out => led_out );

    process begin
    wait for 10ns;

    sw_in <= '0';
    wait for 10ns;
    sw_in <= '1';
    wait for 10ns;
    sw_in <= '0';

    wait for 10ns;
    sw_in <= '1';
    wait;
    end process;

end Behavioral;
```

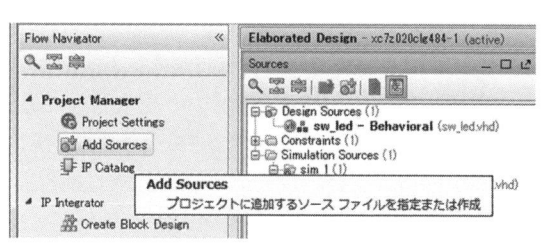

(a) Add Sourcesの選択

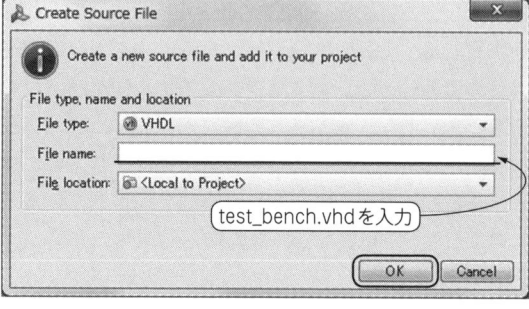

(d) ファイル名設定（test_bench.vhdを入力）

(b) Add or Create Simulation Sourcesの選択

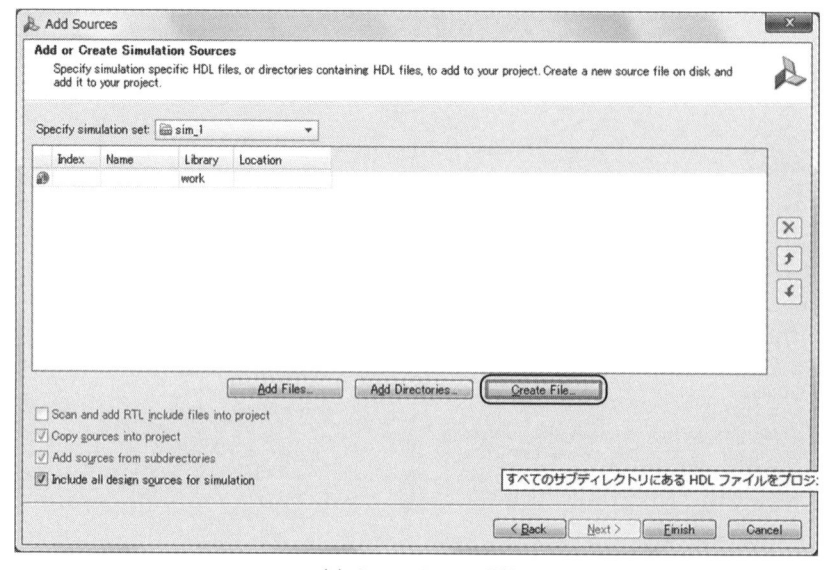

(c) Create Filesの選択

図4.29 テストベンチの作成

(a) Simulation Settingsを選択

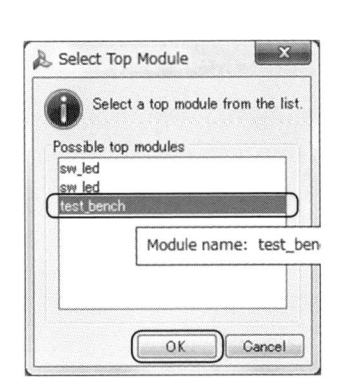

(b) シミュレーション用トップモジュールの選択

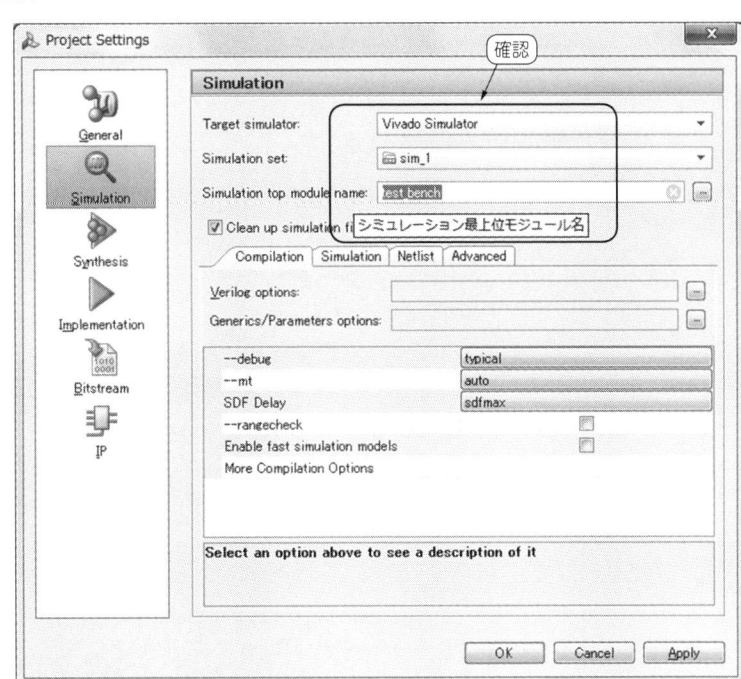

(c) シミュレーション設定画面確認

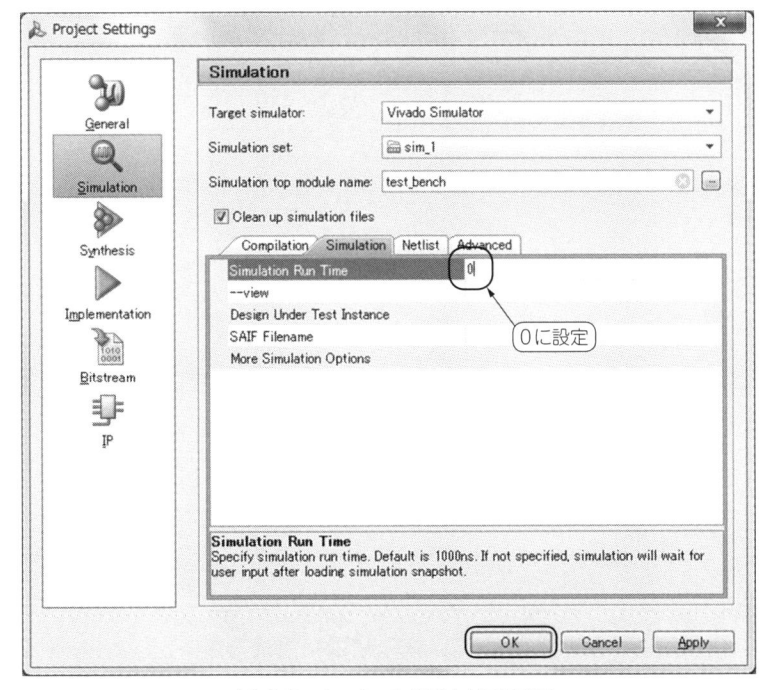

(d) シミュレーション時間をゼロに設定

図4.30 シミュレーションの設定

4.2 ARMを使用しないごく簡単なハードウェアの作成　　103

確認してRun Simulationを実行します［図4.31（a）］．Untitled 1のウィンドウに信号線が現れました．Simulation Run Timeを0にしたためにまだ何も実行されていません［図4.31（b）］．

test benchが10ns単位で変化するようになっているので，シミュレーションの単位を10nsにしてRun for 10nsボタンを押していきます［図4.31（c）］．一度押すたびにシミュレーション結果が反映されます［図4.31（d）］．＋－をクリックして適切なスケールにします．テストベンチの意図通りに動いていることを確認しま

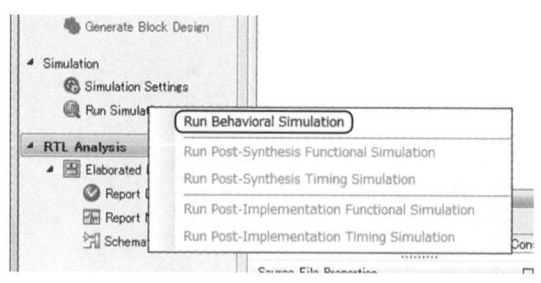

（a）Run Behavioral Simulationの選択

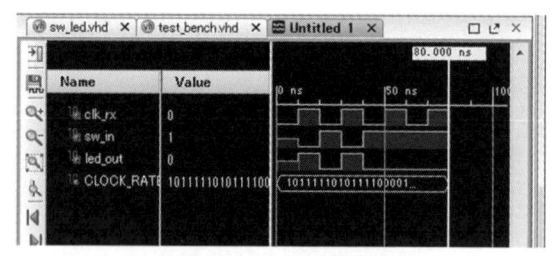

（d）シミュレーション実行結果

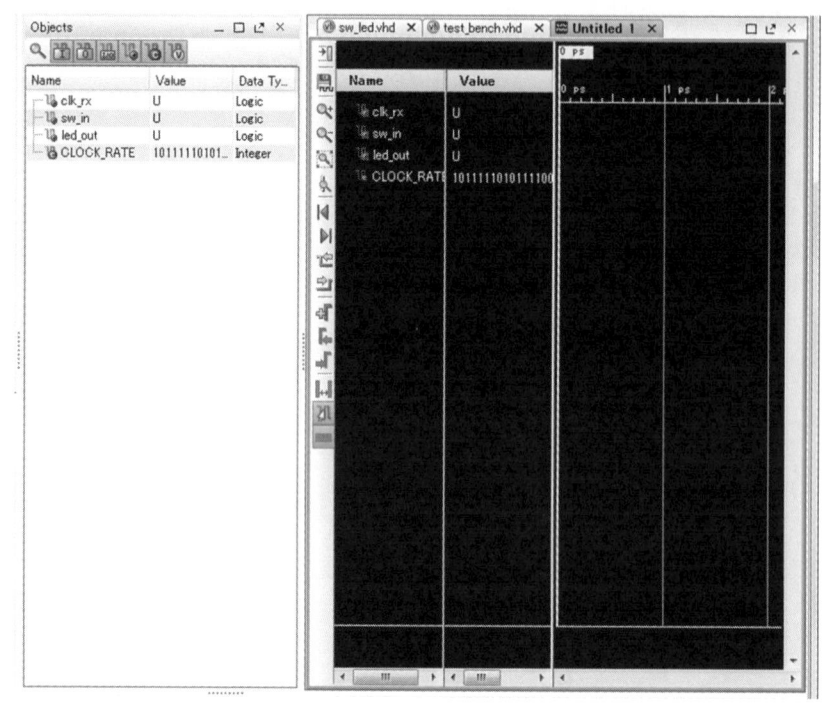

（b）Vivadoのシミュレーション画面

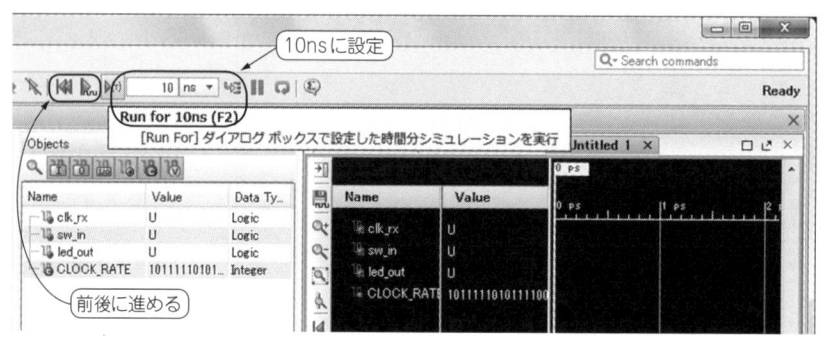

（c）Run for 10nsを選択

図4.31　シミュレーションの実行

す．ここではより良いテストベンチを書くことが目的ではないので先に進めます．

●合成とZedBoardでの実行

Run Synthesisを実行してZedBoard用に合成し，さらにRun ImplementationとGenerate Bitstreamを実行します．ピン配置などの制約があらかじめ書かれていれば，いきなりGenerate Bitstreamをクリックしてすべて工程を一気に実行することも可能です．

Run Synthesisで合成が終わると，Block Designの

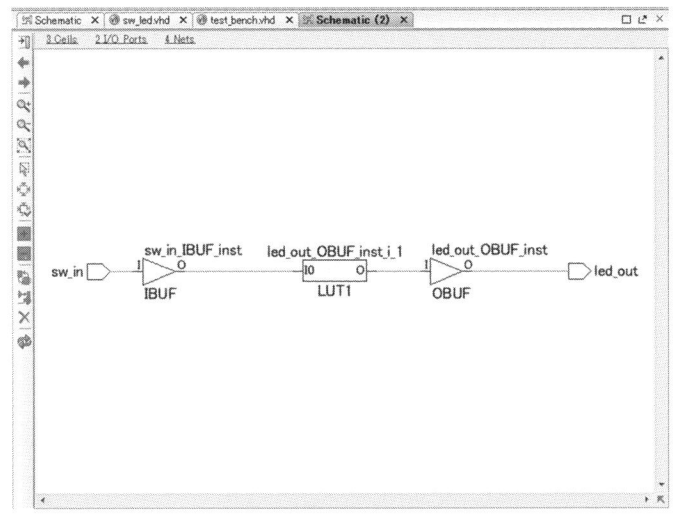

(a) 合成された回路図

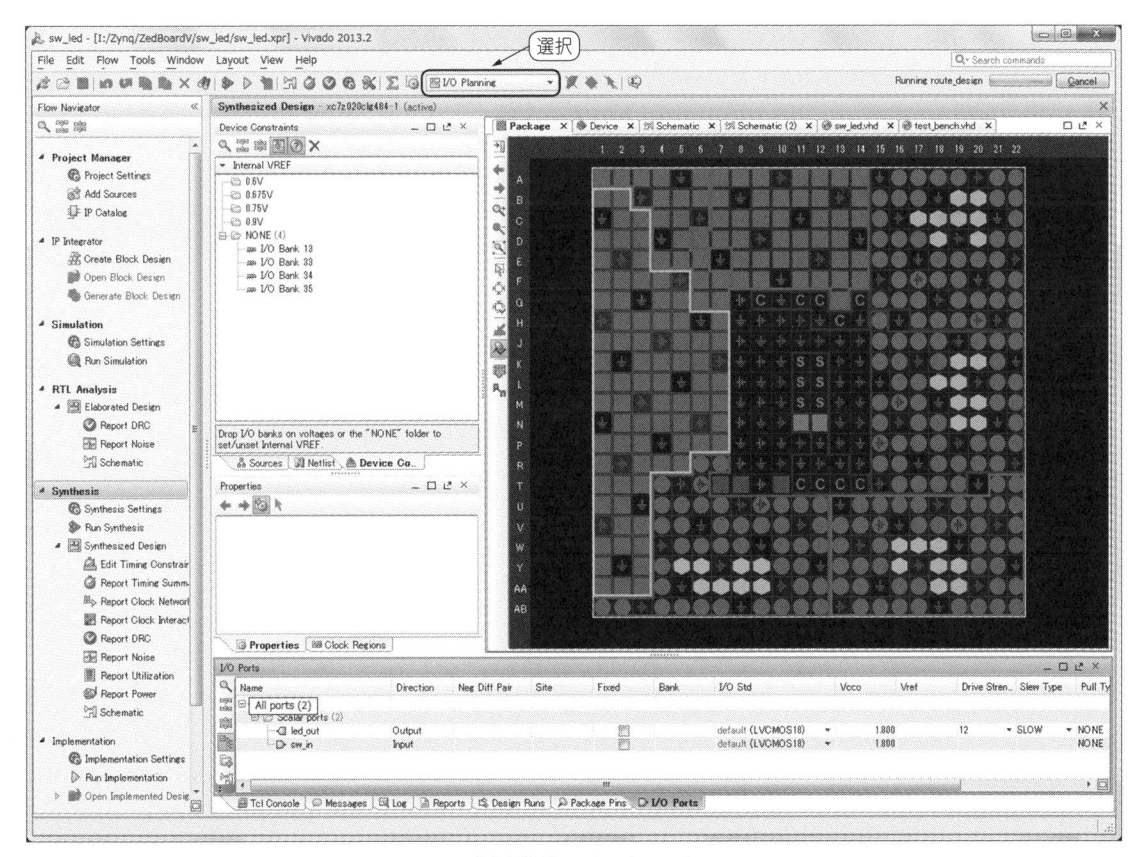

(b) I/O Planning Layout

図4.32 Zynq用に合成

時のようにSynthesis Design内のメニューが使えるようになります．Schematicを見てみます［図4.32（a）］．

ここではZynq内のLUTやIBUFやOBUFが割り当てられているのが見て取れます．Run SynthesisではProject選択時に決定したデバイスがどのようなリソースを持っているかといったデータベースから合成の過程でそれらのリソースを選択します．リソースの配置ををどうするかは次のImplementationで行われます．

Implementationするにはどこのピンに入出力をアサインするかを事前に決める必要があります．xdcを編集することになりますが，テキスト・エディタで修正する必要はなく，I/O PlanningのレイアウトでGUIでの設定が可能です［図4.32（b）］．どこのピンがどこにつながっているかはツールではさすがにわからないのであらかじめ調べておいて設定します．ここでは図のようにswをN15のLボタンに，LEDをU14に割り当てました［図4.32（c）］．

Run Implementationで実装が行われ，各プリミティブの配置がなされ配線が決定されます．必要であれば
TimingなどのReportやUtilizationでリソースの使用率を見ておきます．そして最後にGenerate Bitstreamを実行し，Bitstreamを生成します．これでZedBoardでの実行の準備が整いました．

● hw_serverを使った実行

ISEであれば，ここでiMPACTを使うのでしょう．メニューにiMPACTがあり，それを使うことも可能ですが，ここではhw_serverを裏で動かしてOpen Hardware Sessionを使ってZedBoardへBitstreamをダウンロードします．

まずはhw_serverを実行します．実行はコマンド・プロンプトからでもTCL shellからでも可能です．TCL shellからだとあらかじめパスが通っているので簡単です．

次にOpen Hardware Sessionを実行します．New targetで接続します．Program Deviceを選ぶ［図4.33（a）］とダウンロードすべきBitstreamが表示されるので，OKを選択してダウンロードします［図4.33（b）］．

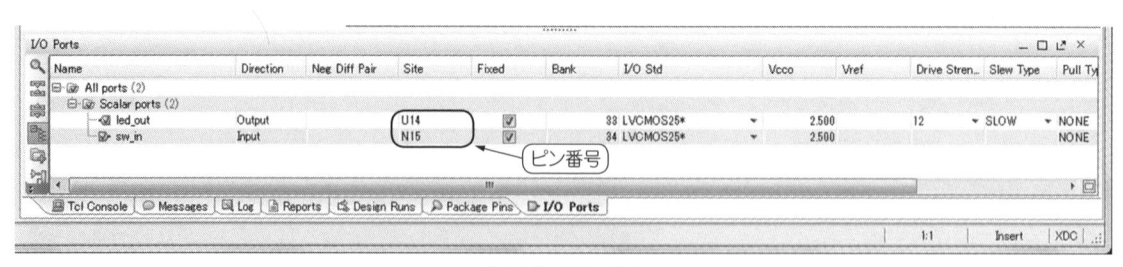

（c）ピン番号を設定

図4.32　Zynq用に合成（続き）

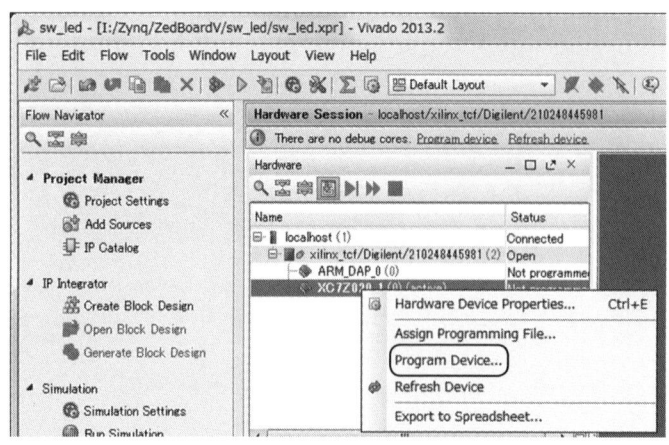

（a）Program Deviceを選択

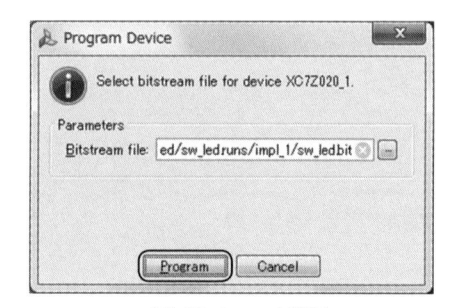

（b）Bitstreamを選択

図4.33　Program Deviceによる設定

うまくいけばZedBoard上の青いLEDが点灯します．そして，回路が動き始め赤のLEDも点灯します．この回路はスイッチLにつながっています．スイッチLを押して見ると，LEDが消えました．

●**Package IP化**

Package IP化はToolのPackage IPで可能です．選択するとウィザードが実行されます（図4.34）．IP IdentificationではVLNV（Vendor Library Name Version）を入力します［図4.35（a）］．ここでは

(a) Package IP の選択

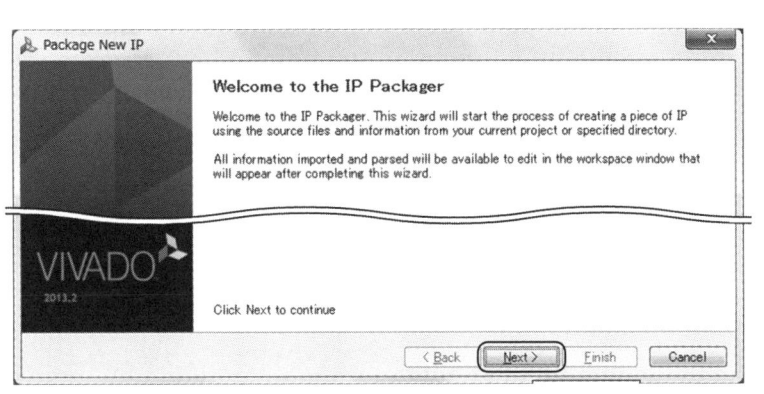

(b) Packet New IP のウィザード

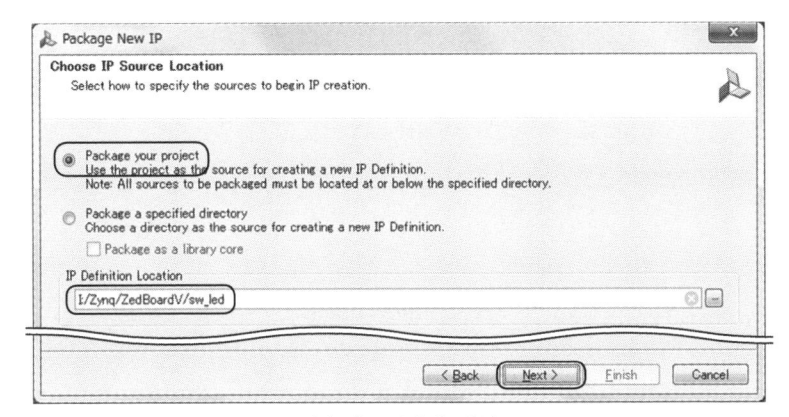

(c) ディレクトリの指定

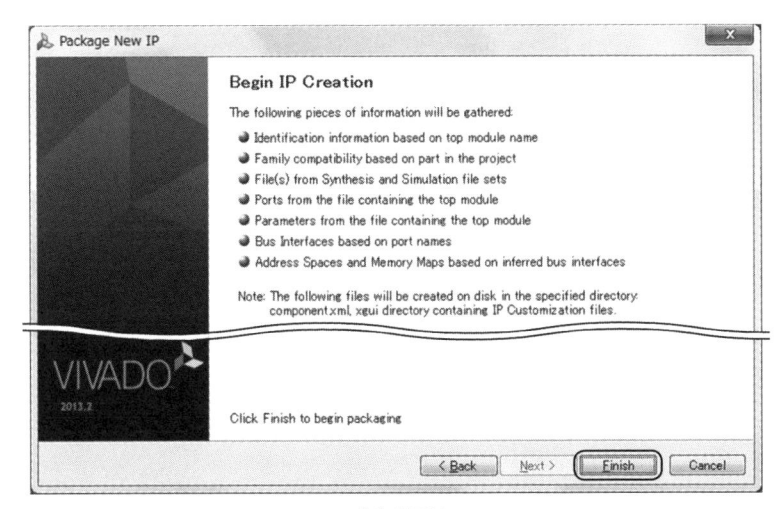

(d) サマリ

図4.34 IPのパッケージ化

4.2 ARMを使用しないごく簡単なハードウェアの作成

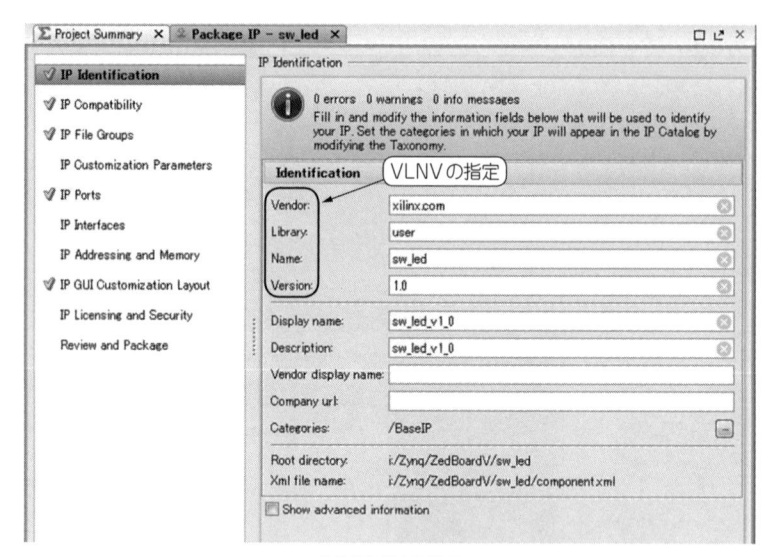

(a) VLNVの設定

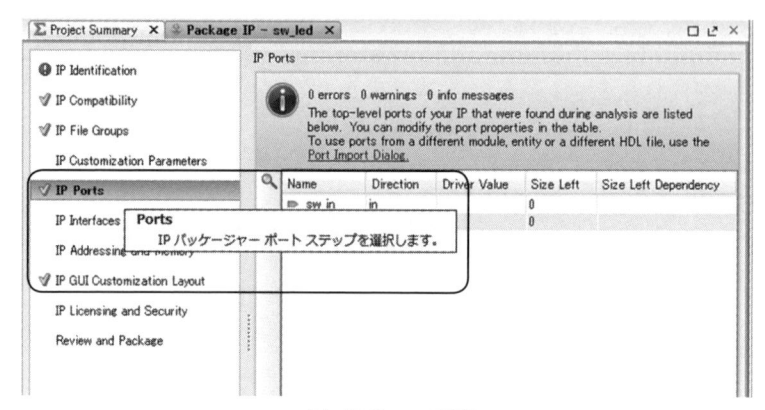

(b) IP Portsの選択

図4.35 IPの詳細情報設定

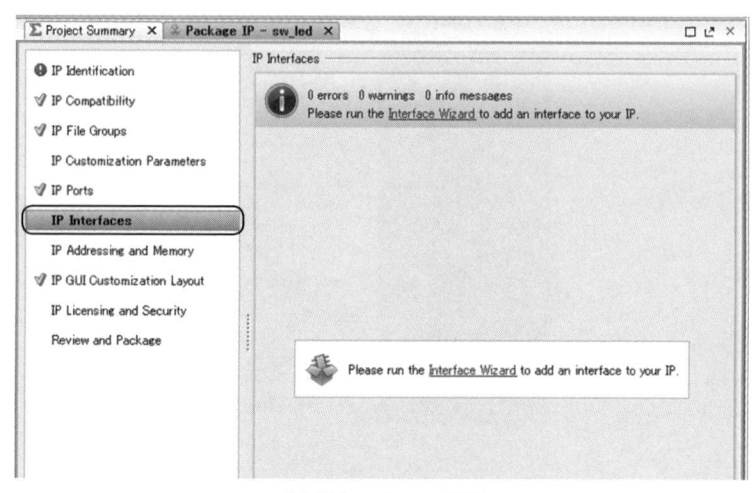

(a) IP Interfacesの選択

図4.36 インターフェースの設定

Vendorをcqpubに変えます．左側のメニューのIP Portsを選択します［図4.35 (b)］．

IP PortsではこのIPの入出力を定義します．すでに入力と出力があるのでそのままとします．次にIP Interfacesでは必要なインターフェースを定義します［図4.36 (a)］．Interface Wizardを起動します［図4.36 (b)］．Bus Interface to Configure［図4.36 (c)］でdata_rtlを選び，バスの名称を決定します［図4.36 (d)］．ここではswとします［図4.36 (e)］．DATAとsw_inを選択してMapを選択します［図4.36 (f)］．Finishで入力がxilinx.com:signal:data_rtl:1.0のslaveが決定しました［図4.36 (g)］．

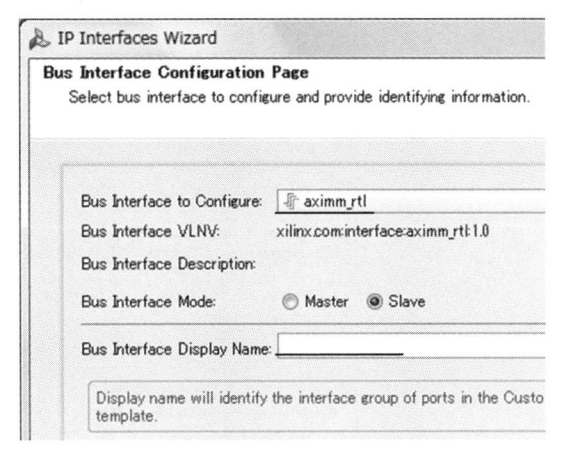

(c) Bus Interface Configurationの設定

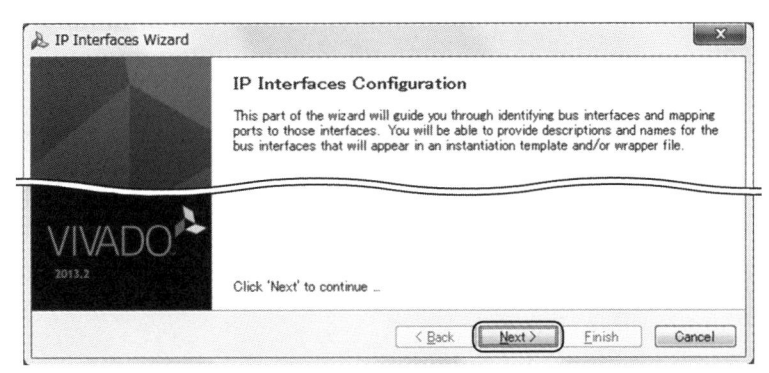

(b) IP Interfacesウィザードの起動

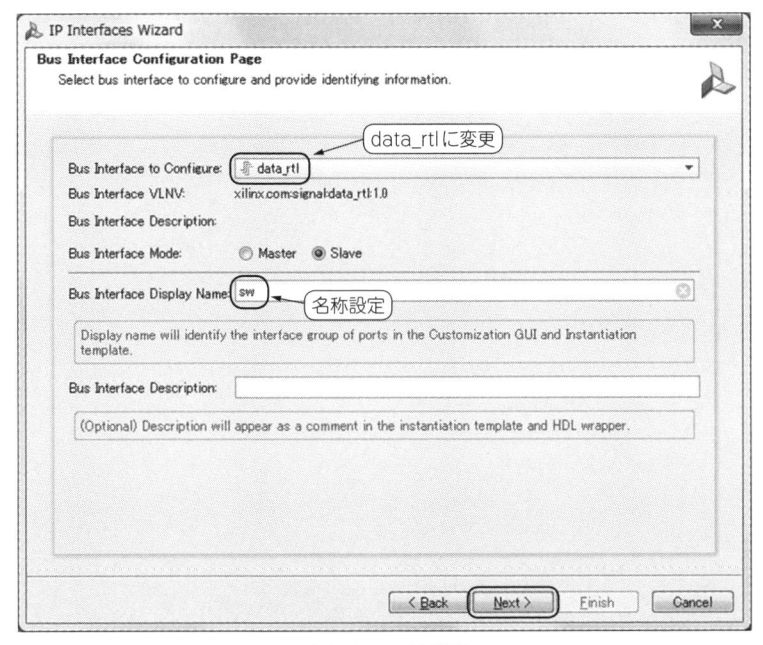

(d) data_rtlを選択

4.2 ARMを使用しないごく簡単なハードウェアの作成　109

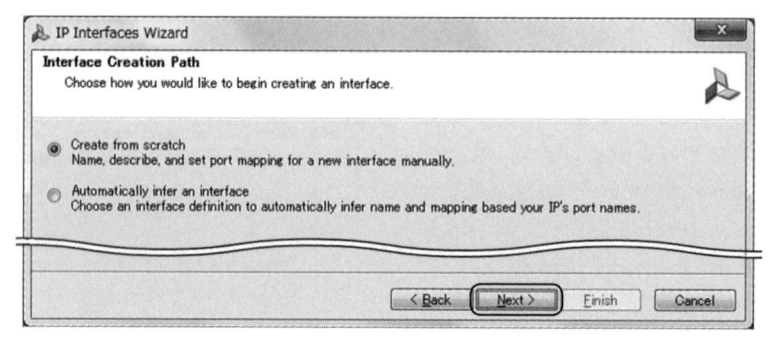

(e) Interface Creation Pathの設定

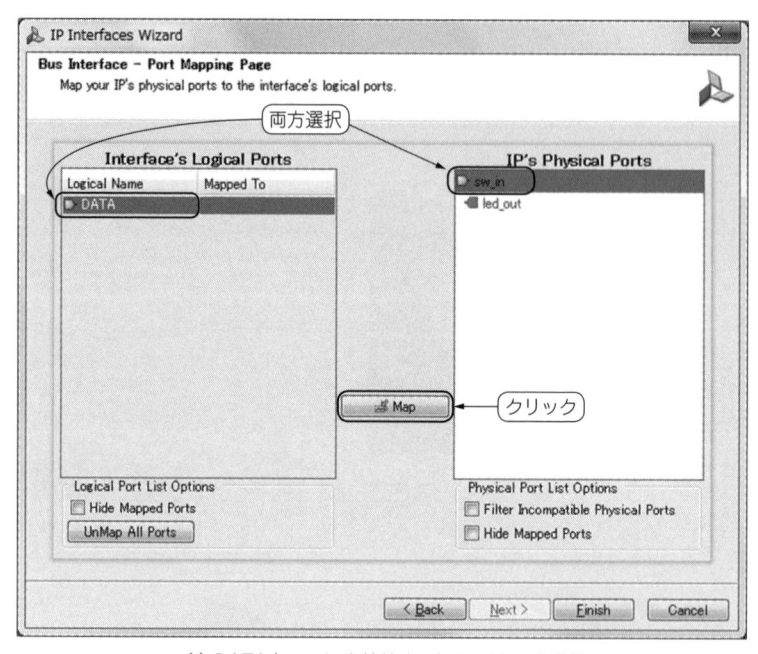

(f) DATAとsw_inを接続するためにMapを選択

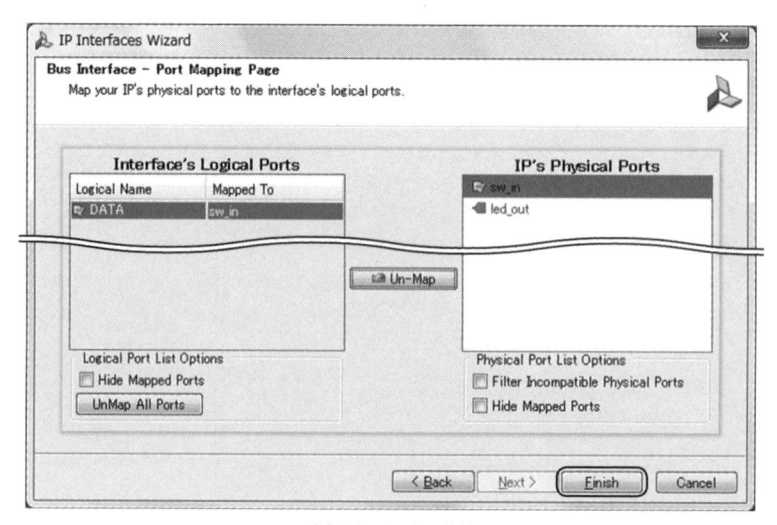

(g) Mapによる接続

図4.36 インターフェースの設定（続き）

110　第4章　次世代ツールVivadoを使ってみよう

●**LEDのインターフェース決定**

次に + を選択してLED側も決定します．Bus Interface to Configureでdata_rtlを選びMasterを選択してOKとします［図4.37 (a)］．Edit Port Mapping...で DATAとled_outをMapします．oled がxilinx.com:signal:data_rtl:1.0のmasterとなりました［図4.37 (b)］．

IP InterfacesではAXIなどがあります．つまり，ユーザがAXIのインターフェースを用意していれば，ここで接続してAXIのインターフェースをもったIPコアを作り上げることが可能です．

最後にReview and Packageを見ると，Package IPのボタンがあります．これを押せばIPコアが生成されます［図4.37 (c)］．Project SettingsのIPでPackgerタブのCreate achirve of IPをチェックしておけば，このIP生成時にzipファイルが生成されます［図4.37 (d)］．生成されたIPコアは他のデザインに埋め込むことができます．

●**他のDesignに今作ったIPを埋め込む**

ここでいったん，今のVivadoのデザイン生成を終了し，最初に作ったsimpleのARMコアを使ったデザインを起動します．

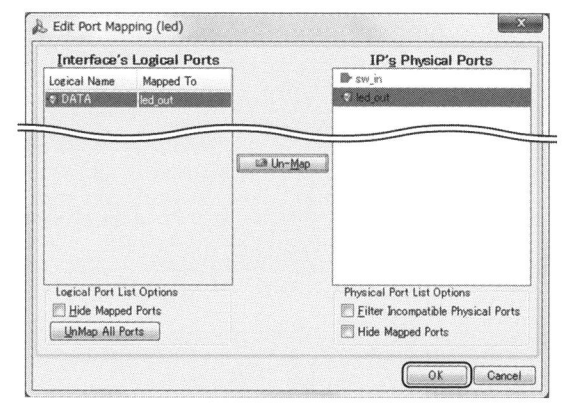

(b) DATAとled_outを接続する

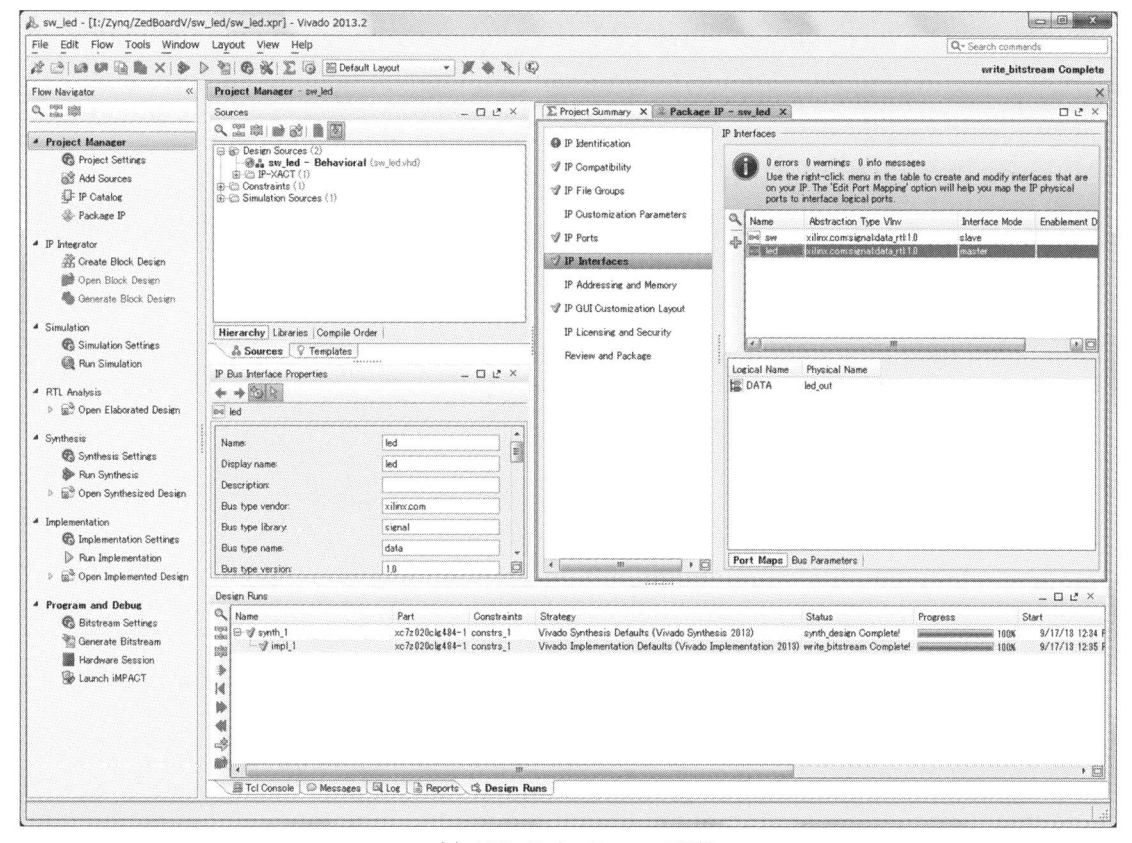

(a) LEDインターフェースの選択

図4.37　LEDのインターフェース決定

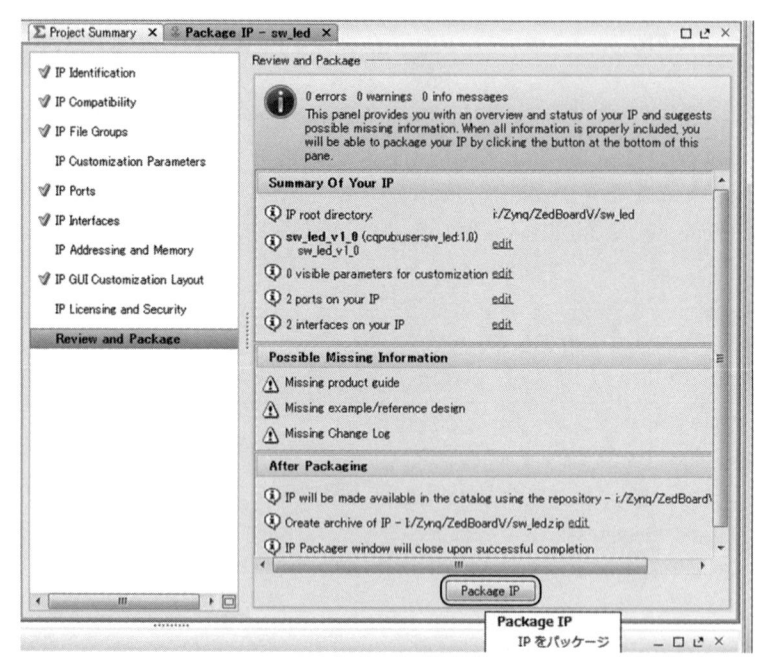

(c) Package IPの選択

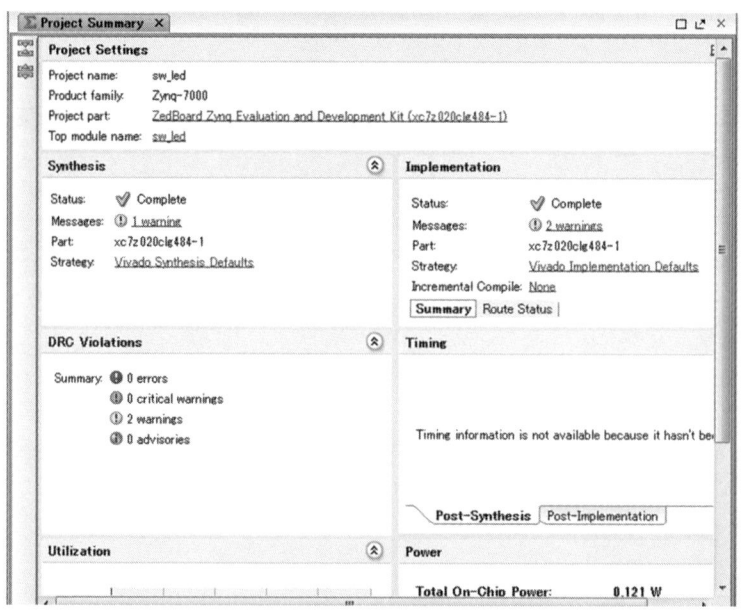

(d) IPのパッケージ化の情報を確認

図4.37 LEDのインターフェース決定(続き)

　Project SettingsでIPコアの検索パスを設定します［図4.38(a)］．Project SettingsのIPをクリックしRepository Managerのタブを有効にします．Add Repository...でパスを設定します．
　ここではI:\Zynq\ZedBoardV\ipcoresとし，そこに予め先程作ったsw_led.zipがあるものとします．さらにAdd IP...で生成されたzipファイルを指定します．これでIPコアが使えるようになりました．
　Open Block Designでsimpleの回路図であるsimple.bdを表示します［図4.38(b), (c)］．Add IPでウィンドウを出し，Searchにキーワードとしてswを入れます［図4.38(d), (e)］．するとsw_led_v1_0が現れ

112　第4章　次世代ツールVivadoを使ってみよう

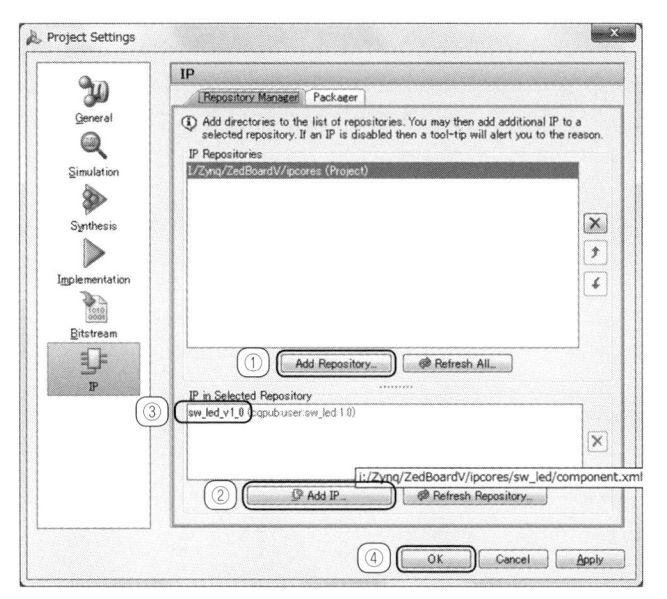

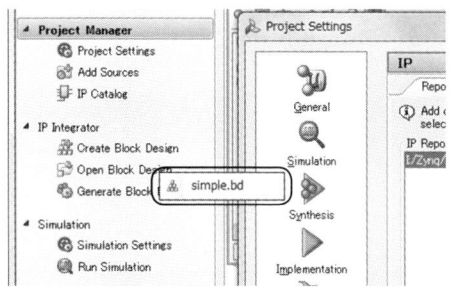

(a) IPの設定を選択

(b) simple.bdの選択

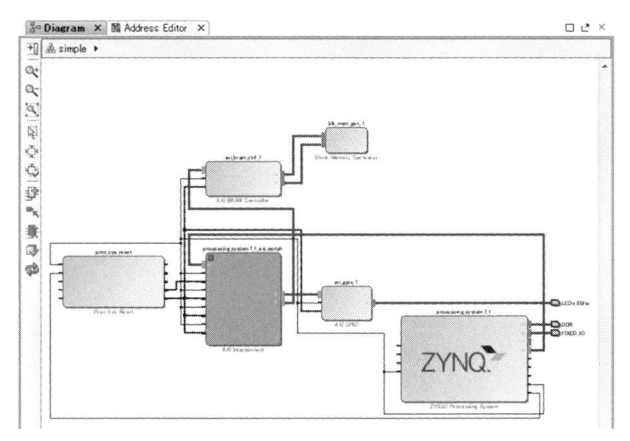

(c) 回路図の表示

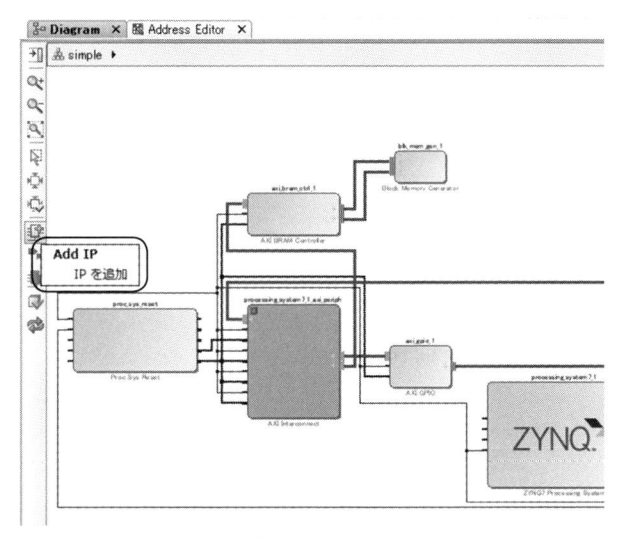

(d) Add IPの追加

図4.38 パッケージ化されたIPの読み込み

4.2 ARMを使用しないごく簡単なハードウェアの作成　113

ました．クリックするとIPのインスタンスが現れます[図4.38 (f)，(g)]．

次にled_outの端子にマウスをおき右クリックでメニューを出してMake Externalを実行します[図4.39 (a)]．sw_inの端子もMake Externalを実行します[図4.39 (b)]．これでARMのバスとは接続関係のない独立した回路が追加されました[図4.39 (c)]．

追加したled_outに実際のLEDを割り当てるために，すでにアサインされているGPIOとLEDを1ビットにしておきます．GPIOをダブルクリックし，IP ConfigurationのタブからGPIO Widthを1ビットにします（図4.40）．

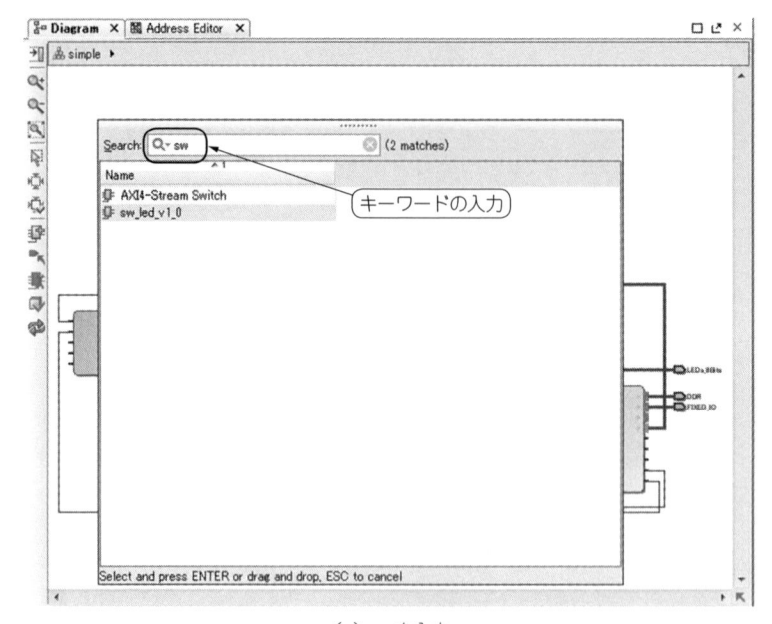

(e) swを入力

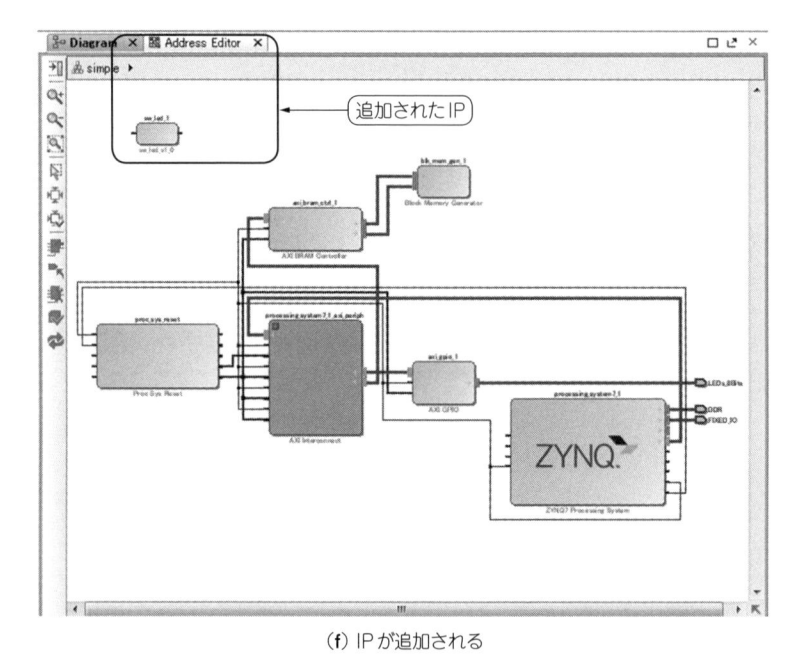

(f) IPが追加される

図4.38　パッケージ化されたIPの読み込み（続き）

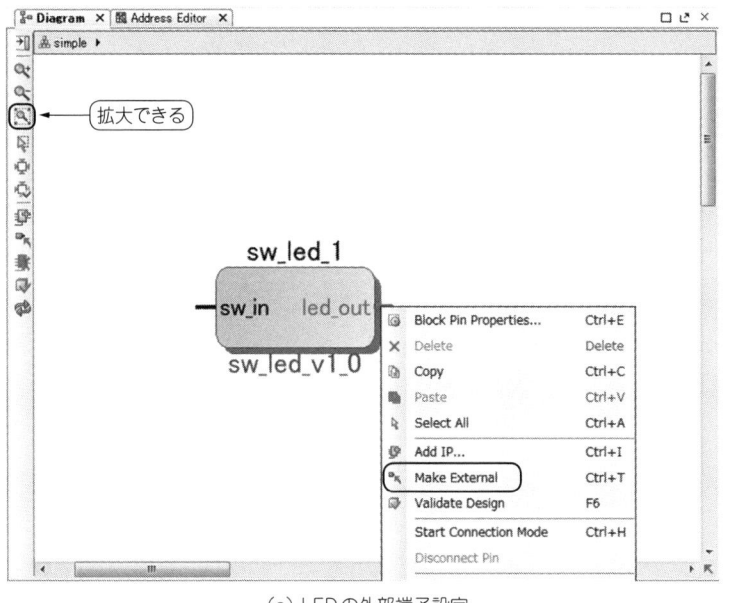

(a) LEDの外部端子設定

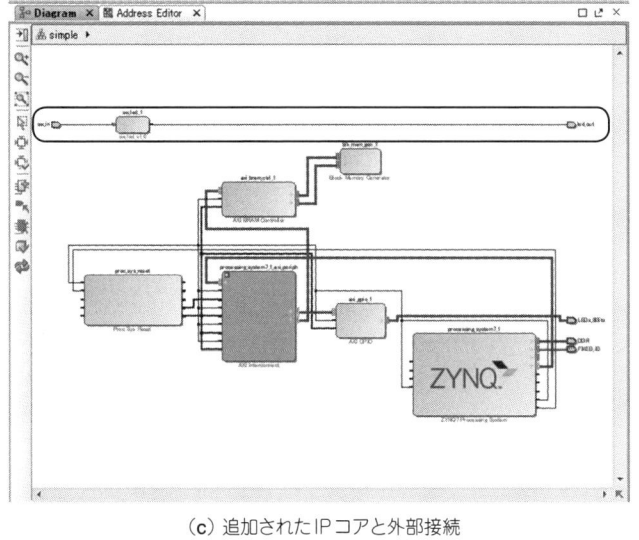

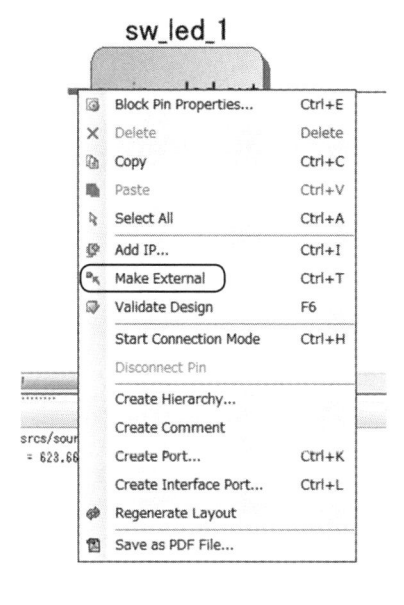

(c) 追加されたIPコアと外部接続

(b) sw_inの外部端子設定

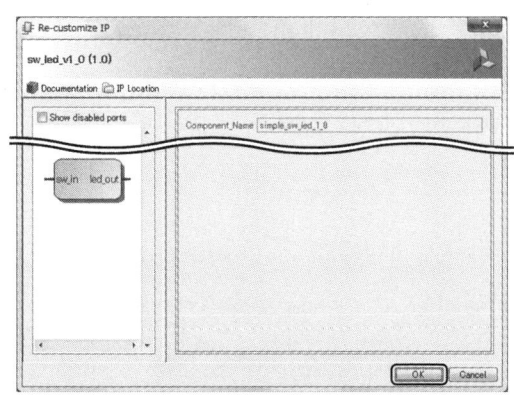

図4.39 外部端子の設定

(g) IPの詳細設定

4.2 ARMを使用しないごく簡単なハードウェアの作成　115

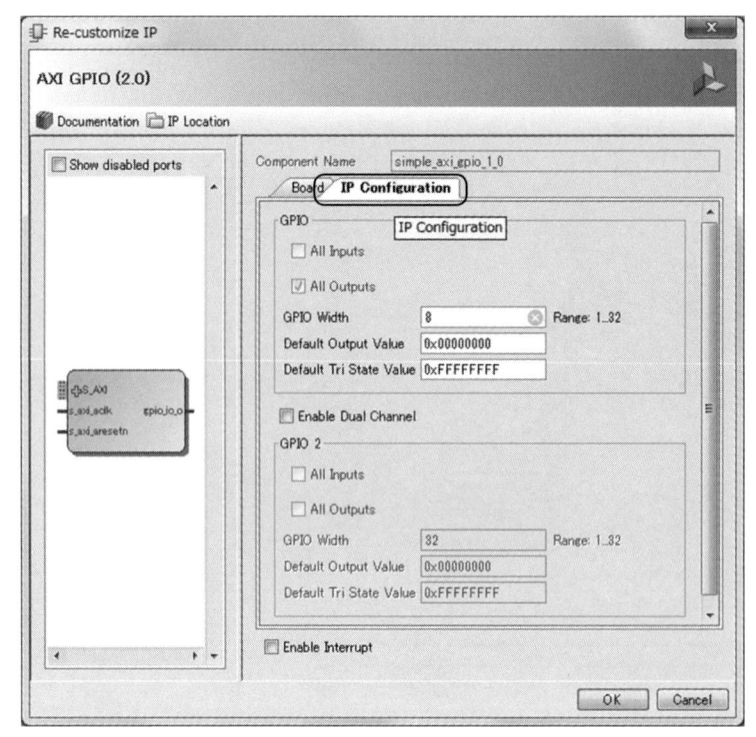

(a) IP Configuration タブの選択

図4.40　GPIOの設定変更

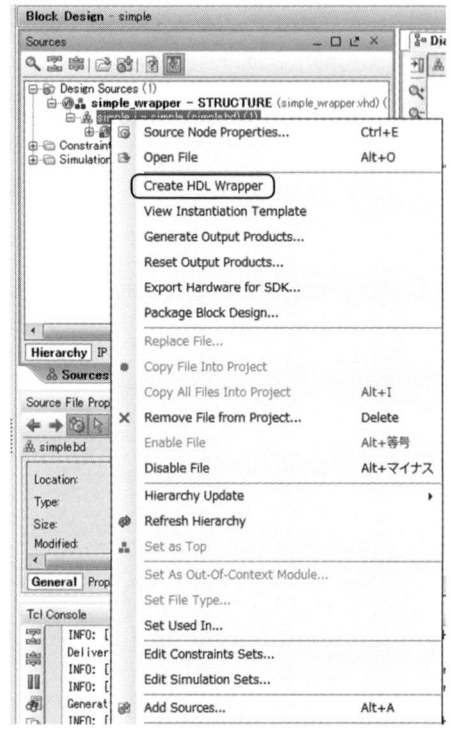

Generate Block Designを実行し，さらにCreate HDL Wrapperを実行します［図4.41(a)］．Create HDL Wrapperではすでにあるトップ・モジュールの置き換えについてワーニングを表示します［図4.41(b)］．Copy and Overwriteを選択します．

これで新しいIPコアが追加され，sw_ledとswとledがトップ・モジュールに追加されました．トップ・モジュールはsimple_wrapper.vhdとして表示されます．ソースとして確認しておきます［図4.41(c)］．LDEs_8Bits_tri_oが1ビットに，led_outとsw_inが追加されているのがわかると思います．

Elaborated Designで合成をします．Default Layout

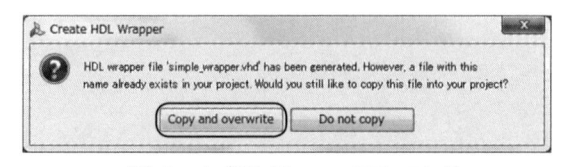

(a) Create HDL Wrapperの選択　　　　(b) Create HDL Wrapperのワーニング

図4.41　新しいIPコアの追加

116　第4章　次世代ツールVivadoを使ってみよう

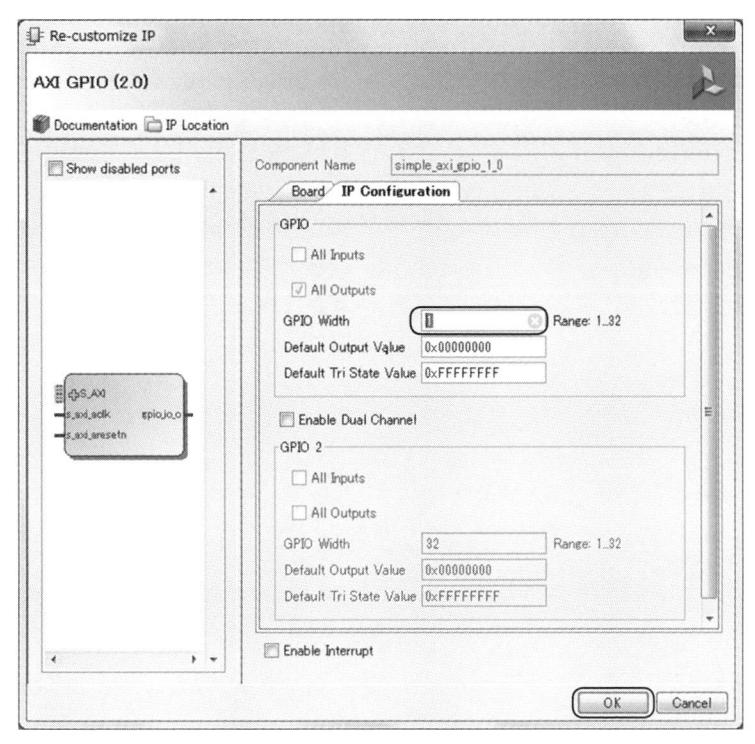

(b) GPIO Widthを1に変更

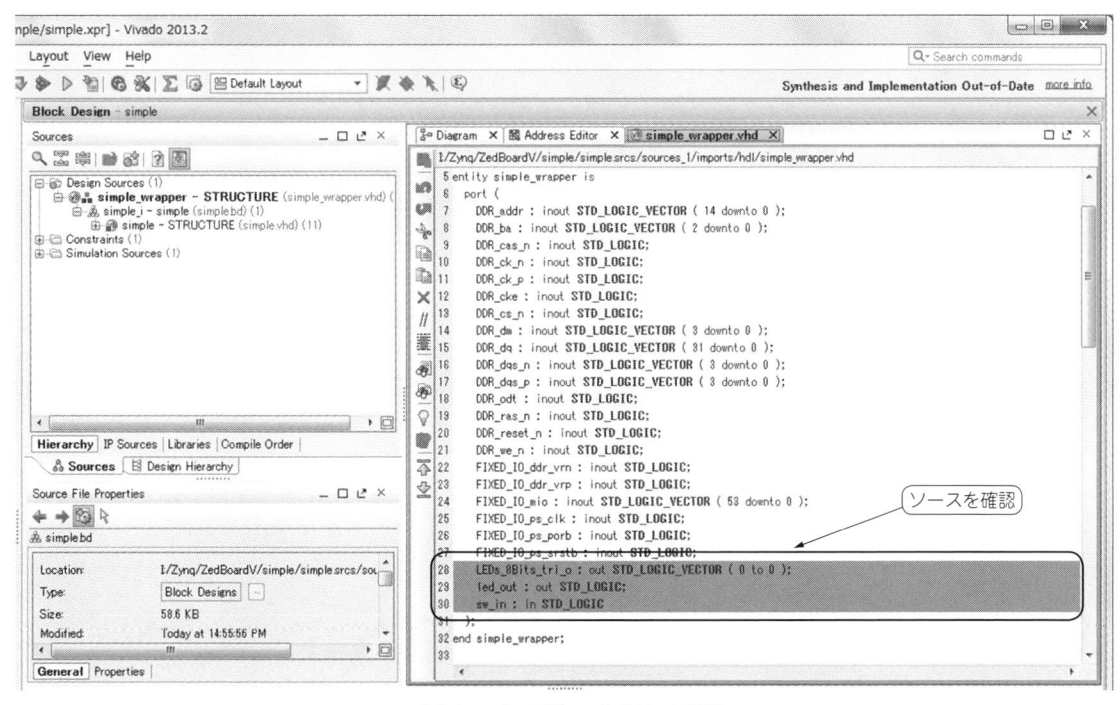

(c) トップ・モジュールのソース確認

4.2 ARMを使用しないごく簡単なハードウェアの作成　117

からI/O Planningにレイアウトを変更します．Scalar portsにsw_inとled_outが新設されているので，外部のピンをここでは図4.42のようにswをN15のLボタンに，LEDをU14に割り当てました．
また I/O を 3.3V に変更します．

レイアウトでRun Synthesisで合成をします．うまくいけば，Open Synthesized Designのメニューが有効になります．あとは今までと同じ次の手順でSDKまで実行します．

(1) Run Implementation
(2) Generate Bitstream
(3) Export Hardware for SDK
(4) Program FPGA
(5) SDKの起動とデバッグ実行

SDKで動作させるプログラムは，Hello Worldでもテストでも Peripheral Testでも構いません．今までと同様に動作することでしょう．そして，そのプログラムとは関係なく，Program FPGAでBitstreamをPL部に流し込んだ時にLEDが点灯し，スイッチLを押せばLEDが消灯します．

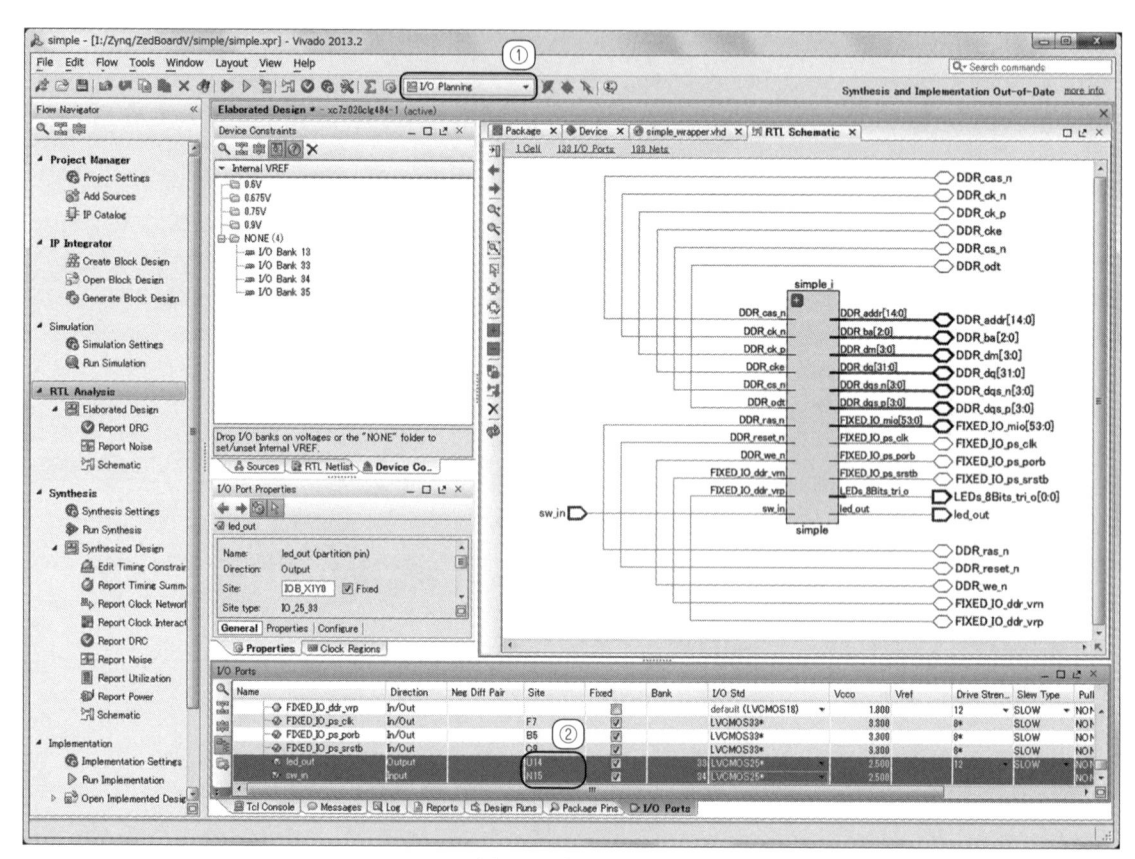

(a) I/O ピンの割り当て

(b) I/O ピンの設定を 3.3Vに変更

図4.42 I/O の設定

4.3 Linux上から制御してみる

一通り動作させてみると，次はLinuxを動作させるところまでいきたくなります．ここではVivadoとSDKからは離れて，XMD（Xilinx Microprocessor Debugger）からLinuxを起動したいと思います．

ここでは前節までのSDKのファイルを利用して作業を進めます．そのため，tclファイルはSDKが自動的に生成したものを間借りします．またbitファイルもSDKの下にあるものを利用します．利用はするもののXMDとSDKは同時にhw_serverに接続できないので，SDKは事前に終了しておいてください．

Linuxに必要なファイルは，第3章と同様に今回のために専用に用意したファイル群を使います．Linuxはdtsなどの環境が違うとなかなか動作しません．まずは実績のある環境で動作させ，他の章を読んでLinuxやdtsについて理解したのちに一歩一歩変えていくことをお勧めします．

なお，参考までに書くと，SDKのXMDからはLinuxのカーネルをダウンロード（Zynqのメモリへと展開）することができませんでした．具体的には，

```
XMD% dow -data zImage 0x8000
XMD% Downloading Data File -- SD-
Card/zImage at 0x00008000
Progress .................ERROR:
Debug Memory Access Check Failed
          Section, 0x00030000-
0x000327ff Not Accessible from
Processor Debug Interface
```

とエラーになります．

これはSDKから内部でXMDを起動するときに，Zynqの初期化とともにメモリの使用状況から不用意な間違ったメモリ・アクセスがなされないように設定されるためです（つまりSDKからXMDを使うときの仕様）．もちろん第3章で扱うようにSDKからFSBLを作成し，u-bootを含んだBOOT.binを作成することには支障ありません．

●XMDの操作

まずはZedBoardの電源を入れましょう．ここはショシンに戻って最初から実行した方が無難です．ZedBoardのPS部にLinuxの残骸が残っていてMMUの設定がなされていたりすると，

```
Progress ..ERROR:
     MMU page permission fault
```

といった具合にXMDから怒られます．

最初にVivadoのtcl shellを起動します．hw_serverを立ち上げるだけなので，コマンド・シェルでもかまいません．でその後hw_serverを立ち上げます[図4.43 (a)]．

次にターミナルソフトとしてTeraTermを立ち上げます．最後にXMDを立ち上げます．XMDはXilinx Design Tools → Vivado 2013.3 → SDK の下に Xilinx Microprocessor Debuggerの名前になっています．

最初にするべきことはZedBoardの初期化です．まず，いままでVivadoで使用していた環境に移動します．筆者の環境では，

```
I:/Zynq/ZedBoardV/simple-2013-3/
```

になります．次の操作でZedBoardの初期化を行います[図4.43 (b)]．

```
XMD% connect arm hw
XMD% source ./simple-2013-3.sdk/
SDK/SDK_Export/hw/ps7_init.tcl
XMD% ps7_init
```

ボードがRev.Cであるなら，追加で次の作業も行います．

```
XMD% source ./SD-Card/stub.tcl
XMD% target 64
XMD% ps7_post_config
```

この作業自体は第3章で行ったこととほぼ同じです（なお SD-Cardとあるディレクトリ配下のファイルは今回用意したファイル群）．唯一の違いは，ps7_post_configです．これはARM側からFPGAのアクセスを許すための設定をする（tclの）関数です．以前はinit_userでしたが，ps7_post_configに変更されました．

FSBL からは，

```
FsblOut32(PS_LVL_SHFTR_EN,
0x0000000F)
FsblOut32(FPGA_RESET_REG, 0);
```

という形で設定可能です．この設定をしておかないと，Linux起動後にGPIOの領域をアクセスすることができません（Linuxごとハングする！）．

●Linuxの起動

あとは第3章と同じ手順でu-bootとLinuxをメモリへ展開します．

```
XMD% dow SD-Card/u-boot.elf
```

(a) hw_serverの起動

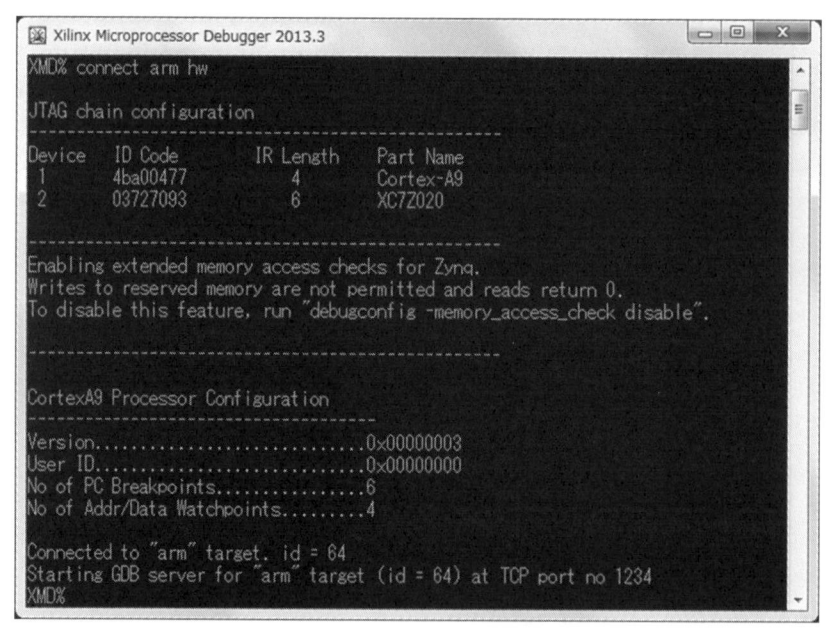

(b) XMDの起動とARMへの接続

図4.43　XMDによるLinuxの起動

　これでu-bootを展開します．次のconとu-bootの停止作業は手早くやります．

```
XMD% con
```
← これでu-bootが立ち上がる

　u-bootが立ち上がった瞬間にEnterキーを押して，すばやくu-bootを停止させます（実際のところ，あわてなくてもなんとかなる．u-bootは最初にネットワークの接続確認をしに行くので，ネットワークに接続さ れていると次の処理に手早く進む．次の処理はtftpでサーバからboot情報を取得しようとするが，そのうちタイムアウトする．あるいはCtrl-Cで停止可能）．

　u-boot が起動後，再びstopでProcessorを停止し，Linuxの諸ファイルをダウンロードします．

```
XMD% dow -data SD-Card/zImage
0x8000
```

(c) init_userの実行

(d) XMDでの操作結果

```
XMD% dow -data SD-Card/ramdisk8M.
image.gz 0x800000
XMD% dow -data SD-Card/
devicetree.dtb 0x1000000
```

　FPGAを動作させるために，Bitstreamもダウンロードもしておきましょう．この時点ではFPGAには何も書き込まれていません．fpgaコマンドでダウンロードすることにより，ボード上で青いLEDが点灯します．

```
XMD% fpga -f ./simple-2013-3.sdk/
SDK/SDK_Export/hw/simple_wrapper.
bit
```

　これでLinuxのブート準備が整いました．XMD上でconコマンドを実行し再びu-bootを動作させ，u-boot上でgo 0x8000としてLinuxを起動しましょう．

4.3　Linux上から制御してみる　　121

うまくいけばZynqのプロンプトを見ることができます．

また，devmemコマンドでGPIOをアクセスすることも可能です．

```
zynq> devmem 0x41200000 32 0xff
```

これによりZedBoard上のLEDが点灯します．現時点ではAXIのGPIOをカーネルにインストールしていないこともありGPIOドライバ経由ではアクセスできません．

BRAM（0x40000000）もアクセス可能です．BRAMの容量は64Kバイトに設定しました．64Kバイトを超えた領域をアクセスするとどのような挙動になるでしょう？興味のある方は実験してください．

なお，devmemをした瞬間にLinuxがハングアップする場合，前述のps7_post_configを忘れている可能性があります．手順を再度確認してみてください．

＊　　　＊　　　＊

以上，新しい統合開発ツールとしてのVivadoを見てきました．既にあるARMのIPコアを中核として，AXIにつながるXilinx社が用意したIPコアを組み合わせることで，迅速に自分のSoCを作ることができます．IPコアはIP-XACT（IEEE1685）に準拠した標準的な形式になっています．

作成したSoCはSDKによるデバッグとVivadoの信号線の波形表示を使って，ソフトウェアとハードウェアの動きを同時に把握することができます．その際にはTCFという新しい技術を使っていました．

Vivadoの方向性は一企業の閉じた世界ではなく，多くのIPベンダがやソフトウェア開発会社が参加可能なように相互接続性の高い技術が選択されています．

さらにVivadoHLSを使えば，IP-XACTに対応したIPコアをC/C++から作ることができます．実際にXilinx社ではVivadoHLSによって作成したsobelフィルタをリファレンス・デザインとして用意しています．

また，IPコアの統合ツールとしてだけではなく，旧来のVHDLやVerilog HDLからの設計を経てシミュレーションするといったツールも統合されており，ハードウェア技術者のニーズに細かく対応しています．特にハードウェア技術者にとってのHello WorldともいえるスイッチやLEDを使った回路設計もでき，それをIPコア化可能である点も含めて素晴らしいツールに仕上がっています．

あとはIPコアが増えて，いろいろなIPコアが容易に接続できるようになり，VivadoHLSによる高位合成の例も増え，対応するLinuxライブラリやアプリケーションも増えると，より一層使いやすいツールになることでしょう．

第5章 Xylon社のリファレンス・デザインを使う

グラフィックス・アクセラレータが組み込まれた Zynq デザイン

前章までで，Linuxの立ち上げができるようになりました．この章ではちょっと寄り道をして，Linuxでの応用方法をのぞいてみたいと思います．

Linuxを使う大きな理由の一つは「OSを意識したくない」「既存のライブラリを有効に利用したい」など，ある目的に一直線に向かって行くための近道として利用するためでしょう．

この章ではすでにあるリファレンス・デザインを，応用的に使う方法を示します．またこのリファレンス・デザインには，Linuxのフレーム・バッファ用ドライバが用意されているため，容易にLinuxから利用することができます．

この章ではリファレンス・デザインを使い，SDカードから簡単にLinuxを立ち上げることから始め，SDカードのパーティションを切り直して，よりLinuxらしい使い方へと変えていき，最終的にはLinux上でのプログラミングを可能にするところまでを説明します．

用意されたリファレンス・デザインを使用することで，IPコアのパワーをLinuxを通して簡便に利用できます．

5.1 Zynq のリファレンス・デザイン

● Zynqにはグラフィックス・コントローラがない

Zynqではさまざまな I/O が最初から使えるようになっています．UART，SDカード・コントローラ，USB，ギガビットEthernetなど，一通りのインターフェースがすぐに使えるようになっています．ただ1種類だけ，それも意図的に固定的なハードウェアとして実装していないものがあります．それはグラフィックス機能，とりわけビデオ入出力に関する機能です．

近年のSoCはカメラ入力とDVI-DやHDMIなどの表示機能を一通り持っているものが多く，それはそれで便利なのですが，いざ使ってみるとその制約の多さなどから，「帯に短し襷に長し」となることもあるようです．

例えばビデオの入出力はインターフェースの規格だけで，単純なRGBのパラレルのタイプから，HDMI，Camera-Link，FPD-Link I/II/III，MIPI，MDDIなど，さまざまな規格が存在し，扱う形式もARGBの32ビット，16ビット，ベイヤーパターンなど，サイズにおいてはQVGA，VGA，SVGA，XGA，HD…，さらに各規格は年々バージョンアップされ，扱うサイズは大きくなる傾向にあります．

そんな中で，自分の欲しい機能をパーフェクトに備えているSoCがあるとは限りません．例えばQVGA/16ビット・カラーで十分なのに高機能で複雑なインターフェースしか用意されていなかったり，あるいは10ビットの高解像特殊用途に使いたくてもSoCが持っていない，持っていても今度は他のインターフェースがないなどのケースです．運よく見つかっても，チップが特殊であればあるほど常にディスコン（生産中止）を気にすることになります．

Zynqの基本コンセプトは「すでにインターフェースとして確立され地位のあるUSB 2.0やEthernetなどはあらかじめ用意します．ユーザがフレキシビリティを必要とするビデオの入出力や画像処理部分はPL部で柔軟に対応しましょう．それがZynqというSoCです．」というところにあるようです．

● ZynqはFPGA部分に自分の望む回路を実装できる

図5.1にZynqのリファレンス・デザインとして公開されている，ソベル・フィルタ（輪郭抽出）の例を示します．入力はHDMI相当でFMC-IMAGEONボードを通して内部メモリに展開され，さらにその画像をハードウェアでソベル・フィルタを実行し，表示用のマルチレイヤ（OSDともいう）に対応したIPコアにより，HDMIからフルHD相当（1920×1080/60フレーム/秒）の出力をしています．OSはLinux，GUIなどの制御部分はQtで書かれています．

デモはクリック一つで，ハードウェアでのソベル・フィルタ処理とソフトウェアでのフィルタ処理を切り替えることができるようになっています．実際に試し

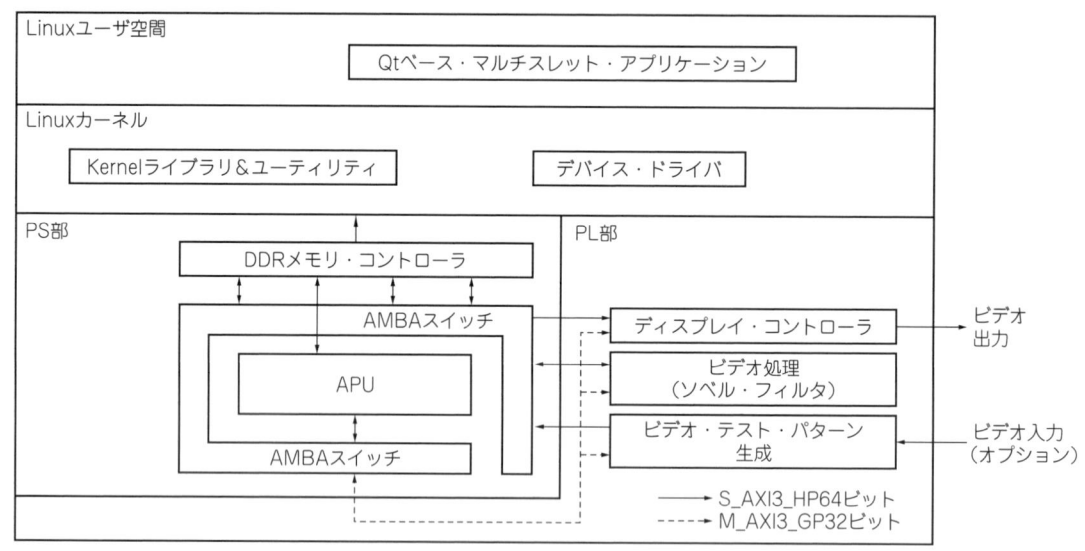

図5.1 Zynqによるソベル・フィルタ・システム

てみると，ソフトウェアの処理が1枚1枚パラパラと処理しているのに対し，ハードウェアではまさにリアルタイムにしかも遅延も少なく実行されている様子がわかります．

この例では，フィルタ処理にVivado HLSによるC言語からの高位合成を使っているようです．この手法が一般的になれば，ユーザはC言語でフィルタを書けば，画像処理が比較的簡単に実現できる環境が整います．またGUIも，Qtなどのような使いやすいライブラリでの構築が可能です．

このように書くといいことずくめのようですが，ビデオの入出力は画像サイズの巨大化に伴い，高い処理

コラム5.1 実績のあるIPコアを利用する

Spartan-6を使ったオートモーティブでの実績のあるXylon社のIPコア群（logicBRICKS）を使うことで，多くのメリットを享受することができます．logicBRICKSの特徴はオートモーティブで実績があることに加え，非常にコンパクトに設計されていることです．

Zynqがいかに素晴らしいSoCでも，PL部分を基本機能であるビデオ入出力で一杯にしてしまい，自分が望む画像処理などのIPコアを入れることができなかったら元も子もありません．これは今後出てくるであろう，新しいZynqやSoCとFPGAを組み合わせたソリューション全般に言えることです．

logicBRICKSは，Xilinx社のFPGA専用に設計されているのでもともとコンパクトである上に，暗号化したVHDLで提供するため，論理合成時にGeneric文を利用したパラメータを指定することで，必要に応じてリソースを少なくすることが可能です．

Zynqにおけるリソースの大小のイメージ例を図5.Aに示します．

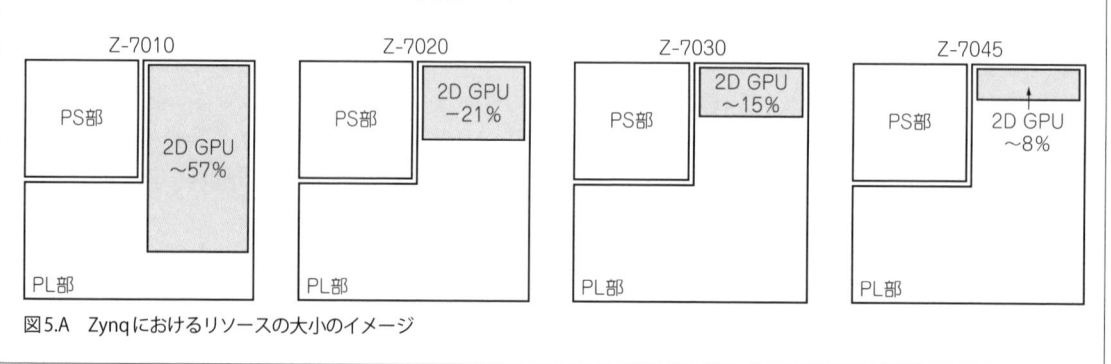

図5.A Zynqにおけるリソースの大小のイメージ

性能を必要とするようになり設計が難しくなっているところでもあります．このようなフレキシビリティが必要とされていて，かつ多くの人が共通で使用するライブラリ部分は，すでにあるIPコアを使うと開発を迅速に進めることが可能です．

次はZynqの多くのリファレンス・デザインで使用されている，Xylon社のIPコアを使った例を見ていきましょう．

5.2 Xylon社のリファレンス・デザインを使ってみよう

●リファレンス・デザインのダウンロード・ページ

ソベル・フィルタのリファレンス・デザインを含め，Xilinx社が提供している多くのデザインには，Xylon社のグラフィックス用IPコアが使用されています．

Xylon社のリファレンス・デザインは，

`http://www.logicbricks.jp/ZedBoard/`

からダウンロード可能です．リファレンス・デザインのダウンロードには，メール・アドレスなどのWebサイトへの登録が必要になります．簡単にSDカードから起動を試したい方に，SDカードの内容のみをダウンロード可能な特別なページを用意しました．

リファレンス・デザインのダウンロードのトップページにはwww.logicbricks.jpのlogicBRICKSタブをクリックした後に，左のメニューでReference FPGA Designをクリックし，さらにRef Designs Downloadをクリックします（図5.2）．

●該当するリファレンス・デザインをクリック

用意されているリファレンス・デザインは次の通りです．

- logiREF-ZGPU-ZED Graphics Processing Unit
- logiREF-BTRD-ZED Sobel Filter for ZedBoard
- logiREF-ZGPU Graphics Processing Unit
- logiREF-ZHMI-FMC Human Machine Interfaces
- logiREF-ZGPU-ZC706 GPU for ZC706

それぞれにEXE形式（Windows用）あるいはJAR形

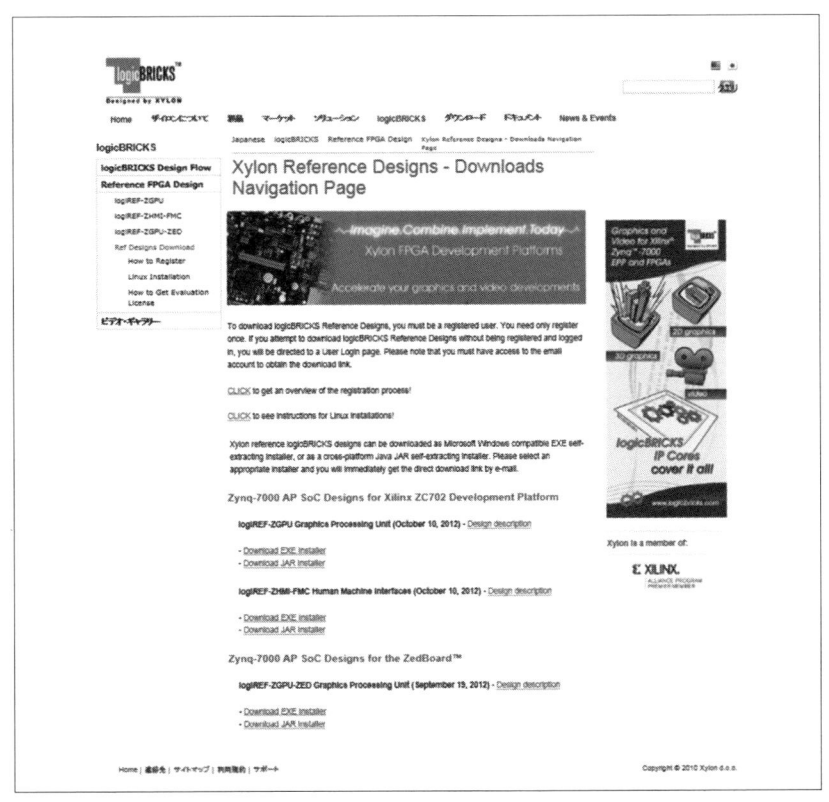

図5.2　リファレンス・デザインのダウンロード・トップ・ページ
`http://www.logicbricks.jp/logicBRICKS/Reference-logicBRICKS-Design.aspx`

式（Windows/Linux用）のインストーラがあります．どちらかを選択します（図5.3）．

リファレンス・デザインには，IPコアとして次の評価用IPコアが添付されます．

- logiCVC-ML（マルチレイヤ対応コンパクト・ビデオ・コントローラ）
- logiBITBLT（BITBLT 2Dアクセラレータ）
- logiBMP（高機能2Dアクセラレータ）

また，OpenGL ES 1.1をサポートするlogi3Dも評価可能です．合成には評価用IPコアのライセンスが必要です（ライセンスがない場合は合成時にエラーになる）．

今回使用するデザインは，logiREF-ZGPU-ZEDです．logiREF-ZCPU-ZEDはZedBoard用の2Dおよび3Dのアクセラレーションを含むリファレンス・デザインです．SDカードにインストールしZedBoardを起動することでデモを確認ができます（図5.4，写真5.1）．

図5.3　各リファレンス・デザイン

写真5.1　ZedBoard上でのOpenGLのデモ

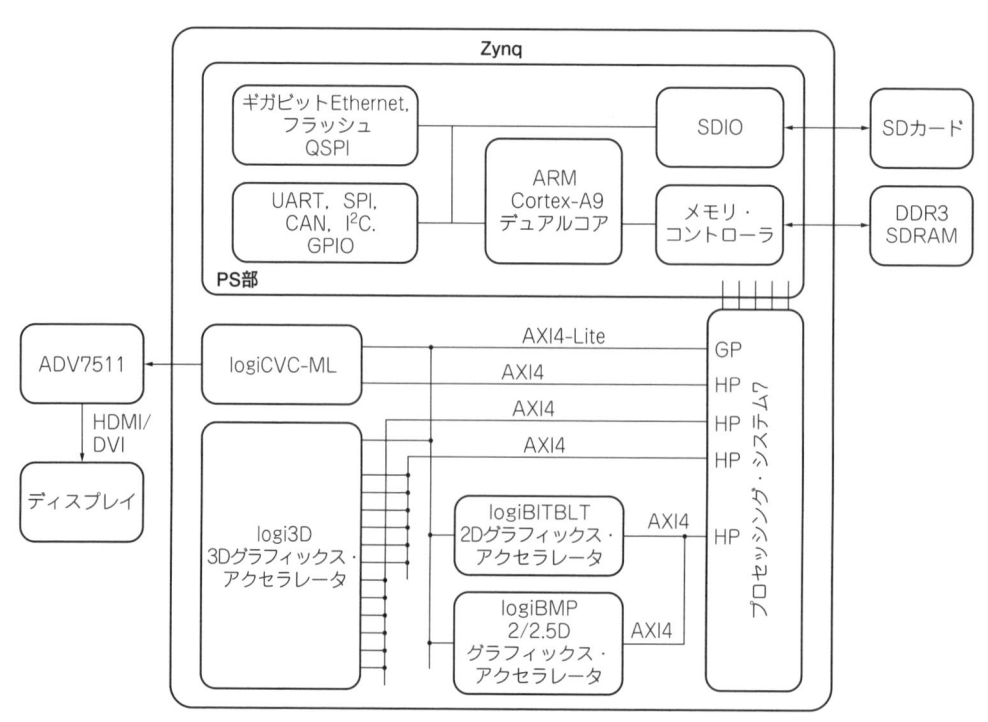

図5.4　リファレンス・デザイン logiREF-ZGPU-ZED

● **ダウンロード手順**

ダウンロードするにはログインが必要です．ユーザ名（通常は E-Mail）とパスワードを入力し，LOGIN ボタンをクリックします［図5.5（a）］．レジストレーション（登録するメール・アドレスにはhotmailやyahooなどのフリー・メール・アドレスは使えない）がまだの場合は登録を先に済ませてください．

ログインすると，ダウンロード用のページを作成した旨の表示になります［図5.5（b）］．メールでダウンロード先が通知されます．ダウンロード用のページのURL（実際のURLは非常に長いアドレスになる．メール・クライアントで改行などで切断されない用に注意してアクセスすること）が書かれたメールが届いたら［図5.5（c）］．URLをアクセスするとダウンロードが開

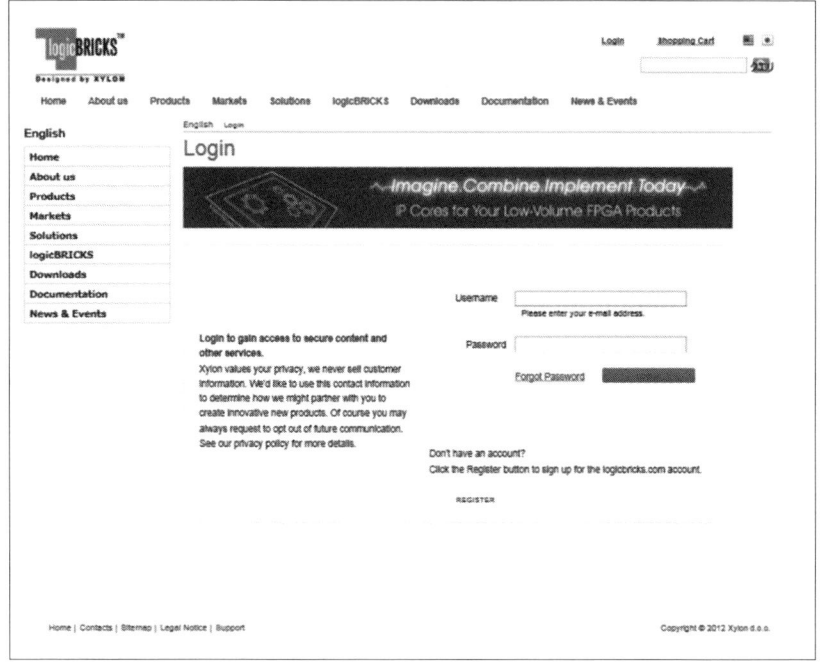

(a) ログイン画面

図5.5　ログイン

コラム5.2　Xilinx 社純正評価ボード ZC702/ZC706 対応

その他に，Xilinx社の評価ボードであるZC702で評価可能なリファレンス・デザインがダウンロード可能です．いずれも，イメージをSDカードにインストールし，ZC702を起動しデモを確認することができます．

- logiREF-ZGPU

  logiREF-ZCPUは，ZC702用の2Dおよび3Dのアクセラレーションを含むリファレンス・デザインです．Windows Embedded Compact 7やAndroidにも対応しています．

- logiREF-ZHMI-FMC

  logiREF-ZHMI-FMCはZC702用のHMIを使用した2Dおよび3Dのアクセラレーションを含み，さらにタッチパネルと音声の入出力に対応したリファレンス・デザインです．動作にはDigilent製HMI-FMCカードが必要になります．Androidにも対応しています．

- logiREF-ZCPU-ZC706

  logiREF-ZCPU-ZCPUはZC706用の2Dおよび3Dのアクセラレーションのリファレンス・デザインです．

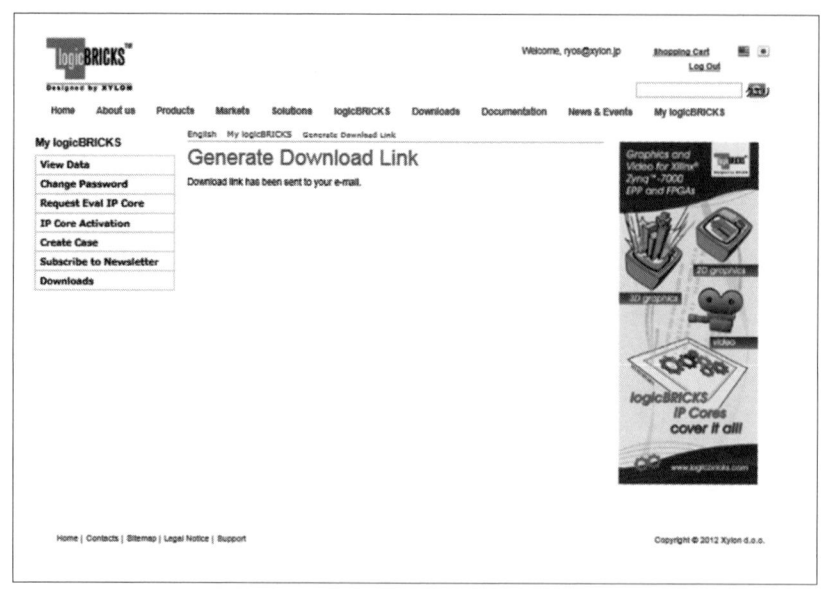

(b) ダウンロード用ページの作成通知画面

```
Dear XXXXX XXXXX,

Thank you for your interest in Xylon's logicBRICKS(TM) products.

You have requested to download Xylon-logiREF-ZGPU_121010.zip from www.logicbricks.com  website.
Please use the following link to download the requested content:
< http://www.logicbricks.com/Download/Download.aspx?id=1lLak.....N6I >
(Click on the link or copy it (without < >) into your browser's address box.)
The download link will be valid for a limited period of time (24 hours).

If you have any questions regarding the download please contact our technical
support team at support@logicbricks.com

Sincerely,
Xylon Tehnical Support Team
```

(c) ダウンロード用のページのURLの通知メール

(d) ダウンロード用URLの時間切れ画面

図5.5　ログイン（続き）

始されます.

ダウンロード用のURLは一定時間経つと時間切れになります［図5.5（d）］．その場合は最初に戻ってやり直してください．

●SDカードからの起動

Xylon社のリファレンス・デザインには，SDカード用のファイルが付属しています．64ビット版Windows 7ではデフォルトの設定のままだとc:\Program Files (x86)\xylonの下に，ZGPU-ZED_yymmddの形式でインストールされます（yymmddは年月日）．例えば，筆者のPCにはZGPU-ZED_120919というディレクトリができていました．さらにその下のディレクトリsoftware\ready_for_download\linux_sdの下を，丸ごとSDカードにコピーします．SDカードのルート・ディレクトリには，図5.6に示すファイルが収録されています．いろいろファイルがありますが，Zynqの起動に必要なのは，次の四つのファイルです．

- boot.bin
- zImage
- devicetree.dtb
- ramdisk8M.iamge.gz

FATでフォーマットされたSDカードにすべてのファイルをコピーすれば，起動用のSDカードができあがりです．

●3Dのデモ

最初にHDMI端子にHDMI/DVI-D変換ケーブルを繋ぎDVI-Dの入力を持つディスプレイをつなぎます（起動後につなぐとディスプレイを認識しないため）．また，ネットワークにはつながないようにしておきます（IPアドレスが192.168.0.77で固定になっているので注意）．シリアル・コンソールからの表示情報を見るために，USBケーブルもPCにつないでおきます．

ZedBoardにSDカードを差し込み起動してみます．TeraTermなどのアプリケーションからLinuxのコンソール（図5.7）を見ると，Zynqのプロンプトは出るもののデモは自動的に始まりません．dfコマンドで見ると，SDカードが/mntにマウントされていることがわかります．そこで/mntに移動し，run3d.shを実行します．すると3Dのデモが始まります．シリアルか

```
3dDemo              logi2D3D.ko            run3d.sh
boot.bin            models                 startdfb.sh
console.sh          ramdisk8M.image.gz     zed_sd.JPG
devicetree.dtb      README_USAGE.txt       zImage
directfbrc_dm       run2d_demos_loop.sh    zynq_dfb_install.tar.gz
```

図5.6 SDカードのルート・ディレクトリのファイル一覧

```
～中略～
xylonfb 0 registered
xylonfb 1 registered
xylonfb 2 registered
drivers/rtc/hctosys.c: unable to open rtc device (rtc0)
GEM: lp->tx_bd ffdfb000 lp->tx_bd_dma 0df08000 lp->tx_skb cdf549c0
GEM: lp->rx_bd ffdfc000 lp->rx_bd_dma 0df27000 lp->rx_skb cdf548c0
GEM: MAC 0x00350a00, 0x00002201, 00:0a:35:00:01:22
GEM: phydev cdf4e600, phydev->phy_id 0x1410dd1, phydev->addr 0x0
eth0, phy_addr 0x0, phy_id 0x01410dd1
eth0, attach [Generic PHY] phy driver
mmc0: new high speed SD card at address 0001
mmcblk0: mmc0:0001 00000 1.89 GiB
IP-Config: Complete:
     device=eth0, addr=192.168.0.77, mask=255.255.255.0, gw=255.255.255.255,
     host=ZED, domain=, nis-domain=(none)
 mmcblk0: p1 p2
,
     bootserver=255.255.255.255, rootserver=255.255.255.255, rootpath=
RAMDISK: gzip image found at block 0
EXT2-fs (ram0): warning: mounting unchecked fs, running e2fsck is recommended
VFS: Mounted root (ext2 filesystem) on device 1:0.
devtmpfs: mounted
NET: Registered protocol family 10
zynq> df
Filesystem           1K-blocks      Used Available Use% Mounted on
none                    119508         0    119508   0% /tmp
/dev/mmcblk0p1          132425     71176     61250  54% /mnt
```

図5.7 作成したSDカードでZynqを起動したときのシリアル・コンソール表示

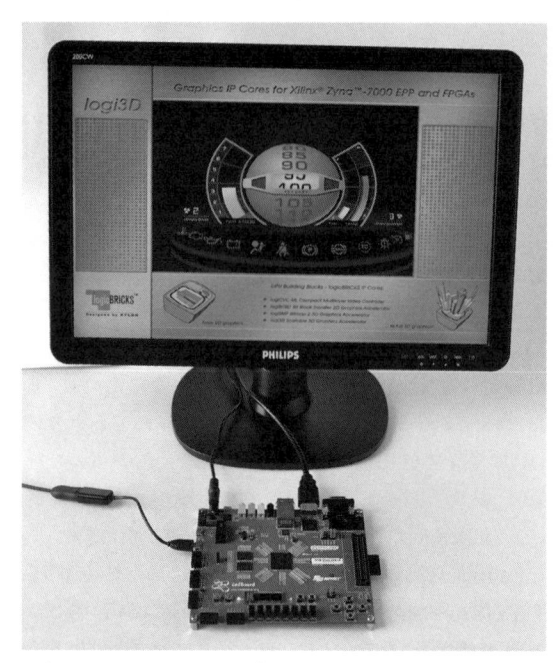

写真5.2 アクセラレータのデモ

ら，'a' + Enterで左，'d' + Enterで右に立体的なメニューが回転し，'e' + Enterで選択/実行，'q' + Enterでデモが終了するようになっています．プログラムはCtrl + Cで終了します．

3Dのデモは，Linux上のOpenGL ES 1.1を使用しています．なお蛇足ながら，このOpenGL ES 1.1のリファレンス・デザインはZynq-7045にも対応し，ZC706の評価ボード上で，ZedBoardのおおよそ2倍の性能を実現しています．

● 2Dのデモ

2Dのデモとしては，DirectFBのデモが用意されています．DirectFBは組み込みLinuxで利用可能なGUIのフレームワーク（ソフトウェア）です．Xylon社ではDirectFBに対応したアクセラレータ用のドライバを用意しています．通常のDirectFBを使うだけでZynqのIPコアでアクセラレートされたGUIアプリケーションの構築が可能です．

DirectFB上にはQtを構築することが可能です．Qtの利用によりGUIの開発負荷が軽減されます．加えてDirectFBのアクセラレータとしてIPコアを利用することが可能であるため，Qtのアプリ開発がすなわちIPコアの有効利用になります．例えばXilinx社が用意しているソベル・フィルタのアプリケーションはQtを利用して書かれています．DirectFBベースのQtになっ

ているため，X Windowを必要としません．日本語の情報も多いQtが動作することは，Zynqで開発する際の強力な環境となります．

run2d_demos_loop.shを実行すると，tar.gzで固められたDirectFBのライブラリをSDカード上に自動的に展開し，最終的に2Dのデモが実行されます．2Dのデモは，ビットブリットと回転/拡大/縮小用の二つのアクセラレータにより高速に処理されています．/.directfbrcのacceleratorの部分を，accelerator=1987からaccelerator=1984に書き換えることで，アクセラレータをOFFにすることができます．その速度の違いを比較してみてください（写真5.2）．

● SDカード用ファイルのみのダウンロード

SDカード用のファイルのみが欲しい場合は，

http://www.logicbricks.jp/ZedBoard/

からダウンロード可能です．

デモを見るにあたって，毎回シリアルにつないでデモを起動させるのは不便なので，ここに置いておくファイルは自動的にデモを起動するように書き換えてあります（これらの書き換え方法などは後述）．

起動するたびに2Dと3Dのデモが交互に立ち上がります．また起動したくないときは，SDカードにnot_to_demoというファイルを置いておけば，起動せずに立ち上がるようにしてあります．

5.3 リファレンス・デザインを少しカスタマイズする

ここまで見てきたLinuxのシステムは，Unixを古くから知っている人には奇異に感じる点があるかもしれません．例えば/mntというディレクトリを安直に使ったり，SDカードのFAT上にUnixのファイルをコピーしたりしている点です．Unixのシンボリックをファイルを FATにコピーすると，実体がコピーされてしまうなどのデメリットがあります．シンボリックリンクされている動的ライブラリは，同じファイルがいくつもコピーされてしまいます．

昨今では2Gバイトを超えるSDカードも珍しくないので，その容量をLinuxとして有効に使うために，パーティションを分けてマウントしたシステムを構築したいと思います．

●ramdisk8M.image.gz をアップデートする

現状のルート・ファイル・システムは，起動のたびに RAM 上に展開される RAM ディスクになっています．Linux が起動したのちに，/etc などのファイルを変更しても，それらの変更情報は ramdisk8M.image.gz にはまったく反映されません．便利なように ramdisk8M.image.gz を変更しようと思えば，Linux システムにイメージを展開し変更をする必要があります．そこで，ramdisk8M.image.gz を Zynq の Linux 上で展開し，変更を施した上で書き戻してみましょう．Zynq 上で行うので他の Linux システムを用意する必要はありません．

まずは zcat で gz の圧縮を解凍し，できた image をマウントします．/mnt には SD カードがすでにマウントされているので，/tmp/mnt/ にマウントします（図5.8）．ramdisk8M といいつつ，本当のファイル・サイズは 16M あります．これは BOOT.BIN が起動時に ramdisk8M.image.gz という名前を固定的に使っているためです．ここでは気にせずそのまま ramdisk8M という名称を使い続けることにします．

まず，立ち上げ時に /mnt にマウントするのをやめて，/media/sd-card にします．/etc/init.d/rcS を vi で編集して，

```
mount /dev/mmcblk0p1 /media/sd-card
```

に変更します．ついでに，ネットワークを有効にします．ここでは筆者の開発環境に合わせて 192.168.0.141 としました．

```
Zynq> ifconfig eth0 192.168.0.141
netmask
255.255.255.0
```

ここまでできたら，念のために umount でアンマウントし，gz に圧縮してイメージを作り直して，再立ち上げします．うまくいけば，df コマンドで /media/sd-card が見られるはずです（図5.9）．気を利かせたつもりで(!)，ramdisk16M.image.gz という名前にすると立ち上がらなくなるので注意が必要です．

●パーティションを分ける

DirectFB のデモのファイルの総サイズは 20M バイトあります．先の方法で ramdisk8M.image.gz を更新して RAM ディスクに入れることもできますが，そうすることで立ち上げ時間はより遅くなってしまいます．

image ファイルを作りそれをマウントすることで，解決する方法もあります．まずは，その方法を試して

```
zynq> zcat ramdisk8M.image.gz > ramdisk8M.image
zynq> ls -l ramdisk8M.image
-rwxr-xr-x   1 root       0          16777216 Jan  1 00:10 ramdisk8M.image
zynq> mkdir /tmp/mnt
zynq> mount -o loop ramdisk8M.image /tmp/mnt
EXT2-fs (loop0): warning: mounting unchecked fs, running e2fsck is recommended
zynq> ls /tmp/mnt
README          linuxrc         root            usr
bin             lost+found      sbin            var
dev             mnt             sys
etc             opt             tmp
lib             proc            update_qspi.sh
```

図5.8 ramdisk のルート・ファイル・システムをマウント

```
zynq> umount /tmp/mnt
zynq> cd /mnt
zynq> gzip ramdisk8M.image
gzip: can't open 'ramdisk8M.image.gz': File exists
zynq> rm ramdisk8M.image.gz
zynq> gzip ramdisk8M.image
zynq> ls -l ramdisk8M.image.gz
-rwxr-xr-x   1 root       0           7964802 Jan  1 00:27 ramdisk8M.image.gz
```

ここでいったん ZedBoard の電源を OFF → ON する

```
～途中の起動メッセージは省略～

zynq> df
Filesystem           1K-blocks      Used Available Use% Mounted on
none                    119508         0    119508   0% /tmp
/dev/mmcblk0p1          132425     87559     44867  66% /media/sd-card
```

図5.9 ramdisk の書き換えと再立ち上げ

みましょう．
(1) ddコマンドで空のファイルを作る
(2) mkfs.ext2でファイル・システムを作る
　この作業はmkfs.ext3の実行でもかまわない．付属のbusyboxにその機能がないので，ここではmkfs.ext2を使っている．他のLinuxが使えるならext3の方が良い
(3) mountする
(4) mountしたファイル・システムに必要なファイルをコピー
(5) umount

この作業は，すべてZynq上で実行可能です．次に8Mバイトのファイル・システムを作る例を示します（図5.10）．この方法で，/etc/fstabに一行，

```
/media/sd-card/test.image    /mnt
ext2  defaults,loop 0 0
```

を追加し，/etc/rcSファイルにmountするように命令を追加しておけば，簡単に必要なファイルを追加することができます．/etc/rcSは起動時に実行されるスクリプト・ファイルです．注意すべき点は，このように/media/sd-card上のファイルをmountすると，SDカードが抜けたときに異常な状態になってしまう点です．

そこで，もう少しLinuxとしてオーソドックスにパーティションに分けてみます．新しいSDカードを用意しそこにパーティションを作ってみます．まずは，立ち上げて，もしSDカードがマウントされていればアンマウントしたうえで，新しいSDカードを入れてみます．

```
zynq> fdisk -l /dev/mmcblk0
```

で見てみると，FATでフォーマットされたSDカードであれば図5.11のように表示されるでしょう．

● パーティション分割手順

最初に，fdisk /dev/mmcblk0でパーティションを二つ作ります．図5.12に手順を示します．
(1) dコマンドでパーティションを削除
(2) nコマンドでパーティションを追加（FAT用）

```
zynq> dd if=/dev/zero count=16384 > /tmp/test.image
16384+0 records in
16384+0 records out
8388608 bytes (8.0MB) copied, 0.105248 seconds, 76.0MB/s
zynq> mkfs.ext2 -F /tmp/test.image
Filesystem label=
OS type: Linux
Block size=1024 (log=0)
Fragment size=1024 (log=0)
2048 inodes, 8192 blocks
409 blocks (5%) reserved for the super user
First data block=1
Maximum filesystem blocks=262144
1 block groups
8192 blocks per group, 8192 fragments per group
2048 inodes per group
zynq> mount -o loop /tmp/test.image /mnt
zynq> df
Filesystem           1K-blocks      Used Available Use% Mounted on
none                    119508      8204    111304   7% /tmp
/dev/mmcblk0p1          132425     98019     34406  74% /media/sd-card
/dev/loop0                7931        13      7509   0% /mnt
```

図5.10　zynq上で空のファイル・システムを作る

```
zynq> ls -l /dev/mmc*
brw-rw----    1 root     0         179,   0 Jan  1 00:11 /dev/mmcblk0
brw-rw----    1 root     0         179,   1 Jan  1 00:11 /dev/mmcblk0p1
zynq> fdisk -l /dev/mmcblk0

Disk /dev/mmcblk0: 255 MB, 255852544 bytes
16 heads, 32 sectors/track, 976 cylinders
Units = cylinders of 512 * 512 = 262144 bytes

        Device Boot    Start       End    Blocks  Id System
/dev/mmcblk0p1             1       976   249805+   6 FAT16
```

図5.11　SDカードをパーティショニングする

```
zynq>fdisk/dev/mmcblk0

Command (m for help): p

Disk /dev/mmcblk0: 255 MB, 255852544 bytes
16 heads, 32 sectors/track, 976 cylinders
Units = cylinders of 512 * 512 = 262144 bytes

        Device Boot      Start         End      Blocks   Id  System
/dev/mmcblk0p1               1         976      249805+   6  FAT16

Command (m for help): d
Selected partition 1                                                        ①

Command (m for help): n
Command action
   e   extended
   p   primary partition (1-4)
p
Partition number (1-4): n
Partition number (1-4): 1                                                   ②
First cylinder (1-976, default 1): Using default value 1
Last cylinder or +size or +sizeM or +sizeK (1-976, default 976): 100

Command (m for help): n
Command action
   e   extended
   p   primary partition (1-4)
p                                                                           ③
Partition number (1-4): 2
First cylinder (101-976, default 101): Using default value 101
Last cylinder or +size or +sizeM or +sizeK (101-976, default 976): Using default value 976

Command (m for help): p

Disk /dev/mmcblk0: 255 MB, 255852544 bytes
16 heads, 32 sectors/track, 976 cylinders
Units = cylinders of 512 * 512 = 262144 bytes

        Device Boot      Start         End      Blocks   Id  System
/dev/mmcblk0p1               1         100       25584   83  Linux
/dev/mmcblk0p2             101         976      224256   83  Linux

Command (m for help): t
Partition number (1-4): 1
Hex code (type L to list codes): L

 0  Empty            1b  Hidden Win95 FAT32       9f  BSD/OS
 1  FAT12            1c  Hidden W95 FAT32 (LBA)   a0  Thinkpad hibernation
 4  FAT16 <32M       1e  Hidden W95 FAT16 (LBA)   a5  FreeBSD
 5  Extended         3c  Part.Magic recovery      a6  OpenBSD
 6  FAT16            41  PPC PReP Boot            a8  Darwin UFS
 7  HPFS/NTFS        42  SFS                      a9  NetBSD
 a  OS/2 Boot Manager 63 GNU HURD or SysV         ab  Darwin boot
 b  Win95 FAT32      80  Old Minix                b7  BSDI fs                ④
 c  Win95 FAT32 (LBA) 81 Minix / old Linux        b8  BSDI swap
 e  Win95 FAT16 (LBA) 82 Linux swap               be  Solaris boot
 f  Win95 Ext'd (LBA) 83 Linux                    eb  BeOS fs
11  Hidden FAT12     84  OS/2 hidden C: drive     ee  EFI GPT
12  Compaq diagnostics 85 Linux extended          ef  EFI (FAT-12/16/32)
14  Hidden FAT16 <32M 86 NTFS volume set          f0  Linux/PA-RISC boot
16  Hidden FAT16     87  NTFS volume set          f2  DOS secondary
17  Hidden HPFS/NTFS 8e  Linux LVM                fd  Linux raid autodetect
Hex code (type L to list codes): 6
Changed system type of partition 1 to 6 (FAT16)

Command (m for help): p

Disk /dev/mmcblk0: 255 MB, 255852544 bytes
16 heads, 32 sectors/track, 976 cylinders
Units = cylinders of 512 * 512 = 262144 bytes
                                                                            ⑤
        Device Boot      Start         End      Blocks   Id  System
/dev/mmcblk0p1               1         100       25584    6  FAT16
/dev/mmcblk0p2             101         976      224256   83  Linux

～以下は次ページ～
```

図5.12　zynq上でSDカードをフォーマット

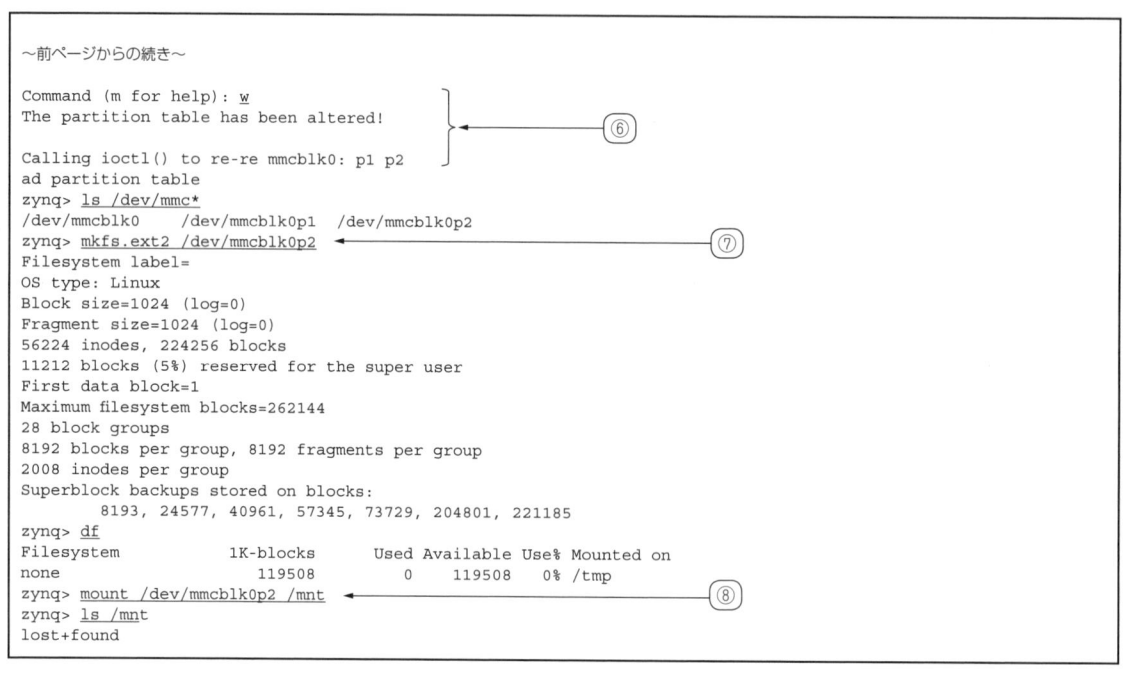

```
～前ページからの続き～

Command (m for help): w
The partition table has been altered!              ⑥

Calling ioctl() to re-re mmcblk0: p1 p2
ad partition table
zynq> ls /dev/mmc*
/dev/mmcblk0    /dev/mmcblk0p1   /dev/mmcblk0p2
zynq> mkfs.ext2 /dev/mmcblk0p2                     ⑦
Filesystem label=
OS type: Linux
Block size=1024 (log=0)
Fragment size=1024 (log=0)
56224 inodes, 224256 blocks
11212 blocks (5%) reserved for the super user
First data block=1
Maximum filesystem blocks=262144
28 block groups
8192 blocks per group, 8192 fragments per group
2008 inodes per group
Superblock backups stored on blocks:
        8193, 24577, 40961, 57345, 73729, 204801, 221185
zynq> df
Filesystem          1K-blocks    Used Available Use% Mounted on
none                   119508       0    119508   0% /tmp
zynq> mount /dev/mmcblk0p2 /mnt                    ⑧
zynq> ls /mnt
lost+found
```

図5.12　zynq上でSDカードをフォーマット（続き）

Zynqを立ち上げ，その他もろもろのファイルを置くのであれば通常200Mバイト程度あれば十分

(3) nコマンドでパーティションを追加（ext2用）
　残りの容量をすべて割り当てる
(4) tコマンドでIDをFATに変更
(5) pコマンドで確認
(6) wコマンドで書き込み
　うまくいけば，/devにはmmcblk0p1とmmcblk0p2が出来ている
(7) mmcblk0p2をmkfs.ext2で初期化
(8) マウント可能になる

mmcblk0p1をフォーマットしていませんが，これはPC側でFATとしてフォーマットすれば良いでしょう．

新しくできたファイル・システムを/usrとし，いろいろなファイルをインストールしていけば，ZynqのLinuxシステムが充実してきます．DirectFBも…といいたいところですが，提供されているデモは/mntの下にpngなどのファイルがあることが前提のようで，単純にコピーしただけでは動きません．これを解決するにはリコンパイルされたDirectFBが必要です．

●USB機器を差してみる

ここではUSBに何が接続できるかを確かめます．ZedBoardにはUSBのホストとして機能することができるように，USB On-The-Go (OTG) のコネクタがあります．付属の変換コネクタを差すことによって，対応したカーネルが動作していれば，さまざまUSB機器を使うことができます．

Xylon社のリファレンス・デザインで動作しているLinuxは，いくつかのUSB機器を確認できます．ためしにUSBのカメラ・デバイスを接続してみましょう．カメラ・デバイスはUVC (USB Video Class) に対応して入れば何でもかまいません．筆者の手元にあるQcam S7500 (Logicool社) を接続してみましょう．/dev/video0が見えます．そういえば，筆者が昔，別のARM Linuxのために移植したmjpegstreamerは動作するでしょうか？　そのまま，ライブラリやオブジェクトを/tmpにコピーし，ライブラリの設定（LD_LIBRARY_PATHの設定）をします．

```
LD_LIBRARY_PATH=/tmp/install/lib
```
試しに使ってみます．
```
Zynq> bin/mjpg_streamer -i
"input_uvc.so -d /dev/video0" -o
"output_http.so -w /tmp/install/
www"
```

図5.13に示すように動きました（「動きました」というより「動いちゃいました」に近い）．

その他，次のデバイスが確認されています．

- USBメモリ
- キーボード
- マウス

　残念ながらUSBオーディオは認識しませんでした．これらを認識させるためにはカーネルのリコンパイルをしなければなりません（後述）．

　つまり，ここまででわかったことは，DirectFBなどのライブラリを動かすためには，きちんとリコンパイルしなければならないこと．また必要なUSB機器などを利用可能にするためにはカーネルをリコンパイルしなければならないことです．

　よりよいLinux環境を作るには，
- ライブラリやアプリケーションのコンパイル環境
- Linuxカーネルのコンパイル環境

が必要と言えます．

5.4 フレーム・バッファを使うプログラム

　ここまでは全くプログラミングをせずにZedBoardを使ってきました．Zynqは何といってもARM SoCなので，プログラミングしないことには始まりません．Zynqの開発環境には組み込みシステム開発の世界でも頻繁に使われるようになった，Eclipse環境がSDKとしてついてきます．Eclipseに慣れた人ならすぐに開発に着手できるでしょう．

●フレーム・バッファの基礎

　第2章では，フレーム・バッファをすでに用意されているコマンドによって制御してみました．ここでは実際にC/C++プログラムから，/dev/fbをアクセスし

図5.13　Zynq上でmjpg_streamerを動かす

て画像をディスプレイに表示してみましょう．

　フレーム・バッファはその名の通り，表示すべき画面の1フレーム分のバッファをメモリとして持ちます．一つ一つのピクセル（画素）が何バイトでどのような構成になるかはフレーム・バッファが扱うカラー方式によって異なります．例えば，24ビット・フルカラーというと，通常，RGB（赤緑青）にそれぞれ8ビットが割り当てられます．合成する際の透過度の割合を示すアルファチャネルの値を含めた形式の32ビットARGBというカラーの方式もあります．その他に，カラーの方式は32ビットARGB，YUV，インデックス・カラー方式などがあります（後述）．

　例えば，横縦が1024×768で各ピクセルが32ビットARGBのフレーム・バッファを扱う場合，これらをメモリ上に持つ方式を単純に考えると，1024×768×4＝3145728バイト必要になります．図5.14のように各ピクセルが配置されているとすると，先頭（オフセット0）の位置が座標（0, 0）になります．座標（100, 100）の位置に赤色（0xFF000000）を書き込もうとすると，

　　1024×4×100＋4×100

のオフセットのメモリに0xFF000000を書き込むことになります．

　これを一般化すると次のようになります．

　　横ピクセル数×ピクセル・サイズ×Y座標＋ピクセル・サイズ×X座標

　しかし，事はこのように簡単にはいきません．ハードウェアの都合であったり，仮想的に大きな画面をもったフレーム・バッファでは，実際に表示されている以上に横幅がある場合もあります．例えば，今回扱うXylon社のリファレンス・デザインのfb1は，仮想的に2048×2048のサイズの画面を持ちます．座標（0, 0）はメモリ上でオフセット0に位置しますが，座標（100, 100）は2048×4×100＋4×100のアドレスになります．

　このような実際の横幅をストライドと呼びます．先の例では2048×4の8192バイトがストライドになります．つまり，ある座標（x, y）に点を打とうと思ったら，横ピクセル数，縦ピクセル数，ピクセル・サイズ，ストライドが必要になります．

● **物理アドレスと仮想アドレス**

　Linuxのようなメモリ保護機能のあるOSでは，各プロセスは仮想アドレスで実行されることになります．メモリ保護機能があると，余計なところをアクセスしてもOSが守ってくれます．とくにPL部を持つZynqでこの機能は有益で，自分の作ったロジックの部分がプログラムのバグなどで不用意にアクセスされることを防ぎます．

　例えば，自分の作ったロジックを0x4000_0000の物理アドレスへ合成時に配置します［図5.15（a）］．メモリ保護機能のないOSではプログラムが簡単にその領域をアクセスすることができます［図5.15（b）］．テス

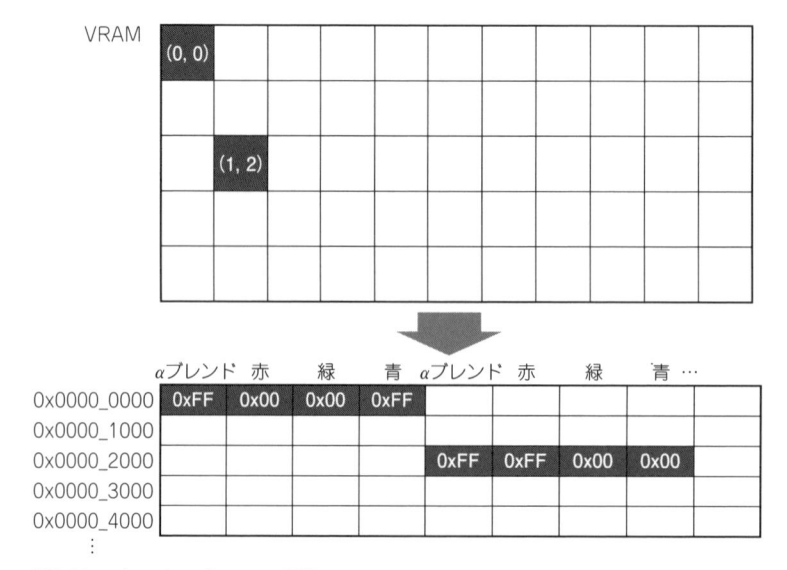

図5.14　フレーム・バッファの構造

ト・プログラムを作る場合には重宝しますが，実運用のときはバグなどの不具合でもアクセスしてしまい，思わぬアクシデントが発生する恐れがあります［図5.15(c)］.

一方Linuxでは，物理アドレスの0x4000_0000は通常アクセスできません［図5.15(d)］./devの下のファイルをオープンしデバイス・ドライバを経由して始めて使うことができるようになります．

フレーム・バッファについても同様のことが言えます．このリファレンス・デザインでは0x3000_0000にフレーム・バッファの0番が配置されています．しかし，通常のプロセスではアクセスできないため，/dev/fbを通してマップできるようになります．

またLinuxの仮想記憶では，一般的にメモリも物理的に連続しているとは限らない点に注意が必要です．フレーム・バッファのような物理的に連続している必要のあるメモリは，デバイス・ドライバ（カーネル）が連続してメモリを配置するよう調整してくれています．

● **カラーの方式**

カラーの方式として各基色にそれぞれ8ビットの諧調を設定可能な24ビットRGBは多くのシステムでフルカラーの方式として採用されています．ただし24ビットだと3バイトになり，CPUにとっては中途半端になります．というのもハード的には8ビット，16ビット，32ビットなどの方が構造上都合が良く，そして効率の良いアクセスになるためです．そこで，8ビット分は無駄になってしまうのですが，24ビットであっても1ピクセルのサイズは4バイト（32ビット）となることが多いようです．

本システムでは複数の五つのレイヤーを持つことが可能になっています．各レイヤーは表5.1のようになっています（詳細は後述）．これは表示用のIPコアが実現している機能です．もちろんPL部をもつZynqではこの部分をカスタマイズすることが可能です．例えば，

表5.1 各レイヤーの構成

レイヤー番号	カラー方式	用途
0	8ビットCLUT	トップレイヤー（メニュー用）
1	32ビット（ARGB）	
2	32ビット（ARGB）	フルカラー・グラフィックス用
3	32ビット（ARGB）	
4	32ビット（ARGB）	指定できるのは1色のみで背景用

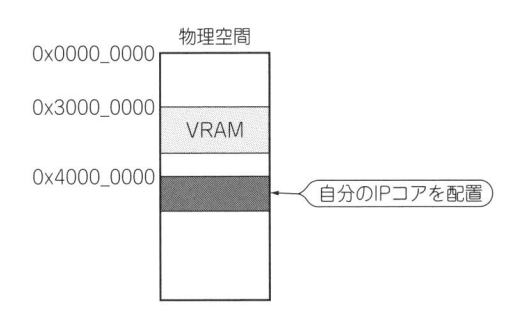

（a）IPコアを物理空間に配置

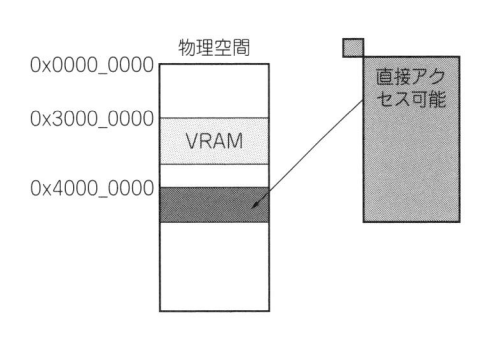

（b）単純なプログラムは物理空間のIPコアを直接操作可能

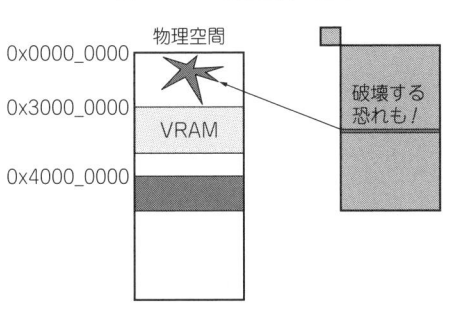

（c）OSの保護がない場合，予期せぬメモリ破壊を招く

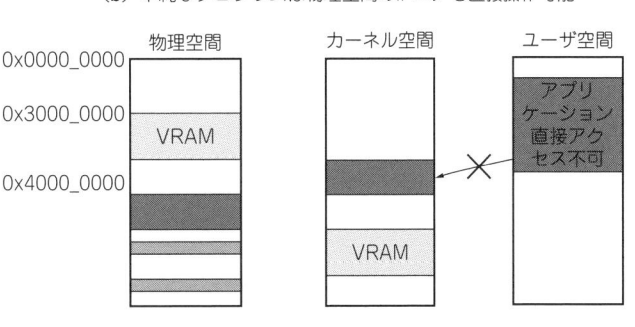

（d）OSの保護があれば安全にユーザ空間内をアクセス可能

図5.15 物理空間と仮想空間

同じZynqのシステム上にYUV形式のビデオ入力を二つ重ねあわせ，最終的にYUV形式で出力するようなケースでは，二つのレイヤーをYUVに設定しておいた方が帯域を有効に使えるでしょう．ここで使用しているIPコア（logiCVC-ML）は自身がカスタマイズ機能を持っているので，合成時にXPSでパラメータを設定することでそれらの調整が可能になります．

●その他のフレーム・バッファに関する情報

カラーの方式でも説明した通り，このシステム（Xylon社が提供するfbのシステム）には複数のレイヤーがあります．そして，バックグラウンドを除く各レイヤが /dev/fbNに対応しています（Nは数字）．各レイヤーにはそれぞれ違った機能があります．それを知らないと今後プログラムも難しくなるでしょう．簡単に知るには/sys/class/grapchis/fbNから知ることができます．例えばbits_per_pixelやstrideなどです．

その他にもフレーム・バッファに関する情報はあり，それらの情報は/dev/fb経由で取得することができます．フレーム・バッファのデバイス・ドライバが用意している情報取得用の構造体は主に2種類あります．一つはfb_fix_screeninfo で，もう一つはfb_var_screeninfoです．各メンバの意味と今回のデザインにおけるフレーム・バッファの値を表5.2に，これを取得するプログラムをリスト5.1に示します．

表5.2 Linuxのフレーム・バッファの主な情報と例

smem_start	VRAMアドレスの先頭	0x138f 4000
smem_len	メモリのサイズ	0x195 0000
line_length	一列のバイト数（ストライド）	8192

(a) fb_fix_screeninfo

xres	X方向のレゾリューション	1024
yres	Y方向のレゾリューション	768
bits_per_pixel	1ピクセルのビット数	32

(b) fb_var_screeninfo

リスト5.1 Linuxのフレーム・バッファ・ドライバのアクセス例

```
int main(int argc, char **argv)
{
        int fds ;
        struct fb_var_screeninfo vinfo;
        struct fb_fix_screeninfo finfo;
        int screensize ;
        char *fbptr, *cp;

        int x, y ;
        int no_y;
        int xres, yres, vbpp, line_len;
        int i;
        uint32_t tcolor;
        uint16_t tcolor16;
        //-----------------------------------------
        ~中略~
        fds = open(device_name, O_RDWR);

        if ( fds < 0 ) {
                fprintf(stderr, "Framebuffer(%s)
                device open error !\n", device_name);
                perror("why:");
                exit(1);
        }
        printf("The framebuffer device was opened !\
                                                n");
        //-----------------------------------------
        if ( ioctl( fds , FBIOGET_FSCREENINFO ,
                                        &finfo ) ) {
                fprintf(stderr, "Fixed information
                                        not gotton !\n");
                exit(2);
        }
        printf("physical 0x%x\n", (int)finfo.smem_
                                                start);

        printf("finfo.smem_len %d\n", finfo.smem_len);
        //-----------------------------------------
        if ( ioctl( fds , FBIOGET_VSCREENINFO ,
                                        &vinfo ) ) {
                fprintf(stderr, "Variable
                        information not gotton !\n");
                exit(3);
        }
        xres = vinfo.xres ;
        yres = vinfo.yres ;
        vbpp = vinfo.bits_per_pixel ;
        line_len = finfo.line_length ;

        printf( "%d(pixel)x%d(line), %dbpp(bits per
pixel) line_length:%d\n", xres, yres, vbpp, line_
                                                len);

        screensize = xres * yres * vbpp / DIV_BYTE ;
        screensize = line_len * yres;
        printf("screensize %d\n", screensize);
        //-----------------------------------------
        fbptr = (char *)mmap(0, finfo.smem_len,PROT_
                READ | PROT_WRITE,MAP_SHARED,fds,0);
        if ( (int)fbptr == -1 ) {
                fprintf(stderr, "Don't get
                framebuffer device to memory !\n");
                exit(4);
        }
        close(fds);

~中略~

        sleep(10);
        munmap(fbptr,screensize);

        return 0;
}
```

●マルチレイヤーのフレーム・バッファ

本システムでは複数の5レイヤーを持つことが可能になっています．

レイヤー0で使われている8ビットCLUT（カラー・ルック・アップ・テーブル）は，1ピクセルが8ビットです．しかしその8ビットは直接色を指し示すわけではなく，CLUTの番号を指し示しています（図5.16）．24ビット・カラーの中から任意の256色を選ぶことができ，メニューなどので有効に使えるようになっています．

レイヤー1～3は32ビットARGBで24ビットのRGBに加え，αブレンドの値を8ビット格納することができます．αブレンドの値により各レイヤーはその混ざり具合が決定されます．レイヤーを透過的に混ぜ合わせたり，アンチエイリアスに使用されます．

番号	赤	緑	青
1	0xFF	0x00	0x00
2	0x80	0x00	0x10
3	0x70	0x40	0x10
⋮	⋮	⋮	⋮
252	0x70	0xFC	0x10
253	0x70	0xFD	0x10
254	0x70	0xFE	0x10
255	0x70	0xFF	0x10

図5.16　8ビット・カラー・ルック・アップ・テーブル

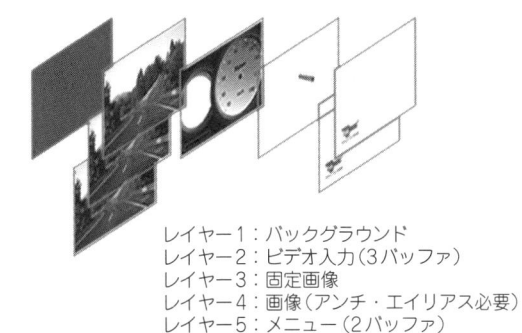

レイヤー1：バックグラウンド
レイヤー2：ビデオ入力（3バッファ）
レイヤー3：固定画像
レイヤー4：画像（アンチ・エイリアス必要）
レイヤー5：メニュー（2バッファ）

図5.17　マルチレイヤーのイメージ

最後のレイヤー4は単色のバックグラウンド専用のレイヤーです．レイヤーを使った例を図示します（図5.17）．

●バッファのあるフレーム・バッファ

単純なメニュー・システムを考えてみましょう．メニューが選択されれば，新たなメニューのウィンドウが現れます．現れると言っても魔法ではないので急には現れません．本当は途中の描画もあるはずなのです．例えば，Menuという文字を描画する場合，最初に"M"を描いて次に"e"を描くという順番があるはずですし，"Me"しか描かれていない途中の描画の状態があるはずです．

システムとしてはその途中描画を見せたくないので，今表示しているバッファとは別の裏バッファにメニューを描いておき，あるタイミングで切り替えます．通常のこのあるタイミングとは垂直同期（VSYNC）のタイミングになります．細かい話になりますが，ビデオ映像表示には水平同期（HSYNC）と垂直同期があります．ブラウン管の時代は画像を表示する際に走査する必要から物理的にHSYNCとVSYNCがあったのですが，ディジタルが主流になった時代でも有益な隙間として（図5.18），HSYNC/VSYNCは利用されています．VSYNCは画像が切り替わる隙間なので，その瞬間にバッファ切り替えをすれば途中の描画を見せずに切り替えることができます．

二つのバッファを切り替えて使う場合はダブルバッファ，三つの場合はトリプルバッファ，四つの場合はクワトロバッファと呼び，描画の量やタイミングなどを考えて使い分けます．

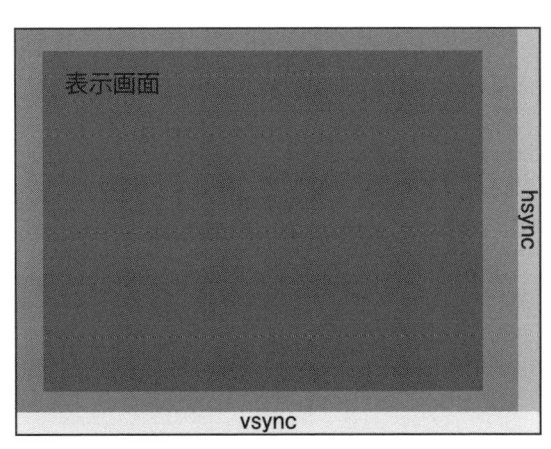

図5.18　表示画面とHSYNC/VSYNC

メニューの描画はダブルバッファで十分です．描画時間が1回の表示時間（VSYNCとVSYNCの間）で終わるのであれば，表示時のスピード（毎フレーム秒＝fps，Frame Per Second）に追従していることになり，システムとしては最適になっていると言えます．メニューの描画が表示時のfpsより遅くなってしまえば，場合によっては人間が感じるほどのレスポンスの遅さになり，GUIの評価は"もっさり"としていると思われます．このような時はPL部で描画をアクセラレートするビットブリット機能などを追加して柔軟に対応すればよいのです．今までのSoCにないこの柔軟性がZynqの魅力です．

● ビデオ入力でも複数バッファは有効

ビデオ入力の時はどうでしょう？入力と出力がフルHD（1920×1080/60fps）であった場合，ものすごくうまく繊細な設計をすればダブルバッファが可能かもしれません．入力が出力より速かったり，シビアなタイミングを回避したいのであれば，図5.19のようにトリプルバッファが便利になるでしょう．この場合，VSYNCのタイミングでハードウェアが連携して切り替わってくれるようになっていると，ソフトウェアは切り替えに関してなにもすることがなくなります．もちろんこれもPL部部分で対応してしまえばよいのです．

● フレーム・バッファをマップする

今回使用しているシステムでは5レイヤーに加え，背景用のレイヤーを除く各レイヤーでダブルバッファ／トリプルバッファが使えます．物理的な配置を図5.20に示します．/dev/fb*N*ではそれらを意識することなく，ユーザ空間へmmapシステム・コールによりマップすることができます．

次にmapする手順を示します．
(1) /dev/fb*N*をopenする
(2) ioctlでサイズとピクセルのビット数（bits per pixel）とストライド（stride）を取得
(3) 計算したサイズ分をmmapでマップする

mmapで返ってきたアドレスがフレーム・バッファです．後はmmapでマップされたアドレスに対し，

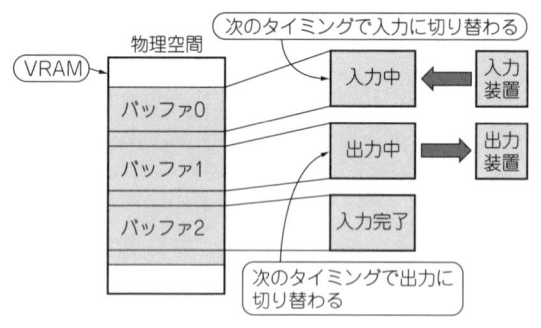

図5.19　VRAMのバッファリング例

リスト5.2　Linuxのフレーム・バッファをマップする

```
    device_name = "/dev/fb1";

    fds = open(device_name, O_RDWR);

    if ( fds < 0 ) {
        fprintf(stderr, "Framebuffer(%s) device open
                        error !\n", device_name);
        exit(1);
    }

    printf("The framebuffer device was opened!\n");

    //----------------------------------------------
    ------------------
    if ( ioctl( fds , FBIOGET_FSCREENINFO , &finfo )
                                              ) {
        fprintf(stderr, "Fixed information error!\
                                              n");
        exit(2);
    }

    printf("physical 0x%x\n", (int)finfo.smem_start);
    printf("finfo.smem_len %d\n", finfo.smem_len);

    //----------------------------------------------
    ------------------
    if ( ioctl( fds , FBIOGET_VSCREENINFO , &vinfo )
                                              ) {
        fprintf(stderr, "Variable information error
                                            !\n");
        exit(3);
    }
    xres = vinfo.xres ;
    yres = vinfo.yres ;
    vbpp = vinfo.bits_per_pixel ;
    stride = finfo.line_length ;

    printf( "%d(pixel)x%d(line), %dbpp(bits per
     pixel) stride:%d\n", xres, yres, vbpp, stride);

    screensize = stride * yres;
    printf("screensize %d\n", screensize);

    //----------------------------------------------
    ------------------
    fbptr = (uint32_t *)mmap(0, finfo.smem_len,PROT_
            READ | PROT_WRITE,MAP_SHARED,fds,0);
    if ( (int)fbptr == -1 ) {
        fprintf(stderr, "framebuffer device mmap
                                          error!\n");
        exit(4);
    }
    printf("mapped addr:0x%08x\n", fbptr);

    box_fill(fbptr, 100, 100, 300, 300);
```

アドレス＋x×ピクセル・サイズ＋y×ストライド・サイズ

を計算をすれば，そこが(x, y)座標に対応するアドレスです．

fb0を使うには初期化処理を必要とするので，ここではfb1を使って座標(100, 100) - (300, 300)を緑色で塗りつぶしてみましょう．なお，/dev/fb1はmmapすることでそのレイヤーが表示され，munmapすることで表示が消えます．ここは最後にsleepをいれて表示時間を稼ぎます．リスト5.2およびリスト5.3にプログラムを示します．

実行は次のようにします．実行の前にはfb0を消しておきます．さすがに一瞬で描画されました．

```
Zynq> echo 1 > /sys/class/
graphics/fb0/blank
Zynq> box_test /dev/fb1
```

●フレーム・バッファをキャプチャする

画面に表示データを残せるように，画面をキャプチャするプログラムを書いてみましょう．マップされたアドレスを単純にスクリーンのサイズ分だけ，ファイルに書き込めばできあがりです（リスト5.4）．

取得したデータはrawデータ（生データ）です．Windows上で表示するためには標準的な画像ファイル形式に変換する必要があります．キャプチャした画像データの例を図5.21に示します．座標(100, 100) - (300, 300)を緑に塗りつぶしています．ストライドが横2048ピクセルあるため，右半分は非表示の領域でごみが見えています．

5.5 アクセラレータを使うプログラム

●ちょっとビットブリット(bitblt)を使う

フレーム・バッファをアクセスできるようになったので，今度はアクセラレータ機能を扱ってみましょう．ここではアクセラレータ機能の一つであるビットブリットを使ってみます．ビットブリットは演算しながら画像を転送することができる，言わば高機能なDMAです．ビットブリットの機能はIPコアとして提供され，そのIPコアは通常メモリ空間にレジスタとして割り当てられています．そのアドレスに仕様書通り

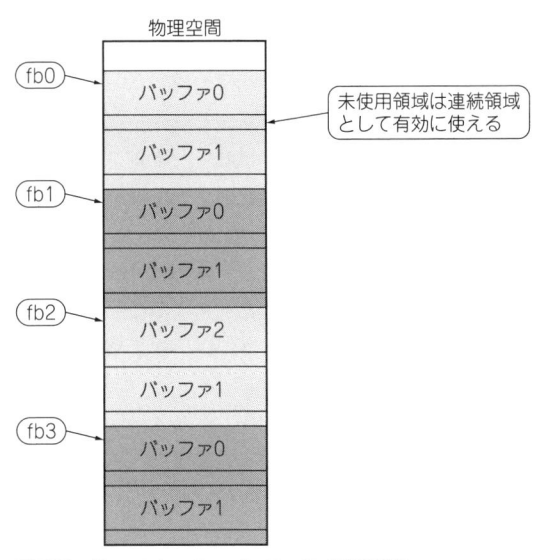

図5.20 Linuxフレーム・バッファのメモリ配置

リスト5.3 マップしたVRAMに直接書き込む

```
void
box_fill(uint32_t *i32p, int x0, int y0, int x1,
                                          int y1)
{
    int x, y;
    uint32_t base;
    uint32_t addr;
    uint32_t *ip;

    base = (uint32_t)i32p;

    for( y = y0 ; y <= y1; ++y) {
        addr = base + y * 4 * 2048;
        for( x = x0, addr+=(x0 * 4) ; x <=
                            x1; ++x, addr += 4) {
            ip = (uint32_t *)addr;
            *ip = 0xFF00FF00;
        }
    }
}
```

リスト5.4 フレーム・バッファから画像をキャプチャ

```
void
capture(uint32_t *addr, uint32_t screensize, char
                                        *file_name)
{
    int fds;
    int rv;
    fds = open(file_name, O_RDWR | O_TRUNC | O_
                                        CREAT, 0666);

    fprintf(stdout, "capture start:%d\n", fds);
    if ( fds < 0 ) {
        perror("open error:");
        return;
    }

    rv = write(fds, addr, screensize);
    it ( rv != screensize ) {
        perror("write error:");
    }

    close(fds);
}
```

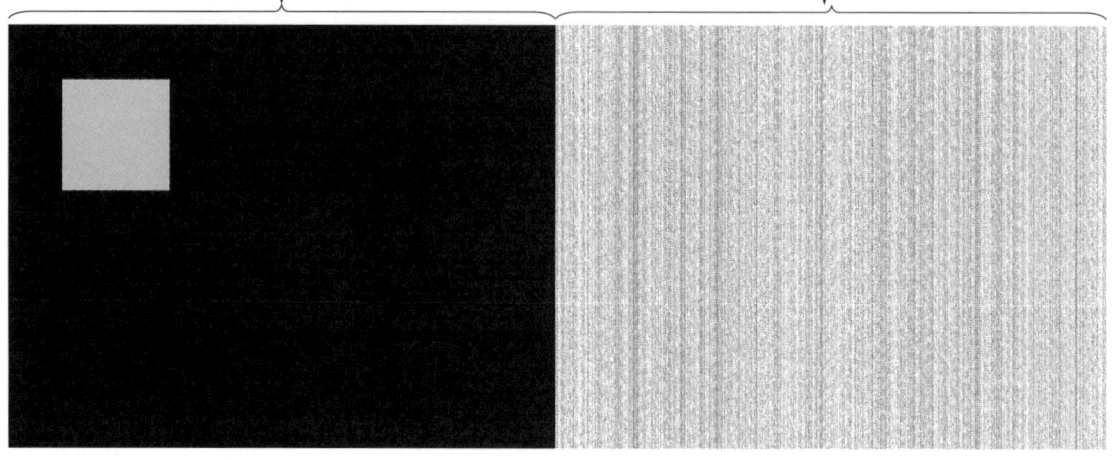

実際に表示されている領域　　　　　　　隠れてみえないゴミの領域

図5.21　画像キャプチャ結果

の値を書き込むと演算しながら高速に転送することができます．転送はIPコアが勝手にやってくれるので，その間CPUは別の作業ができます．

レジスタへのアクセスなので，例えばC言語で書けばリスト5.5のようになるでしょう．あるいは同様のことを，devmenを使い，シェル・プログラムで組むことも可能でしょう．

リスト5.5　ビットブリットのレジスタへ直接書き込む例

```
inline
void
REG_WRITE(void *_reg_base, int offset, uint32_t
                                         value)
{
        uint32_t reg_base_int;
        reg_base_int = reinterpret_cast<uint32_
                       t>(_reg_base) + offset;;
        volatile uint32_t *reg_base;

        reg_base = reinterpret_cast<uint32_t
                              *>(reg_base_int);
        *reg_base = value;
}
    ～中略～
    REG_WRITE(bitblt_regs, CTRL1_REG, 0x00000002);
    REG_WRITE(bitblt_regs, DST_ADDR_REG, dst_addr);
    REG_WRITE(bitblt_regs, SRC_ADDR_REG, src_addr);
    REG_WRITE(bitblt_regs, DST_STRD_REG, dst_
stride);
    REG_WRITE(bitblt_regs, X_WIDTH_REG, x_width);
    REG_WRITE(bitblt_regs, Y_WIDTH_REG, y_width);
    REG_WRITE(bitblt_regs, BG_COLOR_REG, bg_color);
    REG_WRITE(bitblt_regs, FG_COLOR_REG, fg_color);

        REG_WRITE(bitblt_regs, OP_REG, BITBLT_
                            SOLID_FILL_CMD);

        REG_WRITE(bitblt_regs, CTRL0_REG, (BITBLT_
                            CTRL0_START_MSK));

        wait_until(bitblt_regs);
```

リスト5.5のソースを一見しても，何をやっているかは想像がつきません．また，一般的にハードウェアは正しい順序で正しいタイミングでレジスタに値を書き込まないと正しく動作しません．一度正しく動かないソースになってしまうと，このような何をやっているか想像がつきにくいソースではデバッグが大変になってしまいます．

そこで，IPコアを簡便にアクセスするに，ライブラリやデバイス・ドライバが必要になってきます．ライブラリが用意するAPIに例えばmoveという名称をつけておき，以後そのAPIを使うようにすれば，前述のおまじないのようなレジスタ・アクセスの処理は隠蔽され，より使いやすくなります．

● スクリプト言語登場

IPコアを制御するにはいくつかの方法があります．最初に思いつくのは，LinuxなどのOSなしでSDKなどで用意されたライブラリを使い，プログラミングする方法です．この方法の利点は，比較的簡単に複雑な初期設定無しにプログラマがAPIを使い，その結果，IPコアが用意する機能を使えるところにあります．多くのIPコアがXilinx社やXylon社のものも含めてライブラリを用意しているので先の例のように，レジスタ・アクセスの羅列で意味のわかりにくいプログラムではなく見通しの良いプログラムを書くことができます．例えばビットブリットでは，BITBLT_SolidFill（矩形の塗りつぶし）やBITBLT_MoveBlend（ブレンドしながらの画像の移動）などのAPIを用意しています．

ITRONなどのOSを使うのも一つの手です．リアル

コラム 5.3 組み込み Java と Next Generation

組み込みJavaの発想は次のように説明できます．

多くの便利なライブラリがそろっていれば，OSは比較的薄く堅牢でなくてもよい．OSの上にJVMなどのバーチャルマシンを使う．そして，アプリケーションはJavaなどのスクリプト系言語で書く．プログラマはOSを提供する人，ミドルウェアを提供する人，アプリケーションを作る人の3種類に分かれて分担作業をする．

私事ではありますが，2000年に姉妹誌Interface誌に，CPUとしてSH-4を搭載した組み込み機器に，KaffeというJavaのバーチャルマシンを載せて動かすという記事を書かせてもらいました．当時は，筆者だけではなく，多くの人が組み込みJavaの有効性を見いだし，多くの人がそれに向けてトライしていたと思います．

あれから十余年，紆余曲折を経て，今や組み込みJavaの子孫（?）とも言えるAndroidが世の中を変えました．Androidでは見事に土台を提供する人とアプリケーションを作る人が分離されています．そして，アプリケーションを簡便に流通させる仕組みも作られました．

次の10年はどうなるでしょう？ Zynqに代表されるCPU + FPGA（やわらかいハードウェア）は世の中を変える一つのキーワードになる潜在能力の高さがあると思います．IPコアを提供する人，ミドルウェアを提供する人，アプリケーションを作る人，さらに流通も加われば次の10年も新たな発見があるかもしれません．

タイムOSではメモリの保護がなされていないことが多いので，OSなしの場合と同様に，直接IPコアのレジスタを制御することができます．OSなしのAPIも比較的簡単に移植して使えるでしょう．ただし，この利点は欠点と表裏一体でもあります．複雑なプログラムで起きる複雑なバグは，深刻なメモリ破壊を起こすかもしれません．アプリケーションが容易にOSの領域を破壊することができるので，問題発生時にその理由を解析するのが困難になるかもしれません．

ZynqではLinuxが使えます．Linuxではさまざまな開発ツールが使えるのと，OSなしやITRONとは違い，レジスタやメモリが保護されます．過ってメモリを読み書きするようなプログラムを実行してもアプリケーションがOSを破壊することはありません．通常はそのIPコアのためのデバイス・ドライバが用意されます．レジスタをアクセスするにはデバイス・ドライバを通して行われ，結果としてひと手間かかることになります．

Linuxには/dev/memというメモリを直接操作するための道（ドライバ）があります．/dev/memをopenして，mmapすることで，簡単にレジスタにアクセスできます．では，/dev/memが万能かというとそうではありません．Linuxの堅牢さを維持するためには/dev/memを使わずに，通常はそれぞれ専用のデバイス・ドライバを用意すべきでしょう．/dev/memをアクセスすることでプログラムは簡単になるかもしれませんが，セキュリティが脅かされたり，システム・ダウンにつながったりするかもしれません．

ここではLinux上でスクリプト言語を使い，ほんのちょっとだけ堅牢にしておきます．スクリプト言語からIPコアの機能を呼び出す方式を使えば，最終的にスクリプト言語が/dev/memを使っているのか，ドライバを使っているのかはユーザは気にする必要はありません．最初，スクリプトのエンジン内では/dev/memを使っておき，その後に堅牢なドライバに変えることもできます．その場合でも，スクリプトで組んだアプリは変更せずに互換性を保ったままという設計も可能になります．

●Javaを選択

スクリプト言語としてどのようなものを用意するのか，いろいろ筆者として悩みました．個人的にはCommon LispかSchemeを使いたいと思っていたのですが，最終的にはJavaを選びました（Javaがスクリプト言語かという問題は横に置いておく…）．JVMとしてはAvianが簡単に動きました．あとはZynq単体で動かしたいのでJavaコンパイラも必要です．これはJikesを使いました．そうそう，エディタはどうしましょう？ viがあれば良いでしょうか？ emacsも必要な気がします．

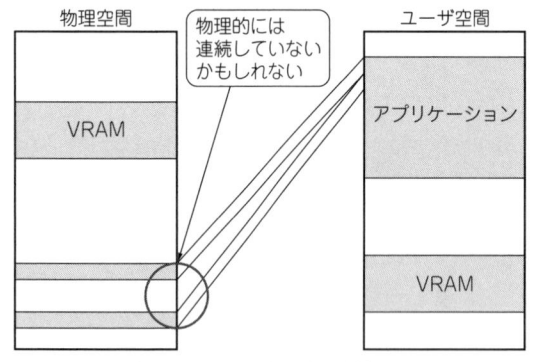

図5.22 ユーザ空間のメモリは物理的に連続していない

その点，Xilinx社が用意するSDKでは，Windows上でコンパイルできてZynqで実行できる環境があり，うまくできていると感心します．

● Linuxでグラフィックスを扱う際の注意点

ビットブリットを使う前に，Linuxでグラフィックスを扱う際の注意点を説明します．

メモリ保護のないOSはメモリが物理的に連続しています．しかしLinuxでは，mallocなどを使ってバッファを獲得した場合，その領域が物理的に連続しているかどうかは保証されません（図5.22）．

一方，ビットブリットを含むDMAは，物理的に連続している領域を転送します．そしてARM CPUとは別個のハードウェアであるIPコアは，CPUの持つ

表5.3 Javaによる画像処理用API

map 指定された物理アドレスをマップする	
関数	int map(int phy_addr, int size);
引数	phy_addr：物理アドレス size：サイズ
戻り値	実際にマップされたアドレス
load_image 指定されたイメージを指定されたアドレスに展開する	
関数	void load_image(int addr, int w, int h, int stride_bytes, int bytes_per_pixel, byte[] image);
引数	addr：アドレス w：幅 h：高さ stride_bytes：ストライド bytes_per_pixel：1ピクセルのバイト数 image：イメージ
戻り値	なし
copy_image 指定されたイメージをコピーする	
関数	void copy_image(int src_layer_no, int src_x, int src_y, int w, int h, int dst_layer_no, int dst_x, int dst_y, int mode);
引数	rc_layer_no：コピー元のレイヤー src_x：コピー元のx座標 src_y：コピー元のy座標 w：幅 h：高さ dst_layer_no：コピー先のレイヤー dst_x：コピー先のx座標 dst_y：コピー先のy座標 mode：コピー・モード（MOVEかXORを指定）
戻り値	なし
box_fill 矩形の塗りつぶし	
関数	void box_fill(int layer_no, int x, int y, int w, int h, int color);
引数	ayer_no：コピー元のレイヤー x：x座標 y：y座標 w：幅 h：高さ color：32ビットのカラー
戻り値	なし

rotate_copy_image イメージの回転	
関数	void rotate_copy_image(int src_layer_no, int src_x, int src_y, int w, int h, int dst_layer_no, int dst_x, int dst_y, int angle);
引数	src_layer_no：コピー元のレイヤー src_x：コピー元のx座標 src_y：コピー元のy座標 w：幅 h：高さ dst_layer_no：コピー先のレイヤー dst_x：コピー先のx座標 dst_y：コピー先のy座標 angle：回転角度
戻り値	なし
enable_layer レイヤーの有効／無効	
関数	void enable_layer(int layer_no, boolean flag);
引数	layer_no：レイヤー番号 flag：trueなら有効，falseなら無効
戻り値	なし
set_buffer バッファの設定	
関数	void set_buffer(int layer_no, int buffer_kind, int buffer_no);
引数	layer_no：レイヤー番号 buffer_kind：READ_BUFFERかWRITE_BUFFERを指定 buffer_no：バッファ番号0から2まで
戻り値	なし
s_busy_bitblt BITBLTがビジーかどうかのチェック	
関数	boolean is_busy_bitblt();
引数	なし
戻り値	trueなら忙しい
s_busy_bmp BMPがビジーかどうかのチェック	
関数	boolean is_busy_bmp();
引数	なし
戻り値	trueなら忙しい

MMUを参照しないため(参照のしようがない),Linuxが連続している思っている仮想空間を連続の領域であると認識できません.IPコアは物理的に連続している領域しか扱うことしかできず,ビットブリットは物理アドレスから物理アドレスへの転送となります.

したがって,ビットブリットに与えるアドレスには物理アドレスを与える必要があります.さらに,転送元も転送先も連続した領域である必要があります.これを守らないと,ビットブリットはたまたま連続している領域をアクセスして,場合によっては領域は破壊をしてしまうでしょう.破壊される領域はOS自身の領域かもしれないので厄介です.

連続している領域としては,まさにVRAMがあります.さらに,運よくVRAMとして獲得はされているが,表示領域の関係で使っていない領域があればそこは裏VRAMとして使えます.

散々難しそうなことを言いましたが,ここでは,Javaプログラムにそれらの諸事情を隠ぺいさせます.また,JavaのAPIもごく簡単にclassなどは使わずに関数呼び出し的な使い方しかしません.今回用意したAPIを表5.3に示します.

●**ビットブリットを使う**

表示用のIPコアであるlogiCVC-MLは,五つのレイヤーを持ちます.各レイヤーは表示の有効/無効をON/OFFできます.表示をON/OFFするためのインターフェースは`enable_layer(boolean)`です.

まず,転送元のJPEG画像をVRAMに展開するAPIを呼びます.転送元は通常は表示されない領域にあった方が良いのですが,今回は実際に目に見えるようにレイヤー3に展開します.

```
enable_layer(3);
load_image(3, x, y, w, h, file);
```
次にレイヤー2に表示してみましょう.
```
enable_layer(2);
copy_image(3, x, y, w, h, 2, x, y);
```
簡単に表示できました.しかし,これではただイメージをコピーしただけにすぎません.これではビットブリットのパワーを感じません.そこで,排他的論理和(XOR)処理をしつつコピーしてみましょう.
```
load_image(3, x, y, w, h, file2);
copy_image(3, x, y, w, h, 2, x, y, XOR);
```
ちょっと違うイメージをXORしてみました.図5.23のように差分が残ります.

●**2Dアクセラレータを使う**

拡大・縮小・回転の各処理は,別のlogiBMPというIPコアで可能です.元の画像を回転させてコピーしてみましょう.
```
rotate_copy_image(1, x, y, w, h, 2, x, y, 0);
```
最後の引数が回転角度です.画像の中央が回転の中心になります.回転角度を変えながら次々と描画していくことが可能です.矩形の描画をし,前の画像を消しながら回転させてみましょう.リスト5.6(a)にプログラムを示します.

図5.23 ビットブリット・IPコアで高速にXORしながらの画像コピー

5.5 アクセラレータを使うプログラム 145

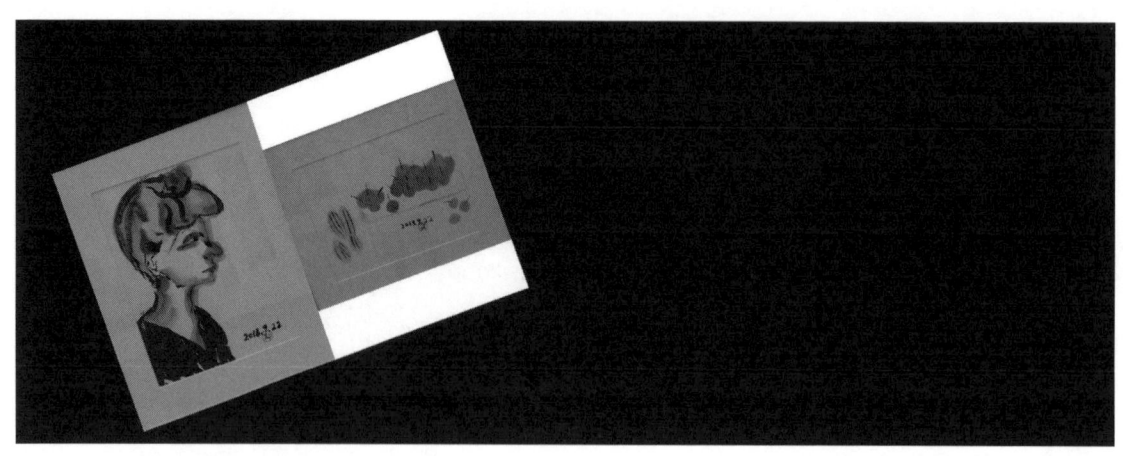

図5.24 IPコアで画像を回転・拡大・縮小

リスト5.6 回転・拡大・縮小処理プログラム

```
for( k = 0 ; k < 360 ; k++ ) {
    box_fill(2, x - w/2, y - h/2, w * 2, h * 2,
                                    0xFF000000 );
    //Thread.sleep(10);
    rotate_copy_image(1, x, y, w, h, 2, x, y, k);
    //Thread.sleep(10);
}
```

(a) バッファリングなし

```
enable_layer(2);
set_buffer(2, READ_BUFFER, 0);
set_buffer(2, WRITE_BUFFER, 1);
for( k = 0 ; k < 360 ; k += 10 ) {
    box_fill(2, x, y, w, h, 0xFF000000);
    rotate_copy_image(1, x, y, w, h, 2, x, y, k);
    switch_buffer(2);
}
```

(b) バッファリングあり

　バッファリングを使用していないので，ちょっとちらつくようです．Thread.sleepのコメントを外すとそのちらつきは顕著になります．そこで，バッファリングさせながら表示してみましょう．リスト5.6(b)にプログラムを示します．

　すると描画の過程が表示されなくなりました．バッファの切り替えはVSYNCのタイミングで行われるので，ちらつきはまったくありません(図5.24)．

　　　　　　　＊　　　＊　　　＊

　Zynqを簡単に使えると配布されているLinuxは，RAMディスクであったりFATファイル・システムしか使っていないなど，Linuxシステムのデモ・レベルのものが多いようです．自分独自のシステムを作ろう

と思えば，RAMディスクを変更したり，SDカードにext2やext3などのLinux用ファイル・システムを構築してマウントする必要があります．

　Linux上のIPコアを使うためには専用のデバイス・ドライバが望ましいのですが，それを構築するのが大変な場合は，/dev/memを使えば良いでしょう．しかし，/dev/memはセキュリティ・ホールになりやすいので，そこにライブラリをラッピングすると使いやすくなります．さらにスクリプト言語でラッピングすると，より簡単に使うことができるようになります．より深く活用するなら，ライブラリの構築やカーネルの構築を自分でする必要があります．その方法については，次章以降で説明します．

第6章 Linuxのカスタマイズ手順

Linux カーネルを最新のバージョンにしたり，ドライバの追加も自由自在!

ここまでで，すでに用意されたZynqのLinuxシステムを自分なりに変更して，アプリケーションを使い，IPコアを有効利用するまでの簡単な方法を見てきました．より深く使いこなすなら，ライブラリの構築やカーネルの構築を自分で行う必要があることもわかりました．

この章では，ZynqのI/O（Input/Output）をおさらいした後，Zynqの初期化からルート・ファイル・システムの構築まで，よりディープに使えるシステムに仕上げていきます．

- Zynqの初期化の詳細
- Linuxの再構築
- デバイス・ツリー
- クロス・コンパイル
- ルート・ファイル・システムの構築

6.1 Zynq の MIO/EMIO

ここではMIOとEMIOを中心に，ARM SoCとしての構造と組み込みLinuxでの関係を整理しておきましょう．

●MIOとは

Zynqを含めSoCのチップは多くの機能を盛り込んでいます．それらの機能を，ユーザが全部使い切るということはまずないでしょう．Ethernetを二つ使うこともあれば，別のユーザでは一切使わないかもしれません．使わない機能は無駄にはなります．

この時，Zynqを含めたほとんどのSoCは，全ての機能を同時に使えるような構造にはしていません．使わない機能のためにSoCのピン（SoCから出ている足）を割り当てるのは無駄なので，いくつかの機能を各ピンで共有させています（図6.1）．

ZynqではMIO（Multiplexed I/O）と命名していますが，要はマルチプレクサのことで，複数のI/Oが一つのピンで共有されていています．ZynqでのMIOのピンとしてどのように共有されているかを図6.2に示します．

例えば，MIOの28番はEthernet 1のtx ck，USB 0のdata，SPI 0のck，SDIO 0のck，SDIOのカード検出トライとプロテクト，SDIO 電源制御 0，NOR/SRAM のアドレス 13，CAN 1 の tx，UART 1 の tx，I²C 1 の ck，TTC1 の w，GPIO の 28 で共有されています．実際のピンは一つしかないので，そのうちの1機能を使うようにします．特定のレジスタに値を入れることで，その機能が選択されます．

ここで，USB 0を選択してしまうと他の機能が使えなくなるかというとそうではありません．共有されている機能の中には，他のMIOピンにアサインすることが可能なペリフェラルがあります．例えばCAN 1のtx/rxは，12組のMIOから選択可能です．

●EMIOとは

Ethernetは他のMIOピンにアサインされていません．それでは，CAN1を使うとEthernet1は使えなくなるのでしょうか？ Zynqには大きな特徴として

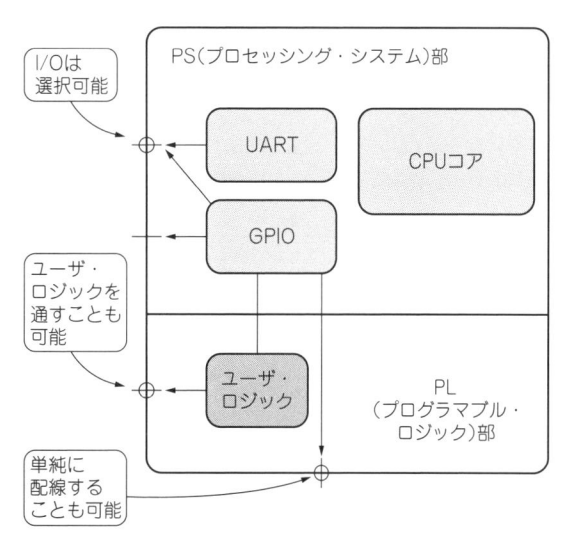

図6.1 I/Oの出し方

EMIO（Extended Multiplexed I/O）というI/Oインターフェースが使えます（図6.3）.

EMIOはPS（プロセッサ・システム）部とPL（プログラマブル・ロジック）部をつなぐインターフェースでほとんどの機能をPL側に接続することが可能です．PL側に接続するということは，FPGAに接続することになるので，その使用方法はPL部の配線次第ということになります．その機能を単純に外部のピンに出すこともできますし，FPGAの中に実装したユーザ回路とやり取りすることもできます．

逆にEthernet 1を選択してしまうとUSB 0は使えなくなります．USB 0は他のMIOピンにアサインされておらず，かつ，EMIOにはピンを引き出せないようになっているためです．EMIOに引き出せない機能としては，USB以外では，SMCとQSPIがあります．

SMCとQSPIはその使用方法を考えると，EMIOに引き出せないのは大きな制限にはならないでしょう．その他の制限として，MIO[8:7]ピンは出力専用であったり，SDIOからブートするためには，MIOピンの40〜45のSDIO 0を使う必要があるなどの細かい制限があります．

これらの細かい制限があるものの，ZynqはMIOと

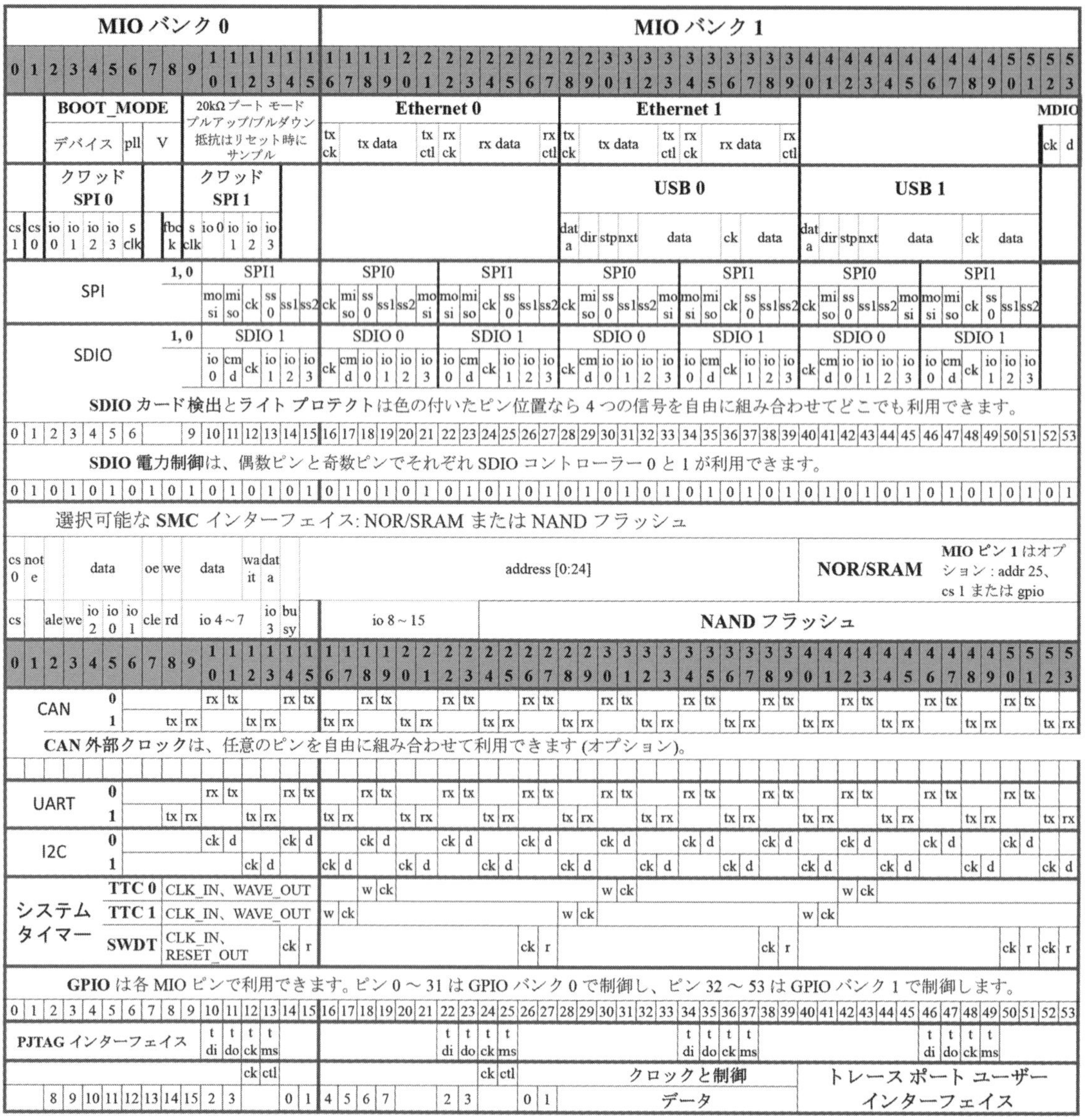

図6.2　MIOのピン・アサイン（Zynqデータシートより引用）

EMIOにより，他のSoCより格段にピンのアサインが柔軟になっています．他のSoCではピン配置は固定でN者択一になることが多いのですが，MIOは他のピンから出せる機構になっています．かりにMIOで出せない場合でも，EMIOとしてFPGA側に出すことができます．この場合はFPGA内で閉じることも外ピンに配置することも可能なのです．

● **ZedBoardのMIO**

ここで，ZedBoardのブロック・ダイアグラムを示します（図6.4）．

MIOにはギガビットEthernetやUSB（OTG），SD，UART，GPIOが接続されています．Ethernetの先にはPHYチップが，USBの先にも専用のPHYチップがあります．これらの機能はボード固定なので，立ち上がった時に使用者が設定しなくとも，デフォルト設定として用意しておいてほしいものです．

Xilinx Platform Studio（XPS）では，Board and System Selectionの一設定としてZedBoardの設定が用意されています．つまり，XPSがそれらの接続情報を既に知っていて，ZedBoardを選択して立ち上げると，PS部のダイアグラムが表示されます．このI/O Peripheralsを見るとすでに，USB0，Ethernet0，SD0，UART1，GPIOに色がついており有効になっています．それ以外の無効になっている機能は灰色になっています［図6.5（a）］．クリックするとさらに詳しくアサインの状況が表示されます［図6.5（b）］．

さらにXPSは，MIO以外にも接続されているRAMの種類を知っています．これらの情報は勿論ツール・システムの中で有効に利用されます．

● **TCLとは何者よ？**

Xilinx社のドキュメントを読んでいると，しばしばXMDを使って「ps7_init.tclを読み込んでps7_initを実行せよ」という記述に出くわします．理由はドキュメントによると次のように書かれています．

initialize the PS section (such as Clock PLL, MIO, and DDR initialization).

要はPSセクションを初期化せよということらしいのですが，一体全体，そのps7_initという初期化ルーチンは何をしているのでしょう．覗いてみましょう（リスト6.1）．

どうやら，まさに，MIO（mio）やPLL（pll），クロック（clock），DDRメモリ（ddr），各種ペリフェラル（peripherals）の初期化をしています．MIOの初期化とDDRメモリの初期化を見てみましょう（リスト6.2）．

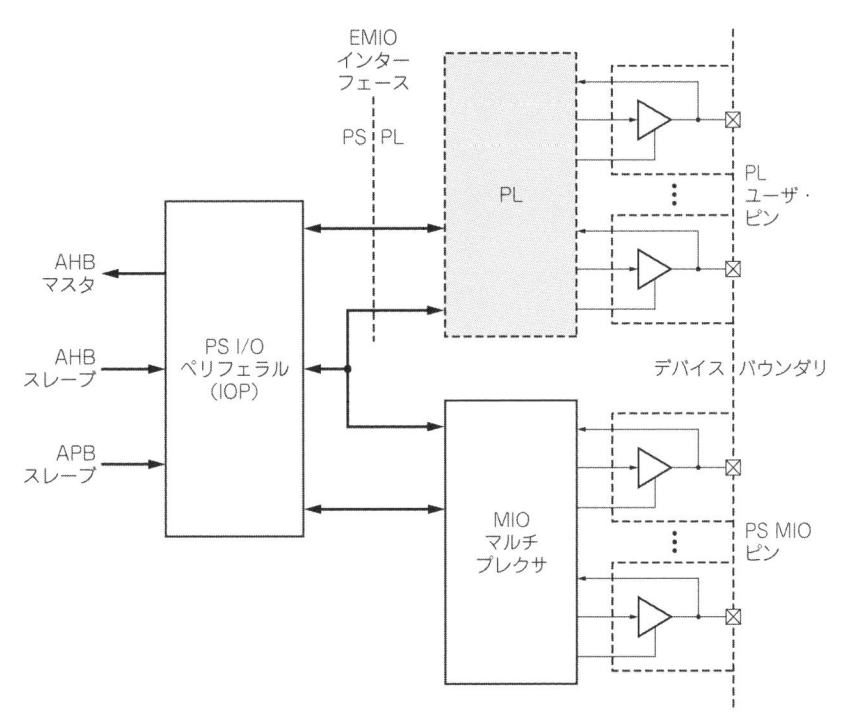

図6.3　MIOとEMIOの概要

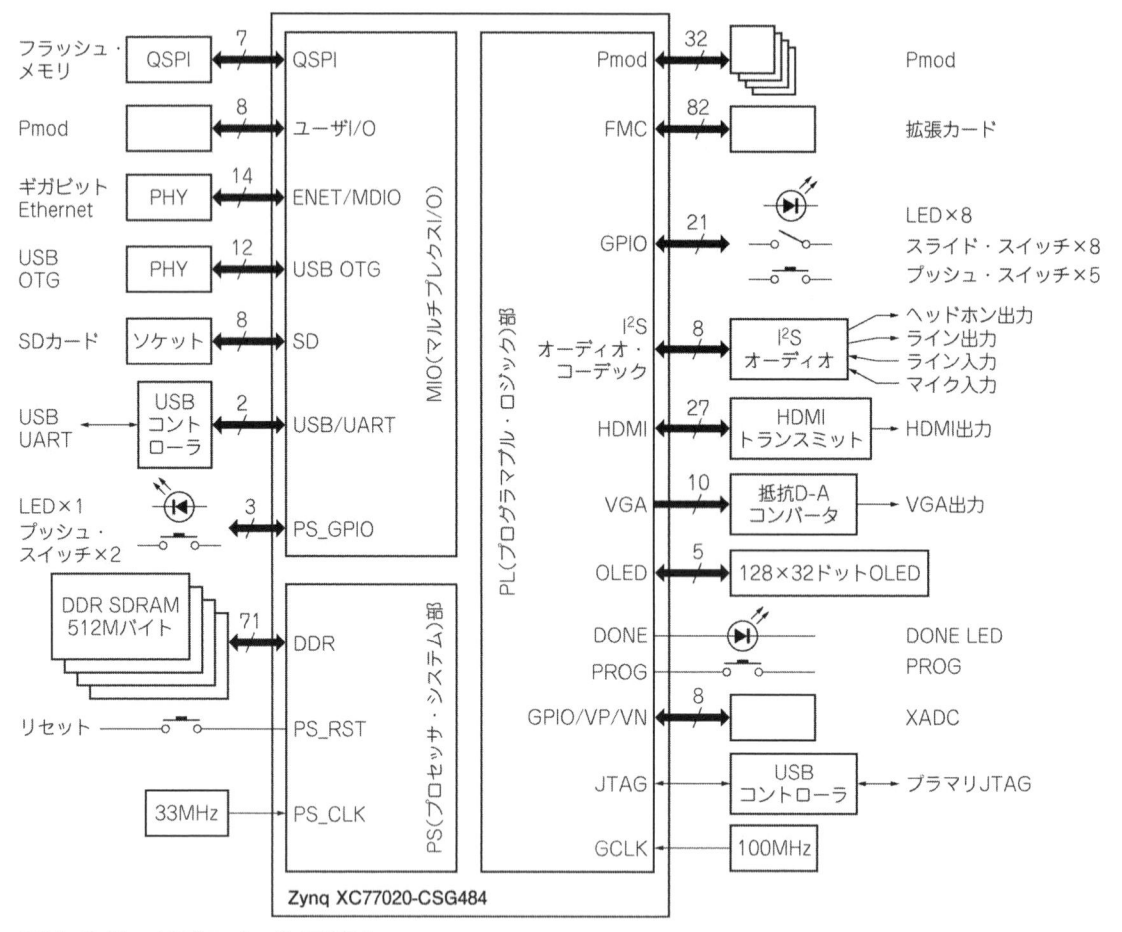

図6.4　ZedBoardのブロック・ダイアグラム

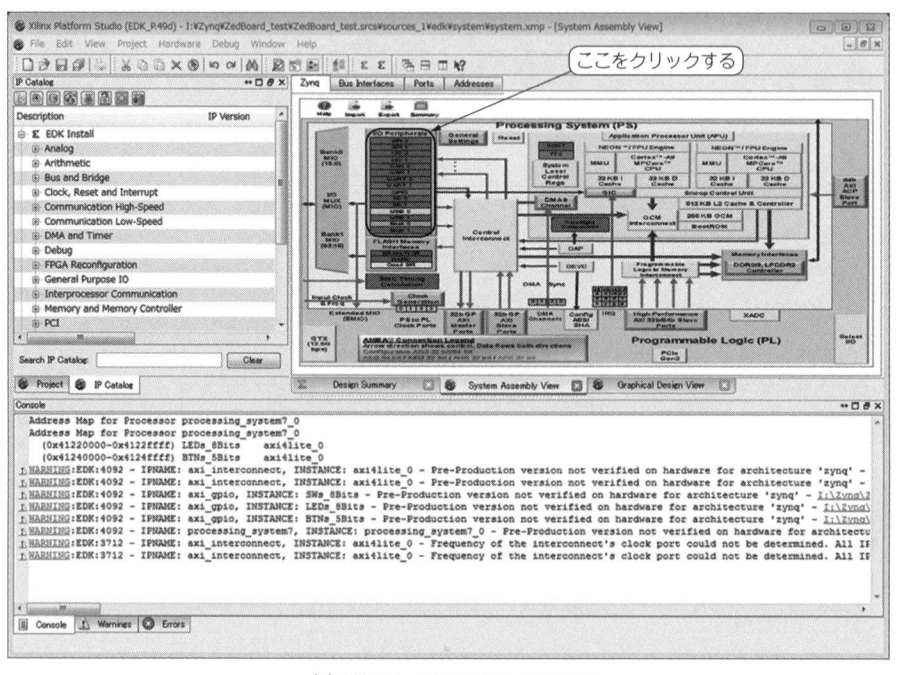

(a) Xilinx Platform Studioの画面

図6.5　MIOの割り当て確認

150　第6章　Linuxのカスタマイズ手順

ほとんどmask_write関数を呼んでおり，ところどころmask_poll関数を呼んでいます．ほとんどの処理は，あるレジスタに何かを書き込み (mask_write)，ときどきレジスタを見て (mask_poll) 待つという処理を繰り返しています．

XPSはBoard and System SelectionでZedBoardが選ばれた時点で，DDRメモリの型番も含めてどのようなシステム構成になっているかを知っています．そこで，このような初期化ルーチンを自動的に生成する仕組みになっています．

リスト6.1　TCL言語によるps7_init (ps7_init.tc)

```
proc ps7_init {} {
    ps7_mio_init_data
    ps7_pll_init_data
    ps7_clock_init_data
    ps7_ddr_init_data
    ps7_peripherals_init_data
}
```

● **SDKよ！お前は何をしているのだ？**

ps7_init以外にも初期化を必要とする場合があります．当たり前ですが，起動時のFSBL (First Stage Boot Loader) で使用されます．ps7_initはデバッグ時

リスト6.2　MIOとDDRメモリの初期化関数

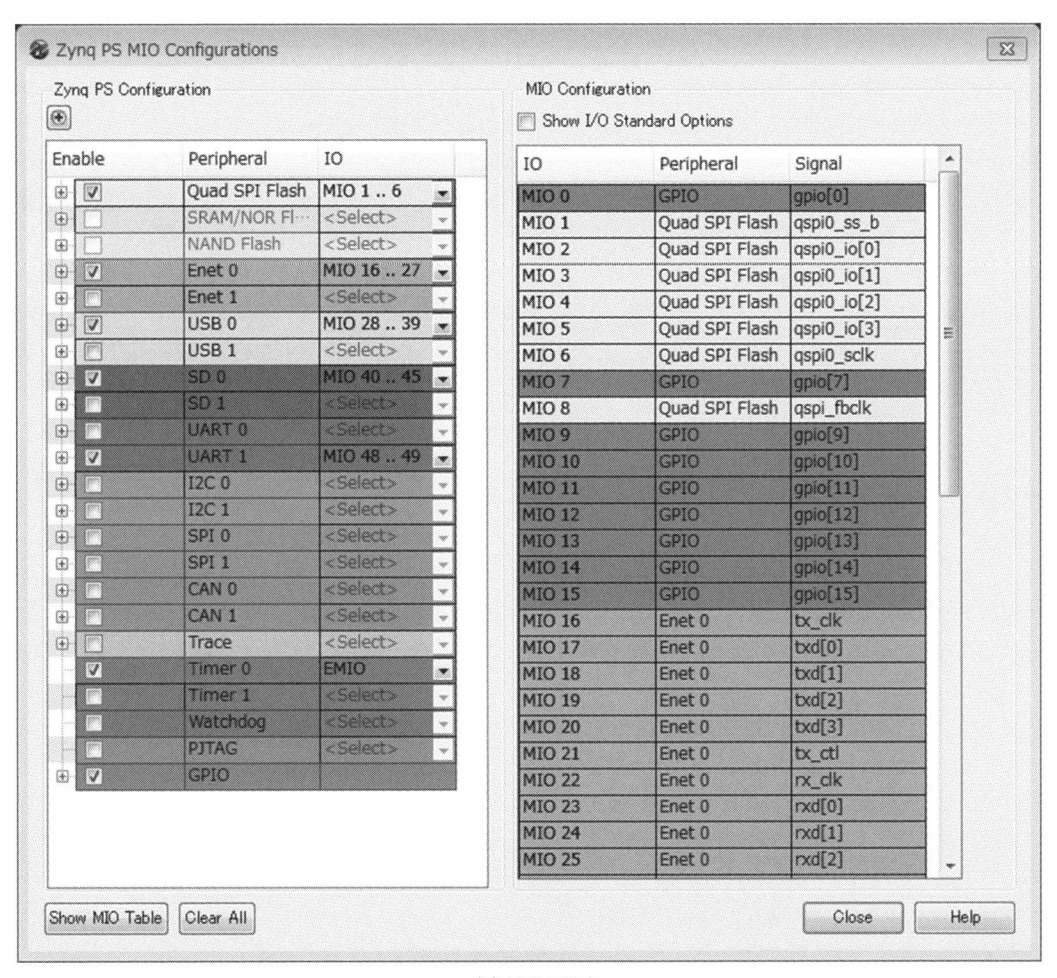

```
proc ps7_mio_init_data {} {
    mask_write 0XF8000008 0x0000FFFF 0x0000DF0D
    mask_write 0XF8000B40 0x00000FFF 0x00000600
    mask_write 0XF8000B44 0x00000FFF 0x00000600
~中略~
    mask_write 0XF80007D4 0x00003FFF 0x00000280
    mask_write 0XF8000830 0x003F003F 0x002F002E
    mask_write 0XF8000004 0x0000FFFF 0x0000767B
}

proc ps7_ddr_init_data {} {
    mask_write 0XF8006000 0x0001FFFF 0x00000080
    mask_write 0XF8006004 0x1FFFFFFF 0x00081081
    mask_write 0XF8006008 0x03FFFFFF 0x03C0780F
~中略~
    mask_poll 0XF8000B74 0x00002000
    mask_write 0XF8006000 0x0001FFFF 0x00000081
    mask_poll 0XF8006054 0x00000007
}
```

(b) MIOの設定

6.1　ZynqのMIO/EMIO　151

リスト 6.3　C言語による ps7_init (ps7_init.c)

```
int
ps7_init()
{
  if (ps7_config (ps7_mio_init_data) == -1) return -1;
  if (ps7_config (ps7_pll_init_data) == -1) return -1;
  if (ps7_config (ps7_clock_init_data) == -1) return -1;
  if (ps7_config (ps7_ddr_init_data) == -1) return -1;
  if (ps7_config (ps7_peripherals_init_data) == -1) return -1;
  return 1;
}
```

に使われる初期化であり，同内容の処理をFSBLでも（つまりシステムが立ち上がるときも）必要とします．

　SDKを起動しアプリケーション・プロジェクトを生成の際に，選択肢としてZynq FSBLがあります．SDKではこのようにFSBLを作ることができます．FSBLの中には自動生成された，ps7_init.c があり，中にはps7_initというC言語の関数があります（リスト6.3）．tclと同様にこの関数を呼ぶことで，MIOやPLL，クロック，DDRメモリ，各種ペリフェラルの初期化がなされます．

　第3章ではSDKでHelloWorldを作りました．その初期化ルーチンであるinit_platform関数の先頭では，ps7_initがコメントアウトされています．SDKではXMDを通してtclのps7_initで初期化した後にELFファイルをダウンロードします．SDKなしで，BOOT.BINから起動するときなどは，このps7_init()を有効にする必要があります．

●BSPとライブラリ

　蛇足ながら，HelloWorldを作ると自動的にHelloWorld_bspというBSP（ボード・サポート・パッケージ）と命名された関数群も自動的に作られ，コンパイルされます．PS部の様々な機能を簡単に使うため便利なユーティリティとしてこれらのライブラリが用意されます．PS部だけなら，これらの関数群は固定的にバイナリのライブラリとして提供されるだけでもよいかもしれません．

　しかし，ZynqにはPL部があります．これはZynqに限ったことではなくMicroBlazeを使ったシステムでも言えることですが，FPGAで拡張したIPコアは自由なアドレスに配置することが可能です．それらはXPSで指定するのですが，逆に言うとXPSで指定されるまでIPコアのアドレスは決定されません．IPコアの製作者は事前に固定的なライブラリを用意できないのです．そこで，XPSが持つそれらの自由に後から決められる

情報と，各IPコアにあるソースなどの情報から，ツールがライブラリ・ソースを自動生成します．IPコアがXPSに対応してちゃんとソースなどを用意していれば，それらも自動的にコンパイルされます．

　例えば，Xylon社が用意するリファレンス・デザインにあるlogiCVC-ML，logiBITBLT，logiBMPには，あらかじめ自動生成される元のソースが含まれています．スタンドアロンなプログラム（Linuxを使わない）では，IPコアが用意する関数群を使えば簡単にプログラムが書けることになります．

●Linux的事情

　Linuxの場合はちょっと事情が違います．LinuxのHelloWorldのソースを見ると，単純にprintfの一文しかありません．見慣れたHelloWorldかもしれません．LinuxではLinuxが立ち上がる前に，FSBLで周辺機器が初期化され，その後，U-Bootが呼ばれてLinuxが起動します．Linuxのカーネル側ではZynq自身の初期化はほとんど必要なく，処理のほとんどはZynqのチップの周りの外部チップの初期化になります．

　IPコアをアクセスしようとすると，Linuxの場合はそうは簡単にいきません．各IPコアごとにLinuxのためのデバイス・ドライバが必要になってきます．スタンドアロンのBSPのようにデバイス・ドライバを自動的に作ってくれるわけでもありません．PS部のデバイス・ドライバはXilinx社がすでに用意しているため困ることはないでしょう．しかしPL部ではデバイス・ドライバを用意する必要がでてくるかもしれません．さらに，SDKでは予め用意されたLinuxのカーネルとその環境（ユーザ・ランド）は用意されていますが，Linuxのカーネルそのものを作る機構はないので，必要に応じて自分でカーネルを作る必要があります．

●ARM SoCとしてのZynq

　ここで簡単にまとめましょう．スタンドアロンの場

合は，XPSの設定により，PS部に関連するMIO，PLL，クロック，DDRメモリ，各種ペリフェラルの諸設定が決まり，自動的に初期化ルーチンを作ってくれます．また，PS部の各機能用と各IPコアのライブラリもBSPとして自動的に作ることが可能です．

SDKを起動するとこれらが自動的にコンパイルされ，環境に導入されます．HelloWorldのような簡単なプログラムを作るのことができるのはもとより，周辺機器をBSPのライブラリを使ってコントロールするプログラムも作ることができます．プログラムはXMDを使い，直接的にZynqへダウンロードされ，XMDを通してgdbでデバッグします．

Linuxの場合は，XPSで初期化ルーチンが作られるのはスタンドアロンと同じです．SDKではあらかじめ用意されたLinuxとその環境（ユーザ・ランド）があり，それを起動することができます．コンパイルされたプログラム（例えばHelloWorld）は，リモートでZynqのLinuxに転送され，gdbからのネットワーク越しの遠隔操作によりデバッグされます．

付け加えて言うと，いずれの場合もgdbを使いデバッグが可能で，SDK（実体はEclipse）はそのラッパーになっています．

●All Programmable SoC!!

さて，ここまで読んできて「ん？FPGAはどうした？」と思われた方もいるかもしれません．

そうです，ZynqはFPGAというよりARMコア内蔵のSoCなのです．ZynqはARMコアのSoCというデバイスとして素晴らしいばかりではなく，XPSやSDKなどのツールを用意している環境から発展した歴史的経緯があるため，充実したソフトウェア環境をオフィシャルで持っている稀有なSoCと言えます．

筆者もオフィシャルなユーザーズ・マニュアルを読んでみて驚きました．何しろ最初に書かれていることはARMとしての使い方であり，FPGAをまったく使わない素のHelloWorldなのですから．そこで終わってしまうとただのグラフィックス機能のないARM SoCです．

Zynqの真骨頂はもちろんその先にあります．PL部を有効に使ってアプリケーションに適応したスーパSoCにグレードアップさせることができるのです．Xilinx社はこれを「All Programmable SoC」と銘打ってます．つまり，SoCがソフトウェアでプログラマブルなのは当たり前．ハードウェアまでもプログラマブル！まさに，すべてがプログラミング可能なSoC！やわらかいハードウェアを持ったソフト＆ウェットなSoCなのです．

内蔵ARMコアもCortex-A9のデュアルコアで，これもかなり高機能です．こうなってくると，Linuxなどの高機能なOSが必須という気がしてきます．勿論ITRONも動きます．しかし，ITRONでこのパワーを全開にしようとすると，かなりの知識を必要とするでしょう．

ZynqのLinuxはPowerPCやMicroBlazeで培ったノウハウを使い，ある仕掛けを作って使いやすくしてあります．先にも書きましたが，Linuxは堅牢であるがゆえに多少回りくどい周辺機器へのアクセス方法をとります．アプリケーションが直接に周辺機器を触ることが無いように，デバイス・ドライバを用意するという思想になっているのです．その時，デバイス・ドライバをうまく作ると，自動的に適切なIPコアとドライバのペアを選んでくれるようになります．これはDTB（Device Tree Blob）という仕組みのおかげです．DTBについての詳細は後述します．

6.2 カーネルの再構築

それではいよいよ，Linuxのカーネルを独自に用意する方法について解説します．

●カーネル・ソースの入手

カーネルの再構築にはコンパイラを含めたLinuxの開発環境と，Linuxカーネルのソースが必要です．筆者はLinuxの開発環境としてUbuntu Serverを使用しています．またカーネル・ソースはXilinx社のgitサイトから取得します．

```
> git clone git://git.xilinx.com/linux-xlnx.git
　～メッセージ中略～
> make linux-xlnx
　～メッセージ中略～
```

gitコマンドが何かについてはここでは説明しませんが，ぜひLinuxのエディタ（emacsやvi）とともに使い方を覚えてください．

linux-xlnxのレポジトリは大変巨大です．場合によっては1時間を超すかもしれません．

ここでは引き続きXylon社のリファレンス・デザイ

ンを使用するために，特定のバージョンのカーネルをチェックアウトしたうえで，Xylon社が提供しているパッチをあてます．このカーネルは古く，デバイス・ツリーの記述方式も古く最新のものと互換がありません．最終的には本章の最後で最新のLinuxカーネルを扱います．

```
> git checkout xilinx-14.1-
build3-trd
 ～メッセージ中略～
> patch -p1 < ~/patch_
xylonfb_20120919
 ～メッセージ中略～
```

●カーネルのコンパイル

次にコンパイルです．ここではCode Sourcery（Mentor Graphics Sourcery Tools）のgccのツールの，フリーで使用可能なLite版をダウンロードしインストールします．筆者がダウンロードしたのはarm-2012.09というバージョンです．

arm-none-linux-gnueabi-gccのパスを通し，いざコンパイルします．

```
> make ARCH=arm CROSS_
COMPILE=arm-none-linux-gnueabi-
 ～メッセージ中略～
```

この過程でまったく.configを作っていませんが，これはXylon社のパッチに含まれているからです．もし，すでに動作しているLinuxの.configが必要であるのなら，動作しているZynq Linuxの/proc/config.gzを展開すれば.configが得られます．

生成されたzImageは次のディレクトリにあります．

```
./arch/arm/boot/zImage
```

これを起動用のSDカードへコピーすれば，新しいカーネルで立ち上げる準備は完了です．うまく立ち上がれば，unameコマンドでコンパイルした時刻のカーネルであることが確認できるはずです．

```
zynq> uname -a
Linux ZED 3.0.0-14.1-build3-
01350-g5c86a62 #1 SMP PREEMPT
Sat Feb 9 15:39:41 JST 2013
armv7l GNU/Linux
```

●GPIO用ドライバの確認

ZedBoardのオリジナルのカーネルでは，Xilinx社のGPIOが使えましたが，Xylon社のカーネルでは使えませんでした．何が違うのでしょう．今一度，ZedBoardのオリジナルのLinuxを立ち上げて，/proc/config.gzを確認すると，カーネルのコンフィグレーションがわかります．Xylon社のカーネルとGPIOについて，コンフィグレーションを比べてみましょう．

おや！？どちらのコンフィグレーションも次のような記述があります．

CONFIG_GPIO_XILINX_PS=y

これはカーネル内にXilinx社のGPIO用のドライバが入っていることを指示します．どうやら，ドライバは用意されているものの，ハードウェアが用意されていない状態のようです．きちんとPL部を配線しないと，Xilinx社のGPIOは使えないのです．実際の配線とその詳細については，次の第7章で説明します．

6.3 デバイス・ツリー

カーネルは再構築することができました．ルート・ファイル・システムであるramdisk8Mも変更することができます（第5章参照）．BOOT.BINはZynqが起動時に読み込むファイルでした．これで，SDカードへ書き込むファイルがほぼ出そろいました．あと残るは謎のデバイス・ツリーのバイナリであるdevicetree.dtbです．

●デバイス・ツリーとは

このデバイス・ツリーは，もともとPowerPCで全面採用され，MicroBlazeでも使われています．ARMでもLinux本家のカーネルに取り込まれているようです．arch/arm/boot/dtsにデバイス・ツリー・ソースであるdtsファイルがプラットホームの数だけ散乱してます．dtsファイルをdtc（デバイス・ツリー・コンパイラ）でコンパイルすると，dtb（Device Tree Blob）というバイナリができあがります．

dtsにはどの周辺機器がどのアドレスに配置されているかなどの情報を持っています．いままではarm/archの中に，mach-xxxxあるいはplat-xxxxといったマシン（ボードごと）やプラットホーム（SoC）ごとに，複雑なC言語のソースを置いていたのですが，もはや収拾がつかなくなったという経緯があるようです．これらのソースは，そもそもC言語で記述される必要がないSoCやプラットホームの構成情報なので，データ化してしまいましょうということのようです．

この方式はPL部をもつZynqにとっても非常に有益です．というのも，dtsには周辺機器の情報が書かれているのですが，PL部に新しいハードウェアを実装することができるZynqでは，その構成はシステムによってかわります．システムが変わるたびにいちいちカーネルを再構築していたら，非常に煩わしい作業になります．このような周辺機器の情報はdtbに集約されています．

　しかも，どうやらARMのLinuxの場合，Zynqからdtsが発展していったようです．dtsによる柔軟なハードウェア構成の記述方法は，Zynqのためにこそあるようなものです．

　これにより，同じカーネルでIPコアを変えた時にも，適切なデバイス・ドライバが選択されることになります．もちろんdtsだけでなくデバイス・ドライバ自身も必要で，そのIPコア用にあらかじめ用意されているか，ダイナミックにロードできる必要があります．

● dtbを逆コンパイルする

　dtbはバイナリ・ファイルなので，そのままでは見ることができません．dtcで逆コンパイルすることができます．dtcはカーネル・ソースの中にあります．カーネル・コンパイル時に，scripts/dtc/dtcとして生成されているはずです．リファレンス・デザインのdtbの中身を見てみましょう．

```
> scripts/dtc/dtc -I dtb -o /tmp/devicetree-xylon.dts ~/devicetree.dtb
> cat /tmp/devicetree-xylon.dts
```

中身をリスト6.4に示します．ZedBoard用であるにも関わらず，modelはなぜかZC770となっています．互換リストを示すキーワードのcompatibleは，

```
compatible = "xlnx,zync-zc770"
```

です．ZedBoardにはなっていません．modelは表示用なので変更しても問題ありませんが，compatibleは

リスト6.4　デバイス・ツリーのソース

```
/dts-v1/;
/ {
        model = "Xilinx Zynq ZC770";
        compatible = "xlnx,zynq-zc770";
        #address-cells = <0x1>;
        #size-cells = <0x1>;
        interrupt-parent = <0x1>;

        memory {
                device_type = "memory";
                reg = <0x0 0x20000000>;
        };

        chosen {
                bootargs = "console=ttyPS0,115200n8
console=tty0 root=/dev/ram rw initrd=0x800000,8M ip
=192.168.0.77:::255.255.255.0:ZED:eth0 earlyprintk
mem=256M memmap=256M$0x10000000 vmalloc=256M";
                linux,stdout-path = "/amba@0/uart@
                                    E0001000";
        };

        amba@0 {
                compatible = "simple-bus";
                #address-cells = <0x1>;
                compatible = "simple-bus";
                #address-cells = <0x1>;
                #size-cells = <0x1>;
                ranges;

                intc@f8f01000 {
                        interrupt-controller;
                        compatible = "arm,gic";
                        reg = <0xf8f01000 0x1000>;
                        #interrupt-cells = <0x2>;
                        linux,phandle = <0x1>;
                        phandle = <0x1>;
                };

                uart@e0001000 {
                        compatible = "xlnx,ps7-
                                     uart-1.00.a";
                        reg = <0xe0001000 0x1000>;
                        interrupts = <0x52 0x0>;
                        clock = <0x2faf080>;
                };

                gpio@e000a000 {
                        compatible = "xlnx,ps7-
                                     gpio-1.00.a";
                        reg = <0xe000a000 0x1000>;
                        interrupts = <0x34 0x0>;
                };
~中略~
                logicvc@40030000 {
                        compatible =
                            "xylon,logicvc-2.05.c";
                        reg = <0x40030000 0x6000>;
                        interrupts = <0x5b 0x0>;
                        buffer-0-offset = <0x438>;
                        buffer-1-offset = <0x438>;
                        buffer-2-offset = <0x438>;
                        buffer-3-offset = <0x438>;
                        buffer-4-offset = <0x438>;
                        display-interface = <0x0>;
                        ....
~中略~
                        vmem-highaddr =
                                    <0x1fffffff>;
                        vmem-data-bus-width =
                                    <0x40>;
                        vmem-interface = <0x2>;
                };
                ....
~中略~
                clkgen@40010000 {
                        compatible =
                            "xylon,clkgen-1.01.a";
                        reg = <0x40010000 0xffff>;
                        osc-clk-freq-hz =
                                    <0x5f5e100>;
                };
        };
};
```

> **コラム 6.1** リーナス氏の git の履歴を見て dts の歴史を顧みる
>
> [linux/kernel/git/torvalds/linux-2.6.git]/arch/arm/boot/dts/のヒストリを見てみました．最初のコミットはやはり Xilinx 社でした．2011-06-20 に John Linn 氏が始めています．その後，OMAP などがそれに続き，どうやら 2012 年 10 月以降に本格的に各ボード/SoC の dts が一斉に提供され始めたようです．おそらく PowerPC や MicroBlaze の成功を見て，ARM も移行するということをアナウンスしたのでしょう．結果として ARM のプラットホームは整理されました．

```
## Starting application at 0x00008000 ...
Uncompressing Linux... done, booting the kernel.

Error: unrecognized/unsupported device tree
                              compatible list:
[ 'xlnx,zynq-zed' ]

Available machine support:

ID (hex)        NAME
00000d32        Xilinx Zynq Platform
00000d0f        Xilinx Zynq Platform
00000d32        Xilinx Zynq Platform
00000d0f        Xilinx Zynq Platform
00000d0f        Xilinx Zynq Platform

Please check your kernel config and/or bootloader.
```

図 6.6 dtb が違い立ち上がらない時の例

起動時にコンパチビリティをチェックするためのキーワードになるので，ここを変更してしまうと立ち上がりません（図 6.6）．

これは，arch/arm/mach-zynq/common.c の次の記述と関連しています．

```
static const char *xilinx_dt_
                          match[] = {
    "xlnx,zynq-zc702",
    "xlnx,zynq-zc706",
    "xlnx,zynq-zc770",
    NULL
};
```

xilinx_dt_match の中に ZedBoard という名称の記述がありません（zc770 が ZedBoard の代わりにある）．カーネルは起動時にこの compatible リストをチェックするため，一致しないと立ち上げ時にエラーになって起動しないのです．

ZedBoard の場合，名称を ZedBoard にしてわかりやすくするようなパッチが出回っているようなので，そのパッチを当てるか，先の dts のように xlnx,zynq-zc770 を間借り（それとも開発コード?）する必要があります．

● デバイス・ツリーで何が変えられるのか？

dts を見ていくと，chosen の中に bootargs があることがわかります（リスト 6.5）．ここで，IP アドレスなどを設定していたんですね．ルート・ファイル・システムもここで調整できます．dts ではその他に，CPU の数などが変更できます．

● 周辺機器

dts が本当に有益なのは，バス構造とその周辺機器をフレキシブルに記述し，どのような周辺機器が接続されているかをデータとして表現しているところです．

例えば先の例では，amba@0 バスの下に intc@f8f01000 というインタラプト・コントローラが，0xF8F01000 のアドレスに配置されていることを示しています．uart@e0001000 は，UART が 0xE0001000 に配置されていることを示しています．PL 内の IP コアでいえば，logicvc@40030000 が表示用の logiCVC-ML を 0x40030000 に配置していることを示しています．

デバイス・ツリーは非常に柔軟で，さまざまな情報をその中に埋め込むことができます．それをどう使うかは，扱う側のドライバということになります．

例えば UART では，リスト 6.6 (a) という記述になっています．この compatible に書かれたドライバが読み込まれます．一方ドライバでは，リスト 6.6 (b) という記述があります．この文字列のマッチングによってドライバが選択されます．この IP コアの名称は IP コアのバージョン番号も含んでいます．compatible リストに

リスト 6.5 ブート・パラメータ bootargs の記述

```
bootargs = "console=ttyPS0,115200n8 console=tty0 root=/dev/ram rw initrd=0x800000,8M ip=192.168.0.77:::255.255
.255.0:ZED:eth0 earlyprintk mem=256M memmap=256M$0x10000000 vmalloc=256M";
```

リスト6.6 周辺機能のdtsとドライバ

```
uart@e0001000 {
    compatible = "xlnx,ps7-uart-1.00.a";
    reg = <0xe0001000 0x1000>;
    interrupts = <0x52 0x0>;
    clock = <0x2faf080>;
}
```

(a) dtsのcompatible記述

```
/* Match table for of_platform binding */
static struct of_device_id xuartps_of_match[] __
                                         devinitdata = {
        { .compatible = "xlnx,ps7-uart-1.00.a", },
        {}
};
MODULE_DEVICE_TABLE(of, xuartps_of_match);
```

(b) UARTデバイス・ドライバの記述

は複数の文字を記述することができるので，異なる複数のIPコアのバージョンに対応するドライバを書くことができます．どのIPコアが実際に使用されているかは名称からもわかりますし，より抽象的な情報をdts内に自由に拡張して書くこともできます．

多くの周辺機器では，配置されたアドレスとサイズをあらわすregが必要でしょう．割り込みが必要ならinterruptsが必要です．UARTではそのベースになっているクロックを知るためにclockという項目を拡張しています．

dtsに記述される内容自身はただの記号列でしかなく，そこにどんな情報が埋め込まれているかを解釈するのはドライバです．ドライバはある形式のdtsを要求しますが，その形式はdtsの文法とは別に各ドライバ内のローカルな約束事があります．

この約束事が開発の途中で変更されると困ったことが起こります．dtsで見る限りにおいてはシンタックス的な誤りはないのですが，ドライバから見ると情報が不足していたりします．その場合，ドライバはうまく動作しないことになります．

この変更は困ったことを生むにも拘らず，Linuxの先進性を目指す発想により起こることがあり，実際にinterruptsの記述方式が変わったことがあります．

● interruptsについて

ARM用のdtsで，ある時期からinterruptsの記述方法が変わりました．以前は次のような形式をしていました．

```
#interrupt-cells = <0x2>;
～中略～
interrupts = <0x52 0x0>;
```

interrupt-cellsはinterruptsで表現する際のデータの区切りを指し示す数です．例えばinterrupts = <0x52 0x0 0x53 0x0>という書き方もでき，この場合，#interrupts-cellsが2なので，<0x52 0x0>と<0x53 0x0>という情報になります．最初の0x52が割り込み番号です．割り込み番号は内部的に下駄を履いている場合があるので注意が必要です．次の値がinclude/linux/irq.hで規定される割り込みのタイプです．0は未定義です．これはZynqが割り込みのタイプを変えることができないためです．

現在では次の記述になっています．

```
#interrupt-cells = <0x3>;
～中略～
interrupts = <0x0 0x32 0x0>;
```

順番にSPI (Shared Peripheral Interrupt)を使用するかしないかのフラグ，割り込み番号，割り込みタイプです．情報が以前の二つから三つに変わりました．Zynqが使用している割り込みコントローラGIC (Generic Interrupt Controller)は，マルチプロセッサに対応しています．マルチプロセッサ環境では，どの割り込みをどのプロセッサに割り振るかを規定することができます．また，同時にすべてのプロセッサに割り振ることができます．

GICがサポートする割り込みは，SGI (Software Generated Interrupt)，PPI (Private Peripheral Interrupt)，SPI (Shared Peripheral Interrupt)の三つです．SGIはdtsでコントロールできない割り込みで，16個あります．PPIは各プロセッサごとにある特別な割り込みで，16個リザーブされています．SPIは32から1019まである標準的な割り込みで，SPIステータスによって各プロセッサに同時に割り込み可能になっています．SPIを使わなければ，どれか一つのプロセッサが割り当てられます．

新しいdstのGIC用のinterruptsでは，最初の数が0ならSPIを使わない，1ならSPIを使うという意味に変わりました．通常は0になり，SPIを使いません．ウォッチドッグ・タイマのような全プロセッサに配布してほしい割り込みは，SPIを1にします．

このとき，SPIが0なら割り込み番号は16 (SGIの分)，1なら32 (SGIとPPIの分)だけ割り込み番号にドライバ内で下駄がはかされます．これらの処理はgic.c

6.3 デバイス・ツリー

のgic_irq_domain_xlateで行われます．つまりGICドライバとdtsは組になっています．したがって，新しいdtsの記述は新しいGICドライバと対で使う必要があります．

● **dtsを変更コンパイルして起動してみる**

Xylon社のリファレンス・デザインは，なぜかプロセッサを一つしか使っていません．またIPアドレスも適切ではありません．dtsを修正してコンパイルして立ち上げなおすことで，カーネルを一切書き換えることなく，二つのプロセッサを有効にし，IPアドレスも自分の環境に合わせることができます．

```
> vi /tmp/devicetree-xylon.dts
> scripts/dtc/dtc -I dts -O dtb
-o /tmp/devicetree.dtb /tmp/
devicetree-xylon.dts
DTC: dts->dtb  on file "/tmp/
devicetree-xylon.dts"
```

起動したら，CPUの数を確認してみましょう（図6.7）．

6.4 クロス・コンパイル ～Xilinx社のツールを使わないSoCとしてのZynq～

Xilinx社のSDKはEclipseをベースにしており，多くの人にとって非常に使いやすいツールに仕上がっています．しかしここでは，Linuxのカーネルをコンパイルするときにコンパイラを含めたLinuxの開発環境を構築しました．実際問題としてLinuxの場合，Windows上のSDKだけですべてをまかなうのは難しいと思います．

```
zynq> cat /proc/cpuinfo
Processor       : ARMv7 Processor rev 0 (v7l)
processor       : 0
BogoMIPS        : 1332.01

processor       : 1
BogoMIPS        : 1332.01

Features        : swp half thumb fastmult vfp edsp
                                        neon vfpv3
CPU implementer : 0x41
CPU architecture: 7
CPU variant     : 0x3
CPU part        : 0xc09
CPU revision    : 0

Hardware        : Xilinx Zynq Platform
Revision        : 0000
Serial          : 0000000000000000
```

図6.7 Zynq上で/proc/cpuinfoによりCPU数の確認

そこで，簡単にホスト・パソコン（PC）上のLinuxの開発環境でクロス・コンパイルし，Zynq上のLinuxで動かして見ることにしましょう．なお筆者はPC用Linuxとして，Ubuntuの64ビット版を使用しました．

● **HelloWorldから始まる世界**

SDKで実行した内容をPC用Linuxでコンパイルし，Zynq上で動かそうというのが主旨です．まずは簡単にHelloWorldプログラムから…リスト6.7にソースコードを示します．これをPC用Linux上でコンパイルしてみます．そしてsshでZynqへ転送し実行します．なお，すでにCode Sourcery (Mentor Graphics Sourcery Tools)のarm-none-linux-gnueabi-gccがあるものとします．

・PC用Linuxでの操作

```
> arm-none-linux-gnueabi-gcc
hello.c -o hello
～メッセージ中略～
> scp hello root@zed:/tmp/hello
～メッセージ中略～
```

・ZedBoard上での操作

```
zynq> cd /tmp
zynq> ./hello
Hello World!
```

こんな簡単なプログラムでも，実行結果が表示されるとプログラムを作る喜びをちょっと感じます．

基本的なlibcなどは，Code Sourceryのgccのなかにあらかじめついています．つまり，複雑ではないプログラムであれば，arm-none-linux-gnueabi-gccを利用しプログラムが作れるということです．

● **Java Avian/Jikes**

クロス・コンパイルの基本はPC用Linuxのgccの代わりに，ARMのLinux用であるarm-none-linux-gnueabi-gccをコンパイラとして使用するところにあります．

多くのUnix系のプログラムは，バイナリ生成時にソースのトップ・ディレクトリにあるconfigureというコンパイル環境を設定するスクリプトが用意してお

リスト6.7 HelloWorldプログラム（C言語版）

```
#include <stdio.h>

int main(int argc, char **argv)
{
    printf("Hello World!\n");
}
```

り，これを実行することでコンパイル環境が整備されます．うまく書けているconfigureであれば，x86だけではなくARMなどでクロス・コンパイルされることを考慮しています．configureに，

```
CC=arm-none-linux-gnueabi-gcc ./configure prefix=/home/zynq-system-root/
```

などとクロス・コンパイラが何であるかを教えてやることで，クロス・コンパイルすることが可能になります．うまく書けていないconfigureもたくさんありますし，make時に指定するものもあります．ここは試行錯誤していく必要のある部分でもあります．

ここではJava Virtual Machineのクローンである AvianとJikesをコンパイルしてみます．

まずAvianをgithubからgitコマンドで取得しきます．またAvianに必要なzlibライブラリもとってきます．

```
> git clone https://github.com/ReadyTalk/avian
 ～メッセージ中略～
> wget http://zlib.net/zlib-1.2.7.tar.gz
 ～メッセージ中略～
```

次にzlibを展開してコンパイルします．インストール先は/home/zynq-system-rootとしました．

```
> tar zxvf zlib-1.2.7.tar.gz
 ～メッセージ中略～
> wget http://zlib.net/zlib-1.2.7.tar.gz
 ～メッセージ中略～
> cd zlib-1.2.7
> CC=arm-none-linux-gnueabi-gcc ./configure prefix=/home/zynq-system-root/
> make
 ～メッセージ中略～
> make install
 ～メッセージ中略～
```

Avianのmakefileはクロス・コンパイルの際に若干書きなす必要がありました．修正個所はツールの名称

リスト6.8 makefileの変更箇所

```
-DUSE_ATOMIC_OPERATIONS -DAVIAN_JAVA_HOME=\"$(javahome)\" \
-DAVIAN_EMBED_PREFIX=\"$(embed-prefix)\" $(target-cflags)

      ↓

-DUSE_ATOMIC_OPERATIONS -DAVIAN_JAVA_HOME=\"$(javahome)\" \
-DAVIAN_EMBED_PREFIX=\"$(embed-prefix)\" $(target-cflags) \
-I/home/ryos/QuincyEdit/install-arm-linux/include     ◀──── 追加行
```

(a) 198行目付近

```
common-lflags = -lm -lz $(classpath-lflags)        追加部分

      ↓

common-lflags = -L/home/ryos/QuincyEdit/install-arm-linux/lib -lm -lz $(classpath-lflags)
```

(b) 221行目付近

```
else
        cxx = arm-linux-gnueabi-g++
        cc = arm-linux-gnueabi-gcc
        ar = arm-linux-gnueabi-ar
        ranlib = arm-linux-gnueabi-ranlib
        strip = arm-linux-gnueabi-strip
endif
      ↓           arm-none-linux-gnueabiに変更
else
        cxx = arm-none-linux-gnueabi-g++
        cc = arm-none-linux-gnueabi-gcc
        ar = arm-none-linux-gnueabi-ar
        ranlib = arm-none-linux-gnueabi-ranlib
        strip = arm-none-linux-gnueabi-strip
endif
```

(c) 305行目付近

とincludeファイルとライブラリの置き場所です（リスト6.8）．

またAvianのコンパイルにはJavaが必要です．筆者はjava-6-sun-1.6.0.26を使用しました．

```
> export JAVA_HOME=//usr/lib/
jvm/java-6-sun-1.6.0.26
> make arch=arm
  ～メッセージ中略～
```

makeが終了したら，build/linux-armの下にAvianとその環境が生成されています．

●Jikesを用意する

ARM用にJavaのコンパイラを用意することで開発が楽になります．Zynqにはbusyboxの用意するviがあるので，Zynqで編集してJikesでコンパイルすれば，作業の大半をZynq上で行うことができます．gccをZynqにインストールすることもできるでしょうが，gccは大きなファイルを含む環境です．Javaならgccの一式をZynqにインストールするより圧倒的に軽量です．

JikesはJavaのコンパイラです．sourceforgeからソースをダウンロードしコンパイルします．

```
> cd jikes-1.13
> setenv CC arm-none-linux-
gnueabi-
> configure --host=arm-none-
linux-gnueabi --prefix=/home/
zynq-system-root
> make
> make install
```

コンパイルするJava版HelloWorldプログラムをリスト6.9に示します．AvianとJikesをコピーして実際に動作させます．AvianのテストにはまたJikesの動作にはC++が必要です．LD_LIBRARY_PATHをC++のあるディレクトリに通さなければなりません．

```
zynq> build/arm-linux/avian -cp
build/arm-linux/test Hello
hello, world!
zynq> export CLASSPATH=/tmp/
linux-arm/classpath
zynq> export LD_LIBRARY_PATH=/
media/sd-card/3dDemo/
zynq> jikes HelloWorld.java
zynq> avian HelloWorld
Hello World
```

ネットワークとしてlocalhostを使うものがあります．ZedBoardのLinuxはDNSの解決が中途半端になっているので，/etc/nsswitch.confと/etc/hostsを追加して動作するようにしておきます．

```
zynq> cat nsswitch.conf
```

リスト6.10にその内容を示します．

●OpenCVを試す

画像処理ライブラリであるOpenCVをクロス・コンパイルします．ここではOpenCV-2.2.0.tar.bz2をコンパイルします．

まずはtarにより展開します．

```
> tar xvfj ./dist/OpenCV-
2.2.0.tar.bz2
> cd OpenCV-2.2.0/
```

次にcmake用のファイルを作ります．

リスト6.9 HelloWorldプログラム（Java版）

```
class HelloWorld {
        public static void main(String args[]) {
                System.out.println("Hello World");
        }
}
```

リスト6.10 /etc/nsswitch.confの内容

```
# /etc/nsswitch.conf
#
# Example configuration of GNU Name Service Switch
                                   functionality.
# If you have the `glibc-doc-reference' and `info'
                            packages installed, try:
# `info libc "Name Service Switch"' for information
                              about this file.
passwd:         compat
group:          compat
shadow:         compat
hosts:          files mdns4_minimal
[NOTFOUND=return] dns mdns4
networks:       files
protocols:      db files
services:       db files
ethers:         db files
rpc:            db files
netgroup:       nis
zynq> cat hosts
127.0.0.1       localhost
zynq> nslookup localhost
Server:     192.168.0.1
Address 1:  192.168.0.1
Name:       localhost
Address 1:  127.0.0.1 localhost
```

コラム 6.2 Qt のコンパイルと DirectFB

Xilinx社のリファレンス・デザインのサンプル・プログラムを見ると，GUIが必要な場合はLinuxでQtを利用しているようです．QtはC++による高機能なグラフィック・ライブラリです．フレームバッファを利用したQtのコンパイル方法は，Xilinx社のwikiページで詳細に書かれています．

http://wiki.xilinx.com/zynq-base-trd-qt

また，Qtの下にはフレームバッファではなく，DirectFBを置くこともできます．Xylon社のデモはDirectFBで書かれており，フォントの展開や回転・拡大・縮小のアクセラレーションが効いています．筆者は，実際にQtをDirectFBをベースにコンパイルしてみました．ここではその構築方法の詳細を省きますが，DirectFB＋アクセラレータIPコアにより，実際に描画などがアクセラレーションされているのを確認しました．

```
> mkdir release
> cd release
> vi armel.cmake
```

リスト6.11に作成するcmakeの内容を示します．

```
> cmake -DCMAKE_BUILD_TYPE=RELEASE \
-DCMAKE_INSTALL_PREFIX=/home/openCV/arm-env/install_2.2.0 \
-DCMAKE_TOOLCHAIN_FILE:PATH=armel.cmake -DWITH_QT=OFF
```

次にパッチを当ててmakeします．

```
> cd /home/openCV/OpenCV-2.2.0/modules/features2d/src
> wget https://code.ros.org/trac/opencv/changeset/4609/trunk/opencv/modules/features2d/src/sift.cpp?format=diff&new=4609
> patch < sift.cpp\?format\=diff
> cd ../include/opencv2/features2d/
> wget https://code.ros.org/trac/opencv/changeset/4609/trunk/opencv/modules/features2d/include/opencv2/features2d/features2d.hpp?format=diff&new=4609
> patch < features2d.hpp\?format\=diff
　～中略～
> cd OpenCV-2.2.0/release
> make
> make install
```

ライブラリができたので簡単なプログラムを動かします．一つはエッジ検出でもう一つは顔検出です．いずれもハードウェアを使っていません．今後，PL部を使って高速化することも可能でしょう．

エッジ検出のプログラムをリスト6.12に示します．きれいに（バッチ・レベルで）瞬時にエッジ検出がなされました（図6.8）．このような単純な計算であれば，ARM単体でもある程度有効です．

顔検出のプログラムをリスト6.13に示します．顔検

リスト6.11 作成するcmakeの内容

```
SET(CMAKE_SYSTEM_NAME Linux)
# specify the cross compiler
  SET(CMAKE_C_COMPILER arm-none-linux-gnueabi-gcc)
  SET(CMAKE_CXX_COMPILER arm-none-linux-
                                gnueabi-g++)
  SET(EXTRA_C_FLAGS "-mcpu=cortex-a8 -mfpu=neon")
# where is the target environment
  SET(CMAKE_FIND_ROOT_PATH /home/openCV/arm-env)
# search for programs in the build host directories
  SET(CMAKE_FIND_ROOT_PATH_MODE_PROGRAM NEVER)
# for libraries and headers in the target
                                    directories
  SET(CMAKE_FIND_ROOT_PATH_MODE_LIBRARY ONLY)
  SET(CMAKE_FIND_ROOT_PATH_MODE_INCLUDE ONLY)
```

リスト6.12 エッジ検出プログラム

```
void
convert( IplImage *src, IplImage **dst )
{
        cvCvtColor( src, grayImage, CV_BGR2GRAY );
        cvLaplace( grayImage, laplaceImage16, 3 );
        cvConvertScaleAbs( laplaceImage16,
                            laplaceImage8, 1, 0 );

        // cvWarpAffine( laplaceImage8, dst,
rotationMatrix, CV_WARP_INVERSE_MAP, cvScalarAll(0)
);
        if ( src->origin == IPL_ORIGIN_TL )
                *dst = laplaceImage8;
        else
                cvFlip( laplaceImage8, *dst, 0);
}
```

図6.8　エッジ検出の結果

リスト6.13　顔検出プログラム

```
void
detect_and_draw( IplImage* img )
{
        int i;

        cvCvtColor( img, gray, CV_BGR2GRAY );
        cvResize( gray, small_img, CV_INTER_LINEAR );
        cvEqualizeHist( small_img, small_img );
        cvClearMemStorage( storage );

    double t = (double)cvGetTickCount();
    CvSeq* faces = cvHaarDetectObjects( small_img, cascade, storage, 1.1,
                    2, 0 /*CV_HAAR_DO_CANNY_PRUNING*/,
                    cvSize(30, 30) );
    t = (double)cvGetTickCount() - t;
    fprintf(stderr, "detection time = %gms\n", t/((double)cvGetTickFrequency()*1000.) );

    for( i = 0; i < (faces ? faces->total : 0); i++ ) {
        CvRect* r = (CvRect*)cvGetSeqElem( faces, i );
        CvPoint center;
        int radius;
        center.x = cvRound((r->x + r->width*0.5)*scale);
        center.y = cvRound((r->y + r->height*0.5)*scale);
        radius = cvRound((r->width + r->height)*0.25*scale);
        cvCircle( img, center, radius, colors[0], 3, 8, 0 );
    }

        cvShowImage( "result", img );
}
```

図6.9　顔検出の結果

出は時間がかかるようです．ハードウェアの高速化が生きてくるところでもあります．結果を図6.9に示します．

6.5 ルート・ファイル・システムを構築する

●ファイル・システム作成の前に…

ここでARMのUbuntuが採用しているライブラリについて説明します．Ubuntuでは数年前からLinuxの標準的な地位のあるglibcをやめてeglibcを採用しています．理由はglibcがARMのシステム構築に難があるためのようです．筆者も何度かglibcをARM用にコンパイルしたのですが，うまくいかないことが多く，特にx86に追従した最新のものにすることができないもどかしさを何度も経験しました．

eglibcはARMでも容易にコンパイルできます．ここまで使ってきたLinuxはglibcでlibc-2.11.1と決して新しいものではありません．ここではLinuxとdtsを，より新しいバージョン3.6ベースにし，そのうえでbuildrootというツールでeglibcベースのルート・ファイル・システムを構築します．これでより新しいLinux環境を構築できます．

●Linuxカーネルの再構築

ZedBoard用のカーネルは，ZedBoardの開発元であるDigilent社がXilinx社とは別に提供しています．まずはgithubからソースを取得（clone）します．さらにdefconfigで用意されたカーネルのコンフィグレーションの設定を利用しコンパイルします．

```
> git clone git://github.com/
Digilent/linux-digilent.git
> cd linux-digilent
> make ARCH=arm CROSS_COMPILE=arm-
none-linux-gnueabi- digilent_zed_
defconfig
> make ARCH=arm CROSS_COMPILE=arm-
none-linux-gnueabi-
```

しばらくするとmakeが終了し，arch/arm/boot/zImageができあがります．devicetree.dtbは特別なものが必要です．

一つは先に説明した通り，interrupts記述が最新のもの．そしてもう一つは，様々な周辺機器の記述をそぎ落とした簡単なもの（詳細な理由は次章）です．ここでは筆者が用意したdevicetree.dtbを使います．

●buildrootを使う

buildrootのサイトからソースをダウンロードします．make menuconfigでメニュー画面を立ち上げます．

```
> wget http://buildroot.uclibc.org/
downloads/buildroot-2012.11.1.tar.gz
> tar zxvf buildroot-2012.11.1.tar.
gz
> cd buildroot-2012.11.1
> make menuconfig
```

初期画面はx86がターゲットになっているので，次のように変更します．

- Target ArchitectureをARM（little endian）に変更
- Target Architecture Variantはcortex-A9
- ToolchainでToolchain typeをeglibc用のCcrosstool-NG tooolchainに変更
- Crosstool-NG C libraryをeglibcに変更
- Enable C++ supportをONにする
- System configurationを選び，Port to run a getty（login prompt）onをttyS0からttyPS0に変更

これでコンフィグレーションを保存して終了します．makeすることで最終的にoutput/images/rootfs.tarができました．これをramdisk8M.image.gzと入れ替えるのですが，そのために一度，ramdisk8M.image.gzを解凍し初期化します．ramdisk8M.imageをmountし，rootfs.tarを展開し，umountして，最後はgzipで圧縮して完成です．

```
> gunzip ramdisk8M.image.gz
> mkfs.ext2 ramdisk8M.image
mke2fs 1.42 (29-Nov-2011)
ramdisk8M.image is not a block
special device.
Proceed anyway? (y,n) y
Filesystem label=
OS type: Linux
Block size=1024 (log=0)
Fragment size=1024 (log=0)
Stride=0 blocks, Stripe width=0
blocks
2048 inodes, 8192 blocks
409 blocks (4.99%) reserved for
the super user
First data block=1
Maximum filesystem blocks=8388608
1 block group
```

```
    8192 blocks per group, 8192
 fragments per group
 2048 inodes per group
   ～中略～
 Allocating group tables: done
 Writing inode tables: done
 Writing superblocks and filesystem
 accounting information: done
 > sudo mount -o loop ramdisk8M.
 image /mnt
 > cd buildroot-2012.11.1/output/
 images
 > sudo tar xvf rootfs.tar -C /mnt
 > sudo umount /mnt
 > gzip ramdisk8M.image
 > ls -l ramdisk8M.image.gz
 -rwxr-xr-x 1 root root 3556918  2
 月 18 00:42 ramdisk8M.image.gz
```

このルート・ファイル・システムで立ち上げるとgettyが動き，コンソールにloginプロンプトがでます．筆者はこれをshがいきなり動作するように/etc/inittabを書き換えました．

```
 # Put a getty on the serial port
 # ttyPS0::respawn:/sbin/getty -L
 ttyPS0 115200 vt100 # GENERIC_
 SERIAL
 ttyPS0::respawn:-/bin/sh
```

    *   *   *

　最新の環境や新しいライブラリを利用しようとしたときに，Linuxカーネルの再構築を要求されることがあります．Linuxの最新のカーネルはgitで管理されているので，簡単にダウンロードしてコンパイルが可能です．それに合わせて用意されているハードウェアと適切なデバイス・ドライバを選択するため，バイナリであるdtbが必要です．dtbはdtsをコンパイルすることで用意できます．dtsの記述とドライバは整合性がある必要があるので注意が必要です．dtsにはIPアドレスやルート・ファイル・システムの設定が記述できます．

　完成したLinuxでライブラリやアプリケーションを作るには，PC用Linuxでクロス・コンパイルしたオブジェクトを作る必要があります．AvianとJikesを用意すれば，Zynqだけの環境でJavaによるアプリケーション開発がある程度できるようになります．ルート・ファイル・システムを最新のeglibcにすると，より汎用性が広がります．ルート・ファイル・システムの構築には軽量のbuildrootが使えます．作成したルート・ファイル・システムをさらに書き換えて，/bin/shが立ち上がる環境を作ることができました．

第7章 ハードウェア・ロジックの追加

標準で用意されているGPIOの追加から，
独自のハードウェアCQ版GPIOの作成&組み込みまで

　この章からはZynqのFPGA部分に焦点を当てます．ついに「やわらかいハード」の核心部分に到達です．ハードウェア・ロジック（ここではIPコアと同義）を追加して自分のスーパーSoCを構築することが可能です．

　ハードウェア・ロジック（IPコア）の追加方法にはいくつかあります．一つはツールであるXilinx Platform Studio（XPS）上にすでに用意されているロジックを選択して追加する方法です．Xilinx社が用意しているものからサードパーティが用意しているもの，無償のもの，有償のものと様々な選択肢の中から必要なロジックを選んで自分のシステムの中に組み込むことができます．まさに自分だけのARM SoCを作ることができるようになります．

　この手法はビジネスを加速させるうえでも重要です．必要なロジック（IPコア）を調達してSoCを組み立て，市場の開発スピードに負けないようにするためにも，あるものを有効に使い，一番上のアイデア部分で特徴のあるものを開発して差別化していくという方法は今後の主流になるでしょう．

　一方，必要なロジックが特殊であるために自分で開発しなければならないこともあるでしょう．昔からある秋葉原的手法と言ってもよいかもしれません．アマチュアの方にとっては世界のどこにもない一品物がつくれる魅力的な手法と言えます．

　ここではその二つの方法を紹介します．さらに作成したIPコアを，別のデザインに再利用する方法も紹介します．

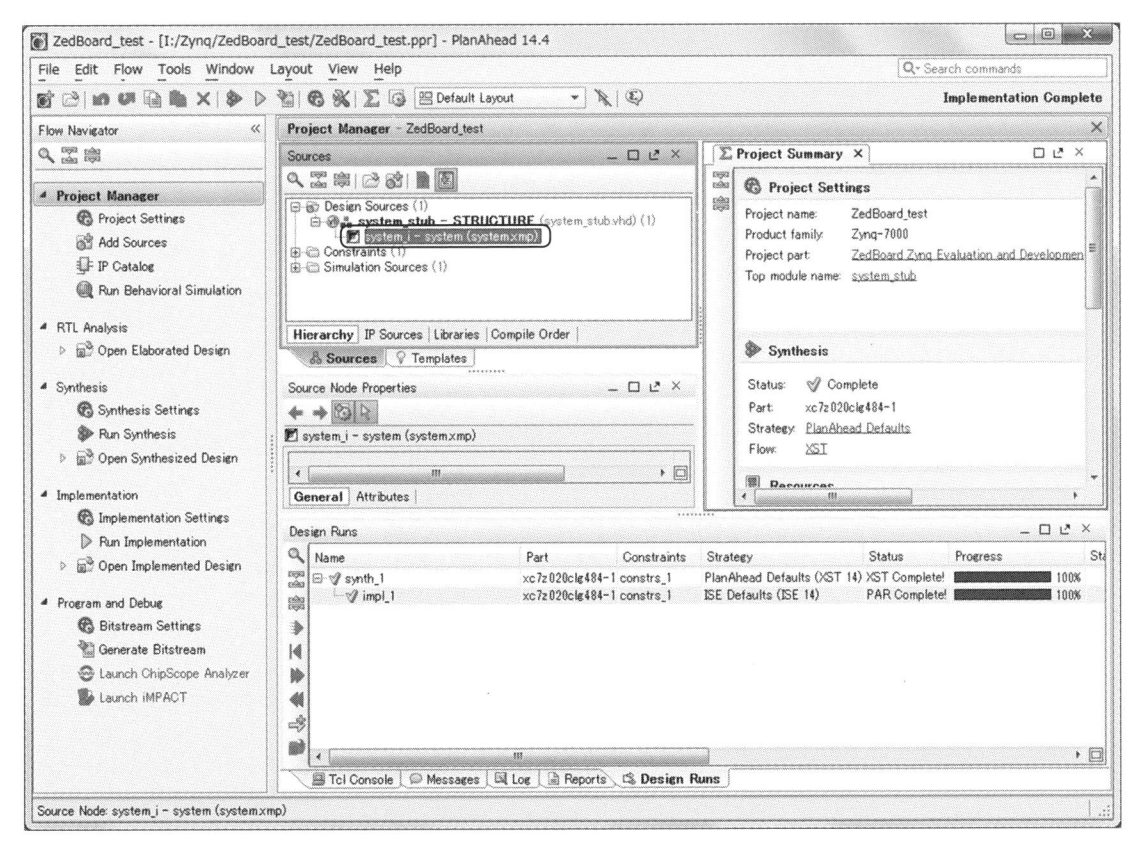

図7.1　PlanAheadからXPSを呼び出す

7.1 用意されたGPIOを追加する

●GPIOが使えない

ZedBoardのBSPから作成したビットストリームとLinuxは，Xilinx社のGPIOが使えませんでした．これはPL部にXilinx社のGPIOがないのと，dtsに記述がないためでした．実際のPL部にGPIOが存在しないのにdtsにその記述があると，Linuxはアクセスしようとしてそこで動作が止まることも経験しました．

Xilinx社のGPIOを追加するために，今までのPlanAheadのプロジェクトからXPSを呼び出します（図7.1）．

XPSで作ったデザインはZedBoard初期設定のままです［図7.2（a）］．つまり，ZedBoardのMIO用にUART1，SD0，USB0，Enetnet0，GPIOなどが設定されています．

また，PL部には三つのGPIO（BTNs_5Bits，LEDs_8Bits，SWs_8Bits）が設定されていました［図7.2（b）］．ただし，このPL部はLinuxから認識されていません．

●Xilinx社のGPIOを追加

ここに新たにXilinx社のGPIOを追加します．左のIPCatalogのペインのGeneral Purpose IOをクリックするとメニューが開きます（図7.3）．AXI General Purpose IOのバージョン1.01.bが見えると思います．このように，各IPコアにはバージョンがついています．

dtsでは，このバージョンのコンパチビリティ・リストを持っていて，上位互換のあるIPコアかどうかを指し示すようになっていました．また，LinuxのドライバではどのバージョンのIPコアをサポートするかを決めるために，このバージョンを使っていました．

AXI General Purpose IOをクリックするとIPコアの詳細が表示されます［図7.4（a）］．このIPコアではChannel 1と2の二つがあり，初期設定ではChannel 2は使わない設定になっています．

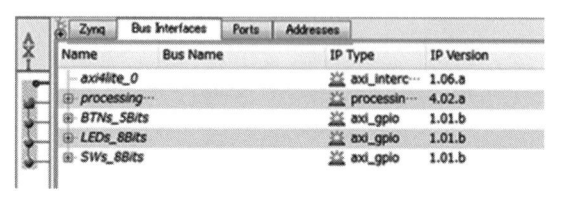

(b) PLにあるIPコアの確認

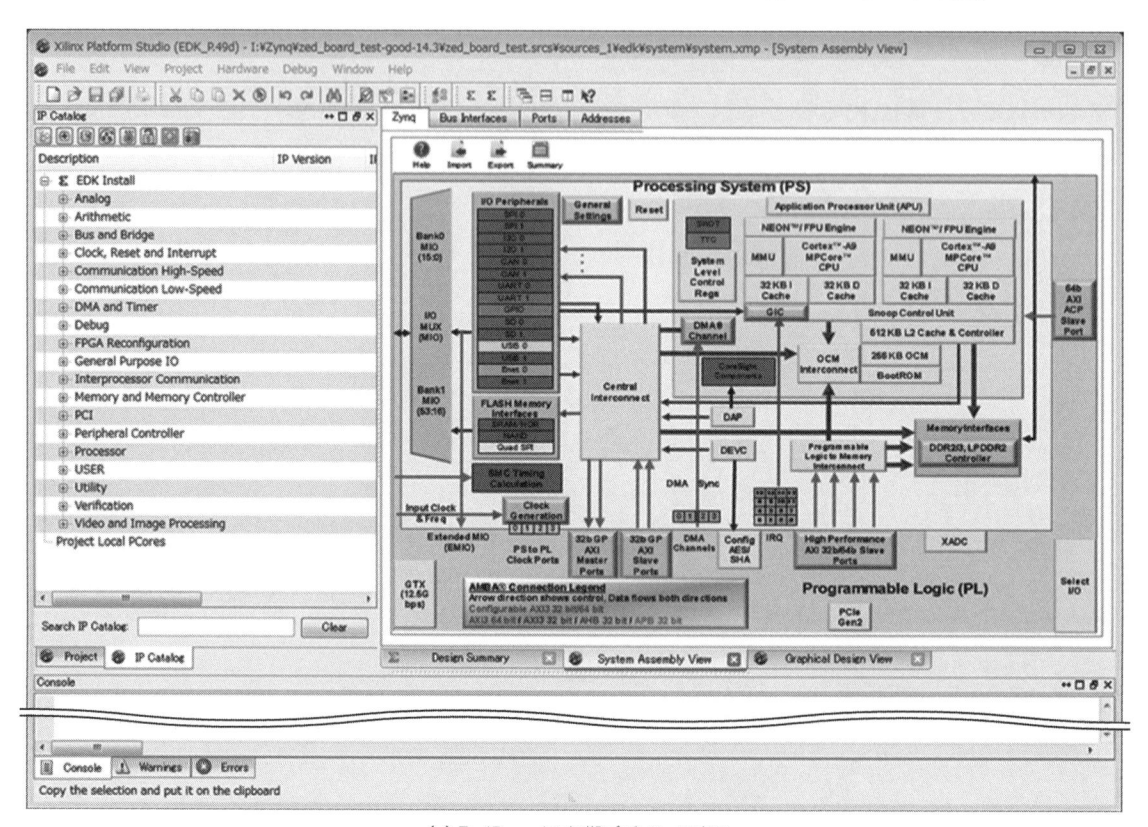

(a) ZedBoardの初期デザインの確認

図7.2 XPSでのZedBoardの初期デザイン

図7.3 GPIOの追加

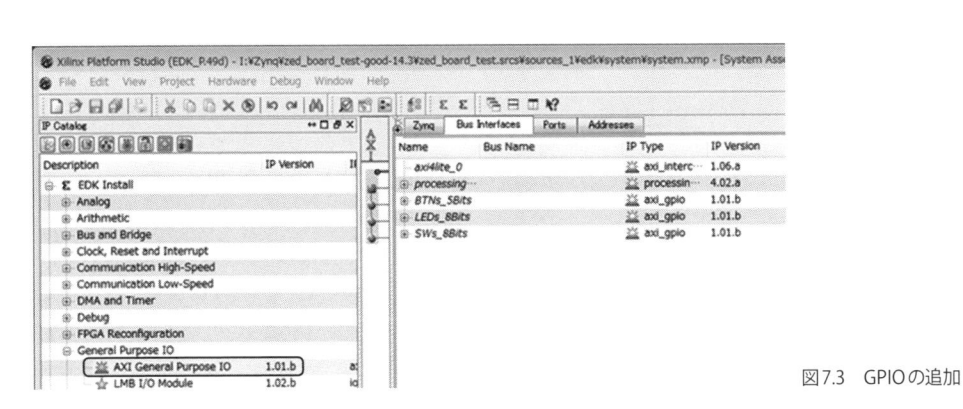

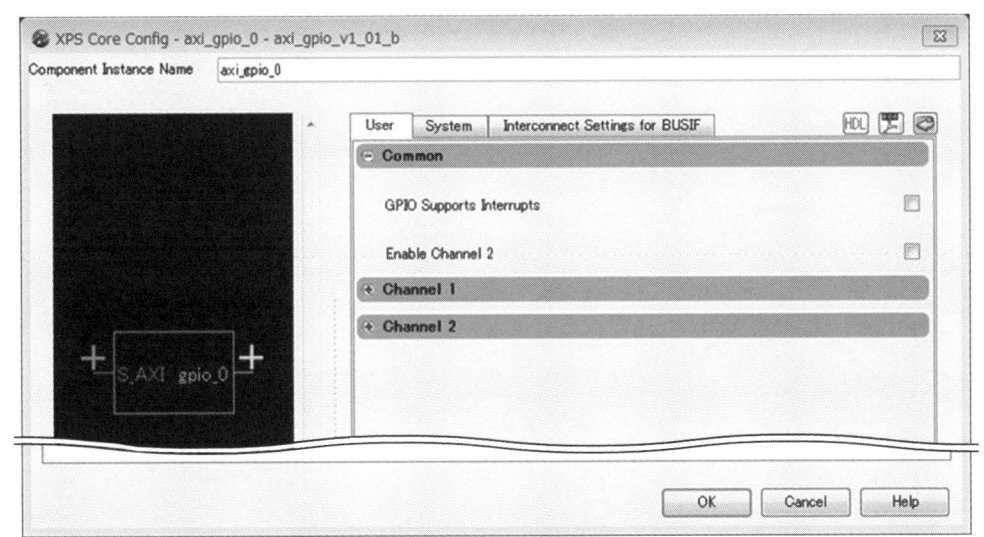

(a) GPIO コアの設定画面

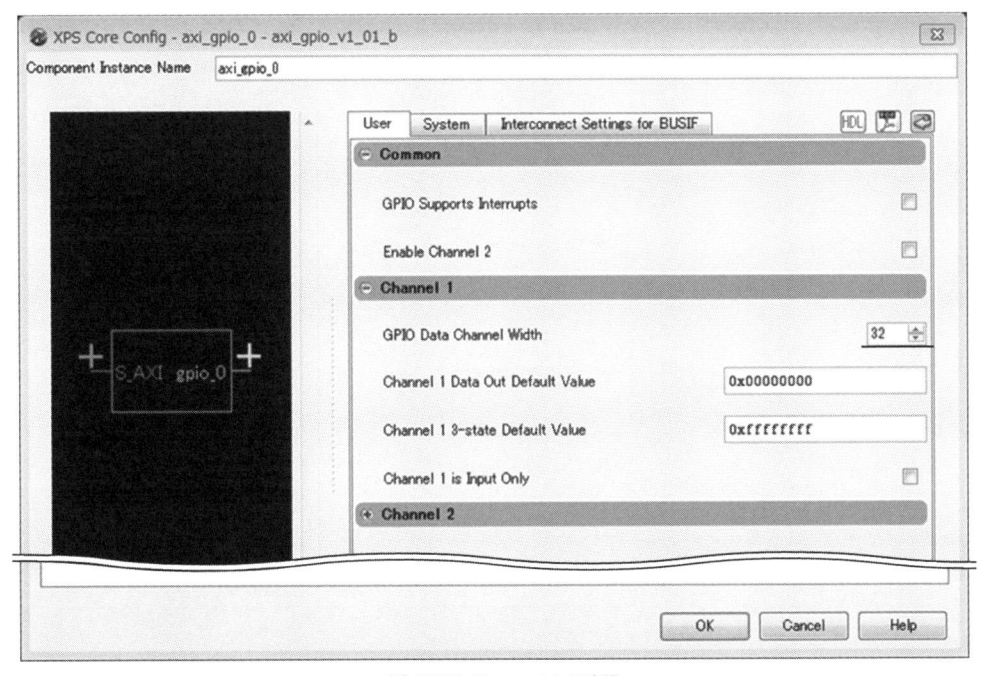

(b) GPIO Channel 1 の確認

図7.4 GPIO の詳細設定

7.1 用意されたGPIOを追加する 167

Channel 1の詳細を見ると，GPIOが32個使えるようになっていることがわかります［図7.4（b）］．ここでは1個だけを使えるように設定します［図7.4（c）］．追加する旨のウィンドウが表示されるのでOKをクリックします［図7.4（d）］．

　これで新たにaxi_gpio_0が追加されました．簡単ですね．次にPorts設定を確認します（図7.5）．ここでもすでにaxi_gpio_0のgpio_0のGPIO_IOに，すでに外部ポート（External Ports）としてaxi_gpio_0_GPIO_IO_pinが設定されています．このポート（pin）をucfファイル上の実際のピンに割り当てれば使えるようになります．

7.2 EMIO GPIOの追加

　ここでは合わせてEMIO GPIOの追加もします．EMIOはExtended Multiplexed I/Oの略で，ARMの周辺機器をPL部に引き出すことができる機能でした．つまり，機能としてはARMのGPIOですが，実際のピン配置としてはFPGA側に出せるのです．LinuxからはARMのGPIOに見えます．

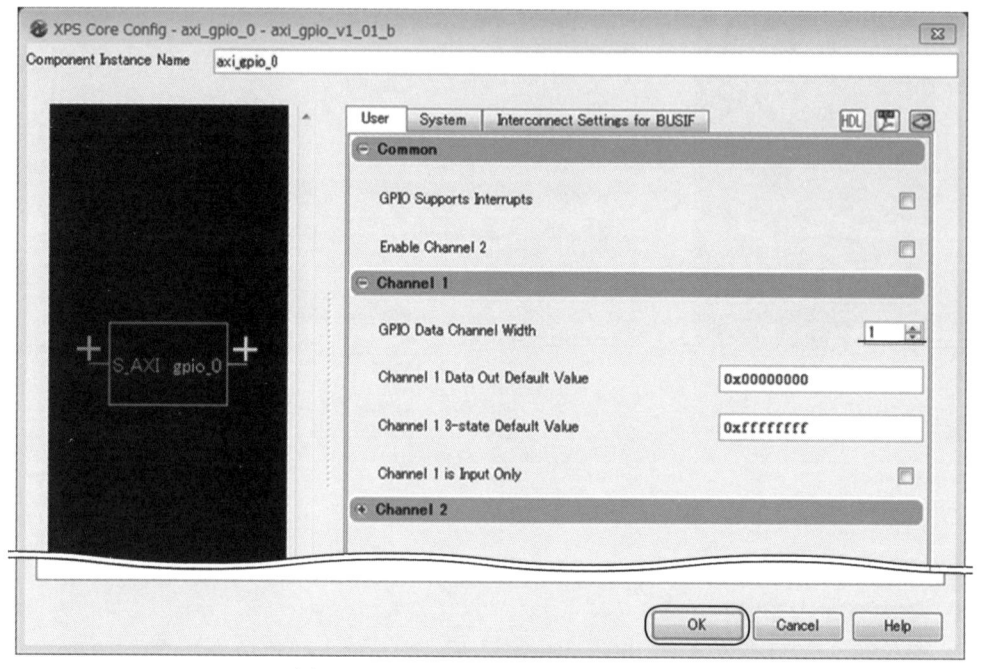

（c）GPIOのチャネル幅（Channel Width）の変更

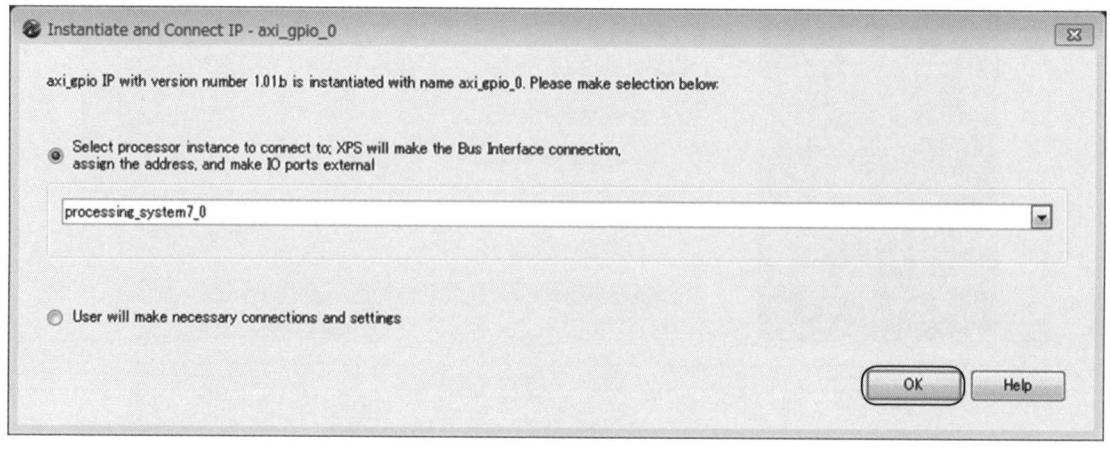

（d）IP追加の確認画面

図7.4　GPIOの詳細設定（続き）

図7.5　GPIOのPortの設定

●GPIOを一つだけPL部に引き出す

ここではGPIOを一つだけPL部に引き出します．このとき，すでにPL部でロジックを組むこともできますし，単純に外に出すこともできます（図7.6）．今回は単純に外に出すようucfファイルを設定します．

ZynqのペインのI/O Peripheralsをクリックすると，Zynq PS Configurationを開くことができます（図7.7）．一番下のGPIOを開きEMIO GPIOを有効にするためにチェックを入れます．またIO数は1にします．

ZynqでARMのGPIOは最大で118（32 + 22 + 32 + 32）です．バンクが四つあり，一つ目がMIOで32個，二つ目がMIOで22個，3つ目と4つ目がEMIOでそれぞれ32個です．

ここで設定したEMIOは，最初から数えて54番目になります．この番号がLinuxで使用するときに重要に

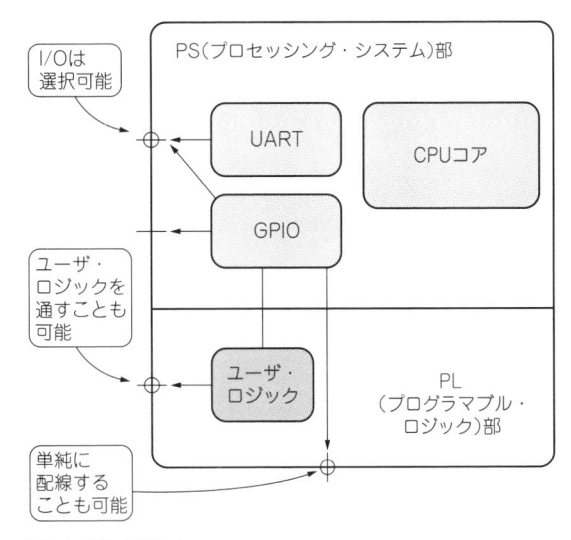

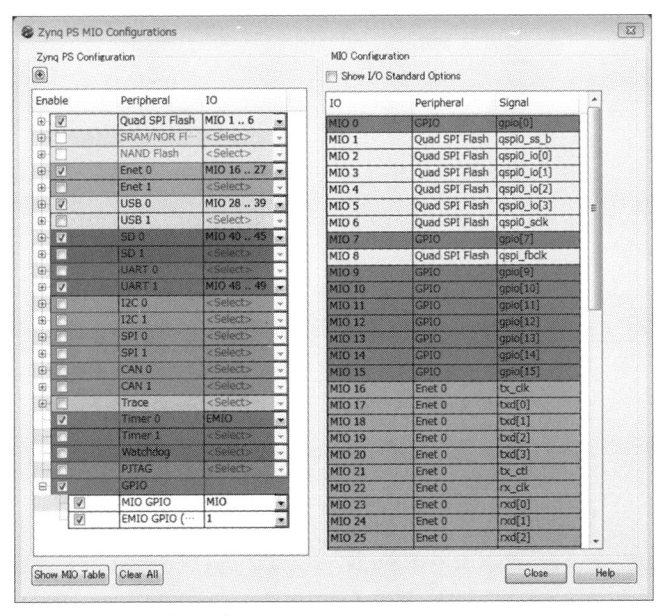

図7.6　I/Oの出し方

図7.7　ZynqのPS部の設定

7.2　EMIO GPIOの追加　　169

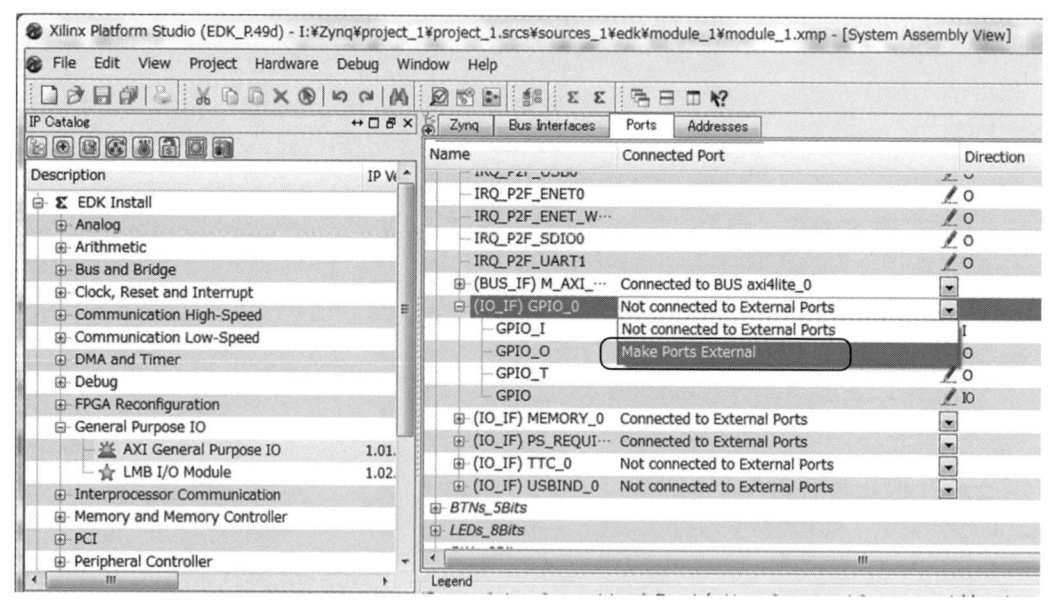

(a) Make Ports External を選択

(b) 新規ポートの作成

図7.8　GPIO 外部ピンの追加

なります．

　ここでも Ports で GPIO の設定を確認します．processing_system7_0 の GPIO_0 はまだどこにも設定されていないので，Not connected to External Ports をクリックしてメニューを出し，Make Ports External を選択します［図7.8（a）］．processing_system7_0_GPIO_pin というポートができました［図7.8（b）］．

　最後に Addresses を確認しておきます（図7.9）．追加された axi_gpio_0 が 0x4128_0000 にアサインされて

いるのがわかります．EMIO は ARM の GPIO として扱われるので，ここでは表示されません．Zynq の GPIO のバンク2をアクセスすることになります．詳細は Zynq の資料（ug585）の Appendix B の Register Details の B.19 General Purpose I/O のバンク2を参照してください．

　追加は以上です．実際の GPIO は後で PlanAhead で ucf ファイルを修正することでボタンに割り当てます．そのため，ここで BTNs_5Bits の2ビットを削り，GPIO Data Channel Width を3にしておきます（図

170　第7章　ハードウェア・ロジックの追加

図7.9　GPIOのアドレス配置を確認

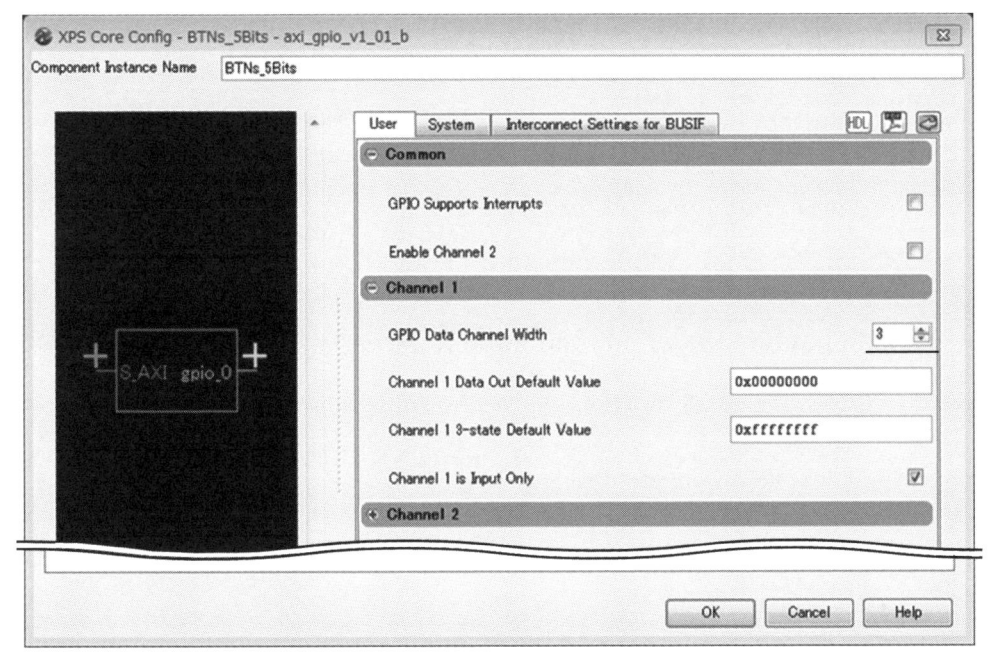

図7.10　既存のGPIO幅を削る

(a) トップ・モジュールの生成

図7.11　PlanAheadで合成

7.10)．この作業を忘れると後の合成でエラーになるので注意してください．

XPSでの作業はここで終わりです．XPSを抜けてPlanAheadに戻ります．

●**PlanAheadで合成**

PlanAheadでDesign Sourcesのsystem_iを右クリックで選択し，Create Top HDLを選択します．トップ・モジュールの自動生成が始まります［図7.11 (a)］．

ピン情報を変更するために，ucfファイルを編集します［図7.11 (b)］．system.ucfをダブルクリックして編集画面を開きます［図7.11 (c)］．ボタンのUとRをそれぞれaxi_gpio_0のprocessing_system7_0_GPIO_pinに割り当てます．

7.2　EMIO GPIOの追加　171

Program and DebugからGenerate Bitstreamを選択して合成を始めます．これでうまく合成が完了するはずです（図7.12）．既存のIPコアを追加するのは非常に簡単です．

● 合成でエラーになったら

筆者が試したところ，最初はIPコア追加後に合成でエラーになってしまいました．これは，BTNs_5Bitsの2ビットを削り忘れたためでした．余っていてアサインされていないピンがあると実装時にエラーになります（図7.13）．

● SDKでブート・イメージを作る

この作業は以前と同じです．再度，簡単にその作業を振り返ります．

(1) Export Hardware for SDKでハードウェア情報をSDKに引き渡す

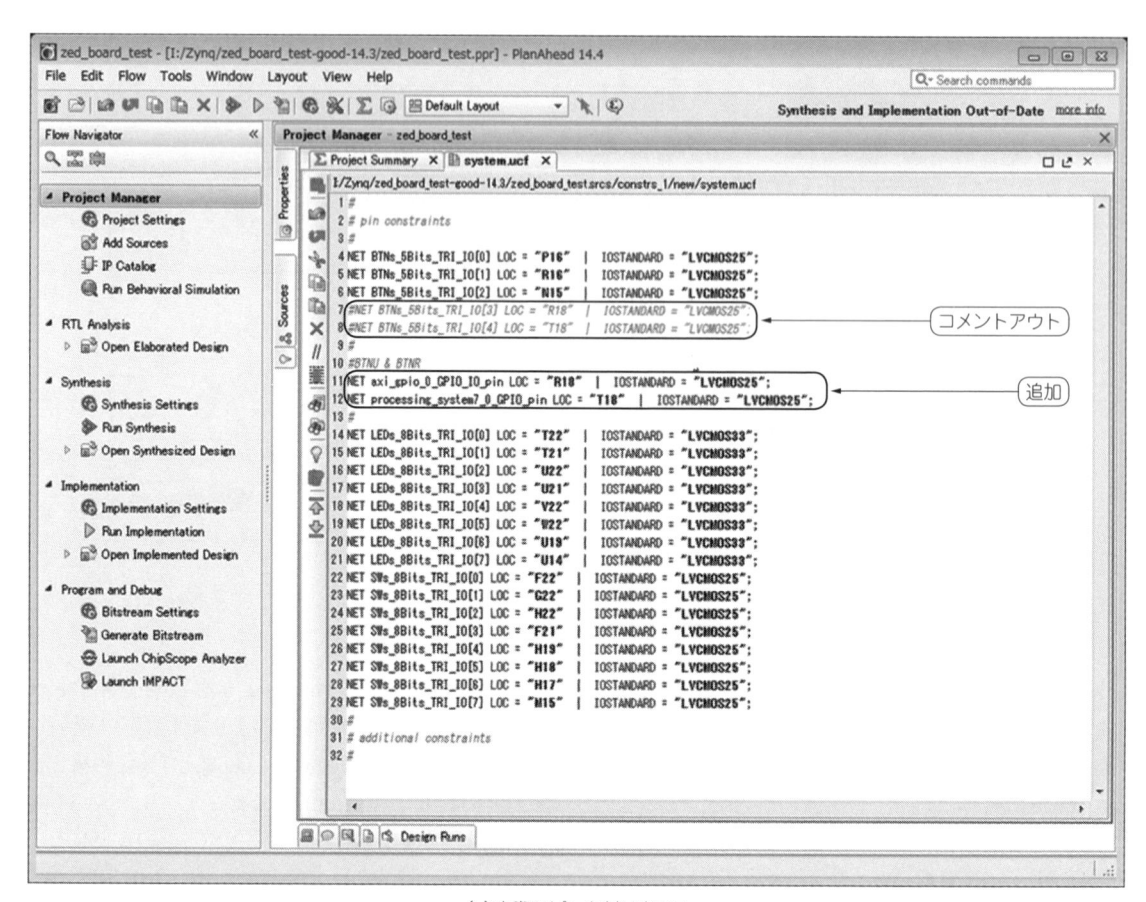

(b) system.ucfを選択

(c) 実際のピンを割り当てる

図7.11 PlanAheadで合成（続き）

(2) SDKを立ち上げてFSBLを選択
(3) Xilinx ToolsからCreate Zynq Boot Imageを選択
(4) u-boot.elfを追加
(5) イメージの作成

生成されたBOOT.binでZynqを立ち上げます．必要なファイルは次の通りです．
- BOOT.bin（今回作ったもの）
- zImage（3.6Linuxカーネル．Digilent社のgitから作った）
- devicetree.dtb（ZedBoard標準からいくつか削除して最小構成にしたもの）
- ramdisk8M.image.gz （buildrootで作成したeglicを含むシステム）

長い道のりでしたが，これで一通りのものをほとんどすべて自前で用意することができました．CQ版ZedBoard用ディストリビューションです．ここまでの解説を読み返せばその中身についても深い理解が得られるでしょう．

● Linuxが立ち上がらない？

Linuxが立ち上がらなければ，なんからの組み合わせによる操作ミスの可能性があります．たとえば，筆者はdtbを間違えてフル装備のものを使ってしまいました．すると，次のメッセージで止まってしまいました．

```
adv7511 0-0039: adv7511 configured
for DVI (RGB)
```

PL部の設定が正しくされていないからでしょう（恐らくI²Cの通信で止まっている）．

あるいはdtbの設定のファイル・システムが

図7.12 ビットストリームの生成

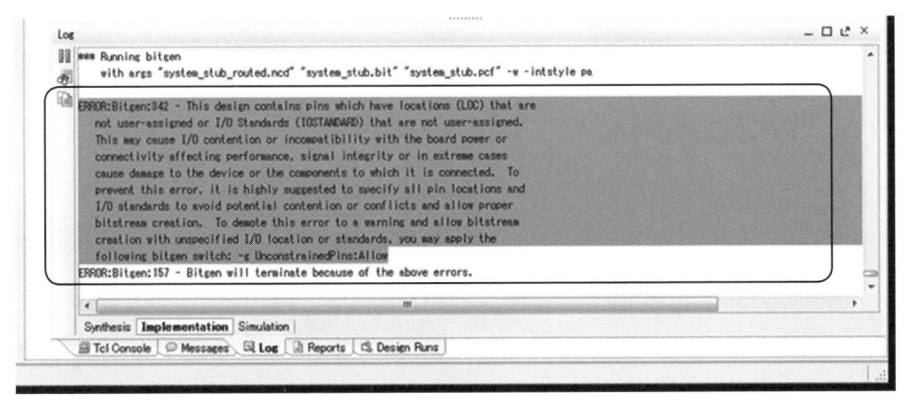

図7.13 ucfとデザインの整合性が取れず合成でエラー

7.2 EMIO GPIOの追加 173

リスト7.1 dtsにgpioを追加

```
axi_gpio_0: gpio@41280000 {
        #gpio-cells = <2>;
        compatible = "xlnx,axi-gpio-1.01.b",
                     "xlnx,xps-gpio-1.00.a";
        gpio-controller ;
        reg = < 0x41280000 0x10000 >;
        xlnx,all-inputs = <0x0>;
        xlnx,all-inputs-2 = <0x0>;
        xlnx,dout-default = <0x0>;
        xlnx,dout-default-2 = <0x0>;
        xlnx,family = "zynq";
        xlnx,gpio-width = <0x1>;
        xlnx,gpio2-width = <0x20>;
        xlnx,instance = "axi_gpio_0";
        xlnx,interrupt-present = <0x0>;
        xlnx,is-dual = <0x0>;
        xlnx,tri-default = <0xffffffff>;
        xlnx,tri-default-2 = <0xffffffff>;
} ;
```

mmcblk1を使うようになっていたため，にそれを用意していなかったので止まることもありました．これらの解決をするためにはメッセージを1個1個見て解決していくしかありません．

● Linux-A-Go-Go

最初の"Jamming"な状態から"Funky"な状態へとLinuxを含めた環境を成長させることができました．これも1個1個丁寧に断片を拾い上げた(Pick Up The Pieces)結果です．

立ち上げたLinuxでgpioの確認をしてみます．ARMのGPIOはLinuxが自動的に認識しています．そこで，次の手順でGPIOの54番を有効にします．

```
Zynq> cd /sys/class/gpio
Zynq> echo 54 > export
Zynq> cat gpio54/value
```

割り当てたボタンRを押すと，valueの値が変わります．

● Linux再々コンパイル

Digilent社のLinuxカーネルの初期設定は，ARMのGPIOが有効になっているものの，Xilinx社のGPIOが有効になっていません．カーネルを再コンパイルすることでXilinx社のGPIOを有効にすることが可能です．.configを修正してCONFIG_GPIO_XILINXを有効にします．

```
> grep GPIO .config | grep XIL
digilent-linux-make.txt:CONFIG_
GPIO_XILINX=y
digilent-linux-make.txt:CONFIG_
GPIO_XILINX_PS=y
> make ARCH=arm CROSS_
COMPILE=arm-none-linux-gnueabi-
digilent_zed_defconfig
```

dtsも修正する必要があります．簡単にはリスト7.1の記述を追加することでXilinx社のGPIOの動作がLinux上で可能になります．

このdtsからdtbを作り実際にLinuxを起動してみます．dtbのコンパイルにはdtcを使います．dtcのソースはkernelの中にあり，kernelを生成したときにscripts/dtc/dtcとして勝手に生成されています．

```
> scripts/dtc/dtc -I dts -O dtb
-o devicetree.dtb devicetree-
digilent-gpio.dts
```

再度，これらのファイルとともにLinuxを立ち上げます．/sys/class/gpioにはgpiochip255ができています．255番から新しいGPIOが追加されたことを意味します．前回の54と新しく追加された255が使用可能です．それぞれ，ボタンのRとUに割り当てられているのがわかります．

● dtsを自動的に作成する

前節で使用したdtsは非常に複雑です．本来なら一つ一つ意味を知る必要があるのでしょう．dtsを手で記述するのは大変です．実際には自動生成をすることが可能です．

Xilinx社のWikiには，SDKを使ったdtsの作成方法が書かれています．ここでは簡単にスクリプトでできる方法を取り上げます．

ISE Design SuiteのCommand PromptをWindowsのメニューから選択します．XPSのディレクトリからsystem.xmlをコピーします．今までと同じ環境であれば，./ZedBoard_test/sources_1/edk/system/__xps/system.xmlにあるはずです．

system.mssというファイルを自分で用意し，次の内容にします．

```
BEGIN OS
 PARAMETER OS_NAME = device-tree
 PARAMETER PROC_INSTANCE = ps7_
cortexa9_0
END
```

Xilinx社のサイトから自動生成用のtclのソースをgitで取得します．これはCygwinやLinuxでとってき

```
+ system.xml
+ system.mss
+ bsp/
    device-tree/
```

図7.14 ディレクトリ構成

たものをコピーする必要があるでしょう（Command Promptではgitが用意されていないため）．

```
> git clone git://git.xilinx.com/device-tree.git
Cloning into device-tree...
remote: Counting objects: 1734, done.
remote: Compressing objects: 100% (757/757), done.
remote: Total 1734 (delta 549), reused 1415 (delta 426)
Receiving objects: 100% (1734/1734), 1.74 MiB | 39 KiB/s, done.
Resolving deltas: 100% (549/549), done.
> ls device-tree
data/
```

bspというディレクトリを作成し 生成されたdevice-treeを置きます．図7.14にディレクトリ構成を示します．これで準備完了です．libgenコマンドでdtsを作成します．

```
>libgen -hw system.xml -lp device-tree -pe ps7_cortexa9_0 -log libgen.log system.mss
libgen
Xilinx EDK 14.4 Build EDK_P.49d
Copyright (c) 1995-2012 Xilinx, Inc.  All rights reserved.

Command Line: libgen -hw system.xml -lp device-tree -pe ps7_cortexa9_0 -log libgen.log system.mss
～中略～
Running post_generate.
Running execs_generate.
```

```
i:\Zynq\zed_board_test-good-14.3\device-tree>
```

dtsであるps7_cortexa9_0/libsrc/device-tree/xilinx.dtsができました．bootargsが空になっているので，今まで動いたものをコピーするなどして，うまく起動するdtsを作り上げます．

各IPコアがその生成をサポートしていれば，この方法でdtsを自動的に作り上げることが可能です．

Xilinx社のGPIOは当然dtsの自動生成をサポートしているので，XPSで設定されたすべてのGPIOについて（BTNs_5Bits，LEDs_8Bits，SWs_8Bitsと追加のaxi_gpio_0）の記述が含まれています．これを使えばすべてのGPIOがLinuxからデバイス・ドライバを通してアクセス可能です．

そして，ZedBoardに添付のシステムではGPIOが簡単に使えるのに対し，我々が作ってきたLinuxでは最初GPIOを使えなかった理由がここにあります．しかし，今や全容を理解した我々は，自由にZynqのハードを追加して対応するLinuxのドライバをインストールすることができるようになったのです．

7.3 CQ版GPIOの追加

今度は新たに自分用のIPコアを作成し追加します．ここでは簡単な仕様のGPIOのIPコアを作成します．

PlanAheadからXPSを起動し，Hardware→Create or Import Peripheralを選択します（図7.15）．Xilinx社の用語でCIPと表現される方法です．なぜCIPと略してしまったのかは謎です．

Create or Import PeripheralのWizardが立ち上がります［図7.16（a）］．Next で先に進めます．Peripheral Flowのウィンドウでも，Create templates for a new peripheralにチェックが入っていることを確認したうえで先に進めます［図7.16（b）］．Repository or Projectウィンドウも何も入力するべきことがないので先に進めます［図7.16（c）］．Name and VersionでNameにcq_gpioを，Versionは初期値の1.00.aを，Descriptionには適切な英語を書きNextボタンをクリックします［図7.16（d）］．Bus Interfaceウィンドウではバスのタイプを選べます．バスにはいろいろありますが，ここではこれらの理解をスッ飛ばします（次章以降）．AXI4-Liteに接続する設定としま

7.3 CQ版GPIOの追加 175

す［図7.16（e）］．

その後，IPIF Serverces や User S/W Register，IPInterconnect，（OPTIONAL）Peripheral Simulation Support，（OPTIONAL）Peripheral Implementation Support までの設定画面は，すべて初期値のまま Next ボタンで進みます．必要であれば Generate ISE and XST project files to help you implement the peripheral using XST flow にチェックをして ISE 用の

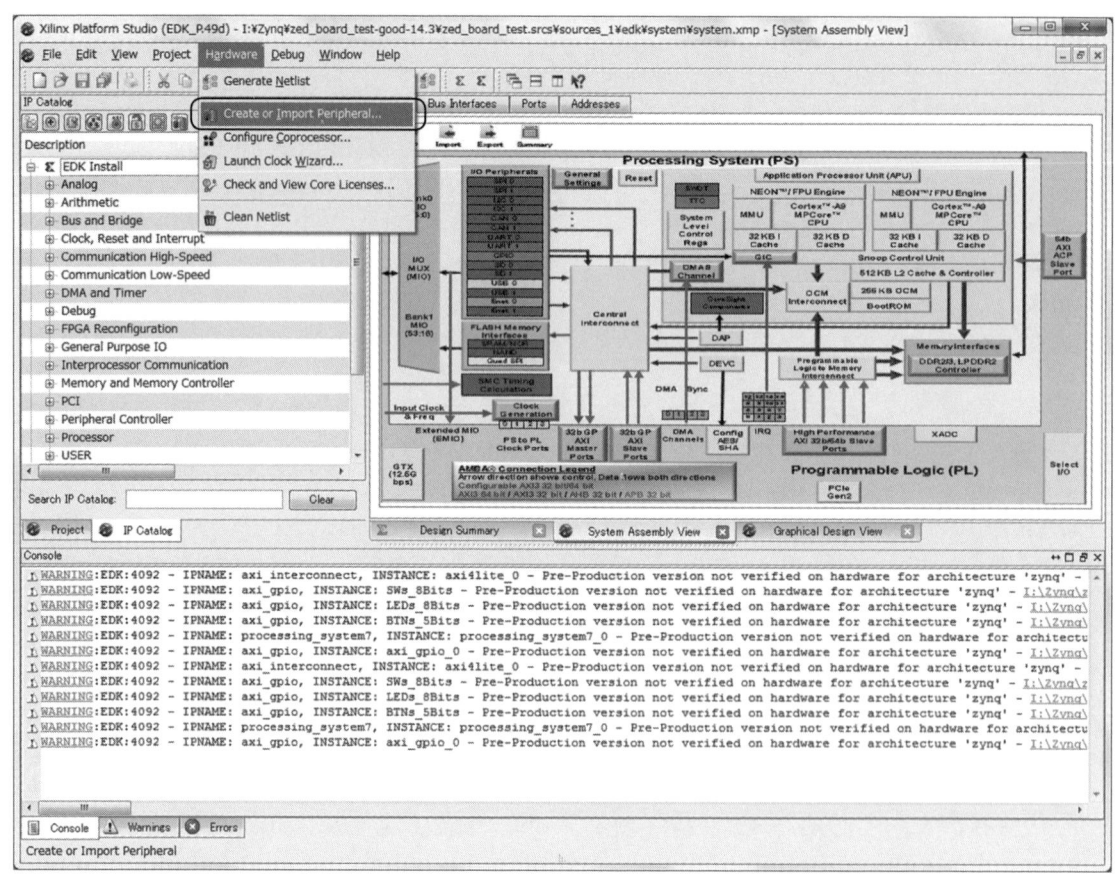

図7.15 Create or Import Peripheralの選択

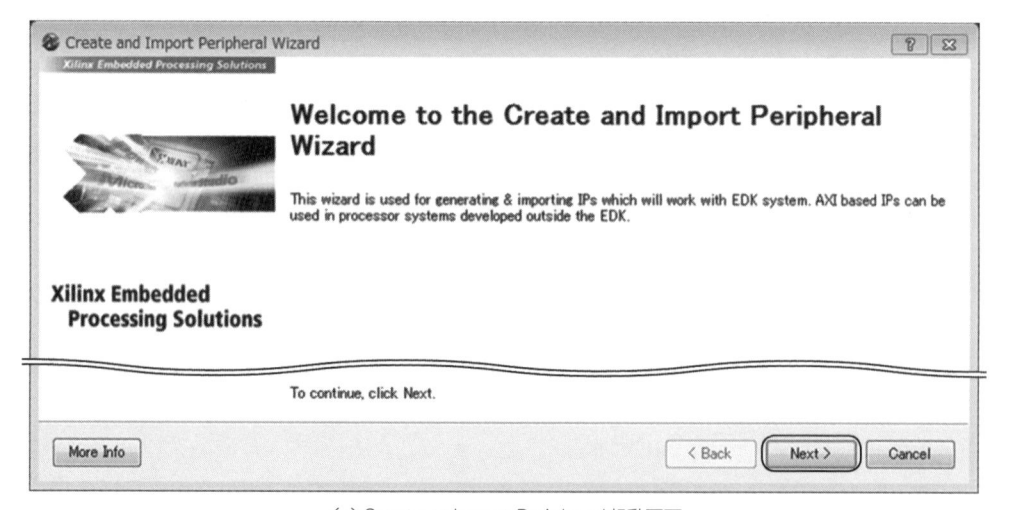

(a) Create or Import Peripheral 起動画面

図7.16 Create or Import Peripheral による IP コアの追加生成

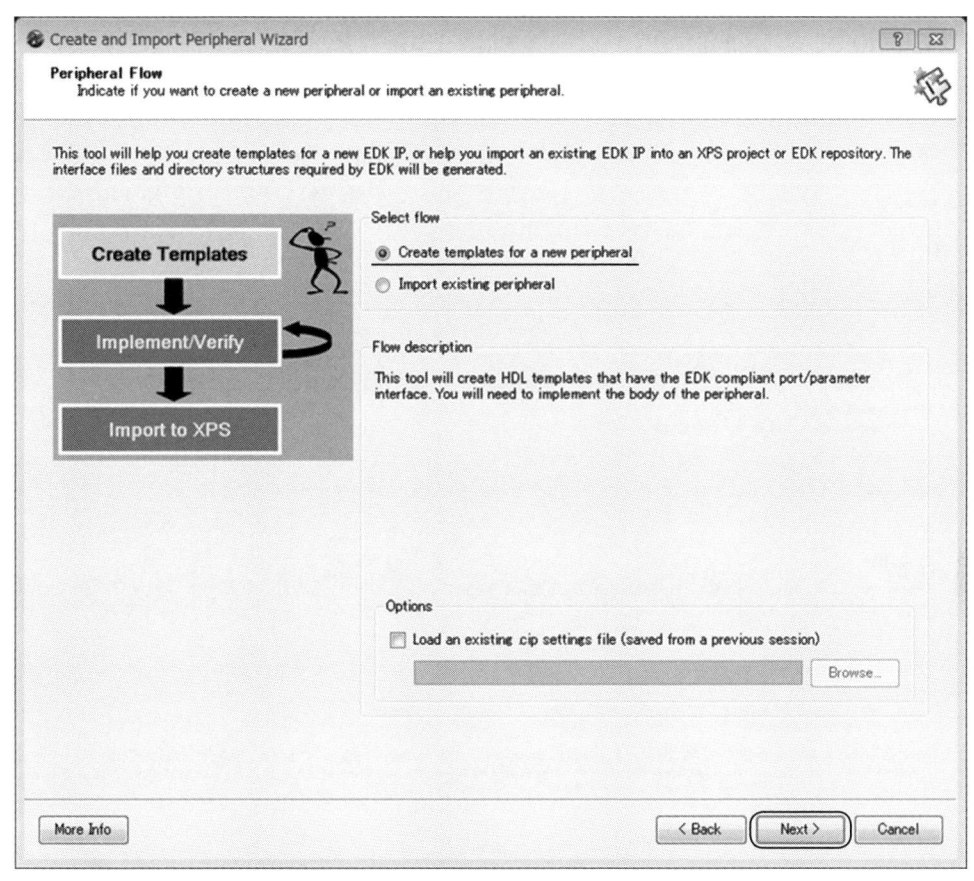

(b) Peripheral Flow画面

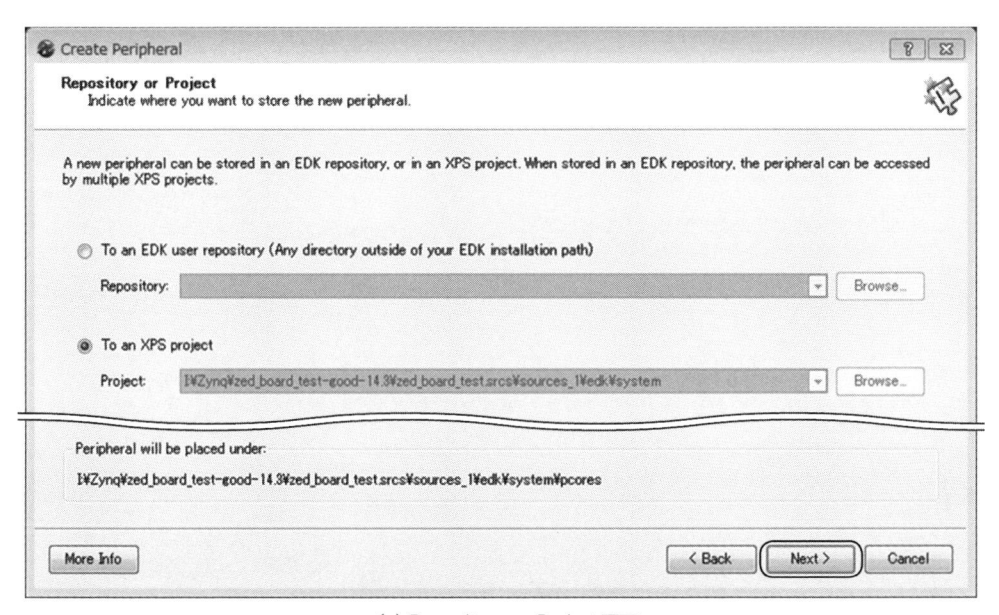

(c) Repository or Project画面

7.3　CQ版 GPIOの追加　177

プロジェクトを自動生成させます．最後のウィンドウのCongratulations!が表示されれば，FinishをクリックしてIPコアの雛形が完成します［図7.16 (f)］．

XPSでUSERにCQ_GPIOの1.00.aが追加されていることを確認します（図7.17）．IPコアのバージョンの命名規則はVivadoでも変わらないのでここで習得しておいて損はないでしょう．

7.4 IPコアの開発

●超簡単仕様IPコアの仕様

ここでは非常に簡単な仕様のIPコアを作成してみます．

先ほどのWizardで，Registerを一つだけ設定可能にしました．この最下位の1ビットを次のようにしま

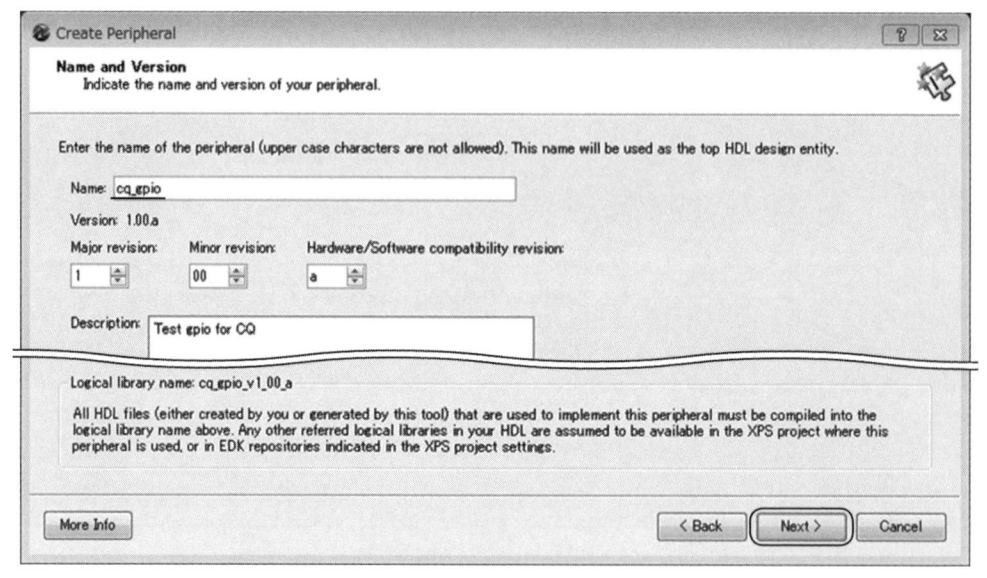

(d) IPコアの名称にcq_gpioを入力

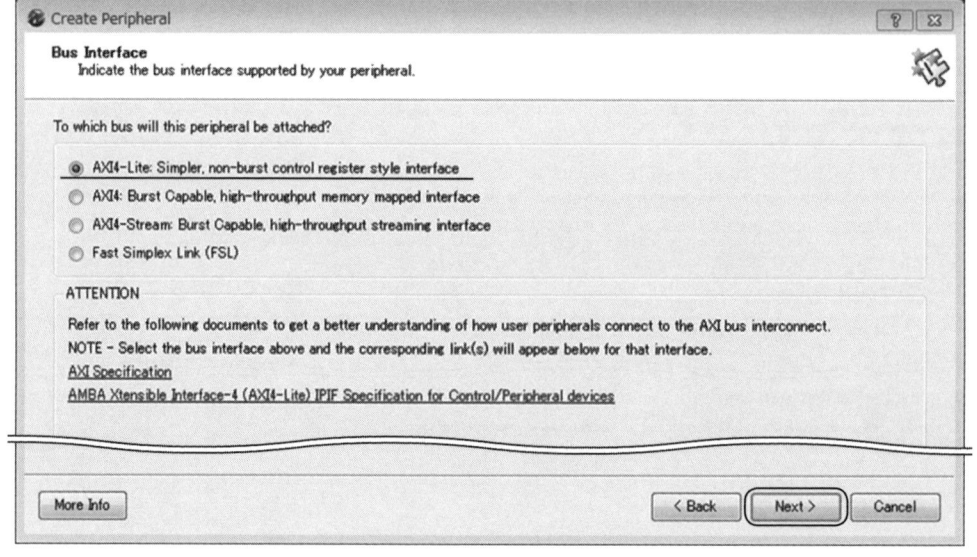

(e) AXI4-Liteを選択

図7.16 Create or Import PeripheralによるIPコアの追加生成（続き）

178　第7章　ハードウェア・ロジックの追加

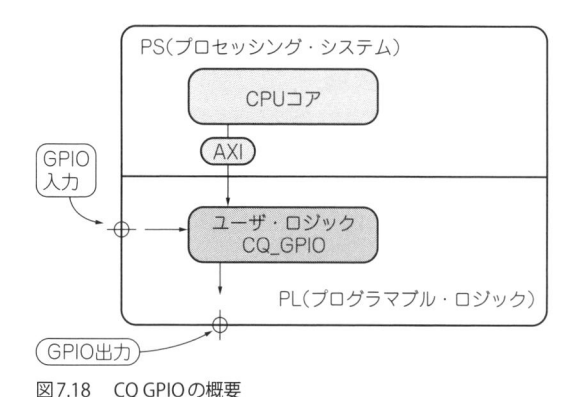

図7.17　CQ版GPIOの追加

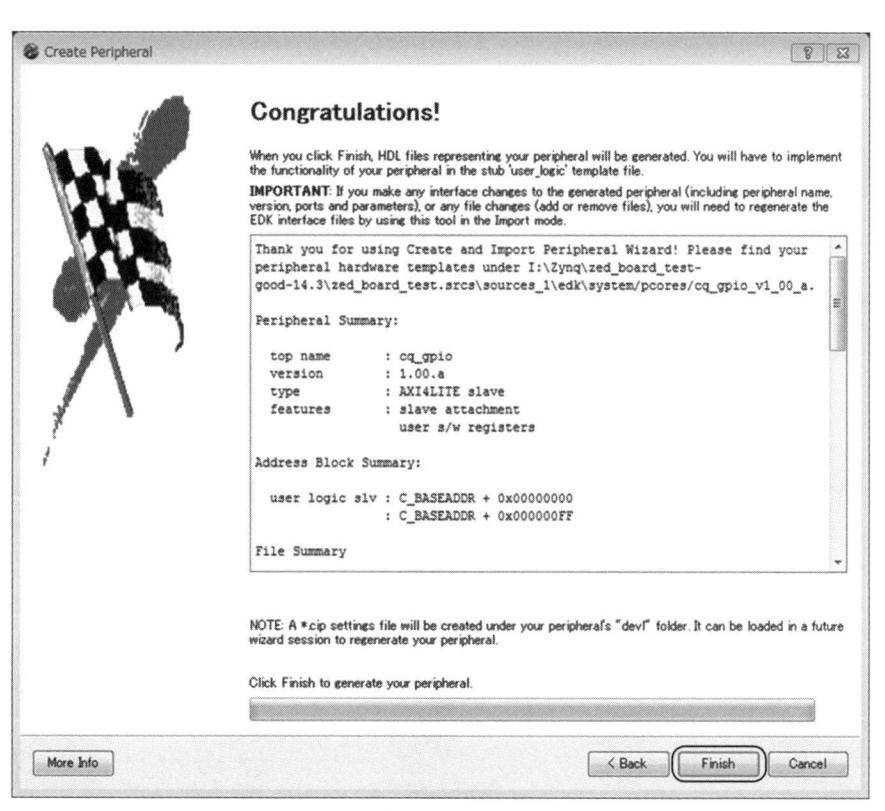

図7.18　CQ GPIOの概要

(f) 最終確認画面

7.4　IPコアの開発　　179

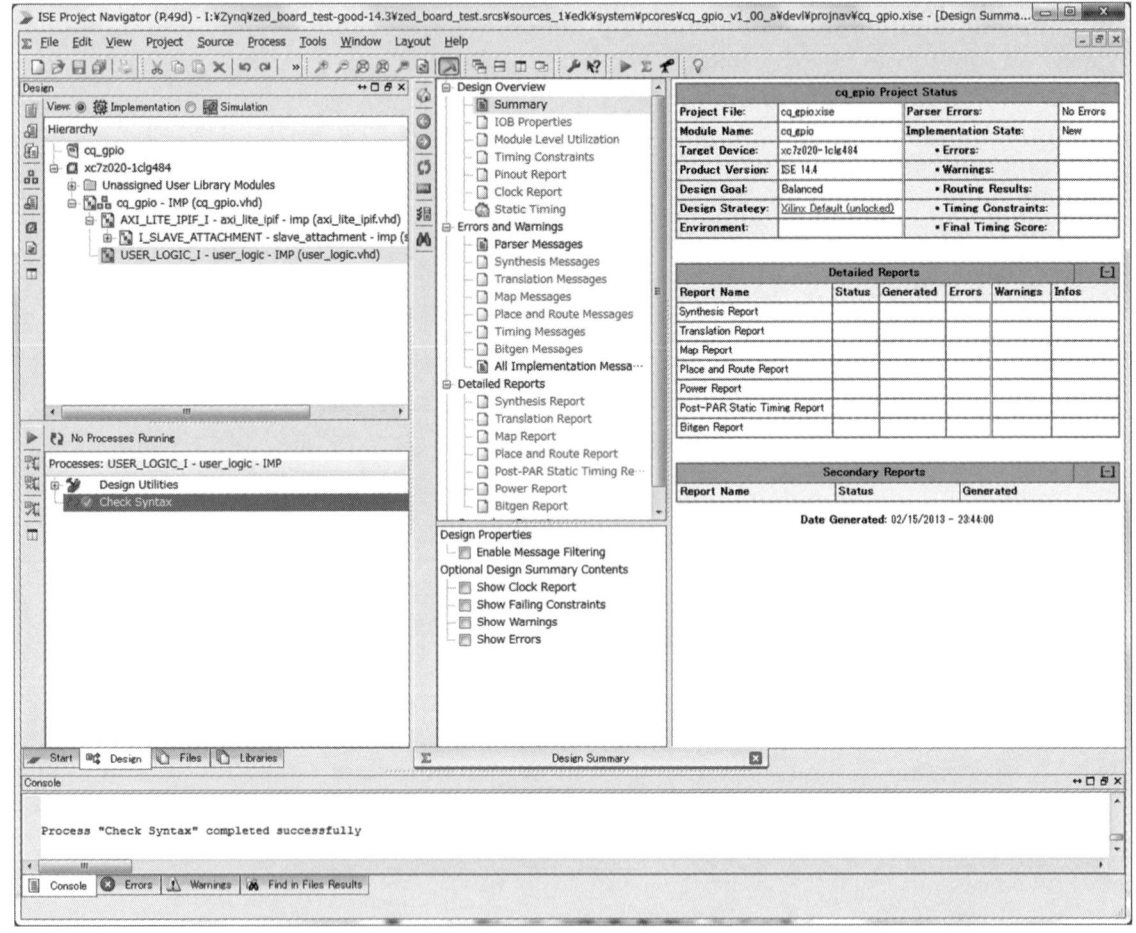

図7.19 IPコア開発のためにISEを立ち上げる

す（図7.18）．

- 書き込み…gpio_outへの出力
- 読み込み…gpio_inからの入力

　ISEのプロジェクトを作った場合はISEで開発ができます．XPSではIPコア自身の開発はできません．

　今回のIPコアは非常に簡単なので，今回は，エディタで編集して簡単なテストベンチでの確認だけとしました．生成の際にGenerate ISE and XST project files to help you implement the peripheral using XST flowにチェックが入っていれば，自動的にISEのプロジェクトが生成されます．それを立ち上げることで開発が可能です（図7.19）．

　修正内容をリスト7.2に示します．動作としてはgpio_outに0か1の情報を書き込む機能と，gpio_inから得た情報をレジスタに反映させるだけの単純な処理です．さらに，XPSがgpio_inとgpio_outを認識するようにmpdに記述を追加します（リスト7.3）．mpdが何であるかは，今は置いておきましょう（後述）．

●CQ GPIOをデザインへ追加

　XPSでの画面でIPCatalogのCQ_GPIOをダブルクリックすると，IPコアを追加する旨のウィンドウが出て，OKで先に続けるとcq_gpio_v1_00_aの設定画面が出ます（図7.20）．

　Microprocessor Peripheral Descriptionで，バスの設定や合成時のパラメタ，ポートを記述します．XPSはmpdをみて，必要なGUIを自動的に作りだします．mpdに特別に諸設定をするように書き足しmuiなどを用意すれば，この画面に反映されてGUIで細かい調整ができるようになります．それらはVHDLのGeneric文として自動生成されます．

　XPSのメイン画面に戻りBus Interfacesを確認すると，AXIにすでにcq_gpio_0が接続されています［図7.21（a）］．Addressesにも0x7C80_0000番地に自動的

リスト7.2 CQ版GPIOのVHDLソース

```vhdl
entity cq_gpio is
  generic
  (
    -- ADD USER GENERICS BELOW THIS LINE ---------------
    --USER generics added here
    -- ADD USER GENERICS ABOVE THIS LINE ---------------

    -- DO NOT EDIT BELOW THIS LINE --------------------
    -- Bus protocol parameters, do not add to or delete
    C_S_AXI_DATA_WIDTH              : integer                := 32;
    C_S_AXI_ADDR_WIDTH              : integer                := 32;
    C_S_AXI_MIN_SIZE                : std_logic_vector       := X"000001FF";
    C_USE_WSTRB                     : integer                := 0;
    C_DPHASE_TIMEOUT                : integer                := 8;
    C_BASEADDR                      : std_logic_vector       := X"FFFFFFFF";
    C_HIGHADDR                      : std_logic_vector       := X"00000000";
    C_FAMILY                        : string                 := "virtex6";
    C_NUM_REG                       : integer                := 1;
    C_NUM_MEM                       : integer                := 1;
    C_SLV_AWIDTH                    : integer                := 32;
    C_SLV_DWIDTH                    : integer                := 32
    -- DO NOT EDIT ABOVE THIS LINE --------------------
  );
  port
  (
    -- ADD USER PORTS BELOW THIS LINE ------------------
    gpio_out : out std_logic;
    gpio_in  : in  std_logic;
    -- ADD USER PORTS ABOVE THIS LINE ------------------

    -- DO NOT EDIT BELOW THIS LINE --------------------
    -- Bus protocol ports, do not add to or delete
    S_AXI_ACLK                      : in  std_logic;
    S_AXI_ARESETN                   : in  std_logic;
    S_AXI_AWADDR                    : in  std_logic_vector(C_S_AXI_ADDR_WIDTH-1 downto 0);
    S_AXI_AWVALID                   : in  std_logic;
    S_AXI_WDATA                     : in  std_logic_vector(C_S_AXI_DATA_WIDTH-1 downto 0);
    S_AXI_WSTRB                     : in  std_logic_vector((C_S_AXI_DATA_WIDTH/8)-1 downto 0);
    S_AXI_WVALID                    : in  std_logic;
    S_AXI_BREADY                    : in  std_logic;
    S_AXI_ARADDR                    : in  std_logic_vector(C_S_AXI_ADDR_WIDTH-1 downto 0);
    S_AXI_ARVALID                   : in  std_logic;
    S_AXI_RREADY                    : in  std_logic;
    S_AXI_ARREADY                   : out std_logic;
    S_AXI_RDATA                     : out std_logic_vector(C_S_AXI_DATA_WIDTH-1 downto 0);
    S_AXI_RRESP                     : out std_logic_vector(1 downto 0);
    S_AXI_RVALID                    : out std_logic;
    S_AXI_WREADY                    : out std_logic;
    S_AXI_BRESP                     : out std_logic_vector(1 downto 0);
    S_AXI_BVALID                    : out std_logic;
    S_AXI_AWREADY                   : out std_logic
    -- DO NOT EDIT ABOVE THIS LINE --------------------
  );

  attribute MAX_FANOUT : string;
  attribute SIGIS : string;
  attribute MAX_FANOUT of S_AXI_ACLK       : signal is "10000";
  attribute MAX_FANOUT of S_AXI_ARESETN    : signal is "10000";
  attribute SIGIS of S_AXI_ACLK       : signal is "Clk";
  attribute SIGIS of S_AXI_ARESETN    : signal is "Rst";
end entity cq_gpio;

------------------------------------------------------------------------------
-- Architecture section
------------------------------------------------------------------------------

architecture IMP of cq_gpio is

  constant USER_SLV_DWIDTH              : integer                := C_S_AXI_DATA_WIDTH;

  constant IPIF_SLV_DWIDTH              : integer                := C_S_AXI_DATA_WIDTH;

  constant ZERO_ADDR_PAD                : std_logic_vector(0 to 31) := (others => '0');
  constant USER_SLV_BASEADDR            : std_logic_vector       := C_BASEADDR;
  constant USER_SLV_HIGHADDR            : std_logic_vector       := C_HIGHADDR;

  constant IPIF_ARD_ADDR_RANGE_ARRAY    : SLV64_ARRAY_TYPE       :=
    (
```

リスト 7.2　CQ 版 GPIO の VHDL ソース（続き）

```vhdl
           ZERO_ADDR_PAD & USER_SLV_BASEADDR,  -- user logic slave space base address
           ZERO_ADDR_PAD & USER_SLV_HIGHADDR   -- user logic slave space high address
        );
    constant USER_SLV_NUM_REG            : integer                := 1;
    constant USER_NUM_REG                : integer                := USER_SLV_NUM_REG;
    constant TOTAL_IPIF_CE               : integer                := USER_NUM_REG;

    constant IPIF_ARD_NUM_CE_ARRAY       : INTEGER_ARRAY_TYPE :=
        (
           0 => (USER_SLV_NUM_REG)       -- number of ce for user logic slave space
        );

    ----------------------------------------
    -- Index for CS/CE
    ----------------------------------------
    constant USER_SLV_CS_INDEX           : integer                := 0;
    constant USER_SLV_CE_INDEX           : integer                := calc_start_ce_index(IPIF_ARD_NUM_CE_ARRAY,
USER_SLV_CS_INDEX);

    constant USER_CE_INDEX               : integer                := USER_SLV_CE_INDEX;

    ----------------------------------------
    -- IP Interconnect (IPIC) signal declarations
    ----------------------------------------
    signal ipif_Bus2IP_Clk               : std_logic;
    signal ipif_Bus2IP_Resetn            : std_logic;
    signal ipif_Bus2IP_Addr              : std_logic_vector(C_S_AXI_ADDR_WIDTH-1 downto 0);
    signal ipif_Bus2IP_RNW               : std_logic;
    signal ipif_Bus2IP_BE                : std_logic_vector(IPIF_SLV_DWIDTH/8-1 downto 0);
    signal ipif_Bus2IP_CS                : std_logic_vector((IPIF_ARD_ADDR_RANGE_ARRAY'LENGTH)/2-1 downto 0);
    signal ipif_Bus2IP_RdCE              : std_logic_vector(calc_num_ce(IPIF_ARD_NUM_CE_ARRAY)-1 downto 0);
    signal ipif_Bus2IP_WrCE              : std_logic_vector(calc_num_ce(IPIF_ARD_NUM_CE_ARRAY)-1 downto 0);
    signal ipif_Bus2IP_Data              : std_logic_vector(IPIF_SLV_DWIDTH-1 downto 0);
    signal ipif_IP2Bus_WrAck             : std_logic;
    signal ipif_IP2Bus_RdAck             : std_logic;
    signal ipif_IP2Bus_Error             : std_logic;
    signal ipif_IP2Bus_Data              : std_logic_vector(IPIF_SLV_DWIDTH-1 downto 0);
    signal user_Bus2IP_RdCE              : std_logic_vector(USER_NUM_REG-1 downto 0);
    signal user_Bus2IP_WrCE              : std_logic_vector(USER_NUM_REG-1 downto 0);
    signal user_IP2Bus_Data              : std_logic_vector(USER_SLV_DWIDTH-1 downto 0);
    signal user_IP2Bus_RdAck             : std_logic;
    signal user_IP2Bus_WrAck             : std_logic;
    signal user_IP2Bus_Error             : std_logic;
begin

    ----------------------------------------
    -- instantiate axi_lite_ipif
    ----------------------------------------
    AXI_LITE_IPIF_I : entity axi_lite_ipif_v1_01_a.axi_lite_ipif
        generic map
        (
            C_S_AXI_DATA_WIDTH           => IPIF_SLV_DWIDTH,
            C_S_AXI_ADDR_WIDTH           => C_S_AXI_ADDR_WIDTH,
            C_S_AXI_MIN_SIZE             => C_S_AXI_MIN_SIZE,
            C_USE_WSTRB                  => C_USE_WSTRB,
            C_DPHASE_TIMEOUT             => C_DPHASE_TIMEOUT,
            C_ARD_ADDR_RANGE_ARRAY       => IPIF_ARD_ADDR_RANGE_ARRAY,
            C_ARD_NUM_CE_ARRAY           => IPIF_ARD_NUM_CE_ARRAY,
            C_FAMILY                     => C_FAMILY
        )
        port map
        (
            S_AXI_ACLK                   => S_AXI_ACLK,
            S_AXI_ARESETN                => S_AXI_ARESETN,
            S_AXI_AWADDR                 => S_AXI_AWADDR,
            S_AXI_AWVALID                => S_AXI_AWVALID,
            S_AXI_WDATA                  => S_AXI_WDATA,
            S_AXI_WSTRB                  => S_AXI_WSTRB,
            S_AXI_WVALID                 => S_AXI_WVALID,
            S_AXI_BREADY                 => S_AXI_BREADY,
            S_AXI_ARADDR                 => S_AXI_ARADDR,
            S_AXI_ARVALID                => S_AXI_ARVALID,
            S_AXI_RREADY                 => S_AXI_RREADY,
            S_AXI_ARREADY                => S_AXI_ARREADY,
            S_AXI_RDATA                  => S_AXI_RDATA,
            S_AXI_RRESP                  => S_AXI_RRESP,
```

```vhdl
      S_AXI_RVALID                  => S_AXI_RVALID,
      S_AXI_WREADY                  => S_AXI_WREADY,
      S_AXI_BRESP                   => S_AXI_BRESP,
      S_AXI_BVALID                  => S_AXI_BVALID,
      S_AXI_AWREADY                 => S_AXI_AWREADY,
      Bus2IP_Clk                    => ipif_Bus2IP_Clk,
      Bus2IP_Resetn                 => ipif_Bus2IP_Resetn,
      Bus2IP_Addr                   => ipif_Bus2IP_Addr,
      Bus2IP_RNW                    => ipif_Bus2IP_RNW,
      Bus2IP_BE                     => ipif_Bus2IP_BE,
      Bus2IP_CS                     => ipif_Bus2IP_CS,
      Bus2IP_RdCE                   => ipif_Bus2IP_RdCE,
      Bus2IP_WrCE                   => ipif_Bus2IP_WrCE,
      Bus2IP_Data                   => ipif_Bus2IP_Data,
      IP2Bus_WrAck                  => ipif_IP2Bus_WrAck,
      IP2Bus_RdAck                  => ipif_IP2Bus_RdAck,
      IP2Bus_Error                  => ipif_IP2Bus_Error,
      IP2Bus_Data                   => ipif_IP2Bus_Data
    );

  ------------------------------------------
  -- instantiate User Logic
  ------------------------------------------
  USER_LOGIC_I : entity cq_gpio_v1_00_a.user_logic
    generic map
    (
      -- MAP USER GENERICS BELOW THIS LINE ---------------
      --USER generics mapped here
      -- MAP USER GENERICS ABOVE THIS LINE ---------------

      C_NUM_REG                     => USER_NUM_REG,
      C_SLV_DWIDTH                  => USER_SLV_DWIDTH
    )
    port map
    (
      -- MAP USER PORTS BELOW THIS LINE ------------------
      gpio_out => gpio_out,
      gpio_in  => gpio_in,
      -- MAP USER PORTS ABOVE THIS LINE ------------------

      Bus2IP_Clk                    => ipif_Bus2IP_Clk,
      Bus2IP_Resetn                 => ipif_Bus2IP_Resetn,
      Bus2IP_Data                   => ipif_Bus2IP_Data,
      Bus2IP_BE                     => ipif_Bus2IP_BE,
      Bus2IP_RdCE                   => user_Bus2IP_RdCE,
      Bus2IP_WrCE                   => user_Bus2IP_WrCE,
      IP2Bus_Data                   => user_IP2Bus_Data,
      IP2Bus_RdAck                  => user_IP2Bus_RdAck,
      IP2Bus_WrAck                  => user_IP2Bus_WrAck,
      IP2Bus_Error                  => user_IP2Bus_Error
    );

  ------------------------------------------
  -- connect internal signals
  ------------------------------------------
  ipif_IP2Bus_Data <= user_IP2Bus_Data;
  ipif_IP2Bus_WrAck <= user_IP2Bus_WrAck;
  ipif_IP2Bus_RdAck <= user_IP2Bus_RdAck;
  ipif_IP2Bus_Error <= user_IP2Bus_Error;

  user_Bus2IP_RdCE <= ipif_Bus2IP_RdCE(USER_NUM_REG-1 downto 0);
  user_Bus2IP_WrCE <= ipif_Bus2IP_WrCE(USER_NUM_REG-1 downto 0);

end IMP;
```

リスト7.3　CQ版GPIOのmpdファイルの内容

```
#################################################################
##
## Name     : cq_gpio
## Desc     : Microprocessor Peripheral Description
##          : Automatically generated by PsfUtility
##
#################################################################

BEGIN cq_gpio

## Peripheral Options
OPTION IPTYPE = PERIPHERAL
OPTION IMP_NETLIST = TRUE
OPTION HDL = VHDL
OPTION IP_GROUP = MICROBLAZE:USER
OPTION DESC = CQ_GPIO
OPTION LONG_DESC = Test gpio for CQ
OPTION ARCH_SUPPORT_MAP = (others=DEVELOPMENT)


## Bus Interfaces
BUS_INTERFACE BUS = S_AXI, BUS_STD = AXI, BUS_TYPE = SLAVE

## Generics for VHDL or Parameters for Verilog
PARAMETER C_S_AXI_DATA_WIDTH = 32, DT = INTEGER, BUS = S_AXI, ASSIGNMENT = CONSTANT
PARAMETER C_S_AXI_ADDR_WIDTH = 32, DT = INTEGER, BUS = S_AXI, ASSIGNMENT = CONSTANT
PARAMETER C_S_AXI_MIN_SIZE = 0x000001ff, DT = std_logic_vector, BUS = S_AXI
PARAMETER C_USE_WSTRB = 0, DT = INTEGER
PARAMETER C_DPHASE_TIMEOUT = 8, DT = INTEGER
PARAMETER C_BASEADDR = 0xffffffff, DT = std_logic_vector, MIN_SIZE = 0x100, PAIR = C_HIGHADDR, ADDRESS = BASE,
                                                                                                BUS = S_AXI
PARAMETER C_HIGHADDR = 0x00000000, DT = std_logic_vector, PAIR = C_BASEADDR, ADDRESS = HIGH, BUS = S_AXI
PARAMETER C_FAMILY = virtex6, DT = STRING
PARAMETER C_NUM_REG = 1, DT = INTEGER
PARAMETER C_NUM_MEM = 1, DT = INTEGER
PARAMETER C_SLV_AWIDTH = 32, DT = INTEGER
PARAMETER C_SLV_DWIDTH = 32, DT = INTEGER
PARAMETER C_S_AXI_PROTOCOL = AXI4LITE, TYPE = NON_HDL, ASSIGNMENT = CONSTANT, DT = STRING, BUS = S_AXI

## Ports
PORT S_AXI_ACLK = "", DIR = I, SIGIS = CLK, BUS = S_AXI
PORT S_AXI_ARESETN = ARESETN, DIR = I, SIGIS = RST, BUS = S_AXI
PORT S_AXI_AWADDR = AWADDR, DIR = I, VEC = [(C_S_AXI_ADDR_WIDTH-1):0], ENDIAN = LITTLE, BUS = S_AXI
PORT S_AXI_AWVALID = AWVALID, DIR = I, BUS = S_AXI
PORT S_AXI_WDATA = WDATA, DIR = I, VEC = [(C_S_AXI_DATA_WIDTH-1):0], ENDIAN = LITTLE, BUS = S_AXI
PORT S_AXI_WSTRB = WSTRB, DIR = I, VEC = [((C_S_AXI_DATA_WIDTH/8)-1):0], ENDIAN = LITTLE, BUS = S_AXI
PORT S_AXI_WVALID = WVALID, DIR = I, BUS = S_AXI
PORT S_AXI_BREADY = BREADY, DIR = I, BUS = S_AXI
PORT S_AXI_ARADDR = ARADDR, DIR = I, VEC = [(C_S_AXI_ADDR_WIDTH-1):0], ENDIAN = LITTLE, BUS = S_AXI
PORT S_AXI_ARVALID = ARVALID, DIR = I, BUS = S_AXI
PORT S_AXI_RREADY = RREADY, DIR = I, BUS = S_AXI
PORT S_AXI_ARREADY = ARREADY, DIR = O, BUS = S_AXI
PORT S_AXI_RDATA = RDATA, DIR = O, VEC = [(C_S_AXI_DATA_WIDTH-1):0], ENDIAN = LITTLE, BUS = S_AXI
PORT S_AXI_RRESP = RRESP, DIR = O, VEC = [1:0], BUS = S_AXI
PORT S_AXI_RVALID = RVALID, DIR = O, BUS = S_AXI
PORT S_AXI_WREADY = WREADY, DIR = O, BUS = S_AXI
PORT S_AXI_BRESP = BRESP, DIR = O, VEC = [1:0], BUS = S_AXI
PORT S_AXI_BVALID = BVALID, DIR = O, BUS = S_AXI
PORT S_AXI_AWREADY = AWREADY, DIR = O, BUS = S_AXI

PORT GPIO_IN = "", DIR = I
PORT GPIO_OUT = "", DIR = O
END
```

に配置されました［図7.21（b）］．

AXIが何ぞやということを知らずにIPコアの開発ができてしまいました．AXIについての詳細は次の章以降で説明します．

続けて，Portsの設定を行います．Portsではcq_gpio_0の下にGPIO_INとGPIO_OUTがありますが，どこにもつながっていません［図7.22（a）］．右クリックでメニューをだしそれぞれMake Externalで信号線（ポート）を追加します［図7.22（b），図7.22（c）］．

このCQ版GPIOに対し，inにはボタンのLを，outにはLED7をつなげるのがここでの計画です．

●他リソースの削除

ボタンのLを入れ替えるにあたって，BTNs_5Bitsは

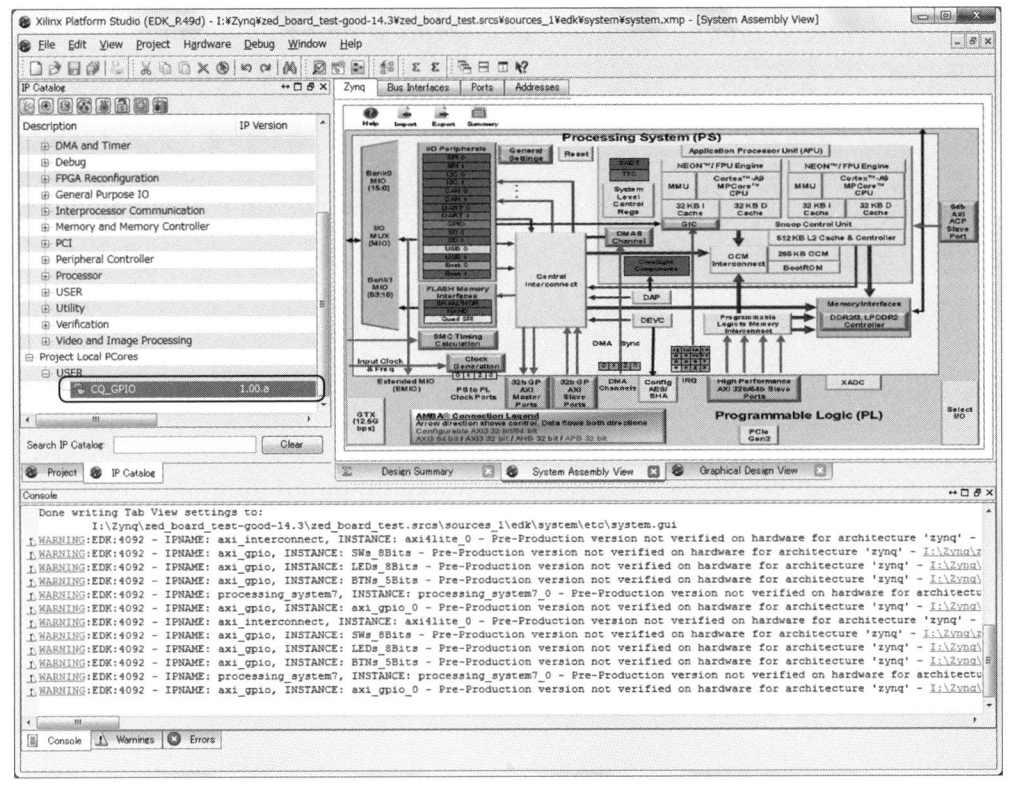

(a) CQ_GPIOをダブルクリック

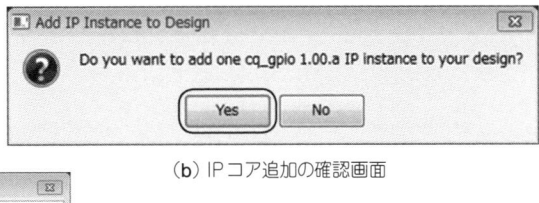

(b) IPコア追加の確認画面

(c) CQ GPIOの設定画面

図7.20　CQ GPIOをデザインへ追加

7.4　IPコアの開発　　185

2ビット［図7.23（a）］に，LEDs_8Bitsは7ビットに変更する［図7.23（b）］に変更する必要があります．これでハードウェアは完成です．XPSを抜けてPlanAheadに戻ります．

●ucfの修正とビットストリームの生成

新しく追加したGPIOに，ボタンのLとLED7をつなぎ替える必要があります．そのためにucfファイルの修正をします（図7.24，リスト7.4）．設定は以上です．Create Top HDLを経て，Generate Bitstreamでビッ

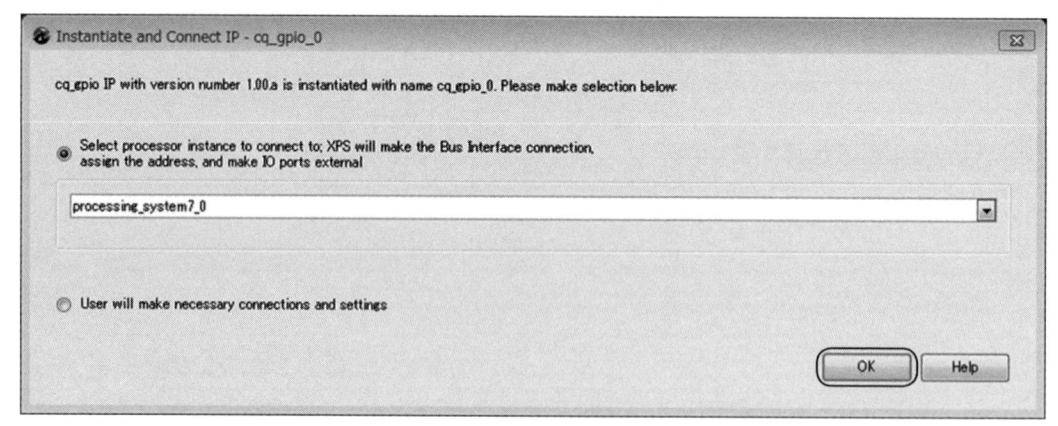

(d) IPコア追加先の確認画面

図7.20　CQ GPIOをデザインへ追加（続き）

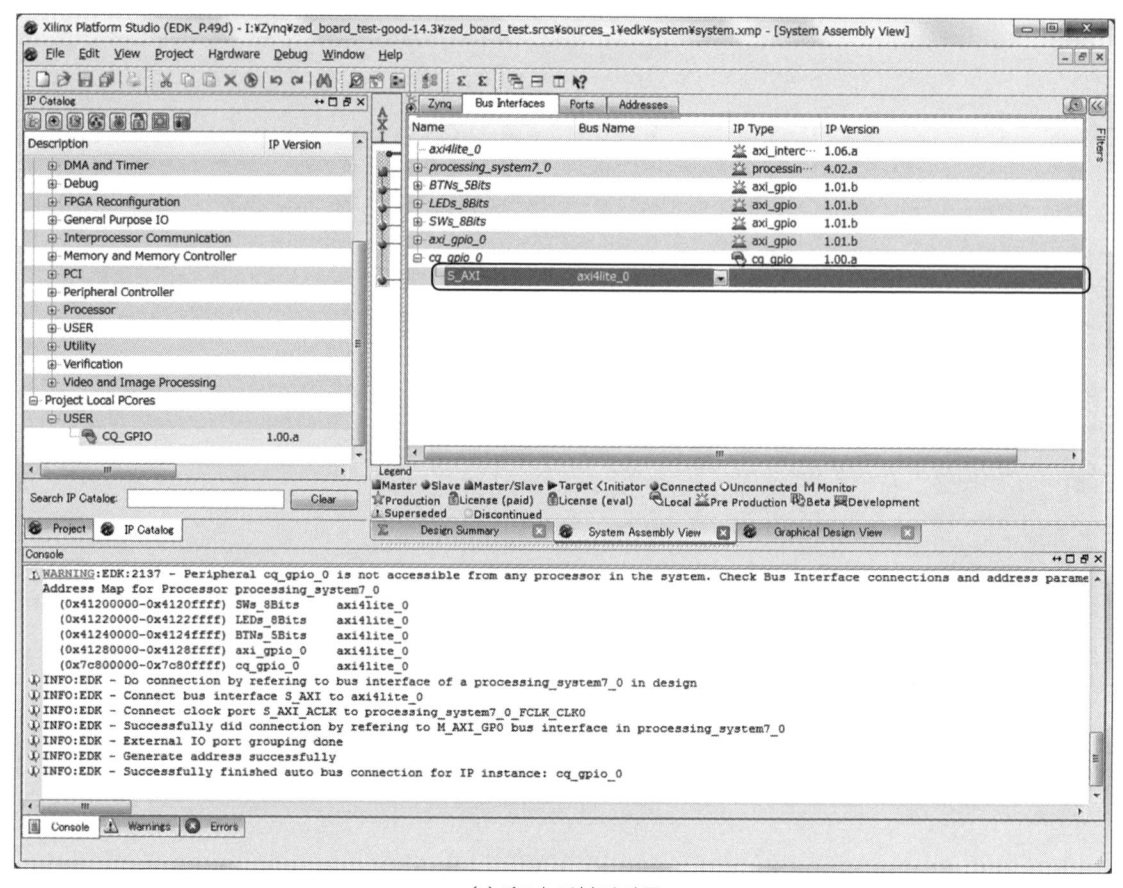

(a) バス上の追加を確認

図7.21　CQ GPIOの追加の確認

186　第7章　ハードウェア・ロジックの追加

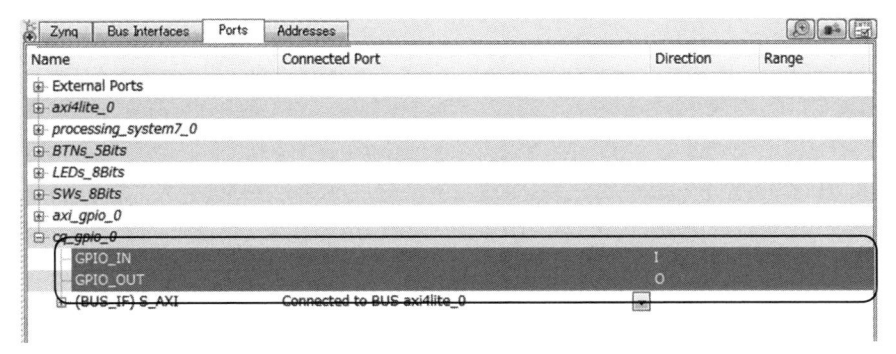

(a) ポートが未設定

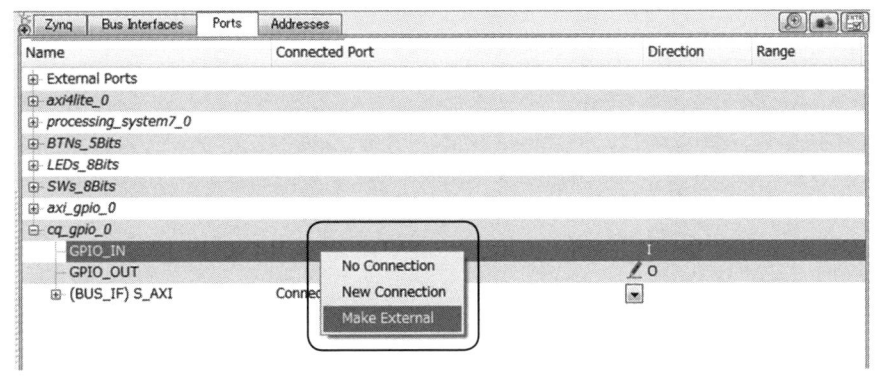

(b) Make Externalで入力ポート作成

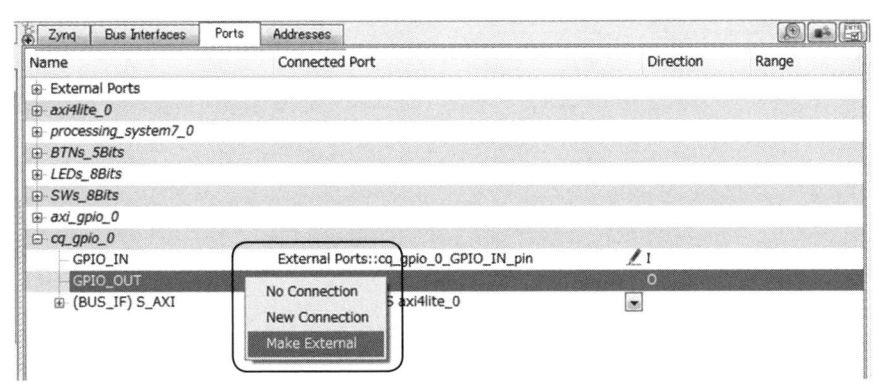

(c) Make Externalで出力ポート作成

図7.22　ポートの設定

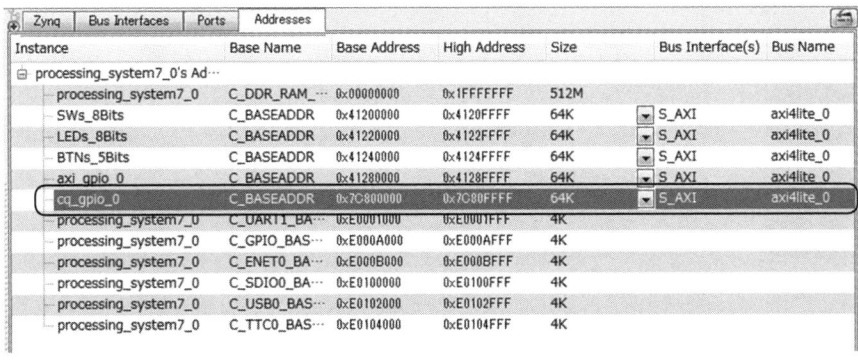

(b) アドレス配置を確認

7.4　IPコアの開発　187

トストリームを生成します．

●合成で失敗する

当たり前なのですが，IPコアにバグがあってそもそもVHDLの合成時にエラーが出る場合，PlanAheadでもエラーになります．エラーが出たら，まずはVHDLに単純なシンタックス・エラーがないか確認しましょう．ISEなどで事前にデバッグを済ましておきましょう．また，XPSで余分なGPIOを削らなかった場合もエラーになります．

いったんエラーが出たら，まずは成功するところまで戻って，1個1個追加して問題がないことを確認す

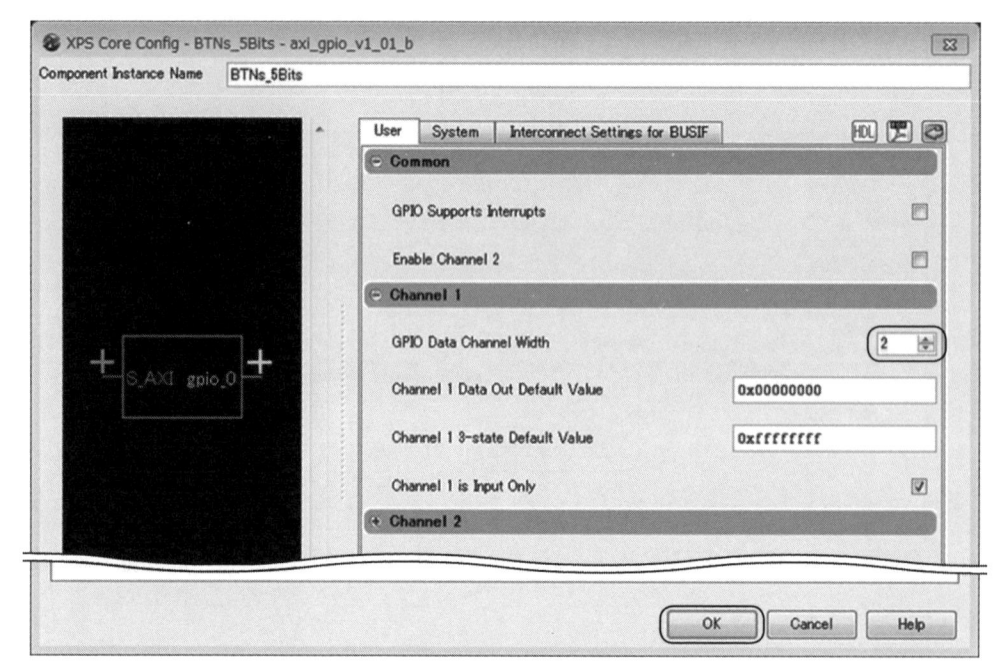

(a) 既存のGPIOの入力幅を削減

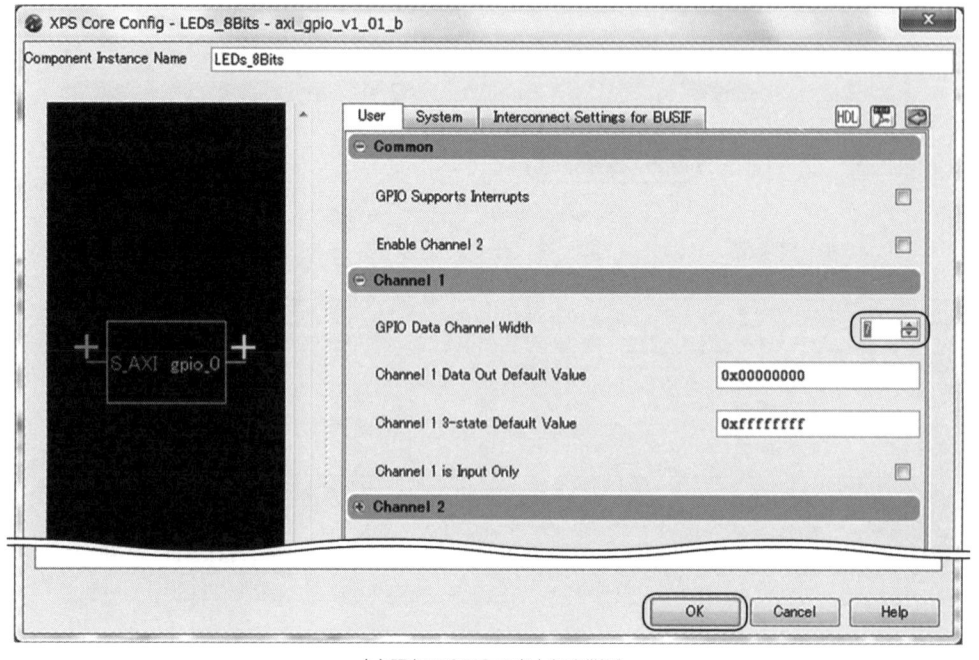

(b) 既存のGPIOの出力幅を削減

図7.23　既存リソースの調整

るのがコツです．筆者も，このフェーズでかなり凡ミスをしました．その際は，cq_gpioを削って，他のGPIOも元に戻して合成をし，一つ一つ変えては合成を繰り返して最終的なオブジェクトを作り上げました．

●Linuxから操作する

作成したデザイン（ビットストリーム）を使ってLinuxを立ち上げる方法は今までと同じです．ただし，現時点ではデバイス・ドライバはありません．したがって，Linuxカーネルとdtsは今までのものを使用し

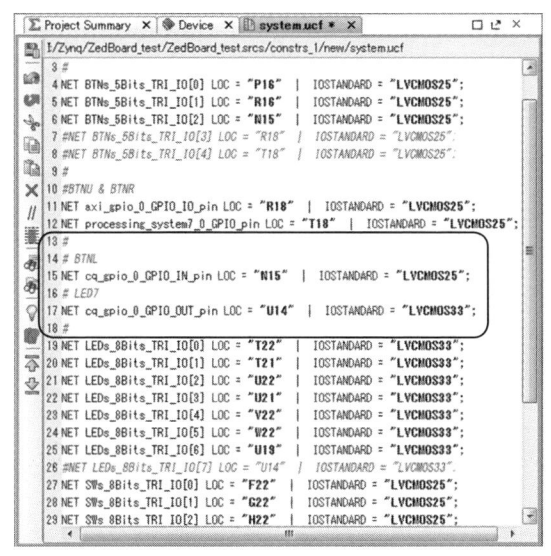

図7.24 ucfファイルの修正

リスト7.4 CQ版GPIO追加のためのucfファイル

```
#
# pin constraints
#
NET BTNs_5Bits_TRI_IO[0] LOC = "P16"  |  IOSTANDARD = "LVCMOS25";
NET BTNs_5Bits_TRI_IO[1] LOC = "R16"  |  IOSTANDARD = "LVCMOS25";
#
#NET BTNs_5Bits_TRI_IO[2] LOC = "N15"  |  IOSTANDARD = "LVCMOS25";
#NET BTNs_5Bits_TRI_IO[3] LOC = "R18"  |  IOSTANDARD = "LVCMOS25";
#NET BTNs_5Bits_TRI_IO[4] LOC = "T18"  |  IOSTANDARD = "LVCMOS25";
#
#BTNU & BTNR
NET axi_gpio_0_GPIO_IO_pin LOC = "R18"  |  IOSTANDARD = "LVCMOS25";
NET processing_system7_0_GPIO_pin LOC = "T18"  |  IOSTANDARD = "LVCMOS25";
#
# BTNL
NET cq_gpio_0_GPIO_IN_pin LOC = "N15"  |  IOSTANDARD = "LVCMOS25";
# LED7
NET cq_gpio_0_GPIO_OUT_pin LOC = "U14"  |  IOSTANDARD = "LVCMOS33";
#
NET LEDs_8Bits_TRI_IO[0] LOC = "T22"  |  IOSTANDARD = "LVCMOS33";
NET LEDs_8Bits_TRI_IO[1] LOC = "T21"  |  IOSTANDARD = "LVCMOS33";
NET LEDs_8Bits_TRI_IO[2] LOC = "U22"  |  IOSTANDARD = "LVCMOS33";
NET LEDs_8Bits_TRI_IO[3] LOC = "U21"  |  IOSTANDARD = "LVCMOS33";
NET LEDs_8Bits_TRI_IO[4] LOC = "V22"  |  IOSTANDARD = "LVCMOS33";
NET LEDs_8Bits_TRI_IO[5] LOC = "W22"  |  IOSTANDARD = "LVCMOS33";
NET LEDs_8Bits_TRI_IO[6] LOC = "U19"  |  IOSTANDARD = "LVCMOS33";
#NET LEDs_8Bits_TRI_IO[7] LOC = "U14"  |  IOSTANDARD = "LVCMOS33";
NET SWs_8Bits_TRI_IO[0] LOC = "F22"  |  IOSTANDARD = "LVCMOS25";
NET SWs_8Bits_TRI_IO[1] LOC = "G22"  |  IOSTANDARD = "LVCMOS25";
NET SWs_8Bits_TRI_IO[2] LOC = "H22"  |  IOSTANDARD = "LVCMOS25";
NET SWs_8Bits_TRI_IO[3] LOC = "F21"  |  IOSTANDARD = "LVCMOS25";
NET SWs_8Bits_TRI_IO[4] LOC = "H19"  |  IOSTANDARD = "LVCMOS25";
NET SWs_8Bits_TRI_IO[5] LOC = "H18"  |  IOSTANDARD = "LVCMOS25";
NET SWs_8Bits_TRI_IO[6] LOC = "H17"  |  IOSTANDARD = "LVCMOS25";
NET SWs_8Bits_TRI_IO[7] LOC = "M15"  |  IOSTANDARD = "LVCMOS25";
#
# additional constraints
#
```

ます．SDKにハードウェアをExport してBOOT.binのイメージを作ります．

Linuxが立ち上がれば，devmemというコマンドで直接IPコアのレジスタを読み書きすることで確認が可能です．たとえば0x7C80_0000に値を書き込むことでLEDが点灯し，読む込むとスイッチの状態を得ることができます．

- LED が点灯

> devmem 0x7c800000 32 0x00000001 <= 1

- スイッチ読み込み

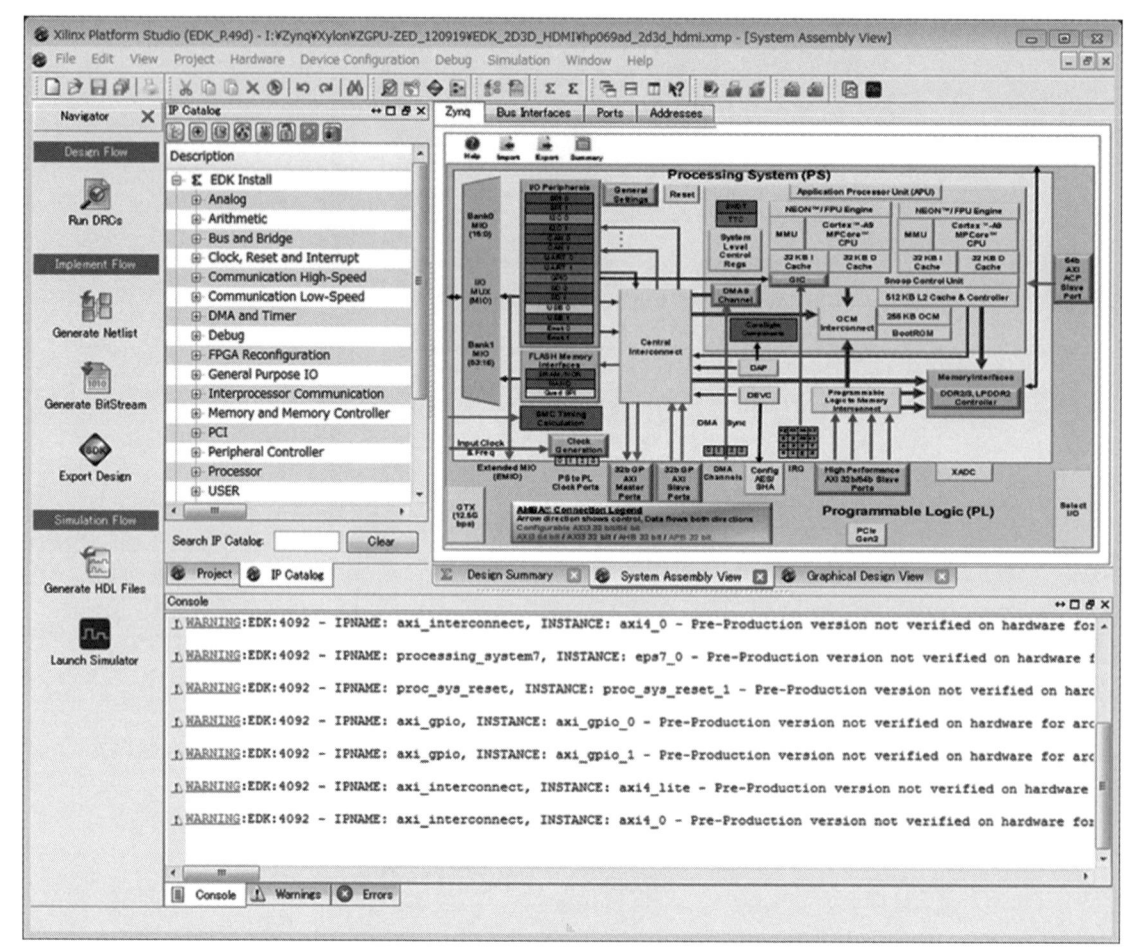

（a）スタンド型XPS

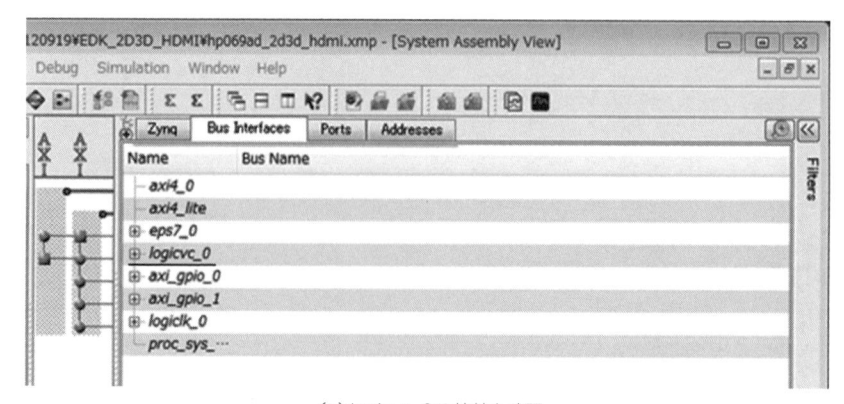

（b）logicvc_0の接続を確認

図7.25 logiCVC-ML を含むデザイン

```
> devmem 0x7c800000 32 00000001
```

　LEDは出力するハードウェアなので状態を読むことはできません．スイッチは入力するハードウェアなので状態を書き込むことはできません．しかしこの例のように，関連しないハードウェアを読み書きで同じビットに割り当てることもできるのです．もちろん別々のビットにすることもできます．

　LEDとスイッチのレジスタを別々に割り当てておき，LEDのレジスタを読み出したときは，LEDの点灯状態が読めるように設計することも可能です（実際にはLEDの状態を読んでいるわけではなく，保存しているレジスタの値を返しているだけという設計）．それはVHDLの記述次第です．

7.5 作ったCQ版GPIOを再利用する

　見事に，新しくCQ版GPIOを作成することができました．作ったIPコアは他のデザインに流用可能です．ここでは，Xylon社のデザインにCQ版GPIOを取り込み合成してみましょう．

●フルHD出力が可能なIPコア/logiCVC-ML

　本書のために特別に，オートモーティブ/医療/産業機器で十分な実績のあるフルHDの出力が可能なビデオ表示用コア"logiCVC-ML"の評価用IPコアが入ったデザインを用意しました．この評価用IPコアはおよそ40分程度の時間制限がある以外は，製品版と同じフル機能が使えます（ライセンス上製品には適用できない）．このリファレンス・デザインを利用することで，今後自分でグラフィックス表示可能なSoCを構築可能です．

　このIPコアを組み込んだリファレンス・デザインにCQ版GPIOを追加してみましょう．

●XPS単独で実行

　このリファレンス・デザインはXPS単独で合成まで行くように設計されています．PlanAheadから立ち上げた時とはちょっと違うインターフェースでXPSが立ち上がります［図7.25(a)］．AXIバスにはすでに，logicvc_0が接続されています［図7.25(b)］．

　前回のデザインからIPコアをコピーします．ここではCygwinでCPコマンドでコピーしました．

```
> cp -rp ~/..../sources_1/edk/
system/pcores/cq_gpio_v1_00_a
../hardware/pcores/
```

　次にProject→Recan User Repositoriesを選択して，cq_gpioをXPSに認識させます［図7.26(a)］．CQ_GPIOがIPCatalogに現れました［図7.26(b)］．ダブ

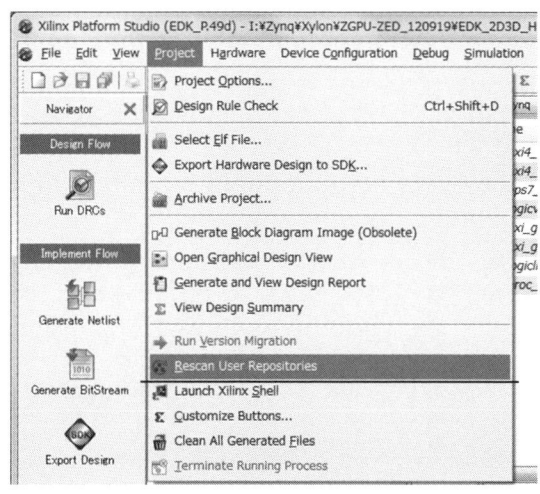

(a) Recan User Repositoriesを選択 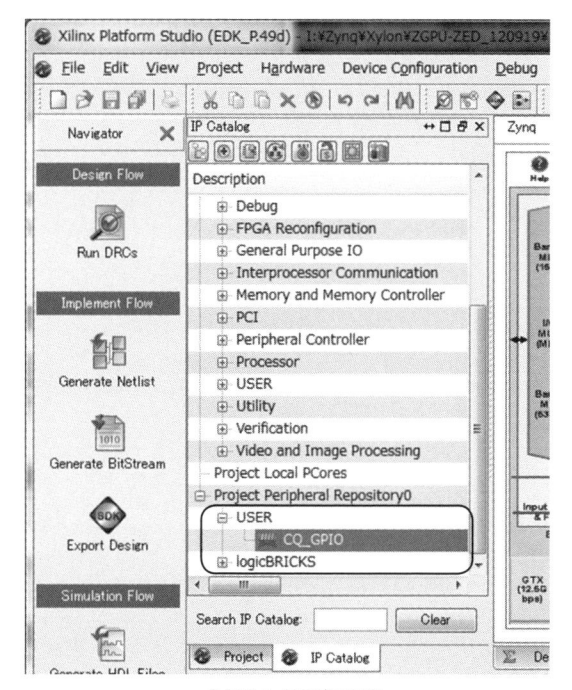　　(b) IPカタログに出現

図7.26　CQ GPIOを認識させる

ル・クリックで追加します．Bus Interfacesで確認すると追加されたことがわかります（図7.27）．しかし，よくみるとAXIには接続されていません．axi_interconnect_1というバスも自動的にできていることがわかります．どうやら，工夫されたデザインになっているために，元からあるaxi4_liteバスには自動的に接続することができなかったようです．

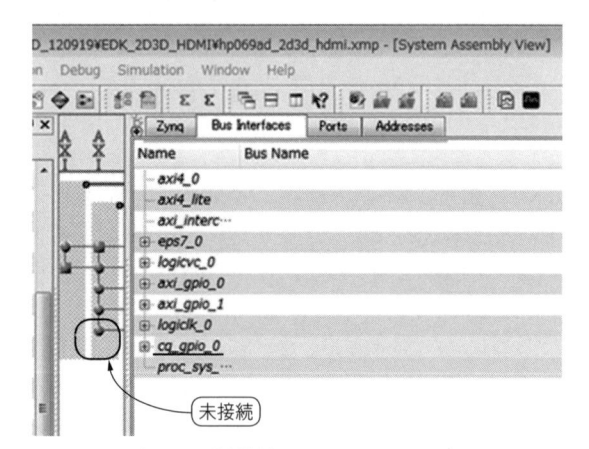

●バスの接続変更

cq_gpio_0を開いてS_AXIの情報を見ます［図7.28(a)］．Bus Nameをダブル・クリックするとつなぎ替えができるようにウィンドウが開きます［図7.28(b)］．そしてaxi4_0につなぎ替えます．Portsで確認しaxi_interconnect_1を削除します［図7.29(a)］．確認のウィンドウが出るのでaxi_interconnect_1であることを確認してOKをクリックします［図7.29(b)］．

さらに，cq_gpio_0のS_AXI_ACLKが直接eps7_0::FCLK_CLK0に接続されています［図7.30(a)］．通常のデザインであればこれでよいのですが，このデザインはより高い安定したクロックを得るために，logiclk_0という特別なクロック・モジュールを通っています．これを他のモジュールと同じようにlogiclk_0のclkにつなぎ替えます［図7.30(b)］．念のためにaxi_gpio_1と見比べて問題がないことを確認します．

蛇足ながら，logiclk_0と似たような機能を持つXilinx社提供のIPコアとしてClockGeneratorがあります．こちらを使っても同じようなデザインを作ることが可能です．

GPIO_INとGPIO_OUTのConnected Portをクリックして，Make Externalメニューでポートの接続をします．この辺りの修正は先の節でCQ_GPIOを追加した手順と同じです（図7.31）．

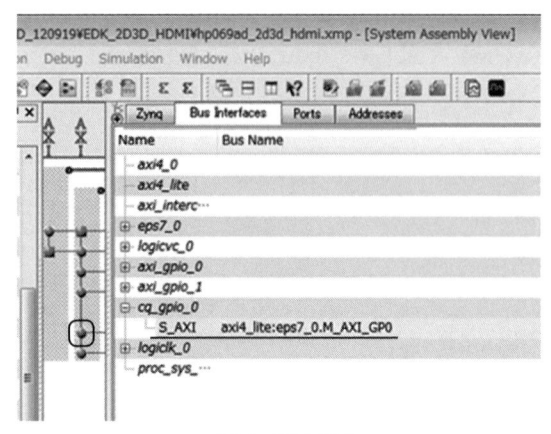

図7.27　CQ版GPIOが未接続

（a）S_AXIを確認

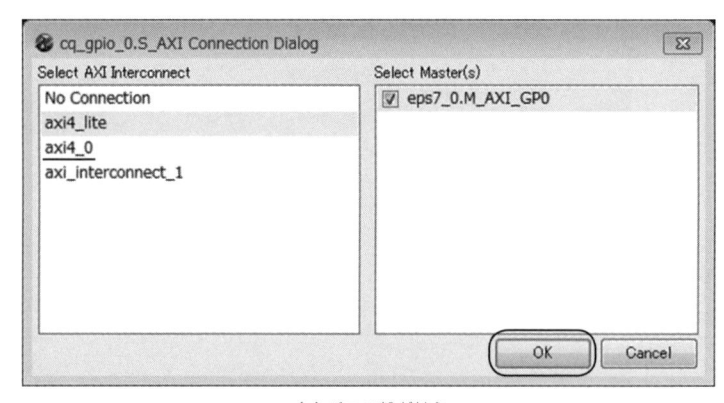

（b）バスの繋ぎ替え

図7.28　CQ GPIOを正しくつなぐ

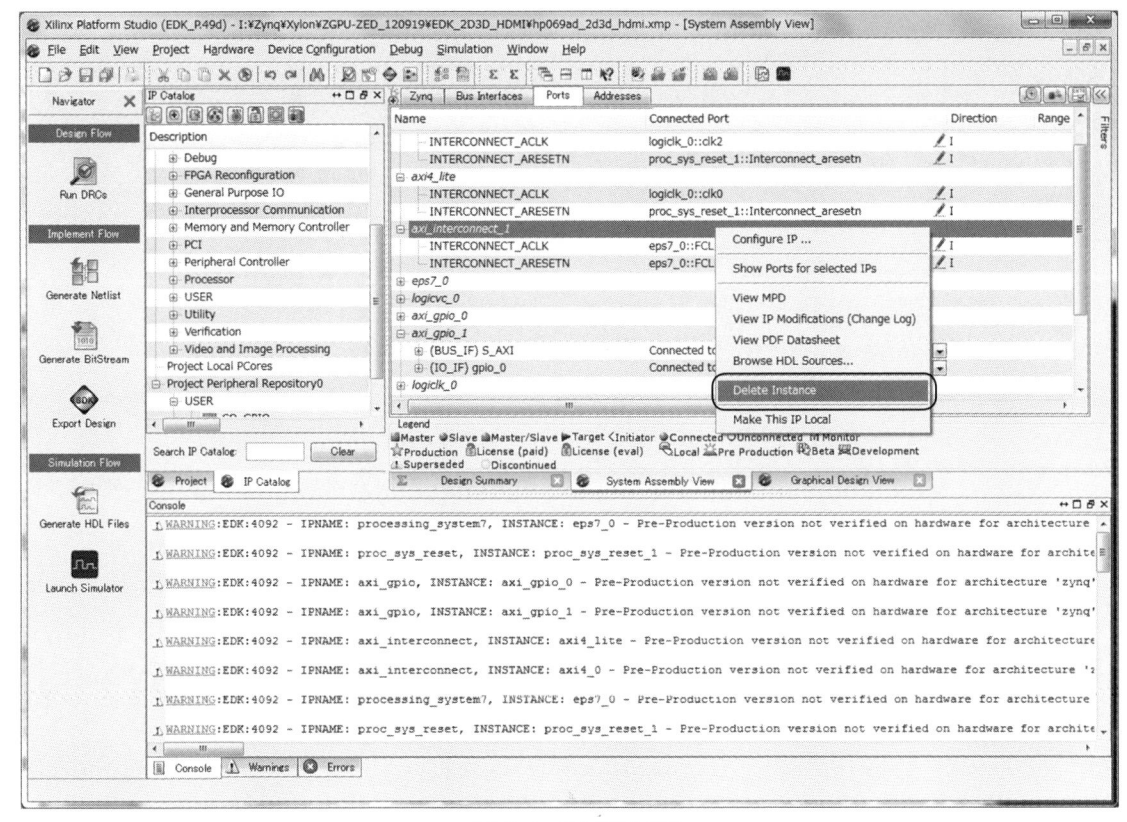

(a) Ports からバスを削除

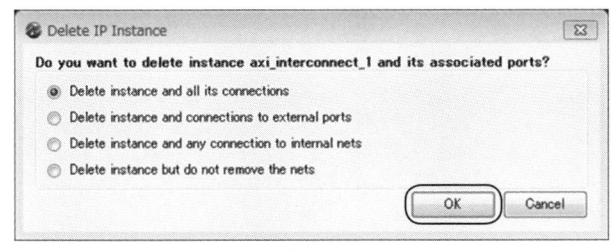

(b) バス削除時の確認画面

図7.29 不要なバスの削除

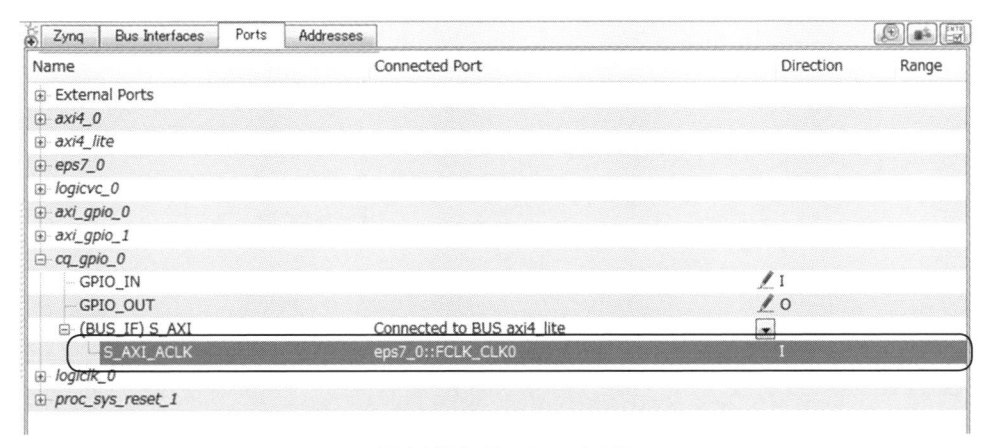

(a) CQ版GPIOのクロック確認

図7.30 クロックのつなぎ替え

7.5 作ったCQ版GPIOを再利用する　193

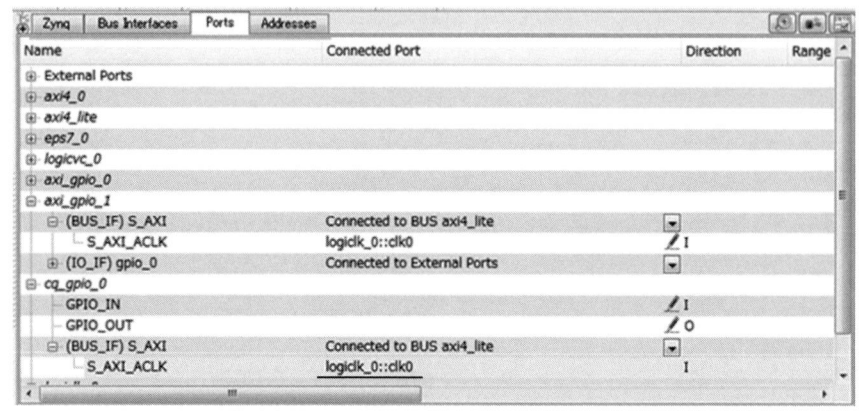

(b) 専用クロックに接続

図7.30 クロックのつなぎ替え（続き）

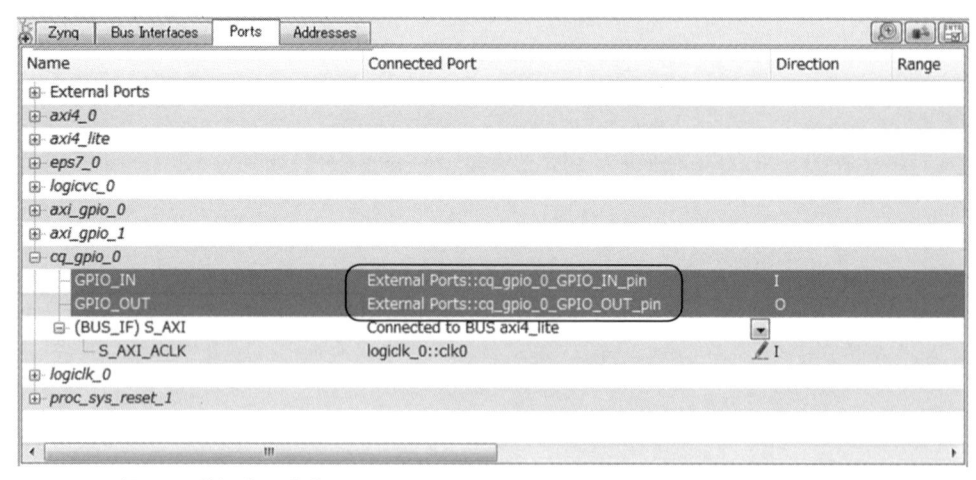

図7.31 CQ版GPIOの外部ピンの作成

● ucfファイルを書き換え

制約ファイルであるucfファイルを書き換えます（リスト7.5）．先の節の手順ではPlanAheadから変更しましたが，ここではXPSから変更します．Projectタブをクリックしてペインから UCF ファイルをダブルクリックし編集可能とします（図7.32）．編集後はセーブを忘れないようにしましょう．

最後に，前の節でCQ_GPIOを削った時と同様に，既存のIPコアのGPIOを1ビットずつ削っておきます．対象になる GPIO は axi_gpio_0 と axi_gpio_1 です（図7.33）．これをし忘れるとビットストリームを作る際にエラーになります．

● ビットストリームの生成

これで完成です．DRCでチェックをし［図7.34(a)］，Generate Bitstreamをクリックしてビットストリーム

(a) ucfファイルを選択

図7.32 ucfファイルの編集

194 第7章 ハードウェア・ロジックの追加

リスト7.5 logiCVC-MLのオリジナル・デザインにCQ版GPIOを追加したucfファイル

```
#LEDs
NET "axi_gpio_0_GPIO_IO_O<0>"      LOC = T22   | IOSTANDARD = LVCMOS25;    #LD0
NET "axi_gpio_0_GPIO_IO_O<1>"      LOC = T21   | IOSTANDARD = LVCMOS25;    #LD1
NET "axi_gpio_0_GPIO_IO_O<2>"      LOC = U22   | IOSTANDARD = LVCMOS25;    #LD2
NET "axi_gpio_0_GPIO_IO_O<3>"      LOC = U21   | IOSTANDARD = LVCMOS25;    #LD3
NET "axi_gpio_0_GPIO_IO_O<4>"      LOC = V22   | IOSTANDARD = LVCMOS25;    #LD4
NET "axi_gpio_0_GPIO_IO_O<5>"      LOC = W22   | IOSTANDARD = LVCMOS25;    #LD5
NET "axi_gpio_0_GPIO_IO_O<6>"      LOC = U19   | IOSTANDARD = LVCMOS25;    #LD6
#NET "axi_gpio_0_GPIO_IO_O<7>"     LOC = U14   | IOSTANDARD = LVCMOS25;    #LD7

#Switches
NET "axi_gpio_1_GPIO_IO_I<0>"      LOC = F22   | IOSTANDARD = LVCMOS25;    #SW0
NET "axi_gpio_1_GPIO_IO_I<1>"      LOC = G22   | IOSTANDARD = LVCMOS25;    #SW1
NET "axi_gpio_1_GPIO_IO_I<2>"      LOC = H22   | IOSTANDARD = LVCMOS25;    #SW2
NET "axi_gpio_1_GPIO_IO_I<3>"      LOC = F21   | IOSTANDARD = LVCMOS25;    #SW3
NET "axi_gpio_1_GPIO_IO_I<4>"      LOC = H19   | IOSTANDARD = LVCMOS25;    #SW4
NET "axi_gpio_1_GPIO_IO_I<5>"      LOC = H18   | IOSTANDARD = LVCMOS25;    #SW5
NET "axi_gpio_1_GPIO_IO_I<6>"      LOC = H17   | IOSTANDARD = LVCMOS25;    #SW6
NET "axi_gpio_1_GPIO_IO_I<7>"      LOC = M15   | IOSTANDARD = LVCMOS25;    #SW7

#Buttons
NET "axi_gpio_1_GPIO_IO_I<8>"      LOC = T18   | IOSTANDARD = LVCMOS25; #BTNU
NET "axi_gpio_1_GPIO_IO_I<9>"      LOC = R16   | IOSTANDARD = LVCMOS25; #BTND
NET "axi_gpio_1_GPIO_IO_I<10>"     LOC = N15   | IOSTANDARD = LVCMOS25; #BTNL
NET "axi_gpio_1_GPIO_IO_I<11>"     LOC = R18   | IOSTANDARD = LVCMOS25; #BTNR
#NET "axi_gpio_1_GPIO_IO_I<12>"    LOC = P16   | IOSTANDARD = LVCMOS25; #BTNS (BTNC?)

#NET "axi_gpio_1_GPIO_IO_I<13>"    LOC = D13   | IOSTANDARD = LVCMOS18; #BTN8 (PB1)
#NET "axi_gpio_1_GPIO_IO_I<14>"    LOC = C10   | IOSTANDARD = LVCMOS18; #BTN9 (PB2)

# BTNC
NET cq_gpio_0_GPIO_IN_pin LOC = "P16"   |   IOSTANDARD = "LVCMOS25";
# LED7
NET cq_gpio_0_GPIO_OUT_pin LOC = "U14"  |   IOSTANDARD = "LVCMOS25";
```

(b) ucfファイルの変更

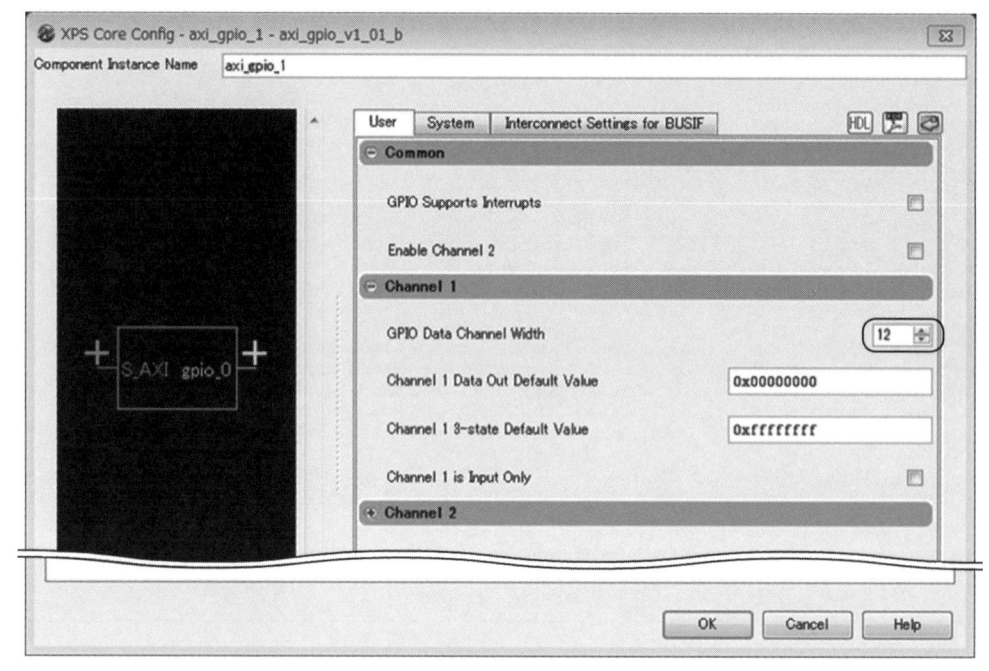

(a) axi_gpio_0 を 1 ビット削る

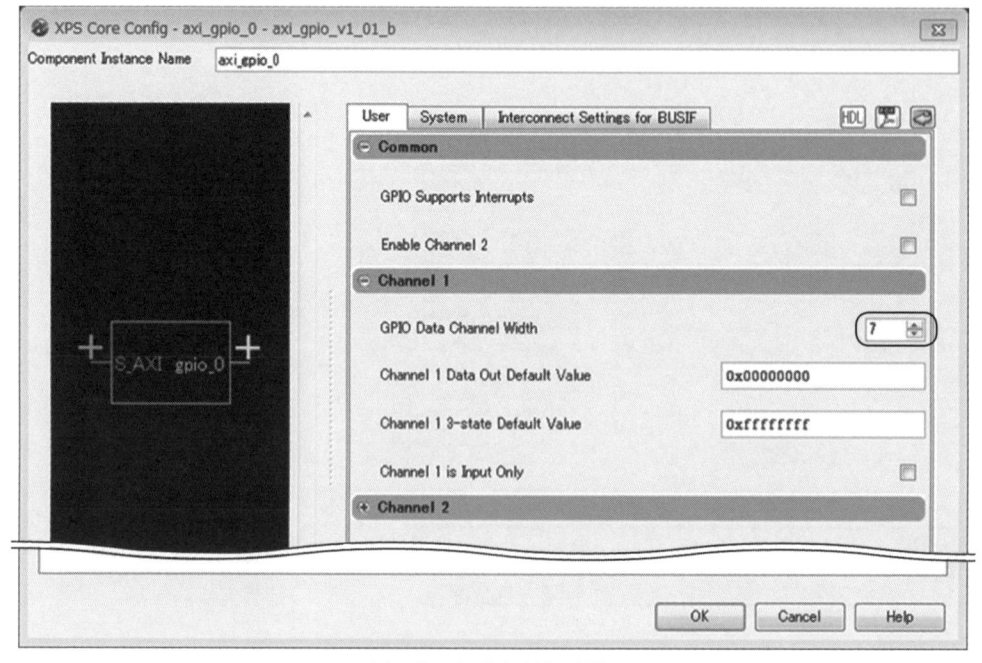

(b) axi_gpio_1 を 1 ビット削る

図7.33　既存リソースの調整

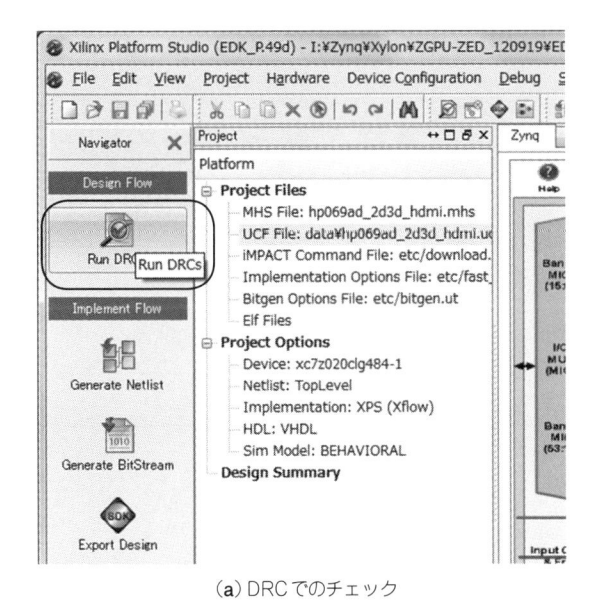

(a) DRCでのチェック

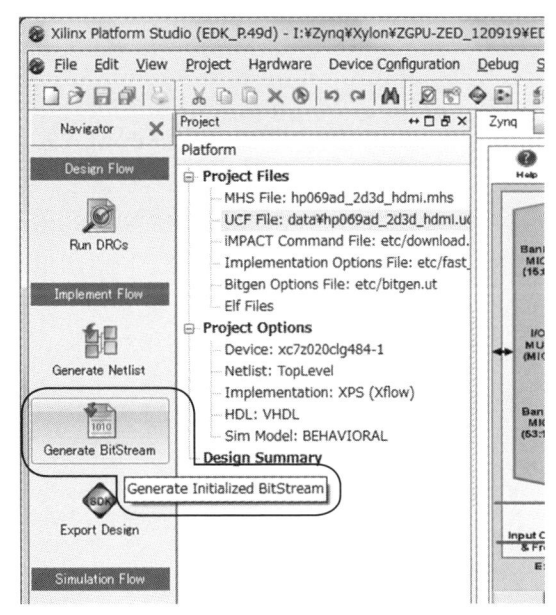

(b) Generate Bitstreamの選択

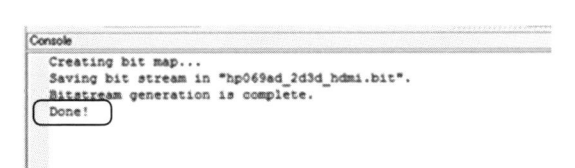

(c) ビットストリーム生成の成功

図7.34 ビットストリームの生成

を生成します［図7.34(b)］．うまくいけば最後にDoneのメッセージを見ることができます［図7.34(c)］．

ビットストリーム生成時にエラーになる場合は，再度ucfファイルをチェックしましょう．このIPコアはすでに合成実績のあるソースなので，VHDLレベルでエラーになることはないはずです．そして，このエラーがないことが再利用の特徴です．生成されたビットストリームはSDKへとエクスポートしてBOOT.binを作る工程へとつながります．

●XPSからSDKへのエクスポート

XPSからデザイン情報をSDKへエクスポートすることが可能です．左のExport Designをクリックします．

確認のためのウィンドウが現れるので，Include bitstream and BMM fileにチェックを入れ（初期設定ではチェックが入っていない），Export & Launch SDKをクリックします［図7.35(a)］．

SDKが立ち上がるので，workspaceの場所を確認しておきます［図7.35(b)］．最近使ったworkspaceが表示されるようなので，異なるハードウェアの場合は別の場所を指定しなければなりません．今回提供したデザインのSDKのworkspaceでも，新しく作ってもかまいません．

この先は，今まで来た道と同じように，ブート・イメージを作ります（図7.36）．

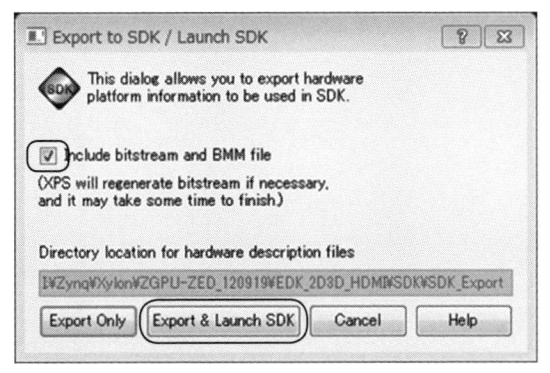

(a) Export & Launch SDKの選択

図7.35 SEKへのエクスポート

7.5 作ったCQ版GPIOを再利用する 197

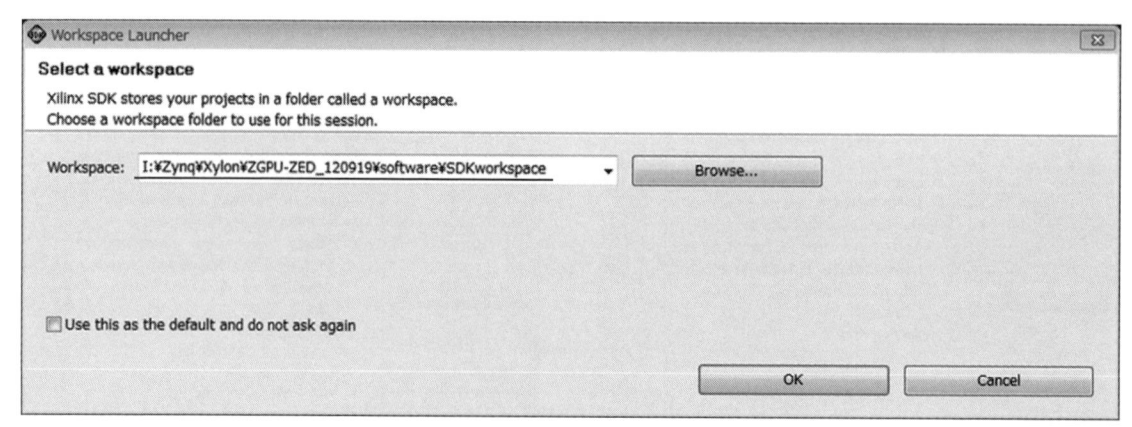

（b）SDK 起動時の workspace の選択画面

図7.35　SEK へのエクスポート（続き）

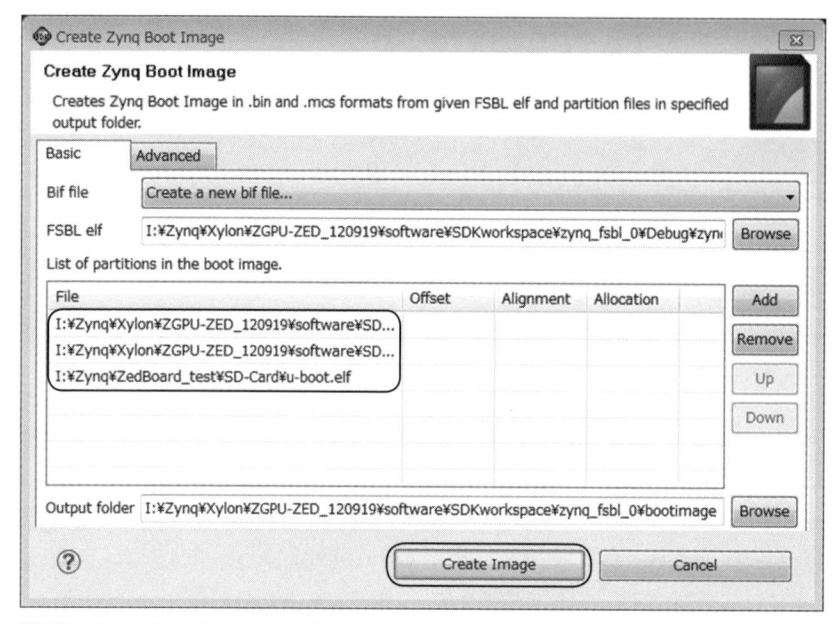

図7.36　Create Zynq Boot Image 画面

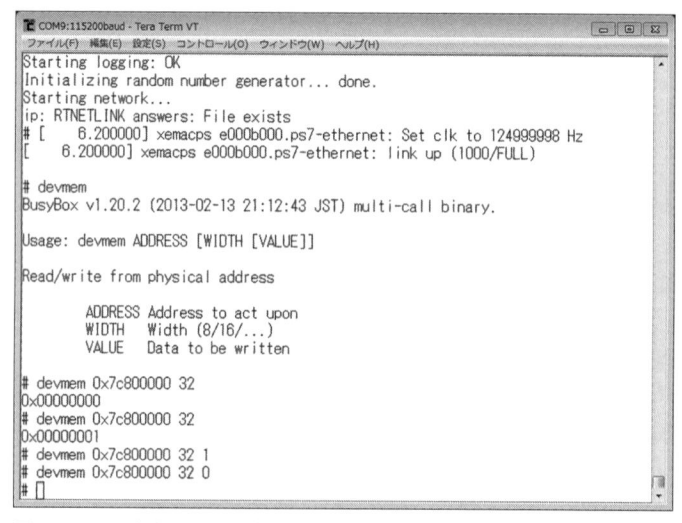

図7.37　Linux から GPIO のアクセス

198　第7章　ハードウェア・ロジックの追加

(1) FSBLを作る
(2) FSBLを選択しXilinx ToolからCreate Zynq Boot Imageを選択
(3) u-boot.elfを追加してブート・イメージを作成する．

```
> find . -name \*.bin
./zynq_fsbl_0/bootimage/u-boot.
bin
```

ハードウェアのデザインとしてCQ_GPIOのアドレスは前回と同じにしました．前回と同様の方法でLinuxから確認できます（図7.37）．このデザインはCQ_GPIOが使えるのに加えlogiCVC-MLが使えます．フレーム・バッファのドライバをインストールすれば，5レイヤーをサポートした表示が可能です．また，DirectFB/Qtが使用可能であることと，OpenCVもコンパイルして使うことができます．

7.6 XPSでのロジックの追加詳細

前節までで XPS 内のツール Create and Import Peripheral Wizard によって IP コアの雛形を生成することができることわかりました．ここではユーザ・ロジックをXPSが管理するバスにどのようにつなぐのかを本章前半で扱ったロジックを使い順を追って解説します．

●ユーザ・ロジック

まず，本章の最初で扱ったロジックをおさらいします（リスト7.6）．ユーザ・ロジックとして有用なのはgpio_inとgpio_outの部分です．これを模式化すると図7.38となります．

ISEで開発する場合，オレンジ色のユーザ・ロジッ

リスト7.6 作成したユーザ・ロジックのentity

```
entity user_logic is
  generic
  (
    -- ADD USER GENERICS BELOW THIS LINE ---------------
    --USER generics added here
    -- ADD USER GENERICS ABOVE THIS LINE ---------------

    -- DO NOT EDIT BELOW THIS LINE ---------------------
    -- Bus protocol parameters, do not add to or delete
    C_NUM_REG                      : integer                := 1;
    C_SLV_DWIDTH                   : integer                := 32
    -- DO NOT EDIT ABOVE THIS LINE ---------------------
  );
  port
  (
    -- ADD USER PORTS BELOW THIS LINE -----------------
    gpio_out : out std_logic;
    gpio_in  : in  std_logic;
    -- ADD USER PORTS ABOVE THIS LINE -----------------

    -- DO NOT EDIT BELOW THIS LINE ---------------------
    -- Bus protocol ports, do not add to or delete
    Bus2IP_Clk                     : in  std_logic;
    Bus2IP_Resetn                  : in  std_logic;
    Bus2IP_Data                    : in  std_logic_vector(C_SLV_DWIDTH-1 downto 0);
    Bus2IP_BE                      : in  std_logic_vector(C_SLV_DWIDTH/8-1 downto 0);
    Bus2IP_RdCE                    : in  std_logic_vector(C_NUM_REG-1 downto 0);
    Bus2IP_WrCE                    : in  std_logic_vector(C_NUM_REG-1 downto 0);
    IP2Bus_Data                    : out std_logic_vector(C_SLV_DWIDTH-1 downto 0);
    IP2Bus_RdAck                   : out std_logic;
    IP2Bus_WrAck                   : out std_logic;
    IP2Bus_Error                   : out std_logic
    -- DO NOT EDIT ABOVE THIS LINE ---------------------
  );

  attribute MAX_FANOUT : string;
  attribute SIGIS : string;

  attribute SIGIS of Bus2IP_Clk    : signal is "CLK";
  attribute SIGIS of Bus2IP_Resetn : signal is "RST";

end entity user_logic;
```

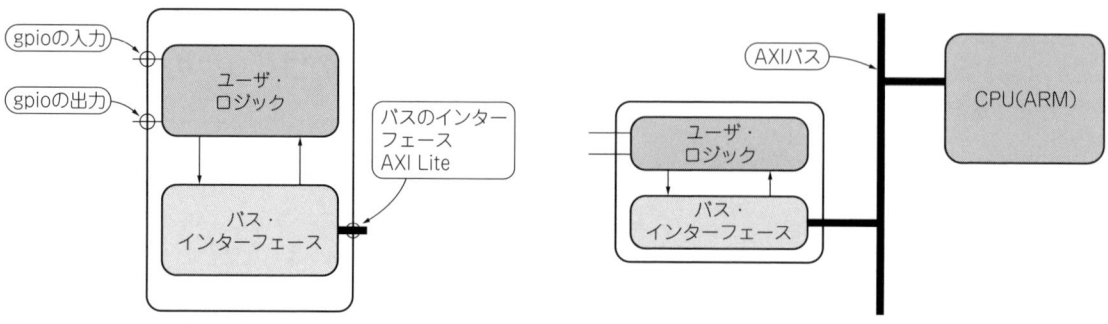

図7.38　GPIOのユーザ・ロジックとバス

図7.39　ARMからバス経由でのIPコアへのアクセス

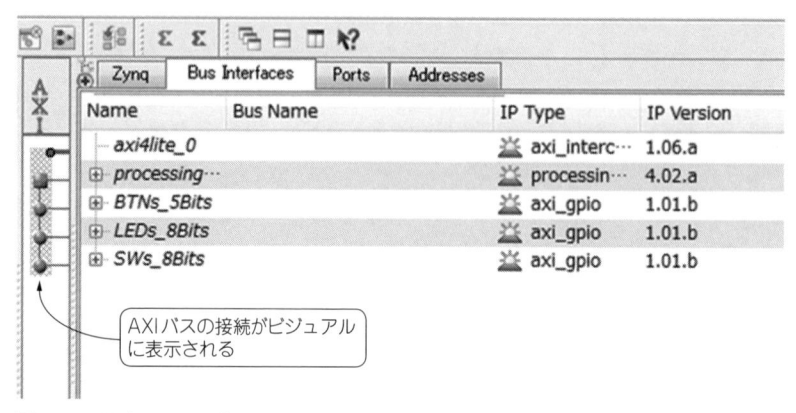

図7.40　XPS上でのAXIバス

クを開発し，さらに周りのロジックや実際のピンとつなげることで，開発が行われていくことが多いかもしれません．

XPSでは図7.38のようにバス・インターフェースを持つIPを扱います．バス・インターフェースはバス・マスタ（通常はCPU．Zynqの場合はARM）からある規約にのっとってアクセスされます．CPUとバスと各ペリフェラルの関係を図7.39に示します．

XPSがサポートしているバスには主にAXIバスになり，レジスタのアクセスのようにスピードが要求されない場合はAXI Liteが用いられることが多いと思います．XPSでは図7.40のようにAXIバスの接続の様子が表示されます．

● レジスタ

CPUからバス経由でアクセスされる場合，各IPコアはレジスタを持つことになるでしょう．ソフトウェアから見るとレジスタはある機能を持つ読み書き可能なインターフェースです．例えば，書き込めばgpioの出力がONになり，結果としてLEDが光ります．また読み込めばgpioの入力状態が読め，結果としてスイッチの状態がわかるといった具合です．

あるバスには同じIPコアが二つ以上配置されるかもしれません．その場合，各IPコアは異なるレジスタの

リスト7.7　ユーザ・ロジックの実装（VHDLの抜粋）

```
SLAVE_REG_READ_PROC : process( slv_reg_read_sel, slv_reg0 ) is
begin

  case slv_reg_read_sel is
    when "1" => slv_ip2bus_data <= slv_reg0(C_SLV_DWIDTH-1 downto 1) & gpio_in;
    when others => slv_ip2bus_data <= (others => '0');
  end case;

end process SLAVE_REG_READ_PROC;
```

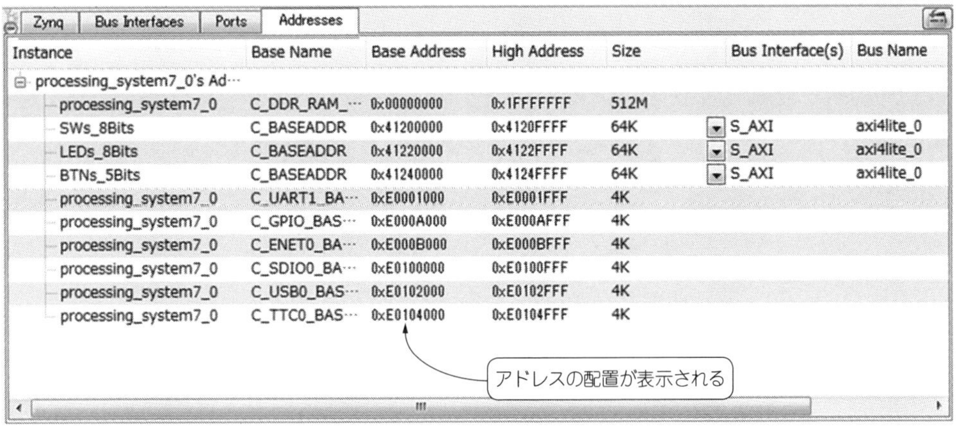

図7.41 XPSのアドレス配置

アドレスがアサインされます．その設定を決定するのがXPSのアドレス配置です（図7.41）．

配置されるアドレスはデザインによって違います．XPSによって，最終的にはどこに配置されるかユーザ・ロジック側であらかじめ知ることはできません．特定のアドレスに配置したときにユーザ・ロジックをアクセスするアドレス・デコードの処理コードはXPSが自動生成してくれます．ユーザ・ロジックではそこからの相対オフセットに対してユーザがロジックを組めばよいようになっています（リスト7.7）．また，Create and Import Peripheral WizardによってIPコアの雛形を作ると，生成するレジスタ数を聞いてきます．これにより，ほとんどのコードは自動的に生成されます．ユーザは自動生成されたコードの中に処理を埋め込むだけになります．

● **XPSのIPコアとして必要なファイル**

XPSで扱えるようにするためにはソース・ファイル以外に，ツールのためのファイルが必要です．通常はdataというディレクトリにXPSのCreate and Import Peripheral Wizardによって自動生成される二つのファイルとオプショナルなmui，tclファイルになります．

- mpd（Microprocessor Peripheral Definition）
- pao（Peripheral Analyze Order）
- mui（Microprocessor-IP User Interface）
- tcl（tclスクリプト）

mpdファイルはインターフェースをXPSで扱うインターフェースを記述します．AXIのバスの仕様などが自動生成されます．簡単なIPコアであればその自動生成の設定で十分になります．

paoファイルはEDKにどのファイルが合成時に必要なファイルかを指し示すためのファイルです．追加ファイルがあればここにファイル名を付け加える必要があります．

muiファイルはXMLで記述された，XPSのGUIを追加するためのファイルです．

また，必要に応じてtclファイルを追加することも可能です．tclはXPSのアクションに応じて呼ばれます．例えば，GUIでインターフェースを変更したときなどに呼ばれるように設定することが可能です．

● **MPD修正よるパラメータの追加**

mpdで設定されるparameterを，リスト7.8のように追加します．

リスト7.8 mpdへのパラメータの追加（抜粋）

```
%PARAMETER C_RESET_VALUE = 0xCAFEBABE, DT = std_logic_vector, ASSIGNMENT = OPTIONAL_UPDATE, DESC = Reset Value
for Register, IPLEVEL_UPDATE_VALUE_PROC = iplevel_update_reset_value
```

リスト7.9　genericC文の追加（VHDL抜粋）

```
generic
(
  -- ADD USER GENERICS BELOW THIS LINE ---------------
  --USER generics added here
  C_RESET_VALUE                 : std_logic_vector(31 downto 0) := X"CAFEBABE";
  -- ADD USER GENERICS ABOVE THIS LINE ---------------

  -- DO NOT EDIT BELOW THIS LINE --------------------
  -- Bus protocol parameters, do not add to or delete
  C_NUM_REG                     : integer                       := 1;
  C_SLV_DWIDTH                  : integer                       := 32
  -- DO NOT EDIT ABOVE THIS LINE --------------------
);
```

リスト7.10　リセット時の動作変更（VHDL抜粋）

```
if Bus2IP_Clk'event and Bus2IP_Clk = '1' then
  if Bus2IP_Resetn = '0' then
    -- slv_reg0 <= (others => '0');
slv_reg0 <= C_RESET_VALUE(C_SLV_DWIDTH-1 downto 0);
  else
... 後略
```

初期値は0xCAFE_BABEとします．IPLEVEL_UPDATE_VALUE_PROCは設定値の更新が行われた時に呼ばれる関数です．この設定の追加によりC_RESET_VALUEがパラメータとして設定されました．このパラメータは合成時に使用されます．

● **ソース修正**

設定したパラメータを有効に内部で使うためにユーザロジックを2カ所改変します．generic文をリスト7.9のように変更します．また，リセット時の動作をリスト7.10のように変更します．

リスト7.11　GUI追加のためのmuiの変更

```
<?xml version="1.0" encoding="ISO-8859-1"?>
<!DOCTYPE doc SYSTEM "../../ipdialog.dtd" [
    <!ENTITY C_RESET_VALUE '
    <widget id="C_RESET_VALUE">
        <key>C_RESET_VALUE</key>
        <label>Reset Value</label>
        <tip>Reset Value</tip>
    </widget>
    '>
]>
<doc>
    <view id="General">
        <display>General</display>
        <group id="General">
            <display>General</display>
            <item>&C_RESET_VALUE;</item>
        </group>
    </view>
</doc>
```

● **mui追加によるGUIの追加**

ここでは，リセット時のレジスタ初期値をユーザが設定できるようにGUIを追加します（リスト7.11）．

● **tcl追加による値のチェック**

tcl関数を追加することにより，値のチェックが可能です．値が何も設定されなかった場合に適切な値が設定されるようにリスト7.12のtclを用意します．

● **IPコアのカスタマイズ機能を使用する**

実際にIPコアのカスタマイズ機能を使用してみます．XPSでcq_gpio_0をダブルクリックすると図7.42が表示されます．GUIを操作して適切な値を入れます．GUIを閉じるとtclスクリプトが走るため，もし適切でない値を入れた場合は追加したスクリプトにより修正されます．

PlataHeadに戻って次の手順で今回追加した機能が入ったIPコアを作成することが可能です．

(1) Create Top HDL
(2) Run Synthesis
(3) Run Implementation
(4) Generate Bitstream

　　　　　＊　　　　＊　　　　＊

この章では，自分の作ったIPコアをBSPから作ったデザインへ取り込むことができます．XPSで取り込むためにウィザードを使って雛形を作り，そこからIPコアを開発します．mpdを編集すればよりフレキシブルな作りにすることと，XPS上のGUIの画面を作ることができます．ブートのバイナリはSDKから作ります．動作確認はLinuxのdevmemで可能です．

作成したIPコアは他のデザインへコピーして再利用

リスト7.12 tclによる値のチェック

```
proc iplevel_update_reset_value { param_handle } {

    set mhsinst [xget_hw_parent_handle $param_handle]
    set reset_value [xget_hw_parameter_value $mhsinst "C_RESET_VALUE"]

    if {($reset_value == 0)} {
        set retval 0xaaaaaaab
    }

    return $retval
}
```

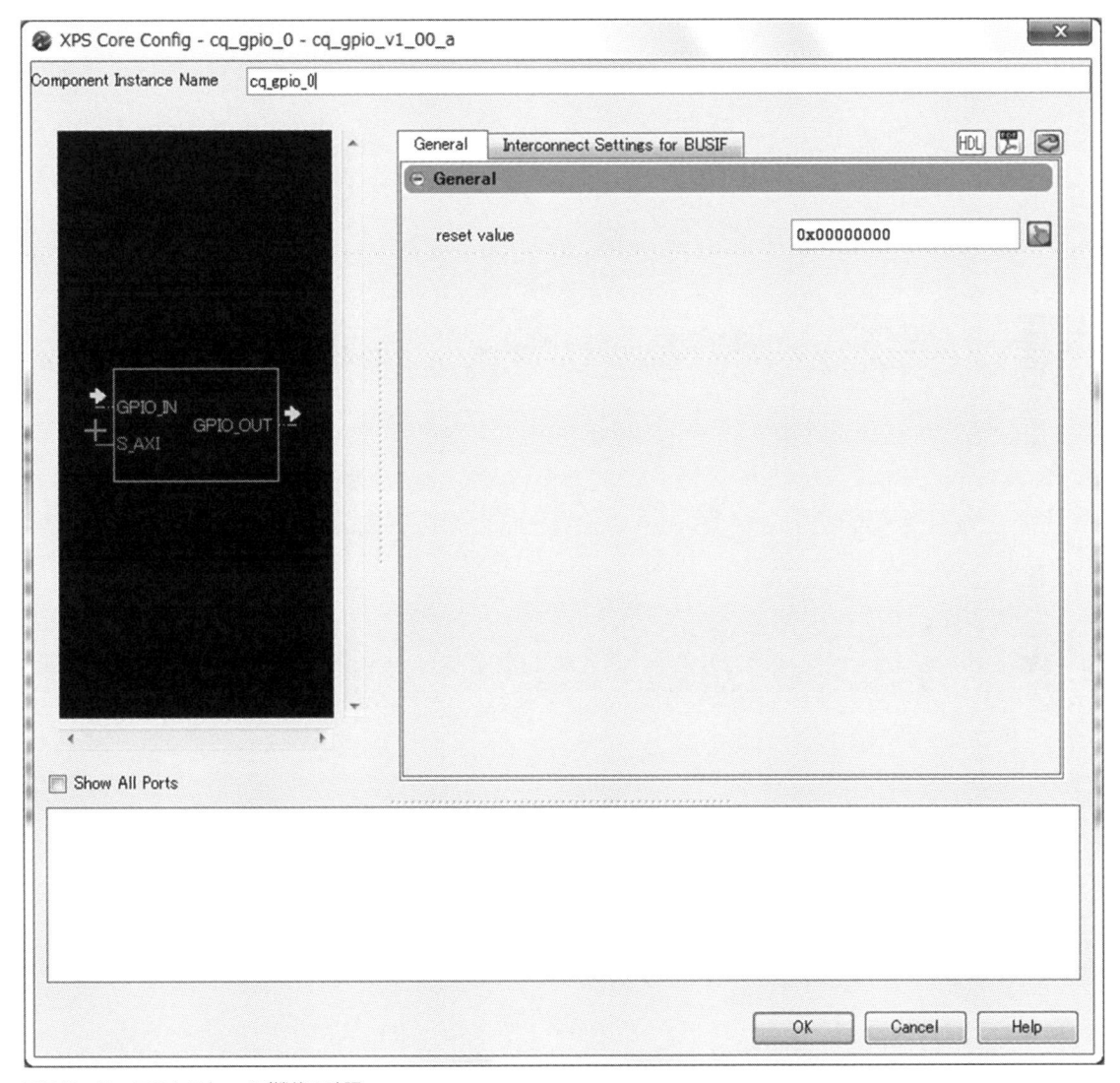

図7.42 IPコアのカスタマイズ機能の確認

することが可能です．再利用時にはucfの設定は必要ですが，VHDLのシンタックス・エラーは気にする必要はないでしょう．logiCVC-MLの入ったリファレンス・デザインを再利用すれば，グラフィックス表示のある環境を構築でき便利です．この場合でもLinuxのデバイス・ドライバはないので，devmemでの確認になります．

第8章 AXIバスの概要とIPコアのインターフェース

Zynq 搭載の AXI バスの動きから，
IPIF によるオリジナル IP コアの接続方法まで

前章までで AXI-lite を使用したカスタム IP コアの作成方法について，一通り理解できたと思います．本章ではカスタム IP コア作成における基礎知識ともいえる IP コアのインターフェース，AXI と IPIF (IP Interface) について学んでいきます．これらについて知ることで，Zynq の上で動作する IP コアの作成がスムーズに行えるようになると思います．

8.1 AXI とは

Xilinx 社の Vertex-6 以降の FPGA デバイスでは，IP コア間の通信プロトコルとして AXI (Advanced eXtensible Interface) を採用しています．AXI は英 ARM 社が策定し公開している AMBA バスプロトコル仕様の一部です．IP コア間の接続方法を共通にすることで IP コアの再利用を行うことを主な目的としています．

AXI には AXI3 とそれを拡張した AXI4 という二つのバージョンがあります．Zynq では AXI4 のほとんどの機能をサポートしています（一部の低消費電力インターフェースなどが未サポートとなっているようだ）．

● マスタとスレーブ

AXI は，他の多くの通信プロトコルと同じように，マスタ/スレーブ・モデルのプロトコルを採用しています．通信の制御は常に AXI マスタから AXI スレーブに対して行われます．また，AXI インターコネクトと呼ばれるバスの中継点としての機能を持つ IP により，複数の AXI マスタと AXI スレーブ間を接続することも可能となっています．

PS との通信も当然ながら AXI インターフェースを介して行われます．PS は表 8.1 にあるような AXI インターフェースを持っています．

● AXI のチャネル

AXI で扱う信号には，チャネルと呼ばれる 6 種類の信号が存在します．

- グローバル
- 読み出しアドレス
- 読み出しデータ
- 書き込みアドレス
- 書き込みデータ
- 書き込み応答

グローバルは，クロックおよびリセット信号です．リセットは負論理（0がリセット状態）になっています．読み出しと書き込みはアドレスとデータを組にして一つのトランザクションとして扱います．書き込みにはさらに書き込み応答チャネルがあります．

また，チャネルという名の通り，それぞれの信号は基本的に独立したタイミングで送信することが可能です．

ただし，以下のルールだけは従う必要があります．

- 書き込み応答転送が書き込みデータ転送の完了後に続けて行われること
- 読み出しデータ転送は読み出しアドレス転送の後に続くこと
- 2way ハンドシェイクによる制限（このあとで述べる）

これら以外にチャネル間の依存関係は規定されません．例えば2回の書き込みトランザクションを行う場合に，アドレス1，アドレス2，データ1，データ2，とアドレスだけを先に送るようなことができます．

図8.1は，AXI マスタと AXI スレーブ間のトランザ

表8.1 ZynqのAXIインターフェース

PSインターフェース名	マスタ	スレーブ	特徴
M_AXI_GP0	PS	PL	汎用ポート
M_AXI_GP1			
S_AXI_GP0	PL	PS	
S_AXI_GP1			
S_AXI_HP0	PL	PS	大容量データ転送向け読み出し/書き込み FIFO，DDR コントローラおよび OCM（On Chip Memory）への専用ポートを持つ
S_AXI_HP1			
S_AXI_HP2			
S_AXI_HP3			
S_AXI_ACP			PS の L2 キャッシュへの共有アクセスが可能

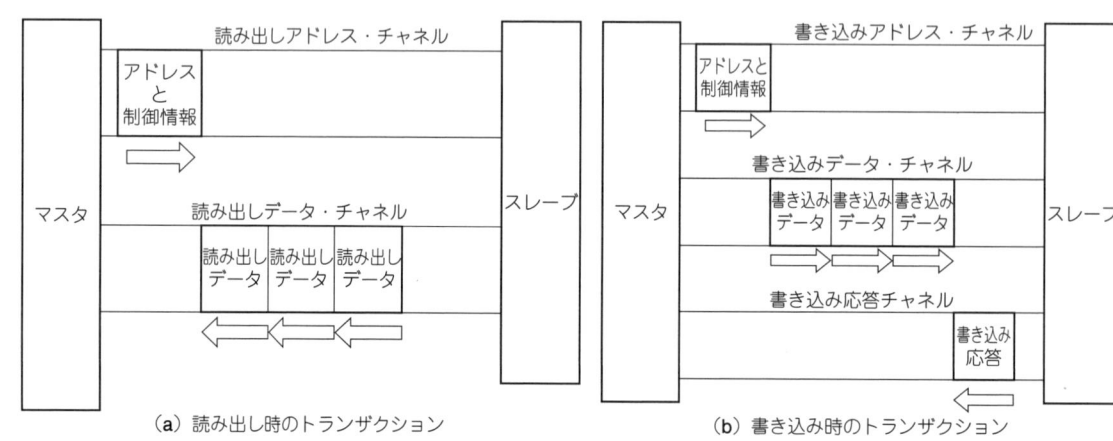

図8.1 AXIマスタとAXIスレーブ間のトランザクション

（a）読み出し時のトランザクション
（b）書き込み時のトランザクション

クションを簡単に示したものです．

各チャネルのタイミングが独立していることにより，任意のチャネルのパス上にレジスタ・スライスを置くことができます．レジスタ・スライスの追加とはパイプラインのステージを追加することです．

● AXI, AXI-Llite, AXI-Stream

AXI4には用途に応じた3種類のインターフェースがあります．表8.2はそれぞれの特徴をまとめたものです．

AXI4は最大256ビートのバースト転送が可能な，DMAなど大量のデータ転送向けのインターフェースです．

AXI4-LiteはAXI4のバースト転送長を1に制限し，データ・バス幅も32ビット（本来のARMの仕様では64ビットも可能）に固定したものです．IPコアに実装されたレジスタの読み書きを行うのに最適なインターフェースとなっています．

AXI4-Liteインターフェースを使用するIPコアについては，前章までの例で理解できたと思います．AXI4を扱うIPコアについては次章で取り上げます．なお，AXI4-Streamは本書では取り扱いません．

● 2wayハンドシェイク

グローバル以外の各チャネルは，2wayハンドシェイクと呼ばれる方法でトランザクションの開始タイミングを決定します．2wayハンドシェイクは，アドレスまたはデータの送信側がVALID信号を送り，受信側がREADYを送ることで開始の合図とします．VALIDとREADYどちらが先にアクティブになってもかまいません．ただし送信側がVALIDを送る際にREADYを待ってからVALIDを送ることは許可されていません．逆に受信側がVALIDを待ってからREADYを送ることは許可されます（図8.2）．

● AXIのまとめ

AXIの概要は以上です．実際のところ，カスタムIPコアの作成においては直接AXIプロトコルを意識する機会はそう多くありません．AXIの詳細は，次に述べるIPIFとその関連ライブラリによってユーザのカスタムIPからは隠蔽されます．

AXIのより詳細な内容については，公開されている実際の仕様書を参照するのがよいでしょう．以下にURLを挙げておきます．なお，仕様書のダウンロードにはARM社のサイトへの登録処理が必要です．

```
http://infocenter.arm.com/help/
index.jsp?topic=/com.arm.doc.
ihi0022d/index.html
```

表8.2 AXIの3種類のインターフェース

種別	特徴
AXI4	アドレス-データ・インターフェース メモリ・マップ方式のバースト転送
AXI4-Lite	アドレス-データ・インターフェース 32ビット固定データの転送
AXI4-Stream	片方向の大容量データのみのバースト転送

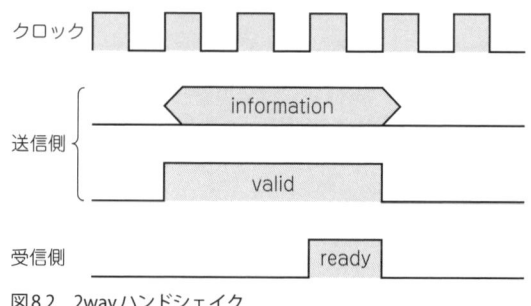

図8.2 2wayハンドシェイク

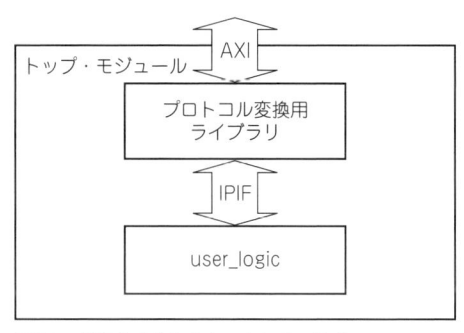

図8.3 自動生成されるカスタムIPの構成

表8.3 AXI-IPIFプロトコル変換用ライブラリの種類

IPコアのタイプ	ライブラリ
AXI4-Lite slave	axi_lite_ipif
AXI4 slave	axi_slave_burst
AXI4-Lite master	axi_master_lite
AXI4 master	axi_master_burst

8.2 IPIFとは

●ユーザのカスタムIPとの橋渡し

IPIFは，AXIバスとユーザのカスタムIPとの橋渡しを行うためのインターフェースです．Zynq以前のMicroblazeベースのEDKでも，PLBv4.6とユーザのカスタムIPとの間に使用されており，馴染みのある方もいるでしょう．

IPIFは，AXI比べ扱う信号の数も少なく，よりシンプルなインターフェースとなっています．AXIで必要になる2wayハンドシェイクなどもIPIFでは意識する必要はありません．IPIFを使うことで，AXIを直接扱うよりもIPコアの作成が容易になります．

XPSで生成されるカスタムIPの雛形では，IPIFは図8.3のように利用されます．

user_logicがユーザ独自の処理を行うモジュールです．user_logicのインターフェースはIPIFで，トップ・モジュールのインターフェースはAXIです．図にあるプロトコル変換用ライブラリは，AXIとIPIFの両方のインターフェースを持ち，user_logicとAXIバスとの橋渡しを行います．自動生成するIPコアのタイプごとに表8.3のような種類があります．表8.3のライブラリも含め開発ツールにあらかじめ用意されているラ

表8.4 IPIF主要ポート

方向	信号名	説明
BUS→IP	Bus2IP_Clk	スレーブIPに提供される同期クロック．AXIのクロックと同一の信号
	Bus2IP_Resetn	スレーブIPに提供されるリセット信号．名前の末尾の'n'はこの信号が負論理であることを表す
	Bus2IP_Data	スレーブIPに書き込まれるデータ．スレーブIPは，ライト転送の完了を示すためにIP2Bus_WrAckをアサートする必要がある
	Bus2IP_BE	Bus2IP_Dataの有効バイトを示すビット・フラグ
	Bus2IP_RdCE	AXI4の場合はBus2IP_CSによって選択されたメモリ・ブロックの読み込み有効フラグ．AXI4-Liteでは読み込み対象のレジスタを指す
	Bus2IP_WrCE	AXI4の場合はBus2IP_CSによって選択されたメモリ・ブロックの書き込み有効フラグ．AXI4-Liteでは書き込み対象のレジスタを指す
	Bus2IP_Addr	リードもしくはライトするデータのアドレスを示す
	Bus2IP_CS	C_ARD_ADDR_RANGE_ARRAYで定義されているメモリ・ブロックのどれを操作対象とするかを示す
BUS→IP (burstでのみ使用)	Bus2IP_RNW	現在のオペレーションがリード（high）とライト（low）のどちらなのかを示す
	Bus2IP_Burst	書き込みバースト転送の時アサートされる．シングル転送の場合はアサートされない
	Bus2IP_BurstLength	バースト転送回数（ビート数）を示す．Bus2IP_CSがアクティブの場合にのみ有効
	Bus2IP_WrReq	書き込み転送の開始から完了までの間アサートされる
	Bus2IP_RdReq	読み出し転送の開始から完了までの間アサートされる
IP→BUS	IP2Bus_Data	スレーブIPからマスタに転送するデータ．スレーブIPは、読み込み転送が行われたことを示すためにIP2Bus_RdAckをアサートする必要がある
	IP2Bus_WrAck	書き込み転送が行われたことを示すためにスレーブIPがアサートする
	IP2Bus_RdAck	読み込み転送が行われたことを示すためにスレーブIPがアサートする
	IP2Bus_Error	スレーブIPでエラーが起きたことをバス側に通知する場合にアサートする．その際，IP2Bus_RdAckもしくはIP2Bus_WrAckをアサートする必要がある
IP→BUS (burstでのみ使用)	IP2Bus_AddrAck	Bus2IP_Addrによって指定されたアドレスを受け付けたことを示すためにスレーブIPがアサートする

（a）スレーブ側

表8.4 IPIF主要ポート（続き）

方向	信号名	説明
IP → BUS	ip2bus_mstrd_req	読み込み転送の開始から完了までの間にアサートする
	ip2bus_mstwr_req	書き込み転送の開始から完了までの間にアサートする
	ip2bus_mst_addr	読み書きの対象となるアドレスを指定する
	ip2bus_mst_be	読み書きの対象となるバイト位置を示す．シングル転送の場合だけ有効
	ip2bus_mstrd_dst_rdy_n	マスタ IP 側で読み込みが可能な状態である場合にアサートする
	ip2bus_mstwr_d	マスタ IP からスレーブ IP に書き込むデータ
	ip2bus_mstwr_src_rdy_n	マスタ IP 側が書き込み転送を行っている間アサートする
IP → BUS (burst でのみ使用)	p2bus_mst_length	バースト転送時の転送サイズ［バイト］を指定する．シングル転送（ip2bus_mst_type='0'）の場合は無視される
	ip2bus_mst_type	トランザクションのタイプを指定する．シングル転送の場合は0，固定長バースト転送の場合は1にする
	ip2bus_mstwr_sof_n	書き込みデータの最初のフレーム（Start of Frame）を送出する際にアサートする
	ip2bus_mstwr_eof_n	書き込みデータの最後のフレーム（End of Frame）を送出する際にアサートする
BUS → IP	bus2ip_mst_cmdack	ip2bus_mstrd_req または ip2bus_mstwr_req による転送要求に対する応答を示す
	bus2ip_mst_cmplt	転送処理の完了時にアサートされる
	bus2ip_mst_error	転送エラーが発生した際にアサートされる．bus2ip_mst_cmplt がアサートされている場合だけ有効
	bus2ip_mstrd_d	スレーブ IP からマスタ IP に読み込むデータ
	bus2ip_mstrd_src_rdy_n	スレーブ IP 側からの読み込み転送が行われている間アサートされる
	bus2ip_mstwr_dst_rdy_n	スレーブ IP 側で書き込みが可能な状態である場合にアサートされる
BUS → IP (burst でのみ使用)	bus2ip_mstrd_sof_n	最初の読み込みデータ（Start of Frame）が到着した際にアサートされる
	bus2ip_mstrd_eof_n	最後の読み込みデータ（End of Frame）が到着した際にアサートされる

（b）マスタ側

イブラリは以下のディレクトリに格納されています．

```
C:/Xilinx/14.3/ISE_DS/EDK/hw/
XilinxProcessorIPLib/pcores/
```

ライブラリごとにドキュメントが用意されているので，気になったライブラリがあれば目を通しておいて損はないと思います．

表8.4にIPIFの主要なポート一覧をまとめました．

● シミュレーションでインターフェースの動作を確認

AXIとIPIFについて大まかな知識を得たところで，実際にこれらがどのように動作するのか確認してみましょう．実際の信号の動きを目にすることで，これらのインターフェースに対する理解が深まると思います．

表8.5 自動生成するIPコアの設定

設定項目	設定内容
Name and Version	Name ："lite_slave" Version : 1.00.a
Bus Interface	「AXI4-Lite」を選択
IPIF Services	以下をチェック 「User logic software register」 「Include data phase timer」
User S/W Register	「Number of software accessible registers」を "2" に設定
(OPTIOANAL) Peripheral Implementation Support	「Generate ISE and XST project files …」をチェック

ここでは例としてAXI4-Liteインターフェースを持つIPコアをシミュレーションで動かしてみましょう．IPコアは，XPSで自動生成された雛形をそのまま使用します．IPコアの自動生成については前章までを参考にしてください．このIPコアの雛形に対してテストベンチを用意し，シミュレータISim上で動作させてみます．

● IPコアの自動生成

前章までに行ったのと同様にXPSを立ち上げ，「Create and Import Peripheral Wizard」により表8.5の設定に従ってIPコアを自動生成しましょう．

IPコアの生成ができたら，次のパスにあるISEのプロジェクトファイルを開き，ISEを起動します．

```
pcores\lite_slave_v1_00_a\devl\
projnav\lite_slave.xise
```

ISEのメニューから「Project」→「New Source」を選択し，「VHDL Test bench」選択しテストベンチを新たに追加します（図8.4）．ファイル名は lite_slave_tb.vhd とします．テストの対象は，lite_slaveを選択してください（図8.5）．

なお，テストベンチ作成の際，テスト対象のモジュールが「work」ライブラリ以外にあると，テストベンチ

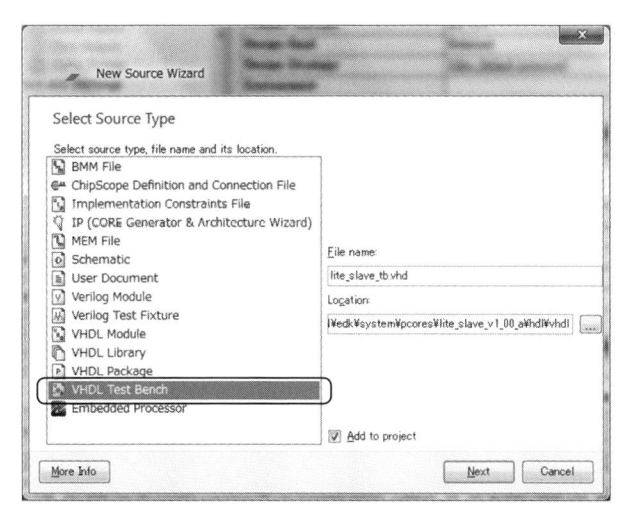

図8.4 テストベンチの追加

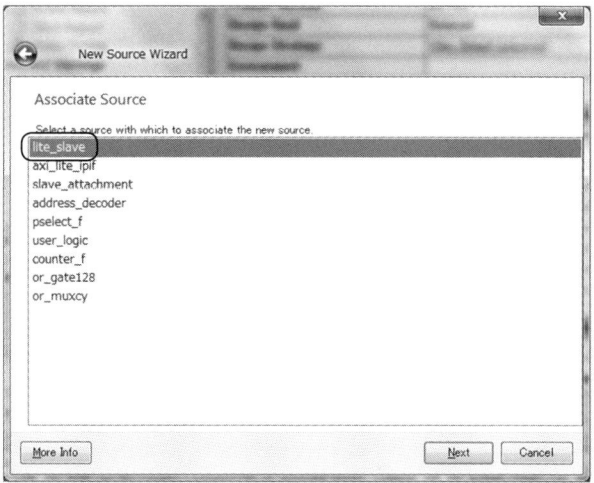

図8.5 テスト対象モジュールの選択

テスト対象のモジュールを
workライブラリの
中に入れる

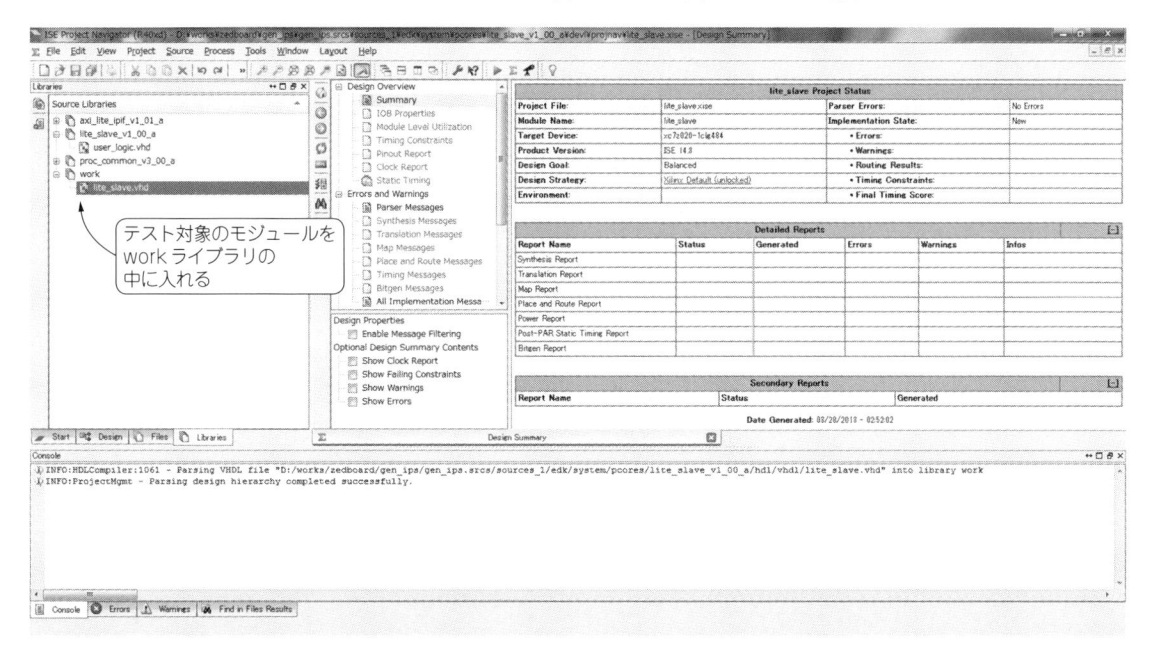

図8.6 モジュールはworkライブラリの中にある

8.2 IPIFとは 209

リスト 8.1　テストベンチ (lite_slave_tb.vhd)

```vhdl
LIBRARY ieee;
USE ieee.std_logic_1164.ALL;

library lite_slave_v1_00_a;
use lite_slave_v1_00_a.lite_slave;

ENTITY lite_slave_tb IS
END lite_slave_tb;

ARCHITECTURE behavior OF lite_slave_tb IS

    --Inputs
    signal S_AXI_ACLK    : std_logic := '0';
    signal S_AXI_ARESETN : std_logic := '0';
    signal S_AXI_AWADDR  : std_logic_vector(31
                     downto 0) := (others => '0');
    signal S_AXI_AWVALID : std_logic := '0';
    signal S_AXI_WDATA   : std_logic_vector(31
                     downto 0) := (others => '0');
    signal S_AXI_WSTRB   : std_logic_vector(3 downto
                                0) := (others => '0');
    signal S_AXI_WVALID  : std_logic := '0';
    signal S_AXI_BREADY  : std_logic := '0';
    signal S_AXI_ARADDR  : std_logic_vector(31
                     downto 0) := (others => '0');
    signal S_AXI_ARVALID : std_logic := '0';
    signal S_AXI_RREADY  : std_logic := '0';

    --Outputs
    signal S_AXI_ARREADY : std_logic;
    signal S_AXI_RDATA   : std_logic_vector(31
                                         downto 0);
    signal S_AXI_RRESP   : std_logic_vector(1 downto
                                                 0);
    signal S_AXI_RVALID  : std_logic;
    signal S_AXI_WREADY  : std_logic;
    signal S_AXI_BRESP   : std_logic_vector(1 downto
                                                 0);
    signal S_AXI_BVALID  : std_logic;
    signal S_AXI_AWREADY : std_logic;

    -- Clock period definitions
    constant S_AXI_ACLK_period : time := 10 ns;

BEGIN

    -- Instantiate the Unit Under Test (UUT)
    uut: entity lite_slave_v1_00_a.lite_slave
    generic map (
        C_S_AXI_DATA_WIDTH => 32,
        C_S_AXI_ADDR_WIDTH => 32,
        C_S_AXI_MIN_SIZE   => X"000001FF",
        C_USE_WSTRB        => 0,
        C_DPHASE_TIMEOUT   => 4,
        C_BASEADDR         => X"80000000",
        C_HIGHADDR         => X"800000FF",
        C_FAMILY           => "virtex6",
        C_NUM_REG          => 2,
        C_NUM_MEM          => 1,
        C_SLV_AWIDTH       => 32,
        C_SLV_DWIDTH       => 32
    )
    port map (
        S_AXI_ACLK    => S_AXI_ACLK,
        S_AXI_ARESETN => S_AXI_ARESETN,
        S_AXI_AWADDR  => S_AXI_AWADDR,
        S_AXI_AWVALID => S_AXI_AWVALID,
        S_AXI_WDATA   => S_AXI_WDATA,
        S_AXI_WSTRB   => S_AXI_WSTRB,
        S_AXI_WVALID  => S_AXI_WVALID,
        S_AXI_BREADY  => S_AXI_BREADY,
        S_AXI_ARADDR  => S_AXI_ARADDR,
        S_AXI_ARVALID => S_AXI_ARVALID,
        S_AXI_RREADY  => S_AXI_RREADY,
        S_AXI_ARREADY => S_AXI_ARREADY,
        S_AXI_RDATA   => S_AXI_RDATA,
        S_AXI_RRESP   => S_AXI_RRESP,
        S_AXI_RVALID  => S_AXI_RVALID,
        S_AXI_WREADY  => S_AXI_WREADY,
        S_AXI_BRESP   => S_AXI_BRESP,
        S_AXI_BVALID  => S_AXI_BVALID,
        S_AXI_AWREADY => S_AXI_AWREADY
    );

    -- Clock process definitions
    S_AXI_ACLK_process :process
    begin
        S_AXI_ACLK <= '1';
        wait for S_AXI_ACLK_period/2;
        S_AXI_ACLK <= '0';
        wait for S_AXI_ACLK_period/2;
    end process;


    -- Stimulus process
    stim_proc: process
    begin
        -- reset
        S_AXI_ARESETN <= '0';
        wait for 50 ns;
        S_AXI_ARESETN <= '1';
        wait for 50 ns;

        -- write
        S_AXI_AWADDR <= X"80000000";   -- (A)
        S_AXI_WDATA  <= X"12345678";

        wait for 5 ns;
        S_AXI_AWVALID <= '1';
        S_AXI_WVALID  <= '1';
        S_AXI_BREADY  <= '0';

        wait until (S_AXI_WREADY = '1');
        wait until (S_AXI_WREADY = '0');
        S_AXI_AWVALID <= '0';
        S_AXI_WVALID  <= '0';
        S_AXI_AWADDR  <= X"00000000";
        S_AXI_WDATA   <= X"00000000";

        S_AXI_BREADY <= '1';
        wait for S_AXI_ACLK_period * 2;
        S_AXI_BREADY <= '0';

        wait for S_AXI_ACLK_period*10;

        -- read
        S_AXI_ARADDR <= X"80000000";   -- (B)

        wait for 15 ns;
        S_AXI_ARVALID <= '1';

        wait until (S_AXI_RVALID = '1');

        S_AXI_RREADY  <= '1';
        S_AXI_ARVALID <= '0';
        S_AXI_ARADDR  <= X"00000000";

        wait until (S_AXI_RVALID = '0');

        S_AXI_RREADY <= '0';

        wait;
    end process;

END;
```

AXIの2WAYハンドシェイクではREADYがアサートされてからネゲートされるまでVALIDはアサートを続ける必要がある

lite.slaveへの書き込みシミュレーション

lite.slaveからの読み出しシミュレーション

が正常に自動生成されないようです．Librariesタブを開いて対象ファイルをいったんworkに移動することで，テストベンチが正常に自動生成されます（図8.6）．

リスト8.1がテストベンチのソースになります．

●テストベンチの実行

ISEの画面左上のペインから「Design」タブを開き，タブの上端にある「Simulation」ラジオボタンを選択します．「Hierarchy」ツリー上にあるlite_slave_tbを選択したら「Processes」ツリーの「ISim Simulator」→「Behavioral Check Syntax」をダブルクリックし，構文チェックを行いましょう．

構文に問題がなければ画面下部の「Console」タブの最後に，

> Process "Behavioral Check Syntax" completed successfully

と表示されます（図8.7）．

続けて「Behavioral Check Syntax」の下にある「Simulate Behavioral Model」をダブルクリックすると，シミュレーション用の実行ファイルがビルドされ，ISimが自動的に起動します．

ISimの波形ウィンドウ上に表示されている適当な信号を右クリックしたら「Go To Source Code」を選択しlite_slave_tb.vhdのソースファイルを表示しましょう．

まずはレジスタへの書き込みをシミュレーションしてみます．

●書き込み処理

AXIバスの側から見た場合，lite_slaveの最初レジスタへの値の書き込みは次のようになります．ここでは0x12345678という値を書き込みます．

なお，IPコアに割り当てられるアドレスは実際にはXPSで決定されC_BASEADDRに設定されますが，シミュレーション上では任意のアドレスで問題はありません．ここではC_BASEADDRを0x80000000としました．したがって最初のレジスタに書き込む場合はS_AXI_AWADDRは0x80000000になります（リスト8.1のⒶ部分）．

書き込みのシミュレーション実行結果は図8.8のようになりました．
上側にlite_slaveの書き込みに関係する信号波形を表示し，下側にはuser_logicの信号波形を表示しています．

まずはlite_slaveの信号だけに注目し，IPコアからの応答がどのように行われているか見てみましょう（図8.8のⒶ）．

最初に書き込み先のアドレスS_AXI_AWADDRと書き込むデータS_AXI_WDATAに値を設定します．
次に5nsの間だけ待っているのは，S_AXI_AWVALIDとS_AXI_WVALIDのアサートをクロックの立ち下りで行うためです．詳細はここでは省きま

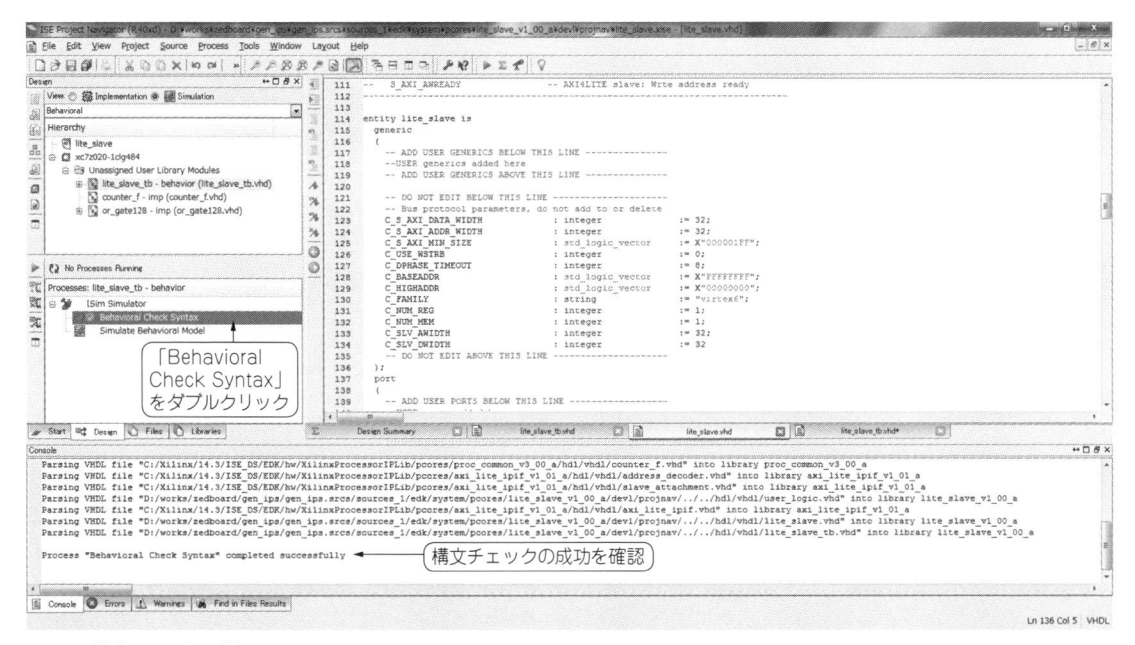

図8.7 構文チェックの実行

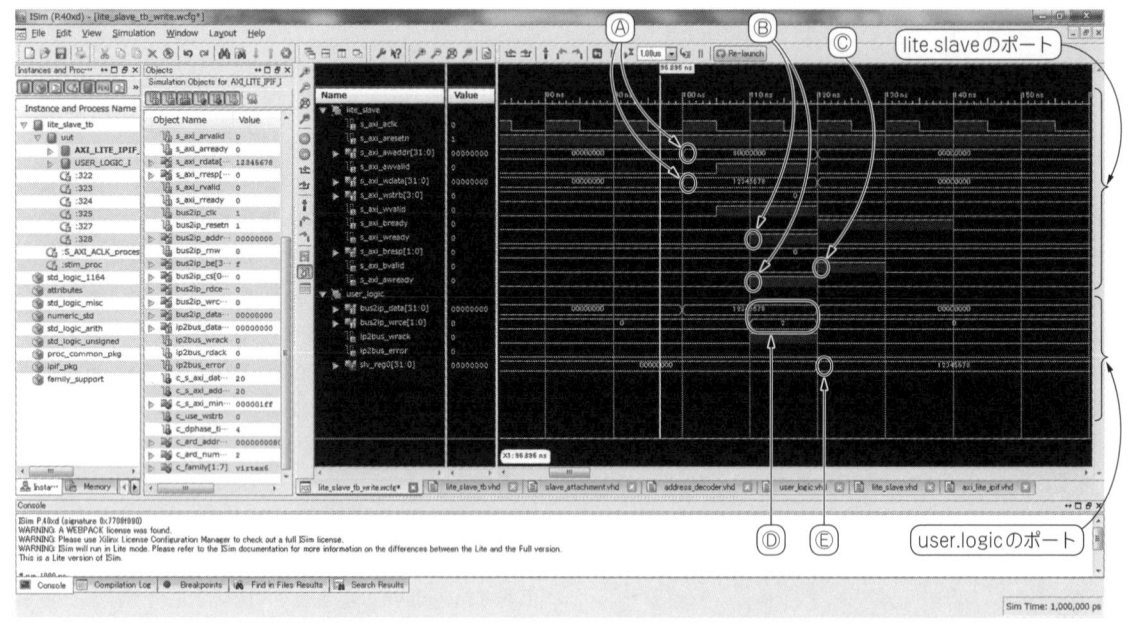

図8.8 書き込みシミュレーション実行結果

すが立ち上がりでアサートすると，axi_lite_ipifが正常に動作しません（コラム参照）．

S_AXI_AWVALIDとS_AXI_WVALID両方をアサートすることで書き込み処理が行われます．書き込みできる状態になると，lite_slaveによりS_AXI_AWREADYとS_AXI_WREADYがアサートされます．READYがネゲートされるまで，アドレスとデータ，そしてそれらのVALID信号はアサートを続ける必要があります（図8.8のⒷ）．

READYがネゲートされると，続けてlite_slaveからの書き込み応答を示すS_AXI_BVALIDがアサートされます．応答内容を表すS_AXI_BRESPが0なので転送処理は成功したことを示しています（図8.8のⒸ）．

次に，lite_slaveの信号の変化により，user_logicの信号と内部のレジスタ（slv_reg0）が変化する様子を見てみましょう．user_logicの入力はbus2ip_dataとbus2ip_wrceです．AXI4-LiteIPコアでは，bus2ip_wrceは書き込み対象となるレジスタを示しています．axi_lite_ipifがS_AXI_AWADDRのアドレス・デコードを行ってくれるため，user_logicではアドレスを意識しなくて済みます．bus2ip_dataは，見ての通りS_AXI_WDATAの値そのままです（図8.8のⒹ）．

user_logic内に自動生成されたコードにより，bus2ip_wrceのアサートに対して，ip2bus_wrack（書き込み承認応答）がアサートされ，bus2ip_wrceが示すレジスタslv_reg0に書き込みが行われます（図8.8のⒺ）．

AXIの2wayハンドシェイク（VALID/READY）や書き込みアドレスのデコード，書き込み応答の処理など，AXIインターフェースで行う処理をIPIFのuser_logic側は行わなくて済むため，user_logicは最低限の処理だけで書き込みができていることが理解できると思います．

●読み出し処理

続いてレジスタからの読み出し処理のシミュレーションです．今度は先程書き込んだレジスタから値を読み出してみます（リスト8.1のⒷ）．読み出しの場合は図8.9のようになります．

読み込みではS_AXI_ARADDRにより読み出し先のアドレスを示し，S_AXI_ARVALIDによって読み出しをトリガーします．書き込みと同じく，S_AXI_ARVALIDのアサートはクロックの立ち下がりで行っています（図8.9のⒶ）．

bus2ip_rdceのアサートに対して，ip2bus_rdack（読み出し承認応答）がアサートされ，bus2ip_rdceが示すレジスタの値がip2bus_dataに読み込まれています（図8.9のⒷ）．そして次のクロックでS_AXI_RDATAにip2bus_dataの値が読み出せているのがわかると思います（図8.9のⒸ）．

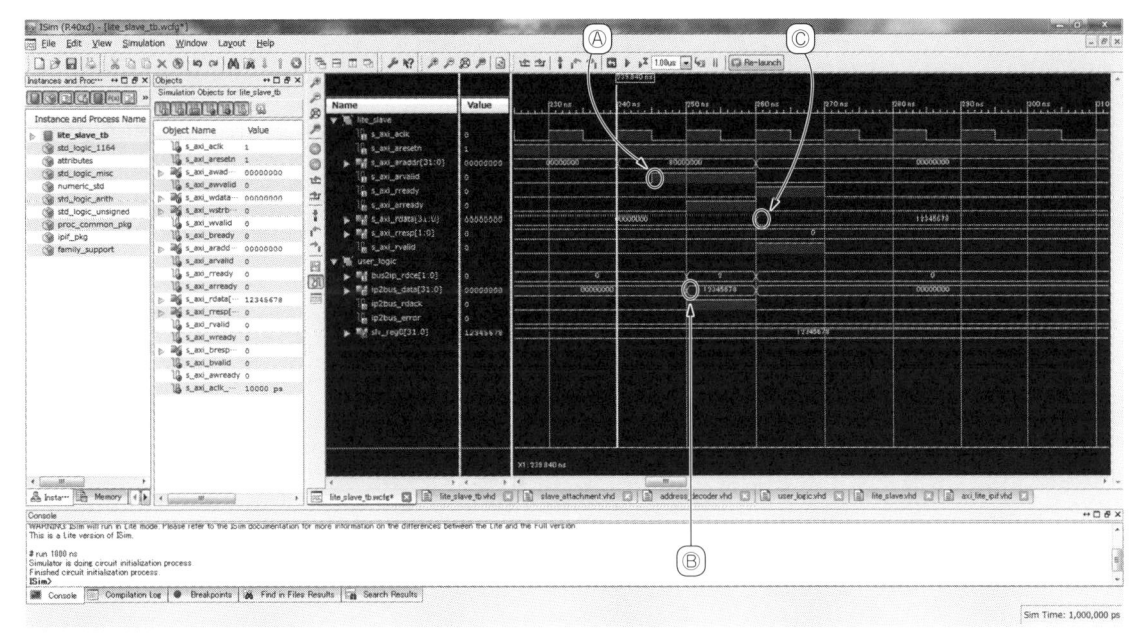

図8.9 読み出しシミュレーション実行結果

●IPIFのまとめ

本章ではAXIプロトコルとそのインターフェースについて概要を学びました．次にAXIを扱いやすくするラッパーとしての機能を持つIPIFについて触れ，シミュレーションによってAXIとIPIFの関係を理解しました．インターフェースの持つ各信号がいつどのように変化・応答するのか知ることでIPコアの作成についてより具体的に理解できるようになったのではないでしょうか．

コラム8.1　ISimシミュレーション時の注意点

ISimでシミュレーションする場合，S_AXI_AWVALIDとS_AXI_WVALIDをクロックの立ち上がりでアサートするとaxi_lite_ipifは書き込みを開始しません．

axi_lite_ipifの内部モジュールであるslave_attachmentのステートマシンは，クロックの立ち上がりでS_AXI_AWVALIDとS_AXI_WVALIDをチェックし，両方がアサートされていればstateシグナルをSM_WRITEにします（リスト8.A）．

しかし，処理の開始を決定するstateシグナルの変化は，次のように非同期になっています．

```
start<= (S_AXI_ARVALID or
         (S_AXI_AWVALID and
                     S_AXI_WVALID))
   when (state = SM_IDLE) else '0';
```

S_AXI_AWVALIDとS_AXI_WVALIDをクロックの立ち上がりでアサートすると，stateの変化の条件であるstateの値は，Access_Controlプロセス文での変更前の値でしょうかそれとも変更後の値でしょうか？

startの変化とstateの変化が競合しているため実際には回路になった際の遅延により決定されるのでしょうが，ISimではこの場合startは変化しません．

リスト8.A　stateシグナルの生成部

```
Access_Control : process (S_AXI_ACLK) is
   begin
   if S_AXI_ACLK'event and S_AXI_ACLK = '1' then
~中略~
      case state is
         when SM_IDLE => if (S_AXI_ARVALID = '1')
            then  -- Read precedence over write
              state <= SM_READ;
            elsif (S_AXI_AWVALID = '1' and S_
                            AXI_WVALID = '1') then
              state <= SM_WRITE;
            else
              state <= SM_IDLE;
            end if;
```

第9章 IDCT処理をハードウェア化して高速化する

IDCT処理のハードウェア化とAXIバスへの接続，そしてパフォーマンスのチューニングまで

本章ではより実践的な内容の例題として，既存のソフトウェアの特定の処理をFPGA上のロジックに置き換え，ハードウェア・アクセラレーションによる高速化を実現します．具体的には，JPEGデコーダの処理で必要なIDCT（Inverse Discrete Cosine Transform，逆離散コサイン変換）処理を高速化し，ソフトウェアのみによる処理と比較して，どれだけ高速化されるかを体験してみます．

9.1 IDCTの高速化

サンプルとして取り上げるのは筆者がC++で記述したJPEGデコーダです．JPEGの動作を理解するために書いたもので，JPEGデコーダの機能としてはごく最低限の機能しか持っていませんが，JPEGファイルからYUVフォーマットのイメージ・データに変換することが可能です．

このソフトウェア版JPEGデコーダ全体をIPコアにするとなると，それだけで1冊の本ができてしまうので，ここではJPEGのデコードの過程で一番多くの計算が必要となるIDCTに的を絞ってIPコアにしてみます．

● DCTとは

作成に取り掛かる前に，DCTそのものについて少しだけ触れておきましょう．DCTには8種類の定義が存在します．JPEGで使用されるのはDCT-IIと呼ばれるもので定義は次のようになります．

$$X(m) = \sqrt{\frac{2}{N}} k_m \sum_{n=0}^{N-1} x(n)\cos\left(\frac{m(2n+1)\pi}{2N}\right),$$
$$m = 0, 1, \cdots, N-1$$

$$k_j = \begin{cases} 1, j=1, 2 \cdots, N-1 \\ \frac{1}{\sqrt{2}}, j=0 \end{cases}$$

·· (9.1)

$x(n)$ が入力となるデータ列で，$X(m)$ が変換後の出力データ列です．1次元のデータ列に対するDCTなので1次元DCTと呼ばれます．1次元DCTは次のようにコサイン関数の値を係数行列としてあらかじめ求めておき，行列の乗算で計算することができます．

$$X = Ax$$
$$A_{m,n} = \begin{cases} \dfrac{1}{\sqrt{N}}, m=0 \\ \sqrt{\dfrac{2}{N}} \cos\left[\dfrac{m(2n+1)\pi}{2N}\right], m=1, 2, \cdots, N-1 \end{cases}$$

·· (9.2)

1次元DCTについては上記の式で求めることができますが，JPEGで対象とするのはX-Y座標を持った2次元の画像データですから，2次元DCTを行わないといけません．JPEGのDCTでは，画像を8×8ピクセルのブロック（MCU；Minimum Coded Unit）単位に分け，ブロックごとに2次元DCTの処理を行います．2次元DCTでは，X軸とY軸方向の各ピクセル列を，1次元の離散データ列と見なしてそれぞれに対して1次元DCTを適用します．

これを行列式で表すと次のようになります．

$$X = Ax^t A \quad \cdots\cdots\cdots\cdots\cdots\cdots\cdots (9.3)$$

ここで，A は先に示したDCT係数行列で，左肩に t のついた A はその転置行列になります．また，この場合の x は入力データ行列（つまりJPEGのMCU）で，X が変換済みの行列です．

行列と行列の乗算は，ベクトルと行列の乗算をつなぎ合わせたものとみることができます．したがって上の式は，(1) Y軸方向の各列に1次元DCTを適用し（Aとxの乗算），(2) さらにX軸方向の各列に1次元DCTを適用する（1の結果とAの転置行列の乗算）という意味になります．このように，1次元DCTの繰り返しにより2次元DCTを実現することができます．

さて，ここまではDCT，つまり順方向の変換でJPEGでいえばデコードではなくエンコードするときの変換です．デコードに必要なのはIDCT，つまりDCTの逆変換ですが，DCTの係数行列は正規直交行列であるため，DCTの逆変換を行う場合は，先に示した式の

係数行列を転置するだけですみます.

$$x = {}^t A X A \quad \cdots\cdots\cdots\cdots\cdots\cdots\cdots\cdots (9.4)$$

9.2 機能設計

まずはこれから作るIDCT IPコアの仕様を決定していきましょう. 具体的には入出力のデータ形式とどういったモジュールでIPコアを構成するかを考えます.

●入出力

まずは入出力の仕様から考えます.

先にも述べた通り, JPEGでは画像をMCU単位に区切って処理を行います. IDCTの処理もMCU単位で行われるので, ここで作成するIPコアの入出力もMCUを単位とします. 仮に将来的にJPEGデコーダ全体をIPコア化する際にもIDCT処理部分で再利用することは可能でしょう (図9.1).

MCUを入出力とすることは決まりました. では実際のデータの大きさはどの程度必要でしょうか.

まずは入力について考えてみましょう. JPEGの逆量子化済みMCUは, 1データ要素につき11ビット必要です. これをCPUでも扱いやすいよう1データ要素あたり16ビット割り当てるとすると, MCU全体では128バイトになります. これはそのままではAXIのデータバスに乗りませんから, 8回に分けて転送することにします. そうすると1回に転送するデータは16バイト, つまりAXIのデータバス幅は128ビットで8ビートのバースト転送によりMCUを転送することになります.

次に出力の場合ですが, IDCT後のデータは8ビットのピクセル・データですから, データ・バス幅128ビットで送出する場合MCUから2行分のデータを送ることができます. これでもよいのですが, 今回は分かりやすさを優先して, 出力の1ピクセルにも16ビットを割り当て, 入力と同じく128ビットの転送で1行分のデータを送ることにします. もちろん, 性能の最適化を行う場合は必要最小限のデータ転送しか行わないことが望ましいのは言うまでもありません.

ちなみに最近のデジタル・カメラで撮影した画像は4000×3000程度の解像度が一般的なようです. このような画像の場合, MCUは30万近く含まれることになります. データにすると約36MバイトのデータをPSとIPコア間で送受信するため, バースト転送での高速なデータの送受信は必須と言えるでしょう. そこで, Zynqに用意されている大容量データ転送向けのインターフェースであるS_AXI_HPとS_AXI_ACPのうち, ここではS_AXI_ACPを利用してみます. なお, S_AXI_ACPについては前章ですでに触れているので, 忘れてしまった方はそちらを読み返してみてください.

●機能の抽出と全体構成

では全体の機能から, 実装で必要になるモジュールを洗い出してみましょう. とはいえ, それ程複雑なものではないので, モジュールの数は大したことはありません.

まずは, 2次元IDCTを行うモジュールが必要です. また, 2次元IDCTは1次元IDCTの繰り返しで構成されることはすでにわかっています. 1次元IDCTを行うモジュールを用意し, 2次元IDCTモジュールから利用すればよさそうです.

また, 前章でのAXI4-LiteのIPコアがそうであったように, 中心となる部分の入出力はIPIFで行うことになります. 2次元IDCT部分とIPIFとをつなぐ部分も必要でしょう.

図9.1 IDCTコアの処理の流れ

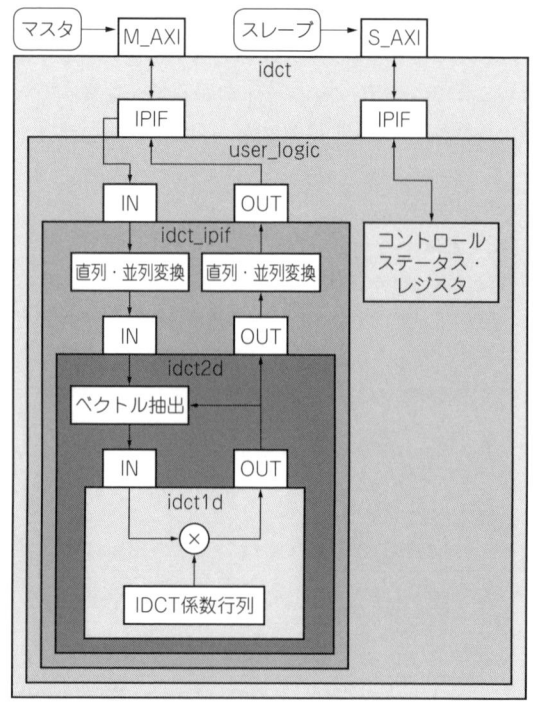

図9.2 IPコアの全体構成

以上の検討より，IDCT IP全体の構成を図9.2のようにしました．

idct/user_logic/idct_ipif/idct2d/idct1dという五つのモジュールの階層構造になっています．idct2dが2次元IDCTを行うためのモジュール，idct1dは1次元DCTを行うモジュールです．idct/user_logicはXPSのウィザードが生成したもので，idct2dとuser_logicの橋渡しとなるのがidct_ipifです．

9.3 実装

●IPコアの生成

ここからは実際の作業手順を追いながら進めます．まずは雛形となるIPコアのソースを生成しましょう．前章と同じく，まずはPlanAheadでZedboard用プロジェクトを作成し，XPSを起動するところまでを行ってください．ここまでの手順はすでに述べているのでここでは触れません．

XPSが起動できたら，「Create and Import Peripheral Wizard」によりIPコアを生成します．ウィザードに設定する各項目は表9.1の通りです．これら以外に変更はありません．ポイントは「User logic master support」をチェックしてAXIマスタIPコアを生成するところです．AXIマスタ・インターフェース

表9.1 自動生成の設定

設定項目	設定内容
Name and Version	Name: "idct" Version: 1.00.a
Bus interface	「AXI4 Burst capable …」を選択
IPIF Services	以下をチェック 「User logic master support」 「User logic software register」 「Include data phase timer」
User S/W Register	「Number of software accessible registers」を4に設定
Master Interface	「Native Data Width」を128に設定
(OPTIONL) Pheripheral implementation Support	「Generate ISE and XST project files …」をチェック

を持つことで，PSのS_AXI_ACPに接続することが可能になります．

●IPコアとPSの接続

IPコアが生成できたら，とりあえずPSと接続してみましょう．「IP Catalog」ペインの「Project Local PCores」ツリー上にある「DCT」を右クリックし，「Add IP」を実行します．インスタンス化の設定を行う「XPS Core Conifg」，「Instantiate and Connect IP」ダイアログが続けて開きますが，ここではどちらもそのまま「OK」をクリックします．

IPをそのまま追加した状態では，IPコアのM_AXIポートはS_AXI_HP0に接続されている[図9.3(a)]の

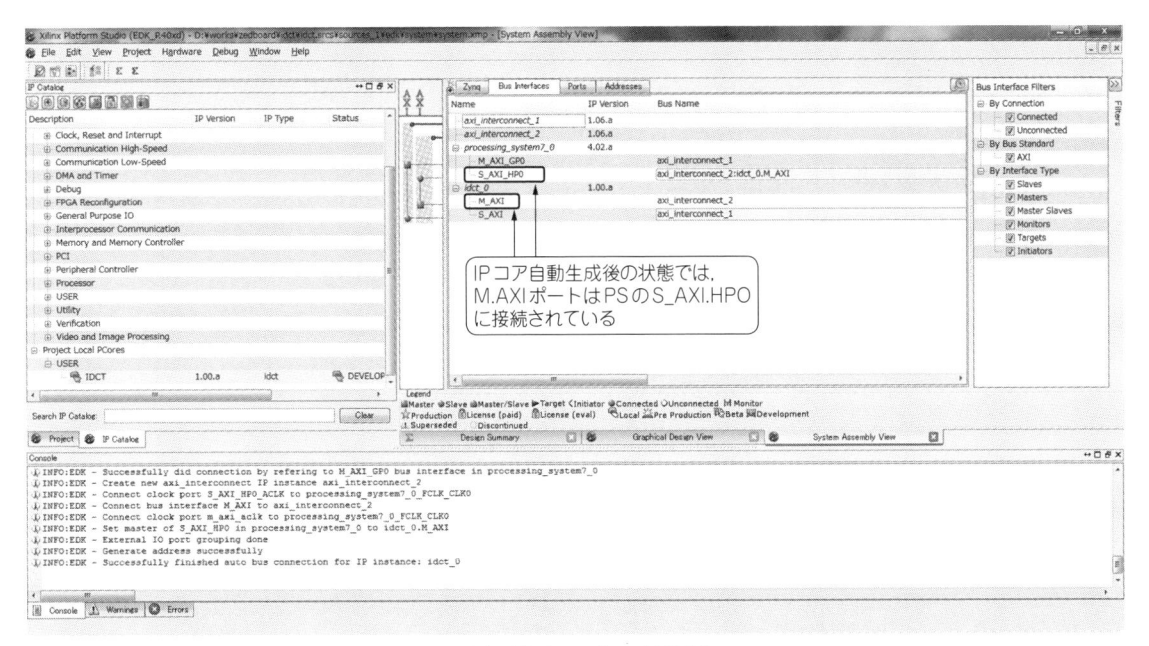

(a) 自動生成後のポート接続状態

図9.3 IPコアとPSの接続

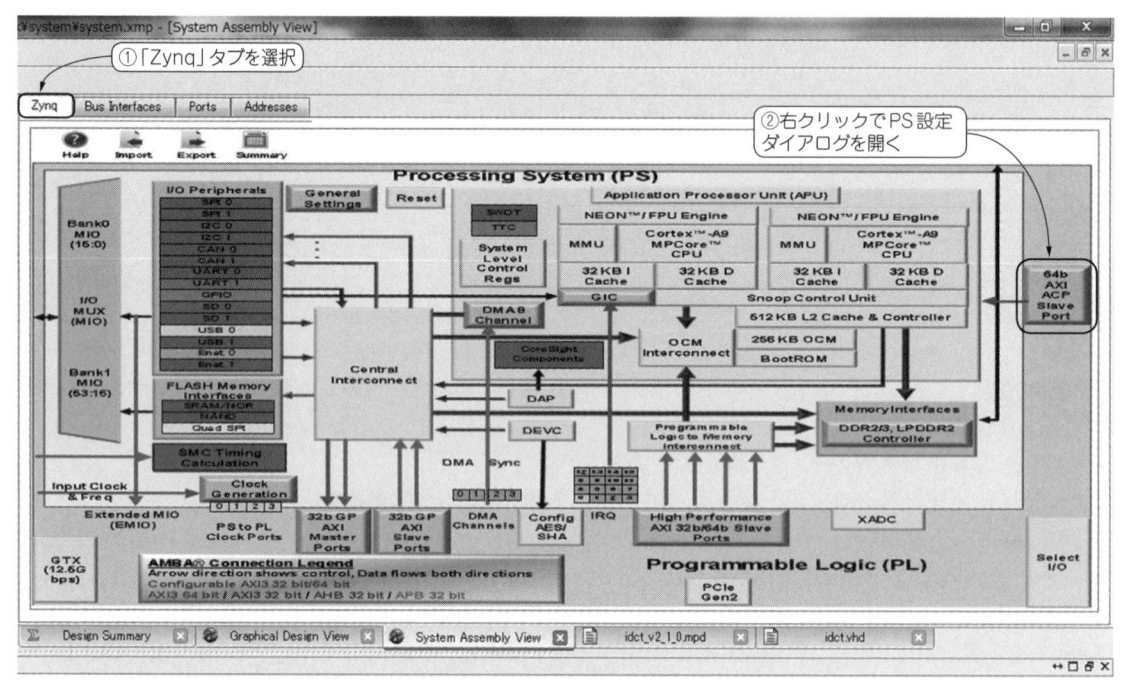

(b) ACPへの接続（その1）

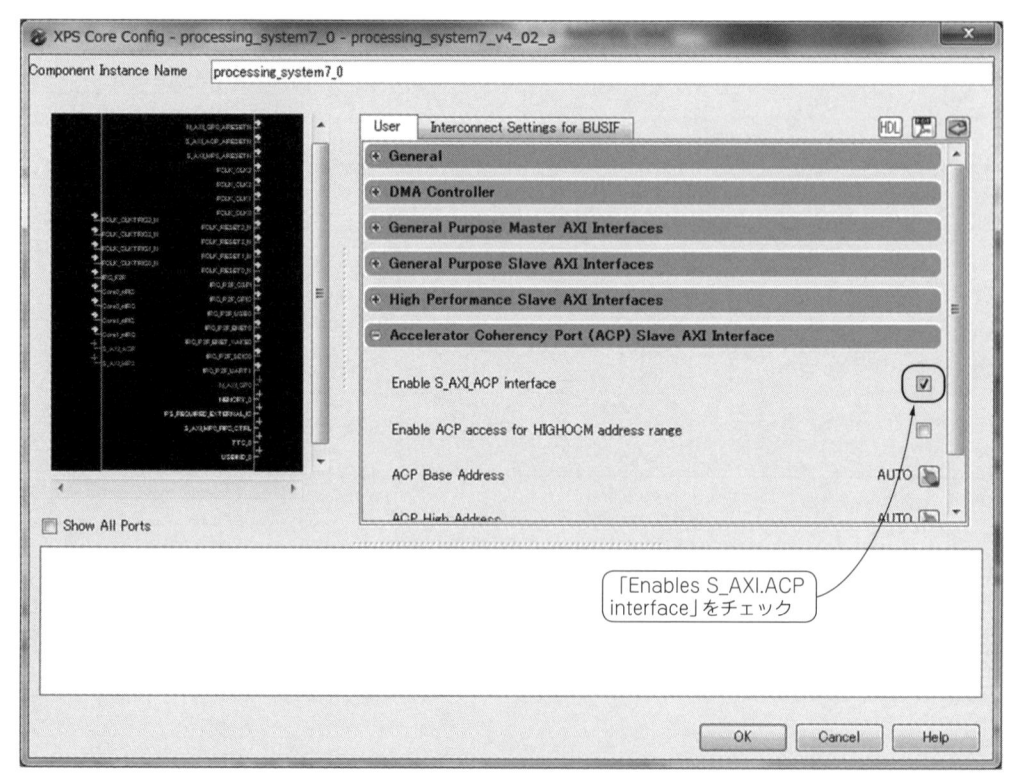

(c) ACPへの接続（その2）

図9.3　IPコアとPSの接続（続き）

218　第9章　IDCT処理をハードウェア化して高速化する

で，S_AXI_ACPに接続するよう設定を行います．

まず「Zynq」タブを開き，画面右端にある「64b AXI ACP Slave Port」右クリックし「processing_system7_0」の設定ダイアログを開きます［図9.3 (b)］．

「Enable S_AXI_ACP interface」をチェックしACPを有効にします［図9.3 (c)］．さらに「Enable S_AXI_HP0 interface」のチェックを外し，HP0を無効にし「OK」でダイアログを閉じます［図9.3 (d)］．

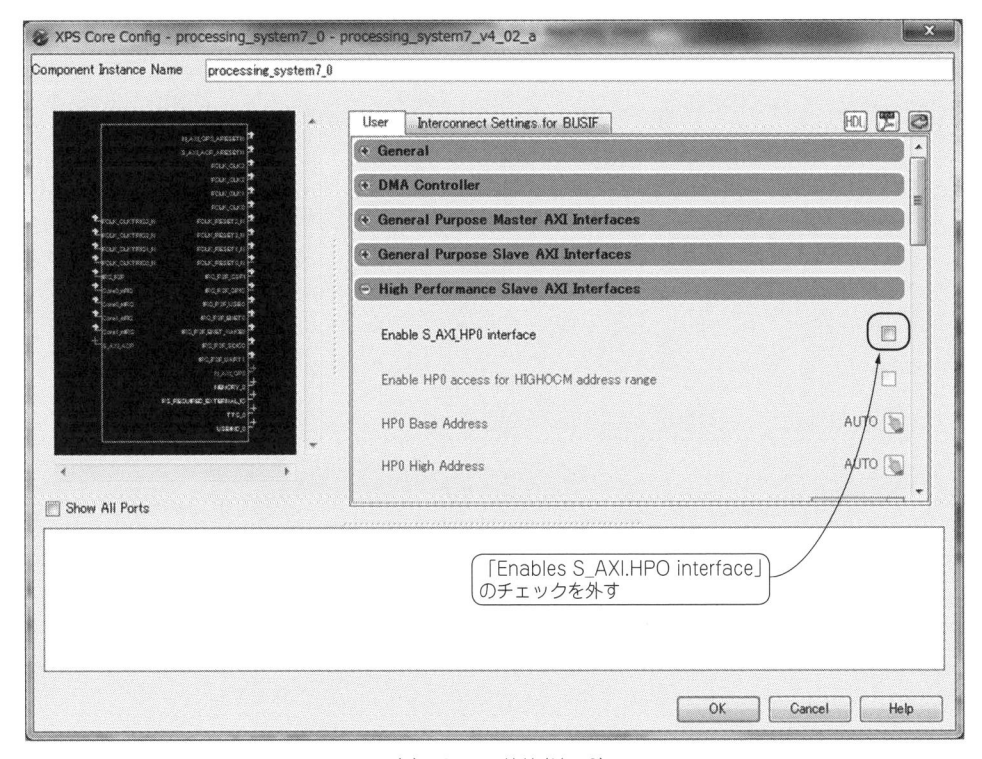

(d) ACPへの接続（その3）

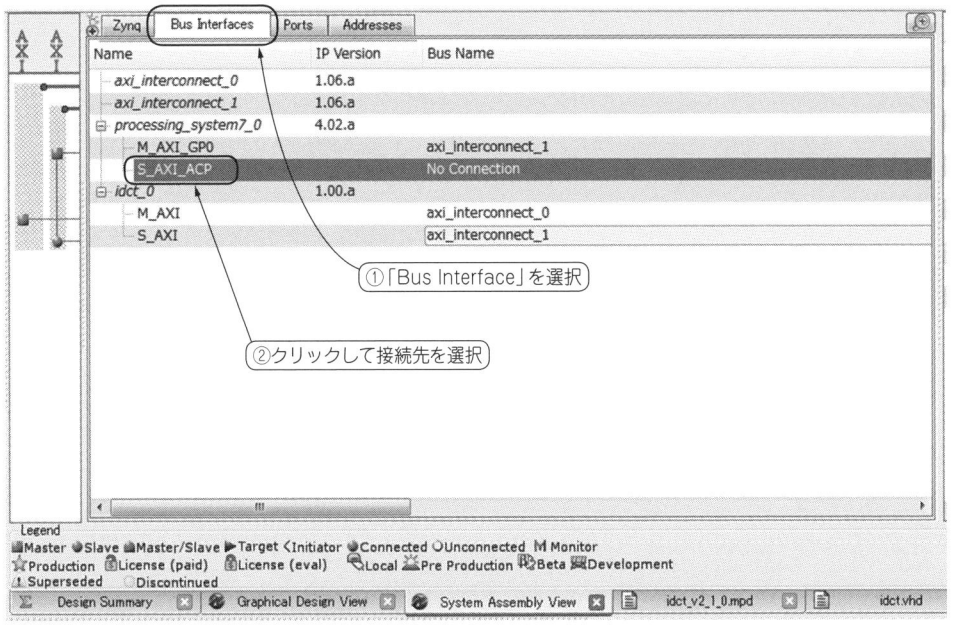

(e) ACPへの接続（その4）

次に「Bus Interface」タブを開き，「processing_system7_0」のツリー内にある「S_AXI_ACP」の「Bus Name」が「No Connection」と表示されている部分をクリックします［図9.3(e)］．「processing_system7_0.S_AXI_ACP Connection」ダイアログが開くので「axi_interconnect_0」を選択し，「idct_0.M_AXI」をチェックします［図9.3(f)］．これでIDCT IPコアのM_AXIがPSのS_AXI_ACPと接続できました［図9.3(g)］．

また，そのままではPSのS_AXI_ACPポートにはクロックが設定されていません．ここではprocessing_system7_0::FCLK_CLK0を供給するようにしました．「Ports」タブから「S_AXI_ACP_ACLK」を探して図のように設定してください［図9.3(h)］．

マスタ・タイプのIPを生成すると，ウィザードによりAXI4-LiteスレーブとAXI4マスタの2系統のインターフェースがIPに自動的に追加されます．AXI4マスタは，データ転送専用のバスとして利用し，AX4-LiteスレーブでIPコアのコントロールやステータスの取得を行う，という利用の仕方を想定して自動生成するようです．

PSとIPコアは図9.4のような接続構成になります．実際にはAXIインターコネクトIPが間に入っていますがここでは省略しています．

●生成されたIPコアは何をする？

IDCT処理の実装に入る前に，自動生成されたマスタIPコアが何をするのか見ておきましょう．自動生成されたIPコアがどのような構造になっているか知るこ

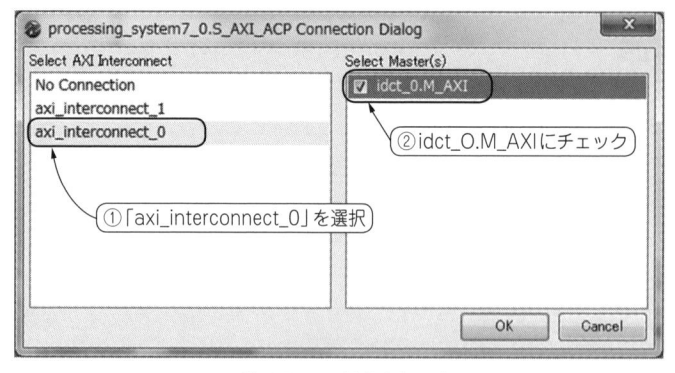

(f) ACPへの接続（その5）

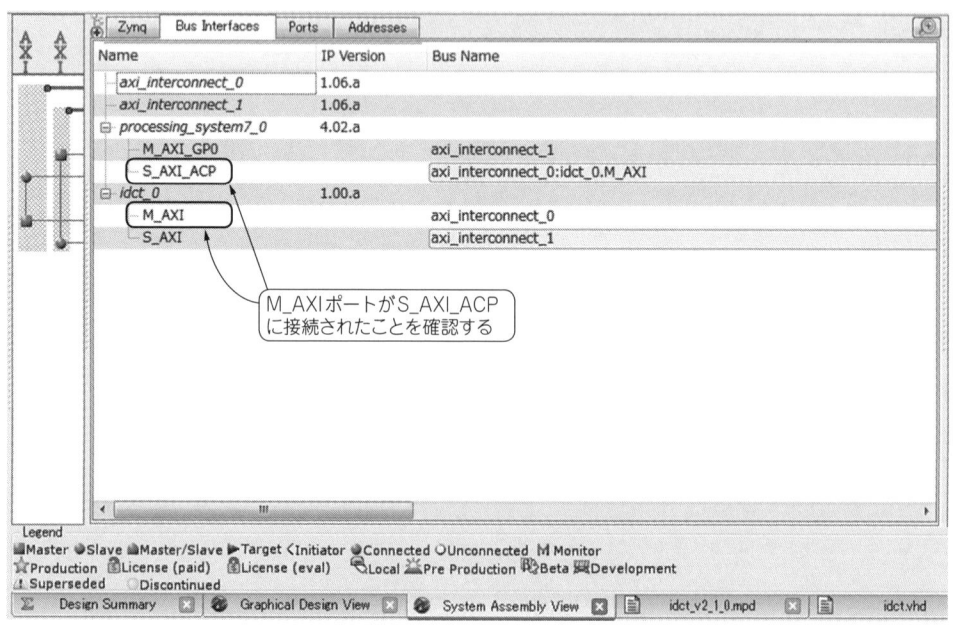

(g) ACP接続後の状態

図9.3 IPコアとPSの接続（続き）

とで，この後ソースのどこをどのように変更すればユーザの望む処理を追加できるのかがわかります．

生成された後のIPコアのファイル構成は次の通りです．

```
data/_idct_xst.prj
    /idct_v2_1_0.mpd
    /idct_v2_1_0.pao
devl/projnav/
    /synthesis/
    /create.cip
    /ipwiz.log
    /ipwiz.opt
    /README.txt
hdl/vhdl/idct.vhd
    /vhdl/user_logic.vhd
```

前章のAXI4-Lite IPコアと同様，ここでも変更すべきはuser_logic.vhdです．マスタ・タイプのIPコアのuser_logicモジュールは，大きく分けて次の五つの処理に分類できます．
(1) ユーザの追加したレジスタ
(2) マスタIP制御用レジスタ
(3) マスタ・コントロール用ステートマシン

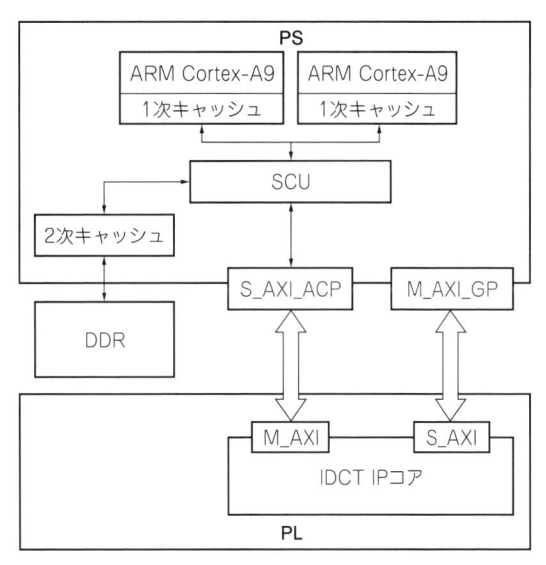

図9.4 PSとIPコアの接続構成

(4) マスタ・リード用ステートマシン
(5) マスタ・ライト用ステートマシン

最初の二つ，ユーザの追加したレジスタと，マスタIP制御用レジスタの読み書きは，AXI4-Liteインターフェースによって行われます．

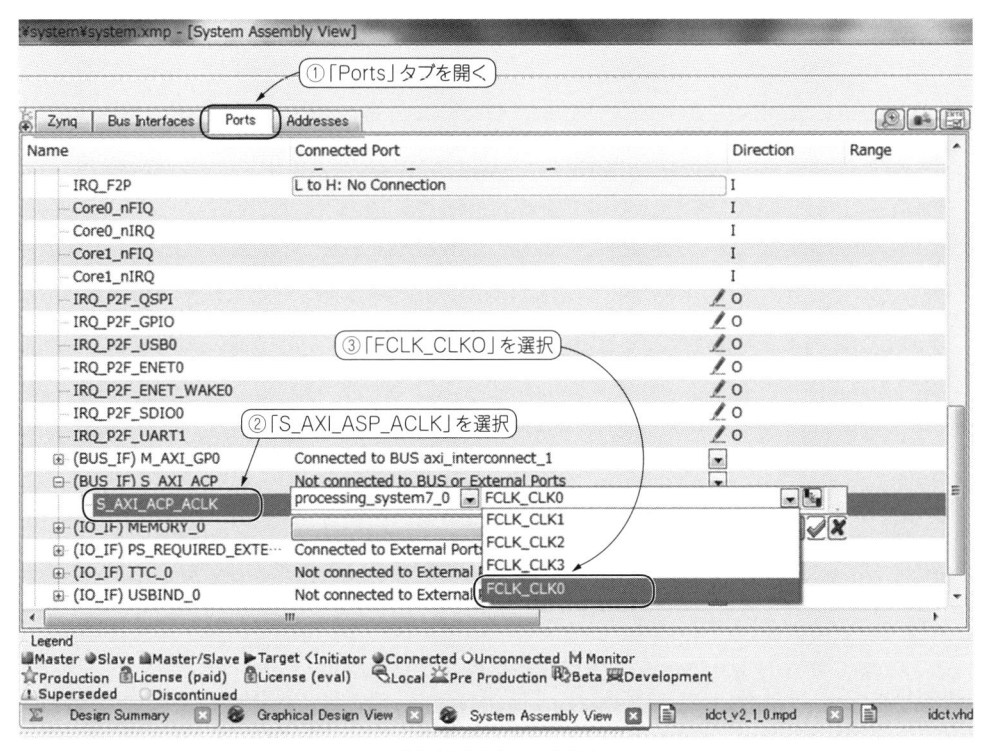

(h) ACPのクロック設定

9.3 実装 221

ユーザの追加したレジスタですが，今回は単なるデバッグ目的のために追加しています．扱う方法は基本的には前章で取り上げた内容と同じため，ここでの説明は割愛します．

重要なのは次のマスタIP制御用レジスタです．

▶マスタIP制御用レジスタ

自動生成されたマスタIP制御用レジスタは全部で6種類あります．これらはCPU側からマスタIPを制御するために使用されます（図9.5）．

例えば，1024（0x400）バイトのデータをCPU側からIPコア側に送る場合，次のようレジスタに書き込むことで転送が開始されます．

(1) コントロール・レジスタに0x01（Rd）を書き込み（CPU側からIPコア側に送る，ということはIPコアから見れば読み込み）
(2) アドレス・レジスタにデータのアドレスを書き込み
(3) レングス・レジスタに0x400を書き込み
(4) Goレジスタに0x0Aを書き込み

これらの制御用レジスタは，あくまでも自動生成されたサンプル実装です．したがって必ずしもこれらを使用する必要はなく，IPコアに合わせて自由に変更・削除してもよいのですが，ここではIPコアの実装を簡単にするためにあえてこれを利用しています．

▶マスタ・コントロール用ステートマシン

MASTER_CMD_SM_PROCとラベルの付けられた`process`文がその本体になります．CMD_IDLE，CMD_RUN，CMD_WAIT_FOR_DATA，CMD_DONEという四つの状態を持ちます（図9.6）．

- CMD_IDLEステート

Goレジスタへの0x0Aの書き込みを転送開始の合図としてCMD_RUNに遷移します．その際，読み込みまたは書き込み用ステート・マシンの開始信号をアサートします．

- CMD_RUNステート

読み書き要求のACKが返っていない場合はCMD_RUN状態を保ちます．ACKが返り，転送がすでに完

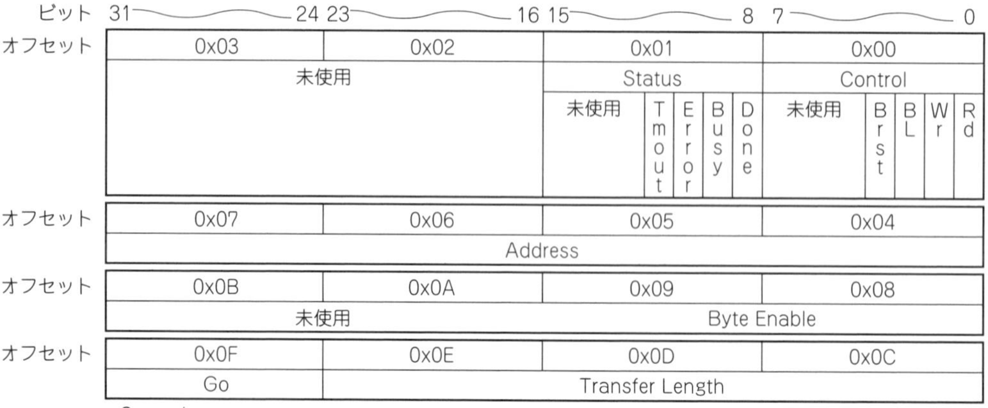

ビット	31 — 24	23 — 16	15 — 8	7 — 0
オフセット	0x03	0x02	0x01	0x00
	未使用		Status	Control
			未使用 / Tmout / Error / Busy / Done	未使用 / Brst / BL / Wr / Rd
オフセット	0x07	0x06	0x05	0x04
	Address			
オフセット	0x0B	0x0A	0x09	0x08
	未使用		Byte Enable	
オフセット	0x0F	0x0E	0x0D	0x0C
	Go	Transfer Length		

- Control
  マスタIPコアの制御用レジスタ．各ビットの意味は次の通り．
  Rd ：読み込みリクエスト・ビット
  Wr ：書き込みリクエスト・ビット
  BL ：IPIFのIP2Bus_Mst_Lockの制御になるが，AXIでは実際には使用されていない
  Brst：バースト転送ビット
- Status
  マスタIPコアの状態取得用レジスタ．各ビットの意味は次の通り．
  Done ：読み書きの処理完了を示す
  Busy ：読み書きの処理中を示す
  Error ：読み書き中にエラーが発生したことを示す
  Tmout：スレーブへの読み書き要求がタイムアウトしたことを示す
- Address
  転送データの位置を示す32ビットの物理メモリ・アドレス
- Byte Enable
  指定したバイト位置のみを読み書きの対象．シングル転送の場合のみ有効．バースト転送では無視される
- Transfer Length
  転送データのバイト長．バースト転送時のみ有効
- Go
  このレジスタに0x0Aを書き込むことで，上記のレジスタで示した要求の実行を開始

図9.5　マスタIPコア制御用レジスタ

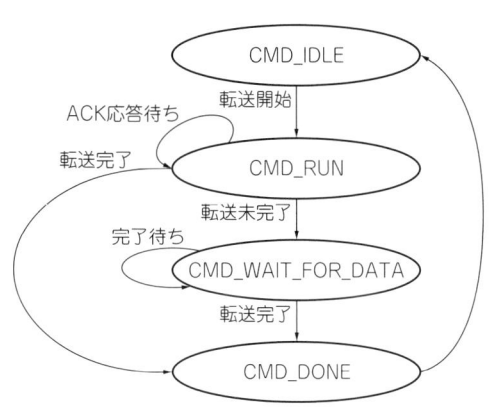

図9.6 マスタ・コントロール用ステート・マシン

図9.7 マスタ・リード用ステート・マシン

了していたらCMD_DONEへ遷移します．転送が完了していない場合はCMD_WAIT_FOR_DATAへ遷移します．

- CMD_WAIT_FOR_DATAステート

 転送が完了したらCMD_DONEへ遷移します．完了までの間CMD_WAIT_FOR_DATA状態を保ちます．

- CMD_DONEステート

 無条件にCMD_IDLEへ遷移します．

▶マスタ・リード用ステート・マシン

 LLINK_RD_SM_PROCESSが読み込み用ステート・マシンの本体です．読み込みは非常にシンプルで，LLRD_IDLE, LLRD_GOの二つの状態だけです（図9.7）．

- LLRD_IDLEステート

 MASTER_CMD_SM_PROCにより，読み込みが開始されたらLLRD_GOへ遷移します．

- LLRD_GOステート

 読み込み完了までの間LLRD_GO状態を保ちます．読み込みが完了したらLLRD_IDLEへ遷移します．

▶マスタ・ライト用ステート・マシン

 LLINK_WR_SM_PROCが書き込み用ステート・マシンの本体です．書き込みの方は，読み込みよりも少し複雑です．LLWR_IDLE, LLWR_SNGL_INIT, LLWR_SNGL, LLWR_BRST_INIT, LLWR_BRST, LLWR_BRST_LAST_BEATという六つの状態を持ちます．名前から推測できるように，シングル転送とバースト転送で状態が分かれています（図9.8）．

- LLWR_IDLEステート

 MASTER_CMD_SM_PROCにより，シングル転送書き込みが開始されたらLLWR_SNGL_INITへ，バースト転送書き込みが開始されたらLLWR_BRST_INITへ遷移します．

- LLWR_SNGL_INITステート

 必要な初期化を行い，LLWR_SNGLへ遷移します．

- LLWR_SNGLステート

 転送失敗もしくは転送完了であればLLWR_IDLEへ

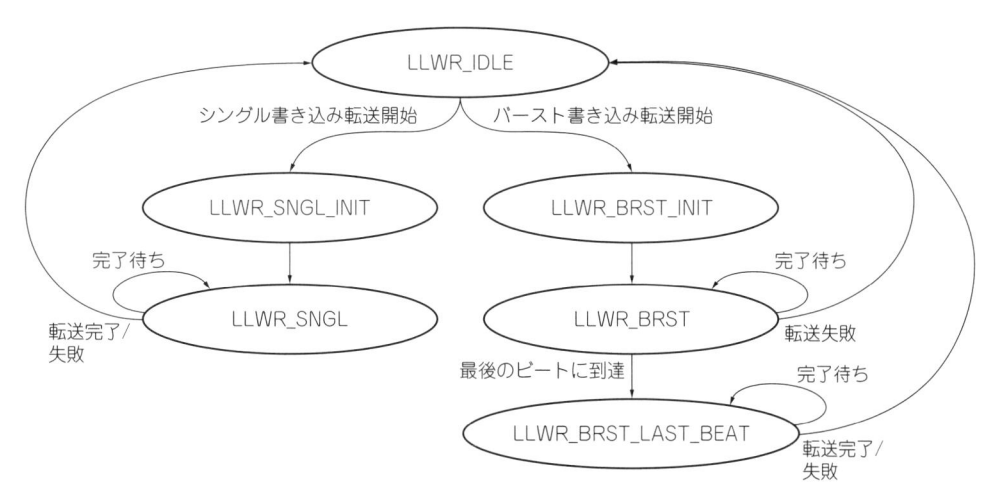

図9.8 マスタ・ライト用ステート・マシン

9.3 実装　223

遷移します．

- LLWR_BRST_INIT ステート
  必要な初期化を行い，LLWR_BRST へ遷移します．

- LLWR_BRST ステート
  転送失敗であれば LLWR_IDLE へ，最後のビートに達していれば LLWR_BRST_LAST_BEAT へ遷移します．

- LLWR_BRST_LAST_BEAT ステート
  転送失敗もしくは転送完了であれば LLWR_IDLE へ遷移します．

リスト 9.1　user_logic に接続された srl_fifo_f モジュール（user_logic.vhd の一部）

```
DATA_CAPTURE_FIFO_I : entity proc_common_v3_00
                                     _a.srl_fifo_f
  generic map
  (
    C_DWIDTH    => C_MST_NATIVE_DATA_WIDTH,
    C_DEPTH     => 128
  )
  port map
  (
    Clk         => Bus2IP_Clk,           ACPから入力されるデータ
    Reset       => Bus2IP_Reset,
    FIFO_Write  => mst_fifo_valid_write_xfer,
    Data_In     => Bus2IP_MstRd_d,
    FIFO_Read   => mst_fifo_valid_read_xfer,
    Data_Out    => IP2Bus_MstWr_d,
    FIFO_Full   => open,
    FIFO_Empty  => open,                 ACPへ出力されるデータ
    Addr        => open
);
```

▶ ACP から読み込んだデータはどこに？

user_logic が行うことは大体わかりました．しかし，PS の ACP ポートを通して読み込んだ DDR メモリ上のデータは user_logic のどこに行くのでしょうか．答えは user_logic.vhd のリスト 9.1 の箇所にあります．

DATA_CAPTURE_FIFO_I という名の通り，読み込んだデータは，proc_common_v3_00_a ライブラリに含まれる，srl_fifo_f モジュールに蓄えられます．

ACP 側からデータが到着する間，FIFO_Write ポートに接続された mst_fifo_valid_write_xfer がアサートされ，Bus2IP_MstRd_d を通して Data_In ポートから FIFO にデータが渡ります．そして ACP 側への書き込み要求がなされると，要求されたデータ・サイズ分，FIFO_Read ポートに接続された mst_fifo_valid_read_xfer がアサートされ，Data_Out から IP2Bus_MstWr_d を通して FIFO 内のデータが出力されます．

なお，C_MST_NATIVE_DATA_WIDTH は，AXI のデータバス幅と同じ値になります．IDCT IP コアの場合は 128 ビットにしたので，128 ビット×深さ 128 のキャパシティを持つ FIFO が生成されます．

このように，自動生成されたマスタ IP は，読み込み要求により読み込んだデータ蓄え，書き込み要求によりそれをそのまま返す，という実装になっています．

IDCT IP コアでは，この FIFO の部分を自らのモジュールに置き換えればよさそうです．

リスト 9.2　idct_pkg パッケージ（idct_pkg.vhd）

```
library IEEE;
use IEEE.STD_LOGIC_1164.all;
use ieee.numeric_std.all;

package idct_pkg is
    subtype data_io_type is std_logic_vector(127 downto 0);   -- Ⓐ
    subtype data_type is std_logic_vector(15 downto 0);       -- Ⓑ
    subtype tmp_type is std_logic_vector(31 downto 0);

    type vec_data_type is array (0 to 7) of data_type;
    type vec_tmp_type is array (0 to 7) of tmp_type;
    type mat_data_type is array (0 to 7) of vec_data_type;
    subtype val_type is signed(15 downto 0);

    function get_transposed (m : in mat_data_type; index : in integer) return vec_data_type;  -- Ⓒ

end idct_pkg;

package body idct_pkg is

    --get vector in transposed matrix
    function get_transposed(m : in mat_data_type; index : in integer) return vec_data_type is
        variable result : vec_data_type;
    begin
        for i in 0 to 7 loop
            result(i) := m(i)(index);
        end loop;
        return result;
    end get_transposed;

end idct_pkg;
```

● **各モジュールの実装**

それではIDCT IPコアを構成するモジュールを一つずつ実装していきます。
IPコア全体はモジュールの階層構造になっています。今回は下位のモジュールから上位のモジュールに向かって実装していきました。

マスタIPコアの自動生成後，ISEのプロジェクト・ファイルが次のパスに作成されています。

```
pcores/idct_v1_00_a/devl/projnav/
idct.xise
```

以降で説明するモジュールは全てこのプロジェクト内で実装し，ISimによるシミュレーションを行いました。手順は基本的に前章と同様なので，ここでは割愛します。

▶ **idct_pkg**

まず始めにIPコア内部で共通に使用する型の定義などを含めたパッケージを用意しました。data_io_typeはAXIのデータバスとの入出力に使用する型です（リスト9.2のⒶ）。data_typeは内部データを示す16ビットのレジスタを表す型です（リスト9.2のⒷ）。さらにそれらを含むベクトルと行列の型を定義しています。get_transposedは，行列から転置されたベクトルを取り出す関数です（リスト9.2のⒸ）。

▶ **idct1d**

idct1dモジュールは1次元IDCTを行います。

idct1dの入力は要素数8のベクトルです。ベクトルとIDCT係数行列の乗算を行い，結果として変換済みのベクトルを出力します（図9.9）。

idct1dの実装に当たっては，2点の工夫をしています。最初の工夫は計算数の削減です。要素数8のベクトルと8×8行列の乗算をそのまま素直に計算すると，乗算は全部で8×8=64回，加算は8×(8-1)=56回必要になります。つまり64個の乗算器と56個の加算器が必要になります。ハードウェアなのでこれらの計算を1サイクルで一度に計算することもやろうと思えばできますが，一度に処理するとなるとそれだけの数のリソースを消費します。またデータ・パスの増大によりクロック・サイクル時間も長くなってしまいます。そこで，少し工夫をしてIDCTの係数行列に見られる特徴を利用して計算回数を減らすようにしました。

まずはIDCTの係数行列がどういう値になるのか見てみましょう。IDCTの場合は，DCTの係数行列を転置します。

$$A = \begin{bmatrix} 0.354 & 0.490 & 0.462 & 0.416 & 0.354 & 0.278 & 0.191 & 0.098 \\ 0.354 & 0.416 & 0.191 & -0.098 & -0.354 & -0.490 & -0.462 & -0.278 \\ 0.354 & 0.278 & -0.191 & -0.490 & -0.354 & 0.098 & 0.462 & 0.416 \\ 0.354 & 0.098 & -0.462 & -0.278 & 0.354 & 0.416 & -0.191 & -0.490 \\ 0.354 & -0.098 & -0.462 & 0.278 & 0.354 & -0.416 & -0.191 & 0.490 \\ 0.354 & -0.278 & -0.191 & 0.490 & -0.354 & -0.098 & 0.462 & -0.416 \\ 0.354 & -0.416 & 0.191 & 0.098 & -0.354 & 0.490 & -0.462 & 0.278 \\ 0.354 & -0.490 & 0.462 & -0.416 & 0.354 & -0.278 & 0.191 & -0.098 \end{bmatrix}$$

……………………………………… (9.5)

係数行列の中に同じ値がいくつも並んでいるのがわかると思います。これはコサイン関数の周期性と対称性によるものです。これらを整理すると，IDCTの係数行列は図9.10のように8種類の係数だけで成り立っています。

これを見ると，実際に乗算が必要な部分は図で示した22箇所だけであることがわかると思います。残りは符号の違いだけで，計算結果を再利用して求めることができます。

また，上下の4行は対称性を持ち，0, 2, 4, 6番目の列は符号が同じで1, 3, 5, 7番目の列は符号が反転しています。このような性質を利用して加算の結果も再利用できます。これらの結果を踏まえて実装したのがリスト9.3です。

最初に必要な22回の乗算を同時に行い，それらの結果から符号の違う結果も含めて26個のレジスタに保持します（リスト9.3のⒶ）。そしてそれらを組み合わせて加算の結果を算出しています。なお，idct1d内部の演算は固定小数点演算にしています。

次の工夫は，パイプライン化です。先の工夫により

$(x_0, x_1, ..., x_7,)$ → IDCT 1D → $(X_0, X_1, ..., X_7,)$

図9.9　IDCT1Dモジュール

$$\begin{bmatrix} C0 & C1 & C2 & C3 & C4 & C5 & C6 & C7 \\ C0 & C3 & C6 & -C7 & -C4 & -C1 & -C2 & -C5 \\ C0 & C5 & -C6 & -C1 & -C4 & C7 & C2 & C3 \\ C0 & C7 & -C2 & -C5 & C4 & C3 & -C6 & -C1 \\ C0 & -C7 & -C2 & C5 & C4 & -C3 & -C6 & C1 \\ C0 & -C5 & -C6 & C1 & -C4 & -C7 & C2 & -C3 \\ C0 & -C3 & C6 & C7 & -C4 & C1 & -C2 & C5 \\ C0 & -C1 & C2 & -C3 & C4 & -C5 & C6 & -C7 \end{bmatrix} (x_0, x_1, ..., x_7,)$$

入力ベクトル（x0, x1, …x7）と係数行列の各行とを積和計算するとき，網掛けした部分の乗算結果は再利用できる

図9.10　IDCT係数行列

9.3　実装　225

削減した計算を分散してパイプライン処理にしています．パイプライン化することで1サイクルで行わなければならない処理を少なくし，最大動作周波数を上げることができます．また，計算が完了する前に入力を次々と与えることができるため処理の並列性が増し計算効率がよくなります．

例えば図9.11は，a+b+c+dという計算を3回，非パイプラインで行った場合とパイプラインで行った場合の比較を示したものです．

非パイプラインの場合は深さ2の加算ツリーとなり

リスト9.3　1次元DTCの処理（idct1d.vhd）

```vhdl
library ieee;
use ieee.std_logic_1164.all;
use ieee.numeric_std.all;
library idct_v1_00_a;
use idct_v1_00_a.idct_pkg.all;

entity idct1d is
  port (clk : in std_logic;
        rst : in std_logic;
        data_enable : in std_logic;
        x : in vec_data_type;
        y : out vec_data_type;
        out_valid : out std_logic);
end idct1d;

architecture impl of idct1d is

constant C0 : signed(15 downto 0) := X"05a8";
constant C1 : signed(15 downto 0) := X"07d8";
constant C2 : signed(15 downto 0) := X"0764";
constant C3 : signed(15 downto 0) := X"06a6";
constant C4 : signed(15 downto 0) := X"05a8";
constant C5 : signed(15 downto 0) := X"0471";
constant C6 : signed(15 downto 0) := X"030f";
constant C7 : signed(15 downto 0) := X"018f";

~中略~

begin  -- impl
  process (clk)

  ~中略~

  begin
    if (rising_edge(clk)) then
      if (rst = '1') then
        result <= (others => X"00000000");
        pipe_done := (others => '0');
      else
        ---- stage 1
        tmp00 := C0 * signed(x(0));
        tmp11 := C1 * signed(x(1));
        tmp22 := C2 * signed(x(2));
        tmp33 := C3 * signed(x(3));
        tmp44 := C4 * signed(x(4));
        tmp55 := C5 * signed(x(5));
        tmp66 := C6 * signed(x(6));
        tmp77 := C7 * signed(x(7));
        tmp31 := C3 * signed(x(1));
        tmp62 := C6 * signed(x(2));
        tmp73 := C7 * signed(x(3));
        tmp15 := C1 * signed(x(5));
        tmp26 := C2 * signed(x(6));
        tmp57 := C5 * signed(x(7));
        tmp51 := C5 * signed(x(1));
        tmp13 := C1 * signed(x(3));
        tmp75 := C7 * signed(x(5));
        tmp37 := C3 * signed(x(7));
        tmp71 := C7 * signed(x(1));
        tmp53 := C5 * signed(x(3));
        tmp35 := C3 * signed(x(5));
        tmp17 := C1 * signed(x(7));

        a00 <= tmp00;
        a10 <= tmp11;
        a20 <= tmp22;
        a30 <= tmp33;
        a40 <= tmp44;
        a50 <= tmp55;
        a60 <= tmp66;
        a70 <= tmp77;

        a11 <= tmp31;
        a21 <= tmp62;
        a31 <= -tmp73;
        a51 <= -tmp15;
        a61 <= -tmp26;
        a71 <= -tmp57;

        a12 <= tmp51;
        a22 <= -tmp62;
        a32 <= -tmp13;
        a52 <= tmp75;
        a62 <= tmp26;
        a72 <= tmp37;

        a13 <= tmp71;
        a23 <= -tmp22;
        a33 <= -tmp53;
        a53 <= tmp35;
        a63 <= -tmp66;
        a73 <= -tmp17;

        pipe_done(0) <= data_enable;

        ---- stage 2
        tmp0040p := a00 + a40;
        tmp0040m := a00 - a40;

        even0 <= tmp0040p + a20 + a60;
        even1 <= tmp0040m + a21 + a61;
        even2 <= tmp0040m + a22 + a62;
        even3 <= tmp0040p + a23 + a63;
        odd0  <= a10 + a30 + a50 + a70;
        odd1  <= a11 + a31 + a51 + a71;
        odd2  <= a12 + a32 + a52 + a72;
        odd3  <= a13 + a33 + a53 + a73;

        pipe_done(1) <= pipe_done(0);

        -- stage 3
        result(0) <= (even0 + odd0);
        result(1) <= (even1 + odd1);
        result(2) <= (even2 + odd2);
        result(3) <= (even3 + odd3);
        result(4) <= (even3 - odd3);
        result(5) <= (even2 - odd2);
        result(6) <= (even1 - odd1);
        result(7) <= (even0 - odd0);

        pipe_done(2) <= pipe_done(1);
      end if;
    end if;
  end process;

~中略~

end impl;
```

Ⓐ

Ⓑ

IDCT係数

ます．a+bとc+dは並列に処理されますが，a+b+c+d全体の結果を1クロックで得ようとするため，①と②の分の処理時間が必要になります．このため仮に加算に5nsの遅延がある場合，1クロック・サイクル時間は10nsとなります．3回続けて行った場合，3回目の結果を得るには図9.11（a）のように30nsかかります．

パイプラインの場合，三つの加算を3ステージに分けます．1クロックで1回の加算しか行わず，加算の結果をレジスタ（FF）に格納しています．ただし，②の加算を行う時には①の加算器は空いているので，次の計算を並列に始めることができます．パイプラインでは最初の結果が得られるまでに3クロックかかるものの，1クロックサイクル時間は5nsとなるため3回目の結果を得るのは25ns後となり，非パイプラインの場合よりも早く処理が完了します［図9.11（b）］．

▶ idct2d

idct1dを利用するのがidct2dモジュールです．8×8の行列データを入力として，2次元IDCTを行った結果の8×8の行列を出力します（図9.12）．

ところで，先に述べた通り，2次元IDCTの行列式は（AをIDCT係数行列，A'をその転置行列，Xを入力データ，とすると）

$$x = AX^tA \quad\cdots\cdots\cdots\cdots\cdots\cdots\cdots\cdots(9.6)$$

で計算できますが，この式は次のように変形できます．

$$x = (AX)^tA = (B)^tA = {}^t[A({}^tB)] = {}^t[A^t(AX)]$$
$$B = AX \quad\cdots\cdots\cdots\cdots\cdots\cdots\cdots\cdots(9.7)$$

まず，（1）Aに対する乗算を行い，（2）その結果を転置し，（3）さらにAに対する乗算を行い，（4）またその結果を転置する，という計算を行うことで同じ結果を得ることができます．idct2dモジュール内部でも，ステート・マシンによりこの処理を次のように順次行います．

「入力」→「1次元IDCT」→「転置」→「1次元IDCT」→「転置」→「出力」

1次元IDCTは2回ともAという定数の係数行列に対する乗算となります．つまり1次元DCTの同じロジックを再利用することが可能です．また，乗算を定数にすることで任意の2入力の乗算よりも速い回路が生成されることを期待しています（リスト9.4）．

▶ idct_ipif

idct2dの入出力は8×8の行列データです．このままではIPIFを通しての入出力ができません．そこで，AXIバスからシリアルに流れてくるデータと行列データとの変換を行うアダプタとしてidct_ipifを用意し，user_logicからidct2dが利用できるようにします．idct_ipifモジュールがこの変換を行います．行ってい

（a）非パイプラインの場合　　（b）パイプラインの場合

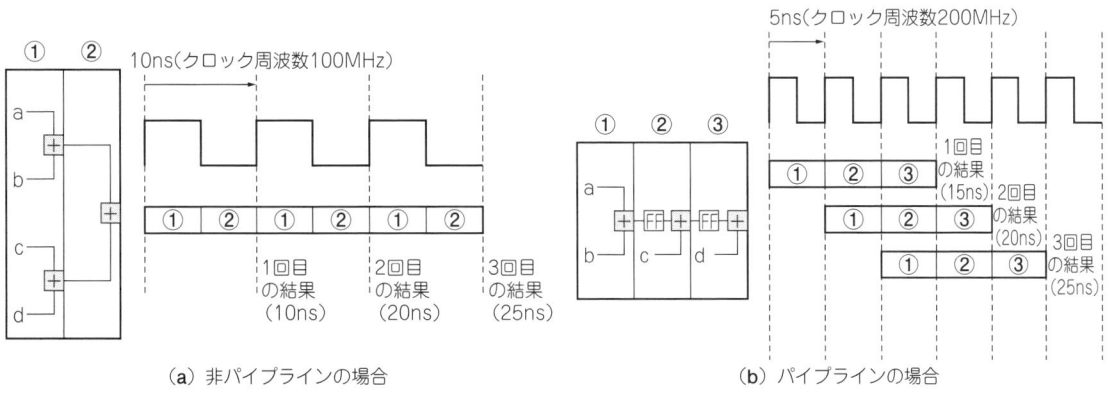

図9.11　パイプライン化による処理結果の比較

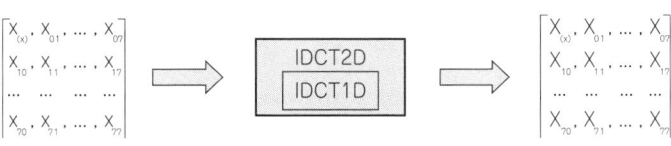

図9.12　IDCT2Dモジュール

リスト9.4　2次元DCTの処理（idct2d.vhd）

```vhdl
library IEEE;
use ieee.std_logic_1164.all;
library idct_v1_00_a;
use idct_v1_00_a.idct_pkg.all;


entity idct2d is
    port(clk : in std_logic;
         rst : in std_logic;
         datam : in mat_data_type;
         data_enable : in std_logic;
         outm : out mat_data_type;
         out_valid : out std_logic);
end idct2d;

architecture impl of idct2d is

signal idct1d_enable : std_logic := '0';
signal idct1d_in : vec_data_type :=
(others=>X"0000");
signal idct1d_out : vec_data_type :=
(others=>X"0000");
signal idct1d_out_valid : std_logic;

type STATES is (S0, S1, S2, S3, S4);
signal state : STATES;
signal in_index : natural := 0;
signal out_index : natural := 0;

signal data_tmp : mat_data_type :=
                      (others=>(others=>X"0000"));
signal data_tmp2 : mat_data_type :=
                      (others=>(others=>X"0000"));
signal done : std_logic := '0';

begin

    IDCT1D_I : entity idct_v1_00_a.idct1d
    port map(
        clk         => clk,
        rst         => rst,
        data_enable => idct1d_enable,
        x           => idct1d_in,
        y           => idct1d_out,
        out_valid   => idct1d_out_valid
    );

  process(clk)
  begin
    if (rising_edge(clk)) then
      if (rst = '1') then
        state <= S0;
        in_index <= 0;
        out_index <= 0;
        done <= '0';

      else
        case (state) is
        when S0 =>
            if (data_enable = '1') then
              state <= S1;
            else
              state <= S0;
            end if;
            idct1d_in <= (others => X"0000");
            data_tmp <= (others=>(others=>X"0000"));
            data_tmp2 <=
(others=>(others=>X"0000"));

        when S1 =>
            if (in_index < 8) then
              idct1d_in <= datam(in_index);
              idct1d_enable <= '1';
              in_index <= in_index + 1;
            else
              idct1d_enable <= '0';
            end if;

            if (out_index < 8) then
              if (idct1d_out_valid = '1') then
                data_tmp(out_index) <= idct1d_out;
                out_index <= out_index + 1;
              end if;
            else
              in_index <= 0;
              out_index <= 0;
              state <= S2;
            end if;

        when S2 =>
            if (in_index < 8) then
              idct1d_in <= get_transposed(data_tmp, in_index);
              idct1d_enable <= '1';
              in_index <= in_index + 1;
            else
              idct1d_in <= (others=>X"0000");
              idct1d_enable <= '0';
            end if;

            if (out_index < 8) then
              if (idct1d_out_valid = '1') then
                data_tmp2(out_index) <= idct1d_out;
                out_index <= out_index + 1;
              end if;
            else
              in_index <= 0;
              out_index <= 0;
              state <= S3;
            end if;

        when S3 =>
            for i in 0 to 7 loop
              outm(i) <= get_transposed(data_tmp2, i);
            end loop;
            state <= S4;

        when S4 =>
            state <= S4;
            done <= '1';

        when others => null;
        end case;
      end if;
    end if;
  end process;

out_valid <= done;--('1' or out_valid) when (state =
                                        S4) else '0';

end impl;
```

- 1回目のIDCTへのデータ入力
- 1回目のIDCTの出力
- 転置してから2回目のIDCTの入力
- 2回目のIDCTの出力
- さらに転置して最終出力を得る

ることはごく単純で，入力の場合は128ビットのデータとして順番にやってくる行列のデータを8×8のレジスタに順に入力していきます（リスト9.5のⒶ）．また，出力の場合はその逆に8×8レジスタの内容をreポートのアサートに合わせて順に出力します（リスト9.5のⒷ）．

▶ **user_logic**

user_logicでは，先に示したsrl_fifo_fモジュールの部分をidct_ipifに置き換えています．簡単に置き換えられるように，idct_ipifのインターフェースはsrl_fifo_fのそれに似せて作っています（リスト9.6のⒶ）．

また，IDCTの処理完了を示すシグナル（dct_done）

リスト9.5 行列データの変換（idct_ipif.vhd）

```vhdl
library ieee;
use ieee.std_logic_1164.all;
use ieee.numeric_std.all;
library idct_v1_00_a;
use idct_v1_00_a.idct_pkg.all;

entity idct_ipif is
    port(clk : in std_logic;
         rst : in std_logic;
         we : in std_logic;
         data_in : in data_io_type;
         re : in std_logic;
         data_out : out data_io_type;
         out_valid : out std_logic;
         addr : in std_logic_vector(31 downto 0);
         value : out std_logic_vector(31 downto 0)
    );
end idct_ipif;

architecture Behavioral of idct_ipif is

    signal ipif_write_index : natural range 0 to 8
                                               := 0;
    signal ipif_read_index : natural range 0 to 8 :=
                                                  0;
    signal idct_datam : mat_data_type := (others =>
                            (others => X"0000"));
    signal idct_data_enable : std_logic := '0';
    signal idct_outm : mat_data_type := (others =>
                            (others => X"0000"));
    signal idct_out_valid : std_logic := '0';

    type outbuf_type is array (0 to 7) of data_io_
                                                type;
    signal outbuf : outbuf_type := (others => (others
                                          => '0'));
    signal outbuf_ready : std_logic := '0';

begin
    IDCT2D_I : entity idct_v1_00_a.idct2d
    port map (
        clk => clk,
        rst => rst,
        datam => idct_datam,
        data_enable => idct_data_enable,
        outm => idct_outm,
        out_valid => idct_out_valid);

    process(addr)
    begin
        --value <= outbuf(to_
              integer(unsigned(addr)))(31 downto 0);
        value <= (others => '0');
    end process;

    process (clk)
    begin
        if (rising_edge(clk)) then
            if (rst = '1') then
                ipif_write_index <= 0;
                ipif_read_index <= 0;
                idct_data_enable <= '0';
                idct_datam <= (others => (others =>
                                          X"0000"));
                outbuf_ready <= '0';
            elsif (we = '1' and ipif_write_index < 8)
                                                then
                idct_datam(ipif_write_index)(0) <=
                            data_in(127 downto 112);
                idct_datam(ipif_write_index)(1) <=
                            data_in(111 downto  96);
                idct_datam(ipif_write_index)(2) <=
                            data_in( 95 downto  80);
                idct_datam(ipif_write_index)(3) <=
                            data_in( 79 downto  64);
                idct_datam(ipif_write_index)(4) <=
                            data_in( 63 downto  48);
                idct_datam(ipif_write_index)(5) <=
                            data_in( 47 downto  32);
                idct_datam(ipif_write_index)(6) <=
                            data_in( 31 downto  16);
                idct_datam(ipif_write_index)(7) <=
                            data_in( 15 downto   0);

                if (ipif_write_index = 7) then
                    idct_data_enable <= '1';
                    ipif_read_index <= 0;
                end if;
                ipif_write_index <= ipif_write_index
                                                 + 1;
            end if;

            if (idct_out_valid = '1' and outbuf_
                                  ready = '0') then
                idct_data_enable <= '0';
                outbuf_ready <= '1';
                for i in 0 to 7 loop
                    outbuf(i)(127 downto 112) <=
                                    idct_outm(i)(0);
                    outbuf(i)(111 downto  96) <=
                                    idct_outm(i)(1);
                    outbuf(i)( 95 downto  80) <=
                                    idct_outm(i)(2);
                    outbuf(i)( 79 downto  64) <=
                                    idct_outm(i)(3);
                    outbuf(i)( 63 downto  48) <=
                                    idct_outm(i)(4);
                    outbuf(i)( 47 downto  32) <=
                                    idct_outm(i)(5);
                    outbuf(i)( 31 downto  16) <=
                                    idct_outm(i)(6);
                    outbuf(i)( 15 downto   0) <=
                                    idct_outm(i)(7);
                end loop;
            end if;

            if (re = '1' and ipif_read_index < 8 and
                        outbuf_ready = '1') then
                ipif_read_index <= ipif_read_index +
1;
            end if;

        end if;
    end process;
data_out <= outbuf(ipif_read_index) when (re = '1'
and ipif_read_index < 8 and outbuf_ready = '1') else
                            (others => '0');
out_valid <= outbuf_ready;

end Behavioral;
```

リスト9.6 自動生成されたユーザ・ロジックの変更箇所（user_logic.vhd）

```vhdl
------------------------------------------------------------------------------
-- user_logic.vhd - entity/architecture pair
------------------------------------------------------------------------------

  ～中略～

entity user_logic is

  ～中略～

end entity user_logic;

------------------------------------------------------------------------------
-- Architecture section
------------------------------------------------------------------------------

architecture IMP of user_logic is

  ～中略～

    signal dct_rst : std_logic := '0';
    signal dct_rst_oneshot : std_logic := '0';
    signal dct_done : std_logic := '0';

    signal slv_reg0                       : std_logic_vector(C_SLV_DWIDTH-1 downto 0);
    signal slv_reg1                       : std_logic_vector(C_SLV_DWIDTH-1 downto 0);
    signal slv_reg2                       : std_logic_vector(C_SLV_DWIDTH-1 downto 0);
    signal slv_reg3                       : std_logic_vector(C_SLV_DWIDTH-1 downto 0);
    signal slv_reg_write_sel              : std_logic_vector(3 downto 0);
    signal slv_reg_read_sel               : std_logic_vector(3 downto 0);
    signal slv_ip2bus_data                : std_logic_vector(C_SLV_DWIDTH-1 downto 0);
    signal slv_read_ack                   : std_logic;
    signal slv_write_ack                  : std_logic;
begin

  ～中略～

    IDCT_IPIF_I : entity idct_v1_00_a.idct_ipif
    port map (
        clk      => Bus2IP_Clk,
        rst      => dct_rst,
        we       => mst_fifo_valid_write_xfer,
        data_in  => Bus2IP_MstRd_d,                  ←─Ⓐ
        re       => mst_fifo_valid_read_xfer,
        data_out => IP2Bus_MstWr_d,
        out_valid => dct_done,
        addr     => slv_reg0,
        value    => slv_reg1
    );

--  DATA_CAPTURE_FIFO_I : entity proc_common_v3_00_a.srl_fifo_f
--    generic map
--    (
--      C_DWIDTH    => C_MST_NATIVE_DATA_WIDTH,
--      C_DEPTH     => 128
--    )
--    port map
--    (
--      Clk         => Bus2IP_Clk,
--      Reset       => Bus2IP_Reset,
--      FIFO_Write  => mst_fifo_valid_write_xfer,
--      Data_In     => Bus2IP_MstRd_d,
--      FIFO_Read   => mst_fifo_valid_read_xfer,
--      Data_Out    => IP2Bus_MstWr_d,
--      FIFO_Full   => open,
--      FIFO_Empty  => open,
--      Addr        => open
--    );

  ～中略～

end IMP;
```

リスト9.1で接続したモジュールはコメントアウトする

を，マスタIP制御レジスタのステータス・レジスタに追加しています．
▶ idct

最上位のモジュールであるidctは，自動生成された状態からほとんど手を加えていません．その中身は，AXIマスタIPとして動作するためのライブラリaxi_master_burstとaxi_lite_ipif，そしてuser_logicの各モジュールを接続するためのコードだけです（リスト9.7）．

コラム9.1 ACPの使い方

ACPの特徴であるキャッシュ・コヒーレントなアクセスを有効にするには，AXIの特定の信号をアサートする必要があります．具体的には次の条件があります．

　　読み出し：ARUSER[0]=1 および
　　　　　　 ARCACHE[1]=1
　　書き込み：AWUSER[0]=1 および
　　　　　　 AWCACHE[1]=1

ARCACHEとAWCACHEについては，自動生成されたIPコアでビット1があらかじめ '1' に固定されているため変更する必要はありませんが，ARUSERとARCACHEについては，自動生成されたIPコアにはポートがないので，自分で追加する必要があります．また，IPコアとPSのACPポートの間にあるaxi_interconnectについても，USERシグナルを有効にするよう設定が必要です．

具体的な手順を示します．

(1) ACPポートに接続されたaxi_interconnectIPコアのConfigurationを開き，「General」タブより「User Signal Propagation」をチェックしUSERシグナルを有効化する（図9.A）．

(2)「Bus Interface」タブの「idct_0」インスタンス上で右クリックし，「View MPD」を選択，MPDファイルの内容を表示する．MPDファイルの末尾のENDの手前に次の2行を追記する．

```
PORT m_axi_aruser = ARUSER,
DIR = O, VEC = [4:0], BUS = M_AXI
PORT m_axi_awuser = AWUSER,
DIR = O, VEC = [4:0], BUS = M_AXI
```

(3)「Bus Interface」タブに戻り，再度「idct_0」インスタンス上で右クリックし，「Browse HDL Sources...」を選択し，idct.vhdファイルを開く．idctエンティティ部のport定義に次の2行を追加．

```
m_axi_aruser : out std_logic_
              vector(4 downto 0)
m_axi_awuser : out std_logic_
              vector(4 downto 0)
```

さらに，idctアーキテクチャ部に次の2行を追加．

```
m_axi_aruser <= "00001";
m_axi_awuser <= "00001";
```

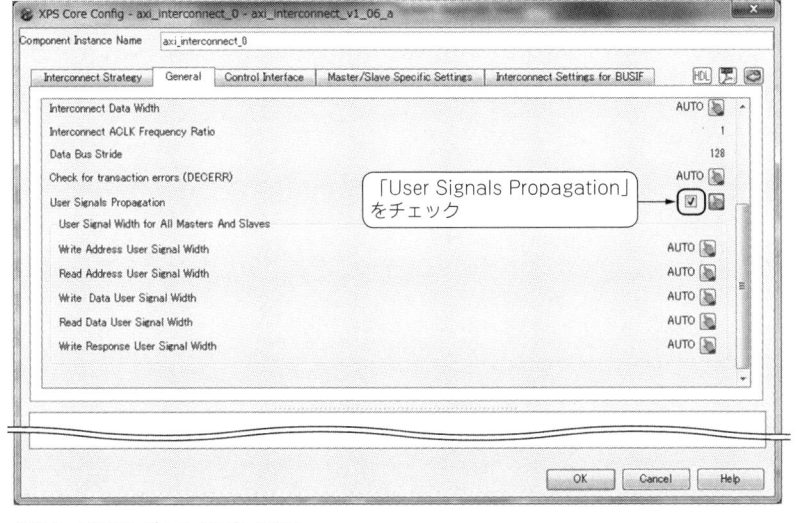

図9.A　USERシグナルを有効化する

なお，ACPからのキャッシュ・コヒーレントなメモリ・アクセスを有効にするために少しだけ手を入れていますが，この内容についてはコラム1を参照してください．実際に動作確認を行う場合は先にこの手順を済ませておく必要があります．

● IPコアのパッケージング

各モジュールの実装ができたら，新たに実装した

リスト9.7 自動生成されたidctモジュールとACPのための変更箇所（idct.vhd）

```
------------------------------------------------------------------------------
-- idct.vhd - entity/architecture pair
------------------------------------------------------------------------------

～中略～

entity idct is
  generic
  (
    -- ADD USER GENERICS BELOW THIS LINE ---------------
    --USER generics added here
    -- ADD USER GENERICS ABOVE THIS LINE ---------------

    -- DO NOT EDIT BELOW THIS LINE --------------------
    -- Bus protocol parameters, do not add to or delete
    C_S_AXI_DATA_WIDTH             : integer              := 32;
    C_S_AXI_ADDR_WIDTH             : integer              := 32;
    C_S_AXI_MIN_SIZE               : std_logic_vector     := X"000001FF";
    C_USE_WSTRB                    : integer              := 0;
    C_DPHASE_TIMEOUT               : integer              := 8;
    C_BASEADDR                     : std_logic_vector     := X"FFFFFFFF";
    C_HIGHADDR                     : std_logic_vector     := X"00000000";
    C_FAMILY                       : string               := "virtex6";
    C_NUM_REG                      : integer              := 4;
    C_NUM_MEM                      : integer              := 1;
    C_SLV_AWIDTH                   : integer              := 32;
    C_SLV_DWIDTH                   : integer              := 32;
    C_M_AXI_ADDR_WIDTH             : integer              := 32;
    C_M_AXI_DATA_WIDTH             : integer              := 128;
    C_MAX_BURST_LEN                : integer              := 16;
    C_NATIVE_DATA_WIDTH            : integer              := 128;
    C_LENGTH_WIDTH                 : integer              := 12;
    C_ADDR_PIPE_DEPTH              : integer              := 1
    -- DO NOT EDIT ABOVE THIS LINE --------------------
  );
  port
  (
    -- ADD USER PORTS BELOW THIS LINE -----------------
    --USER ports added here
    -- ADD USER PORTS ABOVE THIS LINE -----------------

    -- DO NOT EDIT BELOW THIS LINE --------------------
    -- Bus protocol ports, do not add to or delete
    S_AXI_ACLK                     : in  std_logic;
    S_AXI_ARESETN                  : in  std_logic;
    S_AXI_AWADDR                   : in  std_logic_vector(C_S_AXI_ADDR_WIDTH-1 downto 0);
    S_AXI_AWVALID                  : in  std_logic;
    S_AXI_WDATA                    : in  std_logic_vector(C_S_AXI_DATA_WIDTH-1 downto 0);
    S_AXI_WSTRB                    : in  std_logic_vector((C_S_AXI_DATA_WIDTH/8)-1 downto 0);
    S_AXI_WVALID                   : in  std_logic;
    S_AXI_BREADY                   : in  std_logic;
    S_AXI_ARADDR                   : in  std_logic_vector(C_S_AXI_ADDR_WIDTH-1 downto 0);
    S_AXI_ARVALID                  : in  std_logic;
    S_AXI_RREADY                   : in  std_logic;
    S_AXI_ARREADY                  : out std_logic;
    S_AXI_RDATA                    : out std_logic_vector(C_S_AXI_DATA_WIDTH-1 downto 0);
    S_AXI_RRESP                    : out std_logic_vector(1 downto 0);
    S_AXI_RVALID                   : out std_logic;
    S_AXI_WREADY                   : out std_logic;
    S_AXI_BRESP                    : out std_logic_vector(1 downto 0);
    S_AXI_BVALID                   : out std_logic;
    S_AXI_AWREADY                  : out std_logic;
    m_axi_aclk                     : in  std_logic;
    m_axi_aresetn                  : in  std_logic;
    md_error                       : out std_logic;
    m_axi_arready                  : in  std_logic;
    m_axi_arvalid                  : out std_logic;
    m_axi_araddr                   : out std_logic_vector(C_M_AXI_ADDR_WIDTH-1 downto 0);
    m_axi_arlen                    : out std_logic_vector(7 downto 0);
```

ファイルを開発ツールが参照できるよう追加しましょう．開発ツールがIPコアを構成する要素として参照するのが，pcores/idct_v1_00_a/data/以下にある二つのファイルです．

- pcores/idct_v1_00_a/data/idct_v2_1_0.mpd
- pcores/idct_v1_00_a/data/idct_v2_1_0.pao

```
    m_axi_arsize                     : out std_logic_vector(2 downto 0);
    m_axi_arburst                    : out std_logic_vector(1 downto 0);
    m_axi_arprot                     : out std_logic_vector(2 downto 0);
    m_axi_arcache                    : out std_logic_vector(3 downto 0);
    m_axi_rready                     : out std_logic;
    m_axi_rvalid                     : in  std_logic;
    m_axi_rdata                      : in  std_logic_vector(C_M_AXI_DATA_WIDTH-1 downto 0);
    m_axi_rresp                      : in  std_logic_vector(1 downto 0);
    m_axi_rlast                      : in  std_logic;
    m_axi_awready                    : in  std_logic;
    m_axi_awvalid                    : out std_logic;
    m_axi_awaddr                     : out std_logic_vector(C_M_AXI_ADDR_WIDTH-1 downto 0);
    m_axi_awlen                      : out std_logic_vector(7 downto 0);
    m_axi_awsize                     : out std_logic_vector(2 downto 0);
    m_axi_awburst                    : out std_logic_vector(1 downto 0);
    m_axi_awprot                     : out std_logic_vector(2 downto 0);
    m_axi_awcache                    : out std_logic_vector(3 downto 0);
    m_axi_wready                     : in  std_logic;
    m_axi_wvalid                     : out std_logic;
    m_axi_wdata                      : out std_logic_vector(C_M_AXI_DATA_WIDTH-1 downto 0);
    m_axi_wstrb                      : out std_logic_vector((C_M_AXI_DATA_WIDTH)/8 - 1 downto 0);
    m_axi_wlast                      : out std_logic;
    m_axi_bready                     : out std_logic;
    m_axi_bvalid                     : in  std_logic;
    m_axi_bresp                      : in  std_logic_vector(1 downto 0);
    m_axi_aruser                     : out std_logic_vector(4 downto 0);       ⎫
    m_axi_awuser                     : out std_logic_vector(4 downto 0)        ⎬ ← Ⓐ
    -- DO NOT EDIT ABOVE THIS LINE ---------------------
  );

  ～中略～

end entity idct;

-----------------------------------------------------------------------------
-- Architecture section
-----------------------------------------------------------------------------

architecture IMP of idct is

～中略～

begin

  ------------------------------------------
  -- instantiate axi_lite_ipif
  ------------------------------------------
  AXI_LITE_IPIF_I : entity axi_lite_ipif_v1_01_a.axi_lite_ipif

  ～中略～

  ------------------------------------------
  -- instantiate axi_master_burst
  ------------------------------------------
  AXI_MASTER_BURST_I : entity axi_master_burst_v1_00_a.axi_master_burst

  ～中略～

  ------------------------------------------
  -- instantiate User Logic
  ------------------------------------------
  USER_LOGIC_I : entity idct_v1_00_a.user_logic

  ～中略～

  m_axi_aruser <= "00001";   ⎫
  m_axi_awuser <= "00001";   ⎬ ← Ⓑ
end IMP;
```

mpdファイルはMachine Peripheral Definitionの略で，IPコアが持つポートやパラメータを定義します．paoファイルは，Peripheral Analysis Orderの略です．その名の通り，モジュールの解析順序（依存関係）を定義するファイルで，IPコアがどのファイルで構成されているかを示します．

ここではIPコアに新たにファイルを追加したいわけですから，paoに記述を追加する必要があります．自動生成されたままの状態では，paoにあるのはuser_logicとidctだけですから，ここにそれぞれのファイルの記述を追加しましょう．

なお，この作業はXPSなどのGUIの開発ツールからは行えませんので，エディタなどで直接ファイルを開いて編集する必要があります．

次のようにモジュール階層の下位にあるものが上にくるようpaoファイルに追加します．

```
lib proc_common_v3_00_a   all
lib axi_lite_ipif_v1_01_a   all
lib axi_master_burst_v1_00_a  all
lib idct_v1_00_a idct_pkg vhdl
lib idct_v1_00_a idct1d vhdl
lib idct_v1_00_a idct2d vhdl
lib idct_v1_00_a idct_ipif vhdl
lib idct_v1_00_a user_logic vhdl
lib idct_v1_00_a idct vhdl
```

ではPlanAheadに戻り，これまで行ったように「Flow」→「Generate Bitstream」でビット・ストリームを生成しましょう．ここまでの手順を行っていれば，無事ビットストリームが生成されるはずです．

9.4 ソフトウェアとの結合

さあ，ここまで来てなんとかカスタムIPコアを組み込んだハードウェアが完成しました．ここからはSDKの作業に入ります．作成したIDCT IPコアを制御するテスト・プログラムを用意し，既存のソフトウェア版IDCTとIDCT IPコアとの速度比較を行ってみます．果たして満足のいく高速化が実現できているでしょうか…？

●SDKでの作業

standalone BSPの生成，テスト・プログラムの雛形の生成までは前章の手順を参考に行ってください．

今回はAXIマスタIPを扱う訳ですが，ソフトウェアからみれば前回と同じようにAXI4-Liteインターフェースを経由してIPコアのレジスタの読み書きをすることに違いはありません．

まずは，standalone_bsp_0/ps7_cortexa9_0/include/xparameters.hの定義を確認してみましょう．アドレスの値は環境により異なるでしょうが，IPコアのレジスタのベース・アドレスが定義されているはずです．

```
/* Definitions for peripheral
                      IDCT_0 */
#define XPAR_IDCT_0_BASEADDR
                       0x62A00000
#define XPAR_IDCT_0_HIGHADDR
                       0x62A0FFFF
```

今回ユーザ定義のレジスタは四つでした．ベース・アドレスからオフセット0x100以降がマスタIP制御用レジスタです．表9.2はそれぞれのアドレスとHDLソースにあるレジスタとの対応を示したものです．

読み書きを行うためのバッファはリスト9.8 (a) のⒶとⒷのように定義しています．in_bufの内容はテスト用の固定データを定義しています．

●IPコアの転送処理

では，in_bufの内容をIPコアに転送するコードを見てみましょう．

まずは転送処理用の関数です．DCT_TEST_MasterRecvBytes関数［リスト9.8 (a) のⒸ］により，IPコアにデータが渡されます．また，DCT_TEST_MasterSendBytes関数［リスト9.8 (a) のⒹ］により，IPコアからデータを受け取ります．どちらも上で見た

表9.2 レジスタ・ベース・アドレスからオフセットとIPコアのレジスタとの対応一覧

VHDLシンボル名	オフセット	備考
slv_reg0	0x000	デバッグ用
slv_reg1	0x004	デバッグ用
slv_reg2	0x008	デバッグ用
slv_reg3	0x00C	デバッグ用
mst_reg (0)	0x100	コントロール・レジスタ
mst_reg (1)	0x101	ステータス・レジスタ
mst_reg (4 to 7)	0x104	アドレス
mst_reg (8 to 9)	0x108	バイト・イネーブル
mst_reg (12 to 14)	0x10C	バースト転送長
mst_reg (15)	0x10F	Goレジスタ

ようにコントロール・レジスタを始めとするマスタIPコアのレジスタの値を設定するようになっています．

これらの関数を使ってin_bufの内容の送信，およびout_bufへの受信を行う箇所がリスト9.8（a）の⒠で，マクロIS_TRANSFER_DONEとIS_DCT_DONEを定義しているのが，リスト9.8（b）の⒜と⒝です．

転送処理の後は，IS_TRANSFER_DONEマクロの結果を見て転送の完了を待っています．また，IPコアにデータを転送した後は，IS_DCT_DONEマクロの結果より，IDCT変換の完了を待ちます．やっているこ

リスト9.8 idctモジュールのテスト用Cプログラム

```
#include "platform.h"
#include "xil_io.h"
#include "xtime_l.h"
#include "idct_ip.h"
#include "common.h"

static const u8 __attribute__((aligned (128))) in_buf[IN_BUF_SIZE] = {    ◀─ Ⓐ
        0xf7, 0xff, 0x04, 0x00, 0x00, 0x00, 0xe1, 0xff,
        0xda, 0xff, 0xa2, 0xff, 0x1e, 0x00, 0xa2, 0x00,

        0x0b, 0x00, 0xfe, 0xff, 0xf5, 0xff, 0x11, 0x00,
        0xad, 0xff, 0xc4, 0xff, 0x6c, 0x00, 0x28, 0x00,

        0x07, 0x00, 0x0c, 0x00, 0x0c, 0x00, 0xfb, 0xff,
        0xfb, 0xff, 0x0c, 0x00, 0x0a, 0x00, 0x14, 0x00,

        0xf0, 0xff, 0x06, 0x00, 0x00, 0x00, 0xf1, 0xff,
        0xea, 0xff, 0xd5, 0xff, 0x20, 0x00, 0x48, 0x00,

        0x15, 0x00, 0xee, 0xff, 0x1c, 0x00, 0x0e, 0x00,
        0xf3, 0xff, 0xe1, 0xff, 0x1b, 0x00, 0x1e, 0x00,

        0x00, 0x00, 0xf4, 0xff, 0x0c, 0x00, 0xfb, 0xff,
        0x0f, 0x00, 0x06, 0x00, 0xf1, 0xff, 0x0c, 0x00,

        0x05, 0x00, 0x07, 0x00, 0x08, 0x00, 0x0b, 0x00,
        0xff, 0xff, 0xfd, 0xff, 0x12, 0x00, 0xed, 0xff,

        0x0a, 0x00, 0x0c, 0x00, 0x02, 0x00, 0xfa, 0xff,
        0x03, 0x00, 0x07, 0x00, 0xff, 0xff, 0xf5, 0xff
};
static u8 __attribute__((aligned (128))) out_buf[OUT_BUF_SIZE];    ◀─ Ⓑ

void DCT_TEST_MasterRecvBytes(u32 BaseAddress, u32 SrcAddress, int Size)
{
    int LsbSize;
    int MsbSize;
    LsbSize = (u16)Size;
    MsbSize = (u8)(Size >> 16);                                           ─┐
                                                                           │◀─ Ⓒ
    Xil_Out8(BaseAddress+MST_CNTL_REG_OFFSET, MST_BRRD);                   │
    Xil_Out32(BaseAddress+MST_ADDR_REG_OFFSET, SrcAddress);                │
    Xil_Out16(BaseAddress+LSB_MST_LEN_REG_OFFSET, LsbSize);                │
    Xil_Out8(BaseAddress+MSB_MST_LEN_REG_OFFSET, MsbSize);                 │
    Xil_Out8(BaseAddress+MST_GO_PORT_OFFSET, MST_START);                  ─┘
}

void DCT_TEST_MasterSendBytes(u32 BaseAddress, u32 DstAddress, int Size)
{
    int LsbSize;
    int MsbSize;
    LsbSize = (u16)Size;
    MsbSize = (u8)(Size >> 16);                                           ─┐
    Xil_Out8(BaseAddress+MST_CNTL_REG_OFFSET, MST_BRWR);                   │◀─ Ⓓ
    Xil_Out32(BaseAddress+MST_ADDR_REG_OFFSET, DstAddress);                │
    Xil_Out16(BaseAddress+LSB_MST_LEN_REG_OFFSET, LsbSize);                │
    Xil_Out8(BaseAddress+MSB_MST_LEN_REG_OFFSET, MsbSize);                 │
    Xil_Out8(BaseAddress+MST_GO_PORT_OFFSET, MST_START);                  ─┘
}

void idct_test()
```

(a) main.c

リスト9.8 idctモジュールのテスト用Cプログラム（続き）

```c
{
    const u32 baseaddr = XPAR_IDCT_0_BASEADDR;
    volatile const u8 *in = in_buf;
    volatile u8 *out = out_buf;

    DCT_TEST_MasterRecvBytes(baseaddr, (u32)in, IN_BUF_SIZE);
    while (!IS_TRANSFER_DONE(baseaddr)) {}

    while (!IS_DCT_DONE(baseaddr)) {}

    DCT_TEST_MasterSendBytes(baseaddr, (u32)out, OUT_BUF_SIZE);
    while (!IS_TRANSFER_DONE(baseaddr)) {}
}
void user_init()
{
    u32 flags = Xil_In32(XPS_SCU_PERIPH_BASE);
    xil_printf("XPS_SCU_PERIPH_BASE %08x\n\r", flags);
}

#define MCU_COUNT ((1920/8)*(1080/8)*3)

void sw_vs_hw()
{
    int i;
    XTime start, end;
    const u32 *s = (u32*)&start;
    const u32 *e = (u32*)&end;

    //----------------------------
    xil_printf("Software\n\r");
    XTime_GetTime(&start);
    mat8 in, out;
    for (i = 0; i < MCU_COUNT; i++) {
        idct((const mat8*)&in, &out);
    }
    XTime_GetTime(&end);

    xil_printf("elapsed: %d %d\n\r", e[1]-s[1], e[0]-s[0]);

    //----------------------------
    xil_printf("\n\r");
    xil_printf("Hardware\n\r");
    XTime_GetTime(&start);
    for (i = 0; i < MCU_COUNT; i++) {
        idct_test();
    }
    XTime_GetTime(&end);

    xil_printf("elapsed: %d %d\n\r", e[1]-s[1], e[0]-s[0]);
}


int main()
{
    init_platform();
    user_init();
    idct_init();

    sw_vs_hw();

    cleanup_platform();
    return 0;
}
```

ⓔ

(a) main.c（続き）

```c
#ifndef IDCT_DRIVER_H
#define IDCT_DRIVER_H

#define IN_DATA_BYTES (2)
#define IN_LINE_BYTES (IN_DATA_BYTES*8)
#define IN_NUM_LINES (8)
#define IN_BUF_SIZE (IN_NUM_LINES * IN_LINE_BYTES)
#define OUT_DATA_BYTES (2)
#define OUT_LINE_BYTES (OUT_DATA_BYTES*8)
#define OUT_NUM_LINES (8)
#define OUT_BUF_SIZE (OUT_NUM_LINES * OUT_LINE_BYTES)


#define WRITE_REG(BaseAddress, RegOffset, Data) \
    Xil_Out32((BaseAddress) + (RegOffset), (u32)(Data))

#define READ_REG(BaseAddress, RegOffset) \
    Xil_In32((BaseAddress) + (RegOffset))


#define IS_TRANSFER_DONE(BaseAddress) \
    ((((u32) Xil_In8((BaseAddress)+(MST_STAT_REG_OFFSET))) & MST_DONE_MASK) == MST_DONE_MASK)      ← Ⓐ

#define IS_DCT_DONE(BaseAddress) \
    ((((u32) Xil_In8((BaseAddress)+(MST_STAT_REG_OFFSET))) & MST_DCT_DONE_MASK) == MST_DCT_DONE_MASK) ← Ⓑ

/**
 * User Logic Slave Space Offsets
 * -- SLV_REG0 : user logic slave module register 0
 * -- SLV_REG1 : user logic slave module register 1
 */
#define SLV_SPACE_OFFSET (0x00)
#define SLV_REG0_OFFSET (SLV_SPACE_OFFSET + 0x00)
#define SLV_REG1_OFFSET (SLV_SPACE_OFFSET + 0x04)
#define SLV_REG2_OFFSET (SLV_SPACE_OFFSET + 0x08)
#define SLV_REG3_OFFSET (SLV_SPACE_OFFSET + 0x0C)

/**
 * User Logic Master Space Offsets
 * -- MST_CNTL_REG : user logic master module control register
 * -- MST_STAT_REG : user logic master module status register
 * -- MST_ADDR_REG : user logic master module address register
 * -- MST_BE_REG   : user logic master module byte enable register
 * -- MST_LEN_REG  : user logic master module length (data transfer in bytes) register
 * -- MST_GO_PORT  : user logic master module go bit (to start master operation)
 */
#define USER_MST_SPACE_OFFSET (0x100)
#define MST_CNTL_REG_OFFSET (USER_MST_SPACE_OFFSET + 0x00)
#define MST_STAT_REG_OFFSET (USER_MST_SPACE_OFFSET + 0x01)
#define MST_ADDR_REG_OFFSET (USER_MST_SPACE_OFFSET + 0x04)
#define MST_BE_REG_OFFSET (USER_MST_SPACE_OFFSET + 0x08)
#define LSB_MST_LEN_REG_OFFSET (USER_MST_SPACE_OFFSET + 0x0C)
#define MSB_MST_LEN_REG_OFFSET (USER_MST_SPACE_OFFSET + 0x0E)
#define MST_GO_PORT_OFFSET (USER_MST_SPACE_OFFSET + 0x0F)


/**
 * User Logic Master Module Masks
 * -- MST_RD_MASK    : user logic master read request control
 * -- MST_WR_MASK    : user logic master write request control
 * -- MST_BL_MASK    : user logic master bus lock control
 * -- MST_BRST_MASK  : user logic master burst assertion control
 * -- MST_DONE_MASK  : user logic master transfer done status
 * -- MST_BSY_MASK   : user logic master busy status
 * -- MST_BRRD       : user logic master burst read request
 * -- MST_BRWR       : user logic master burst write request
 * -- MST_SGRD       : user logic master single read request
 * -- MST_SGWR       : user logic master single write request
 * -- MST_START      : user logic master to start transfer
 */
#define MST_RD_MASK (0x00000001UL)
#define MST_WR_MASK (0x00000002UL)
#define MST_BL_MASK (0x00000004UL)
#define MST_BRST_MASK (0x00000008UL)
#define MST_DONE_MASK (0x01)
#define MST_BSY_MASK (0x02)

#define MST_ERROR_MASK (0x04)
#define MST_TIMEOUT_MASK (0x08)
#define MST_DCT_DONE_MASK (0x10)
#define MST_BRRD (0x09)
#define MST_BRWR (0x0A)
#define MST_SGRD (0x01)
#define MST_SGWR (0x02)
#define MST_START (0x0A)

#endif
```

Ⓒ

(b) idct_ip.h

とはデータの転送だけなので非常に単純です．

●ソフトウェア版との速度比較

では，いよいよソフトウェア版との速度比較を行ってみましょう．経過時間を計るのにARMコアのグローバル・タイマ・レジスタ（0xF8F00200, 0xF8F00204）の値を使用します．

リスト9.8（a）のmain.cのテスト・プログラムが行うことは，CPUとIPコアそれぞれで約10万回IDCTの実行を繰り返した時の処理時間を計測します．結果は次のようになります．

- ソフトウェア
  elapsed：548278686
- ハードウェア
  elapsed：72317190

実行結果の出力は素っ気ないものですが，このようにハードウェア化したほうが約7倍以上早く処理を終えています．IDCTのみの処理とはいえ，実用レベルの速度がでているのではないでしょうか．

9.5 パフォーマンス・チューニング

●ボトルネックの調査

ここまでの作業により，十分なパフォーマンスを得られるIPコアが作成できました．ここで終わりにしてもよいのですが，せっかくなのでIPコアをもう少し速くできるかどうか，パフォーマンス・チューニングにチャレンジしてみましょう．

いったんPlanAheadに戻り，メニュー「Window」→「Project Summary」を見てみましょう．「Synsthesis」のFMaxが142MHzになっていると思います．この値はIPコアが正常に動作可能な最大クロック周波数を表しています．この時点で，IDCT IPのクロック・ソースはprocessing_system7_0::FCLK_CLK0であり，クロック周波数はデフォルトの100MHzとしています．FMaxが142であればクロック周波数をその値まで上げることができるということです．

PlanAheadの画面下部にある「Reports」タブを開き，「XST Report」をダブルクリックで開いてください．「Timing Summary」以下に全体のタイミング情報が記載されており，さらに「Timing Details」以下には遅延の大きいデータパスの情報が詳しく報告されています．今回の場合，「Timing Details」の最初は，図9.13のような内容です．

レポートを見る限り，FMaxが142MHzという制限は，上記のデータ・パスによってもたらされているようです．よく見ると「Source」にaxi_interconnect_0/…，「Destination」にはidct_0/AXI_MASTER_BURST_I…とあります．つまりこのモジュール・インスタンス間のデータ・パスで最も遅延が大きくなっているということです．

●axi_interconectのチューニング

axi_interconnectにはレジスタ・スライスを追加し内部処理をパイプライン化するオプションがあります．パイプラインの効果については先に述べた通りです．ここでも同様にパイプライン化を行ってみましょう．

早速XPSを起動し，axi_interconnect_0の設定ダイアログを開いてみましょう．axi_interconnect_0の設定が変更できたら，PlanAheadに戻り，再度合成してみましょう．ここでは合成結果を確認したいだけなので，ビット・ストリームまで生成する必要はありません「Flow」→「Run Synthesis」でいったん生成結果をクリアしてから合成だけを行います．

「Synthesis Completed」ダイアログが表示されたら，「View Reports」→「OK」でレポートを見てみましょ

```
Timing Details:
---------------
All values displayed in nanoseconds (ns)

========================================================================
Timing constraint: Default period analysis for Clock 'system_i/processing_system7_0/processing_system7_0/FCLK_
                                                                                           CLK_unbuffered<0>'
  Clock period: 7.041ns (frequency: 142.034MHz)
  Total number of paths / destination ports: 2506036 / 19617
--------------------------------------------------------------------------
Delay:              7.041ns (Levels of Logic = 12)
  Source:           system_i/axi_interconnect_0/axi_interconnect_0/...  ～省略～
  Destination:      system_i/idct_0/idct_0/AXI_MASTER_BURST_I/...  ～省略～
```

図9.13　XPSレポートによるタイミング情報の確認

```
Timing Details:
---------------
All values displayed in nanoseconds (ns)

========================================================================
Timing constraint: Default period analysis for Clock 'system_i/processing_system7_0/processing_system7_0/FCLK_
                                                                                       CLK_unbuffered<0>'
  Clock period: 5.500ns (frequency: 181.818MHz)
  Total number of paths / destination ports: 2475886 / 20443
------------------------------------------------------------------------
Delay:                 5.500ns (Levels of Logic = 1)
  Source:              system_i/idct_0/idct_0/USER_LOGIC_I/IDCT_IPIF_I/IDCT2D_I/IDCT1D_I/Maddsub_GND_171_o_x[1]
                                                                                  [15]_MuLt_1_OUT (DSP)
  Destination:         system_i/idct_0/idct_0/USER_LOGIC_I/IDCT_IPIF_I/IDCT2D_I/IDCT1D_I/Maddsub_GND_171_o_x[7]
                                                                                  [15]_MuLt_7_OUT (DSP)
```

図9.14 axi_interconnectのパイプライン化により最大動作周波数が改善

う．レポート内の「Timing Details」が図9.14のように変わると思います．最大クロック周波数が181MHzまで上がりました．axi_interconnectのパイプライン化の効果があったようです．

● 乗算器のチューニング

axi_interconnectが最適化されたことにより，今度は別のデータ・パスの遅延が表に出てきました．今度の場合は，名前から察するにidct1dモジュールの乗算器の処理に時間がかかっているようです．続いて乗算器のチューニングを行ってみましょう．とはいえ，PlanAheadで表示されるレポートでは情報が乏しいため，より詳しい情報を見るために，次のパスにあるIDCT IPコア単体の合成レポートをエディタで開きます．

```
idct/idct.srcs/sources_1/edk/
system/synthesis/system_idct_0_
wrapper_xst.srp
```

IDCTの合成レポート内を先程の乗算器の名前で検索すると，次のような内容が見つかりました．

```
/INFO:Xst:2385 - HDL ADVISOR -
You can improve the performance
of the multiplier Mmult_GND_171_
o_x[0][15]_MuLt_0_OUT by adding 1
register level(s).
INFO:Xst:2385 - HDL ADVISOR - You
can improve the performance of
the multiplier Mmult_GND_171_o_
x[3][15]_MuLt_3_OUT by adding 1
register level(s).
INFO:Xst:2385 - HDL ADVISOR - You
can improve the performance of
the multiplier Mmult_GND_171_o_
x[4][15]_MuLt_4_OUT by adding 1
register level(s).
```

HDL Advisorが，「乗算器のパフォーマンス改善のためにレジスタ・レベルを追加できるよ」といっているようです．乗算器のレジスタ・レベルとはいったい何でしょうか？

実は，最近のFPGAでは乗算器と言っても，単なる乗算だけの処理を行うわけではありません．これらは複数のレジスタを持ち，パイプライン回路を構成できたりする，高機能なマクロです．乗算器のレジスタ・レベルとは，乗算器の出力段に追加された，レジスタによるパイプライン・ステージの数を指します．

では，HDL Advisorの指摘にしたがって，レジス

コラム9.2 合成レポートの生成場所

PlanAheadで「Run Synthesis」を行った後に表示されるのは，system_stubというトップ・モジュールの合成結果です．これは次のディレクトリ内に生成されます．

```
idct/idct.runs/synth_1
```

トップ・モジュールの合成は，まず個別のモジュールの合成を行った後，それらの結果を取り込んで行われますが，トップ・モジュールの合成レポートには，個別のモジュールの詳細な合成レポートは反映されません．個別のモジュールの合成レポートは，次のディレクトリにあるsrpファイルに見つけることができます．

```
idct/idct.srcs/sources_1/edk/
system/synthesis
```

```
Timing Summary:
---------------
Speed Grade: -1

   Minimum period: 4.888ns (Maximum Frequency: 204.586MHz)
   Minimum input arrival time before clock: 3.096ns
   Maximum output required time after clock: 3.900ns
   Maximum combinational path delay: 2.108ns
```

図9.15 DCTのパイプライン・ステージの増加により最大動作周波数がさらに改善

タ・レベルを追加してみましょう．レポートによればこれはidct1d.vhdの次の位置にあるようです．

```
   Found 12x16-bit multiplier for
signal  <GND_171_o_x[0][15]_
MuLt_0_OUT> created at line 106.
   ～中略～
   Found 12x16-bit multiplier for
signal  <GND_171_o_x[3][15]_
MuLt_3_OUT> created at line 109.
   Found 12x16-bit multiplier for
signal  <GND_171_o_x[4][15]_
MuLt_4_OUT> created at line 110.
   ～中略～
```

該当するソースの箇所は次のようになっています．

```
106行目:tmp00 := C0 * signed(x(0));
109行目:tmp33 := C3 * signed(x(3));
110行目:tmp44 := C4 * signed(x(4));
```

これをリスト9.9のように変更してみました．a00だけでなく他の乗算についても同様にパイプライン・レベルを増やしています．

ソースが修正できたら，再びPlanAheadに戻り再合成してみます．見事，図9.15に示すように最大動作周波数が200MHzに改善されました．なお，合成で得られる最大動作周波数はあくまでも論理値であるため，合成の後段の処理であるMAPやPARといったツールによる実装フェーズで実際の動作周波数は変化してきます．このケースの場合，実装後の最大動作周波数は160MHz程の値となりました．

●配置配線後の最大動作周波数の確認

最大動作周波数が改善されたところで，クロック周波数を変更して動作確認してみましょう．XPSを起動し，「Hardware」→「Launch Clock Wizard」を開き「PL Fabric Clocks」のFCLK_CLK0の値を156に変更してください（図9.16）．

変更できたらXPSを終了し，PlanAheadでビットストリームまで生成しましょう．この時以前の合成結果をクリアすることを忘れないようにしましょう．新た

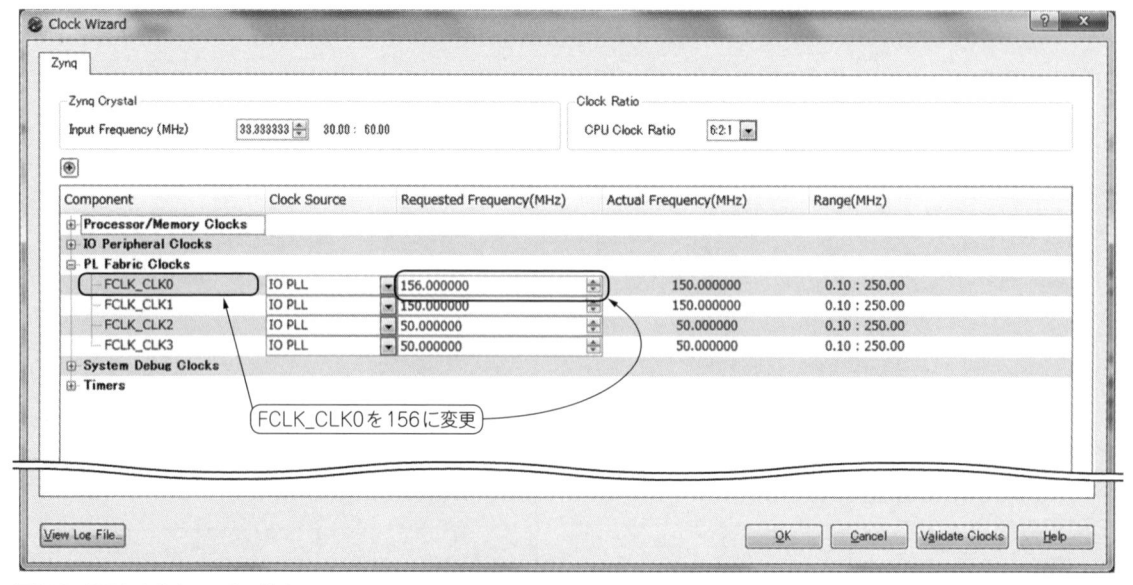

図9.16 XPSによるクロックの設定

リスト 9.9　パイプライン・ステージを増やした 1 次元 DCT の処理（idct1d_opt.vhd）

```vhdl
library ieee;
use ieee.std_logic_1164.all;
use ieee.numeric_std.all;
library idct_v1_00_a;
use idct_v1_00_a.idct_pkg.all;

entity idct1d is
  port (clk : in std_logic;
        rst : in std_logic;
        data_enable : in std_logic;
        x : in vec_data_type;
        y : out vec_data_type;
        out_valid : out std_logic);
end idct1d;

architecture impl of idct1d is

constant C0 : signed(15 downto 0) := X"05a8";
constant C1 : signed(15 downto 0) := X"07d8";
constant C2 : signed(15 downto 0) := X"0764";
constant C3 : signed(15 downto 0) := X"06a6";
constant C4 : signed(15 downto 0) := X"05a8";
constant C5 : signed(15 downto 0) := X"0471";
constant C6 : signed(15 downto 0) := X"030f";
constant C7 : signed(15 downto 0) := X"018f";

～中略～

begin  -- impl
  process (clk)
  begin
    if (rising_edge(clk)) then
      if (rst = '1') then
        result <= (others => X"00000000");
        pipe_done <= (others => '0');
      else
        ---- stage 1
        a00 <= C0 * signed(x(0));
        a11 <= C1 * signed(x(1));
        a22 <= C2 * signed(x(2));
        a33 <= C3 * signed(x(3));
        a44 <= C4 * signed(x(4));
        a55 <= C5 * signed(x(5));
        a66 <= C6 * signed(x(6));
        a77 <= C7 * signed(x(7));
        a31 <= C3 * signed(x(1));
        a62 <= C6 * signed(x(2));
        a73 <= C7 * signed(x(3));
        a15 <= C1 * signed(x(5));
        a26 <= C2 * signed(x(6));
        a57 <= C5 * signed(x(7));
        a51 <= C5 * signed(x(1));
        a13 <= C1 * signed(x(3));
        a75 <= C7 * signed(x(5));
        a37 <= C3 * signed(x(7));
        a71 <= C7 * signed(x(1));
        a53 <= C5 * signed(x(3));
        a35 <= C3 * signed(x(5));
        a17 <= C1 * signed(x(7));

        pipe_done(0) <= data_enable;

        ---- stage 2
        b00 <=  a00;
        b10 <=  a11;
        b20 <=  a22;
        b30 <=  a33;
        b40 <=  a44;
        b50 <=  a55;
        b60 <=  a66;
        b70 <=  a77;

        b11 <=  a31;

        b21 <=  a62;
        b31 <= -a73;
        b51 <= -a15;
        b61 <= -a26;
        b71 <= -a57;

        b12 <=  a51;
        b22 <= -a62;
        b32 <= -a13;
        b52 <=  a75;
        b62 <=  a26;
        b72 <=  a37;

        b13 <=  a71;
        b23 <= -a22;
        b33 <= -a53;
        b53 <=  a35;
        b63 <= -a66;
        b73 <= -a17;

        pipe_done(1) <= pipe_done(0);

        ---- stage 3
        c0040p <= b00 + b40;
        c0040m <= b00 - b40;
        c2060 <= b20 + b60;
        c2161 <= b21 + b61;
        c2262 <= b22 + b62;
        c2363 <= b23 + b63;

        c1030 <= b10 + b30;
        c5070 <= b50 + b70;
        c1131 <= b11 + b31;
        c5171 <= b51 + b71;
        c1232 <= b12 + b32;
        c5272 <= b52 + b72;
        c1333 <= b13 + b33;
        c5373 <= b53 + b73;

        pipe_done(2) <= pipe_done(1);

        ---- stage 4
        even0 <= c0040p + c2060;
        even1 <= c0040m + c2161;
        even2 <= c0040m + c2262;
        even3 <= c0040p + c2363;
        odd0  <= c1030 + c5070;
        odd1  <= c1131 + c5171;
        odd2  <= c1232 + c5272;
        odd3  <= c1333 + c5373;

        pipe_done(3) <= pipe_done(2);

        -- stage 5
        result(0) <= (even0 + odd0);
        result(1) <= (even1 + odd1);
        result(2) <= (even2 + odd2);
        result(3) <= (even3 + odd3);
        result(4) <= (even3 - odd3);
        result(5) <= (even2 - odd2);
        result(6) <= (even1 - odd1);
        result(7) <= (even0 - odd0);

        pipe_done(4) <= pipe_done(3);

      end if;
    end if;
  end process;

～中略～

end impl;
```

リスト9.3Ⓐとは異なり、signalへの代入とすることでレジスタ・レベルを増やしている

リスト9.3Ⓑの加算を分割し、複数のパイプラインステージにまたがって行うようにしている

にビットストリームが生成できたら，メニュ「File」→「Export」→「Export Bitstream」を選択し，SDK/SDK_Export/system_hw_platform/system.bitを置き換えます．

その後，メニュー「File」→「Export」→「Export Hardware for SDK」から，「Launch SDK」だけをチェックし，SDKを再度起動しましょう．先に示したパフォーマンス比較用テスト・プログラムを実行した結果は次のようになります．

- ソフトウェア
  elapsed: 0 546215995
- ハードウェア
  elapsed: 0 62196656

最適化前に比べ1.2倍ほどの速度改善が確認できました．ソフトウェア版に比べると約9倍程の速さで処理を終えています．クロック数に比例した速度の改善は見られませんでしたが，比較的簡単にパフォーマンスのチューニングを試せることが理解できたと思います．

INDEX

[数字]

2Dアクセラレータ ……………………… 145
2wayハンドシェイク …………………… 206
2次元DCT ………………………………… 215
2次元IDCT ………………………………… 227

[欧文]

ACP ………………………………………… 231
Addess Editor …………………………… 78
AMBA ……………………………………… 205
ARMコア内蔵 …………………………… 9
Artix-7 …………………………………… 11
Avian ……………………………… 143, 158
AXI ………………………………………… 205
AXI GPIO ………………………………… 67
axi_interconnect ……………………… 239
AXI3 ……………………………………… 205
AXI4 ……………………………………… 205
AXI-Lite ………………………………… 206
AXI-Stream ……………………………… 206
AXIスレーブ …………………………… 205
AXIチャネル …………………………… 205
AXIバス ………………………………… 205
AXIマスタ ……………………………… 205
BRAM ……………………………………… 74
buildroot ………………………………… 163
busybox …………………………………… 20
CLUT ……………………………………… 139
CQ版GPIO ……………………………… 175
DCT ……………………………………… 215
DirectFB ………………………………… 161
dtb ………………………………………… 154
dtc ………………………………………… 154
dts ………………………………………… 154
Eclipse …………………………………… 15
EMIO ……………………………………… 147
EMIO GPIO ……………………………… 168
fpgaコマンド …………………………… 121
FSBL ……………………………………… 29
GIC ………………………………………… 157
git ………………………………………… 153
GPIO ……………………………………… 21
HDL Advisor …………………………… 240
HSYNC …………………………………… 139
hw_server ………………………………… 88
IDCT ……………………………………… 215
IDCT係数行列 ………………………… 225
IEEE1685 ………………………………… 65
IP Integrator …………………………… 65
IPIF …………………………………… 205, 207
IP-XACT ………………………………… 65
ISE Design Suite ……………………… 14
ISim ………………………………… 208, 213
Java ……………………………………… 143
Jikes ……………………………………… 158
JPEGデコーダ ………………………… 215
Kintex-7 ………………………………… 11
logicBRICKS …………………………… 124
MCU ……………………………………… 215
MIO ……………………………………… 147
MPD ……………………………………… 201

mpdファイル	234	Zynq	9
mui	202	**[か行]**	
OCM	28	カラー方式	137
OpenCV	160	キャッシュ・コヒーレント	231
OpenGL ES 1.1	130	グローバル・タイマ・レジスタ	238
paoファイル	234	仮想アドレス	136
PlanAhed	31	起動モード	28
PL部	9	合成レポート	239
PPI	157	**[さ行]**	
PS部	9	ジャンパ設定	17
Qt	161	ステージ0ブート	28
S_AXI_ACP	216	ステートマシン	222
S_AXI_HP	216	垂直同期	139
SDK	15, 88	水平同期	139
SGI	157	**[た行]**	
Spartan-6	66	ダブルバッファ	140
SPI	157	テストベンチ	101, 208
srpファイル	239	デバイス・ツリー	154
SSBL	29	**[は行]**	
ssh	26	パーティション	131
Target Communication Framework	89	ハードウェア・アクセラレータ	215
TCL	149	パイプライン	225
TCL shell	89	ビットブリット	141
ucfファイル	57	フレーム・バッファ	135
USBシリアル・ドライバ	18	物理アドレス	136
vcse_server	88	**[ま行]**	
Vivado Design Suite	14	マルチレイヤー	139
VSYNC	139	メモリ保護	144
Xilinx Platform Studio	31	**[ら行]**	
Xilinx SDK	31	ルート・ファイル・システム	163
XMD	44, 119	レイヤー	137
XSim	65	レジスタ・レベル	240
ZedBoard	12		

『ARM Cortex-A9×2！Zynqでワンチップ Linux on FPGA』付属CD-ROMの使い方

●収録ファイルの内容

本書付属 CD-ROM には，次のファイルを収録しています．

- **chapter2**　第 2 章 まずは ZedBoard を動かしてみよう

  USB フラッシュ・メモリにコピーするファイル（シェルスクリプトなど）と，サイプレス社の USB 仮想シリアル・ドライバのインストール方法の説明（Install フォルダ）を収録しています．

- **chapter3**　第 3 章 開発ツール PlanAhead のインストールと実践

  ブート用 SD カードのファイルを収録しています．

- **chapter4**　第 4 章 次世代ツール Vivado を使ってみよう

  Vivado 用スイッチ＆ LED 制御プロジェクト（sw_led），テストベンチ（test_bench）を収録しています．

- **chapter5**　第 5 章 Xylon 社のリファレンス・デザインを使う

  リファレンス・デザイン用サンプルを収録しています．

- **chapter6**　第 6 章 Linux のカスタマイズ手順

  Linux 用各種サンプル（HelloWorld C プログラム，Java Avian/Jikes）を収録しています．

- **chapter7**　第 7 章 ハードウェア・ロジックの追加

  CQ 版 GPIO コアを収録しています．

- **chapter8**　第 8 章 AXI バスの概要と IP コアのインターフェース

  AXI4-Lite スレーブ・サンプルを収録しています．

- **chapter9**　第 9 章 IDCT 処理をハードウェア化して高速化する

  IDCT 処理アクセラレータ・コアを収録しています．

- **misc-sd-card**　その他

  おまけのファイルを収録しています（詳細は readme.txt を参照のこと）．

● Cypress USB 仮想シリアル・ドライバ・インストール

\chapter2\Install\install.html を Web ブラウザで開いてください.図1に示すように,Cypress 社の Web サイトのダウンロード・ページへのリンクやインストール手順,そしてドライバ・インストール後の設定について説明しています.

仮想シリアル・ポートとしては,ドライバを一般的な手順でインストールすればすぐに使用できますが,ZedBoard を電源 ON から起動させるときに使い勝手が悪くなるので,ドライバをインストールした後にデバイス・マネージャからプロパティを開いて,仮想シリアル・ポートの設定をし直す必要があります.

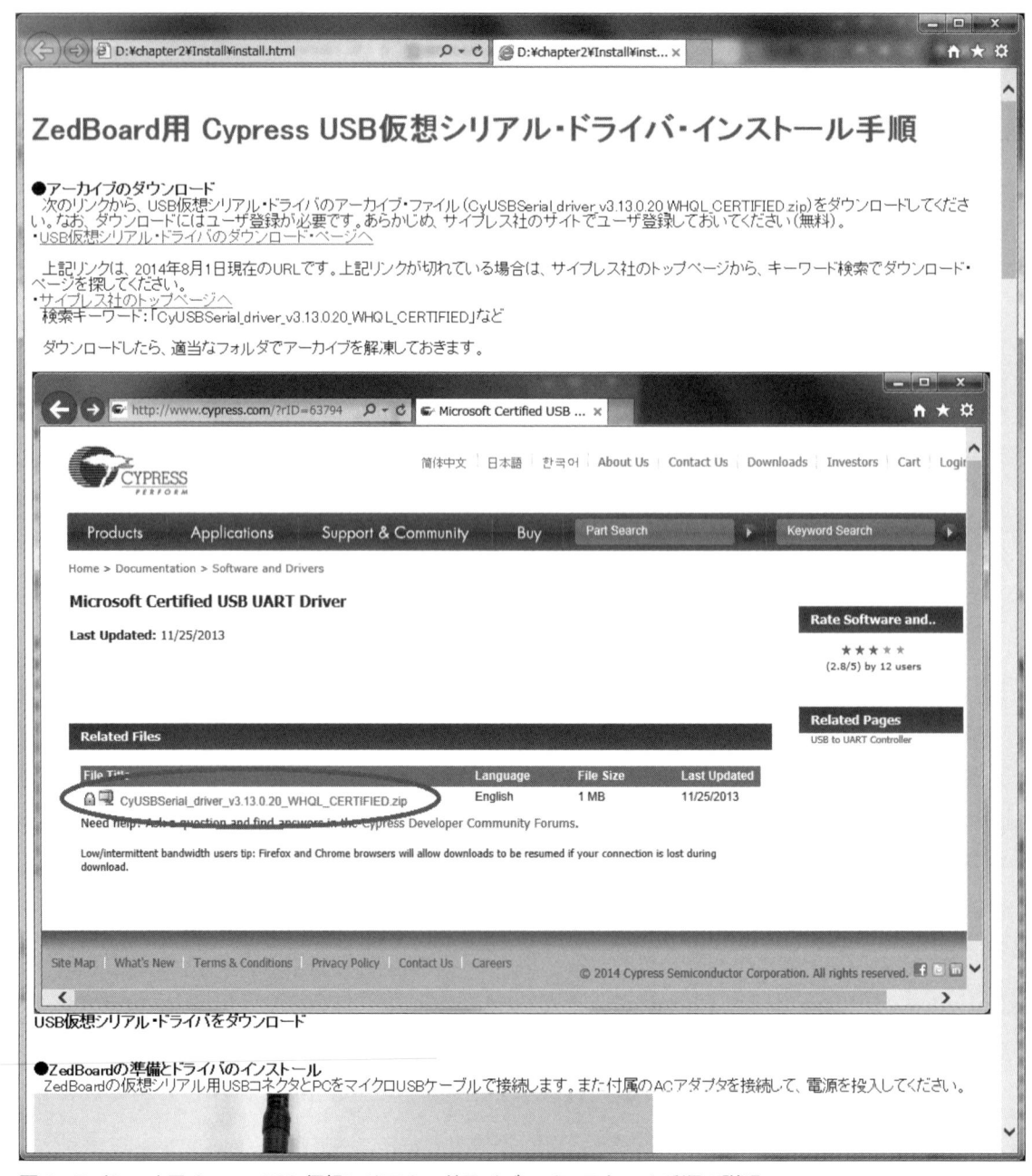

図9 ZedBoard 用 Cypress USB 仮想シリアル・ドライバ・インストール手順の説明

著者略歴

鈴木 量三朗（すずき・りょうざぶろう）

生涯一プログラマ．有限会社シンビー代表取締役．
月刊Interface2000年12月号に，世界初（？）のRTOS上のJavaVM移植を発表．
以後，OS/FPGAに関連する記事を多数執筆．
共同執筆者（片岡）とともに「HDL用の新しい言語」を妄想中．
「ネクタイが仕事をするのなら2本でも3本でもします」が口癖．

片岡 啓明（かたおか・ひろあき）

ソフトウェア・エンジニア．
コンパイラなどの言語処理系のプログラムを書くのが趣味．
縁あって有限会社シンビーに入社，プログラマとしての修行を積む．
普段はAndroidやWebKitなど，アプリケーション分野の仕事がメイン．
音楽活動に明け暮れた過去を持つが，その経験は現在まったく生かされていない．
いつか自動作曲システムを開発するのが夢．

- ●本書記載の社名，製品名について ── 本書に記載されている社名および製品名は，一般に開発メーカーの登録商標または商標です．なお，本文中では™，®，©の各表示を明記していません．
- ●本書掲載記事の利用についてのご注意 ── 本書掲載記事は著作権法により保護され，また産業財産権が確立されている場合があります．したがって，記事として掲載された技術情報をもとに製品化をするには，著作権者および産業財産権者の許可が必要です．また，掲載された技術情報を利用することにより発生した損害などに関して，CQ出版社および著作権者ならびに産業財産権者は責任を負いかねますのでご了承ください．
- ●本書に関するご質問について ── 文章，数式などの記述上の不明点についてのご質問は，必ず往復はがきか返信用封筒を同封した封書でお願いいたします．勝手ながら，電話でのお問い合わせには応じかねます．ご質問は著者に回送し直接回答していただきますので，多少時間がかかります．また，本書の記載範囲を越えるご質問には応じられませんので，ご了承ください．
- ●本書付属のCD-ROMについてのご注意 ── 本書付属のCD-ROMに収録したプログラムやデータなどは著作権法により保護されています．したがって，特別の表記がない限り，本書付属のCD-ROMの貸与または改変，個人で使用する場合を除いて複写複製（コピー）はできません．また，本書付属のCD-ROMに収録したプログラムやデータなどを利用することにより発生した損害などに関して，CQ出版社および著作権者は責任を負いかねますのでご了承ください．
- ●本書の複製等について ── 本書のコピー，スキャン，デジタル化等の無断複製は著作権法上での例外を除き禁じられています．本書を代行業者等の第三者に依頼してスキャンやデジタル化することは，たとえ個人や家庭内の利用でも認められておりません．

JCOPY 〈(社)出版者著作権管理機構委託出版物〉
本書の全部または一部を無断で複写複製（コピー）することは，著作権法上での例外を除き，禁じられています．本書からの複製を希望される場合は，（社）出版者著作権管理機構（TEL：03-3513-6969）にご連絡ください．

CD-ROM付き

ARM Cortex-A9×2！Zynqでワンチップ Linux on FPGA

2014年11月15日 初版発行
2015年2月1日 第2版発行

©鈴木 量三朗／片岡 啓明 2014
（無断転載を禁じます）

著 者　鈴　木　量　三　朗
　　　　片　岡　啓　明
発 行 人　寺　前　裕　司
発 行 所　ＣＱ出版株式会社
　　　　〒170-8461　東京都豊島区巣鴨1-14-2
　　　　電話　編集　03-5395-2122
　　　　　　　販売　03-5395-2141
　　　　振替　00100-7-10665

ISBN978-4-7898-4609-7

定価はカバーに表示してあります
乱丁，落丁本はお取り替えします

編集担当　村上真紀
DTP　有限会社オフィス安藤／三晃印刷株式会社
表紙・CD-ROMレーベルデザイン　竹田壮一朗
印刷・製本　三晃印刷株式会社
Printed in Japan